高等院校生物类专业系列教材

U0692550

生物
BIOINFORMATICS
信息学

主　编　叶子弘

副主编　张文英　柴　惠　贺平安

ZHEJIANG UNIVERSITY PRESS
浙江大学出版社

内 容 简 介

生物信息学是一门新兴的交叉学科,它融合了生物学、计算机科学与数学等知识,被誉为21世纪生物科学发展的主导学科。本教材首先简要介绍了国内外生物信息学的发展现状和生物信息分析研究方法的最新动向,介绍了生物信息学的基础知识和成熟的技术方法(序列比对、基因特征分析、引物设计、蛋白质结构预测等),阐述了生物信息数据库及分子生物信息相关的分析技术,包括生物信息数据库的结构分析和模拟构建技术,介绍了计算机辅助药物设计技术和化学计量学方法,辅以实例说明,并在每章后面罗列了相关分析方法、软件、工具及知识的重要免费网站作为知识拓展,以供参考。

本教材可作为非生物信息学专业的本科学生的生物信息学课程教材,也可作为生物学、农学、药物设计等领域工作者的参考用书。

图书在版编目(CIP)数据

生物信息学/叶子弘主编. —杭州:浙江大学出版社,2011.9(2021.1重印)

ISBN 978-7-308-09011-7

Ⅰ.①生… Ⅱ.①叶… Ⅲ.①生物信息论－教材 Ⅳ.①Q811.4

中国版本图书馆 CIP 数据核字(2011)第 169229 号

生物信息学

叶子弘　主编

丛书策划	樊晓燕　季　峥	
责任编辑	季　峥(really@zju.edu.cn)	
封面设计	林智广告	
出版发行	浙江大学出版社	
	(杭州市天目山路 148 号　邮政编码 310007)	
	(网址:http://www.zjupress.com)	
排　　版	杭州大漠照排印刷有限公司	
印　　刷	杭州良诸印刷有限公司	
开　　本	787mm×1092mm　1/16	
印　　张	20.5	
字　　数	525 千	
版 印 次	2011 年 9 月第 1 版　2021 年 1 月第 7 次印刷	
书　　号	ISBN 978-7-308-09011-7	
定　　价	55.00 元	

前　言

　　生物信息学是一门新兴的交叉学科。它融合了生物学、计算机科学与数学等知识,被誉为21世纪生物科学发展的主导学科。随着测序技术的不断发展,目前已经测序的生物基因组数量超过1000个,生物学数据正在急速和海量地积累。这些海量的生物学数据中隐藏着大量人类目前尚未知的生物学信息和知识。如何充分挖掘这些海量数据的内涵,并从中获取有用的信息,揭示生命的奥秘,是生物信息学的重要使命和亟待解决的问题。

　　近年来,国内生物信息学专业发展较快,很多综合性高等院校均设置了该专业。有的院校虽然没有设置此专业,但也在生物类与信息科学类等专业开设相关课程,并作为模块进行毕业设计。同时,很多生物专业学生希望报考生物信息专业的研究生。此外,生物信息学相关知识和技术已经成为目前从事生物学、农学、药物设计、生物制品等相关领域研究和开发的重要知识背景和必要手段。因此,需要为更广阔的具有不同学科背景的非生物信息学专业的学生提供生物信息学相关内容的学习课程,从而有利于其更好地参与需要生物信息学知识背景或技术手段的相关研究与工作。从长远来讲,这对加强生物信息学的人才培养与研究工作队伍建设具有非常重要的意义。编写本书的目的是使非生物信息学专业,如生物学、农学、计算机科学、数学与统计科学等专业的学生能够了解生物信息学的基本内涵、发展趋势以及常用的分析工具和分析方法。

　　本书是集编写老师们的集体智慧撰写完成的,具体分工为:第1章由叶子弘(中国计量学院)编写;第2章由姚玉华(浙江理工大学)编写;第3章由张林(浙江中医药大学)编写;第4、9章由柴惠(浙江中医药大学)编写;第5、8章由贺平安(浙江理工大学)、张文英(长江大学)编写;第六章由金园庭(中国计量学院)编写;第7章由赵彦宏(鲁东大学)编写;第10章由聂作明(浙江理工大学)编写;第11章由阮松林(杭州市农业科学院)编写;第12章由徐路(大理学院)编写。全书由叶子弘和张文英统稿和定稿。

　　生物信息学是一门新兴的交叉学科,相关的新技术、新进展不断涌现,资料浩瀚。由于编者水平有限,在本书编写过程中,难免出现疏漏和错误之处,恳请同行专家和读者批评指正,不胜感激。

叶子弘

2011年5月于杭州

目　　录

第 1 章

生物信息学概述

　　"生物信息学"的名词最早出现在 1956 年美国田纳西州的 Gatlinburg 召开的首次"生物学中的信息理论讨论会"上。生物信息学(bioinformatics)是建立在数学、计算机科学和生命科学基础之上的一门交叉科学。它包括生物信息的获取、加工、存储、分发、分析和解释等各方面,综合运用数学、计算机科学和生物学的各种工具,来阐明和理解大量数据所包含的生物学意义。随着相关生物技术的革命性发展和生物学相关信息量呈现的"革命性爆炸",生物信息学已成为当今最具发展前途的学科之一。

　　生物信息学的出现极大地推动了分子生物学、基因组学、蛋白质组学和代谢组学等的发展,已经成为医学、农学、生物学等学科发展的强大推动力,也是药物设计、环境监测等的重要技术支撑。生物信息学在基因的功能发现、疾病基因诊断、蛋白质结构预测、基于结构的药物设计、药物合成和制药工业中起着极其重要的作用,生物信息学的应用大大加快了药物的研究开发进程。

　　本章介绍了生物信息学的发展史、主要研究内容,并对生物信息学的作用及发展方向等进行了展望,以期让学生对生物信息有个总体的了解和认识。

1.1　生物信息学的发展史

　　生物信息学是建立在分子生物学的基础上的。早在 20 世纪 50 年代,生物信息学就已经开始孕育,其间,科学家已经通过实验测定一些蛋白质的序列。例如,1947 年测出短杆菌的五肽结构;1951 年重构胰岛素的 30 个氨基酸。几乎在同一时期,科学家认识到 DNA 是遗传物质。1949 年,发现了 DNA 链中 A ═T、G ═C 的规律;1951 年,Pauling 和 Corey 提出蛋白质的 α-螺旋和 β-折叠结构;1953 年,Watson 和 Crick 根据 Franklin 和 Wilkins 得到的 X 射线衍射数据提出 DNA 的双螺旋结构模型,揭开了分子生物学研究的序幕。

　　1956 年在美国田纳西州的 Gatlinburg 召开了首次"生物学中的信息理论研讨会"。在 20 世纪 60 年代,虽然当时没有具体地提出生物信息学的概念,但是一些计算生物学家开始进行相关研究,做了许多生物信息搜集和分析方面的工作。在这个时期,生物大分子携带信息成为分子生物学的重要理论,生物分子信息在概念上将计算生物学和计算机科学联系起来。大量的生物分子序列成为丰富的信息源,科学家们开始应用计算方法分析这些信息。相关或者同源蛋白质序列之间的相似性首先引起人们的注意。1962 年,Zucherkandl 和 Pauling 研究了序列变化与进化之间的关系,开创了一个新的领域——分子进化。随后,通过序列比对确定序列的功能及序列分类关系成为序列分析的主要工作。氨基酸序列的收集是这个时期的一项重要工作,1967 年,Dayhoff 研制出蛋白质序列图集,该图集后来演变为著名的蛋白质信息源 PIR。20 世纪 60 年代是生物信息学形成雏形的阶段。

　　生物信息学是一门相当年轻的学科,一般认为,生物信息学的真正开端是 20 世纪 70 年代。从 20 世纪 70 年代到 80 年代初期,随着生物化学技术的发展,产生了许多生物分子序列数据,而在这个阶段数学统计方法和计算机技术都得到较快的发展,这促使一部分计算机科学家应用计算机技术解决生物学问题,特别是与生物分子序列相关的问题。他们开始研究生物分子序列,研究如何根据序列推测结构和功能。这时,生物信息学开始崭露头角。

　　从 20 世纪 70 年代初期到 80 年代初期,出现了一系列著名的序列比对方法。其中,Needleman 和 Wunsch 于 1970 年提出的序列比对算法是对生物信息学发展最重要的贡献。同年,Gibbs 和 McIntyre 发表的矩阵打点作图法也是进行序列比对的一个著名方法,该方法可用于寻找序列中的重复片断,从而推测其功能。Dayhoff 提出的基于点突变模型的 PAM 矩阵是第一个广泛使用的比较氨基酸相似性的得分矩阵,它大大地提高了序列比对算法的性能。1980 年,《Science》杂志发表了关于计算分子生物学的综述。1981 年,Smith 和 Waterman 提出了著名的公共子序列识别算法。同年,Doolittle 提出关于序列模式的概念。1983 年,Wilbur 和 Lipman 发表了数据库相似序列搜索算法。1985 年,出现了快速的蛋白质序列搜索算法 FASTP/FASTN。1988 年,Pearson 和 Lipman 发表了著名的序列比对算法 FASTA。1990 年,快速相似序列搜索算法 BLAST 问世。1997 年,BLAST 的改进版本 PSI - BLAST 投入实际应用。

　　在 20 世纪 70 年代,还不断涌现出许多生物信息分析方法。1972 年,Gatlin 将信息论引入序列分析,证实自然的生物分子序列是高度非随机的。1977 年,出现了将 DNA 序列翻译成蛋白质序列的算法。1975 年,继第一批 RNA(tRNA)序列发表后,Pipas 和 McMahon 首先提出运用计算机技术预测 RNA 二级结构。1978 年,Gingeras 等人研制出核酸序列中限制性酶切位点的识别软件。

　　20 世纪 80 年代以后,出现了一批生物信息服务机构和生物信息数据库。1982 年,核酸数据库 GenBank 第 3 版公开发行。1986 年,日本核酸序列数据库 DDBJ 诞生。1986 年,蛋白质数据库 SWISS - PROT 问世。1988 年,美国国家卫生研究所和美国国家图书馆成立国家生物技术信息中心 NCBI。同年,欧洲分子生物学网络 EMBnet 成立,专门发布各种生物数据库。

　　20 世纪 90 年代后,科学家们开始进行大规模的基因组研究。1986 年,出现了基因组学(genomics)概念,即研究基因组的作图、测序和分析。1990 年,国际人类基因组计划启动,该计划被誉为生命科学的“阿波罗登月计划”。1993 年,Sanger 中心成立,专门从事基因组研究。1995 年,第一个细菌基因组被完全测序。1996 年,酵母基因组被完全测序。1996 年,Affymetrix 生产出第一块 DNA 芯片。1998 年,第一个多细胞生物——线虫的基因组被完全测序。1999 年,果蝇的基因组被完全测序。1999 年年底,国际人类基因组计划联合研究小组宣布人类第一次获得一对完整的人类染色体——第 22 对染色体的遗传序列。2000 年 6 月 24日,人类基因组计划联合研究小组的六个国家研究机构在全球同一时间宣布已完成人类基因组的工作框架图。生物信息学在人类基因组计划的推动之下迅速发展。

　　图 1 - 1 描绘了 1973—2000 年生物医学文献数据库 PubMed 中搜集的与生物信息学相关

论文的历年统计结果。该图用有关生物信息学论文数量的变化来说明何时是生物信息学的形成初期,何时是生物信息学的迅速发展期。

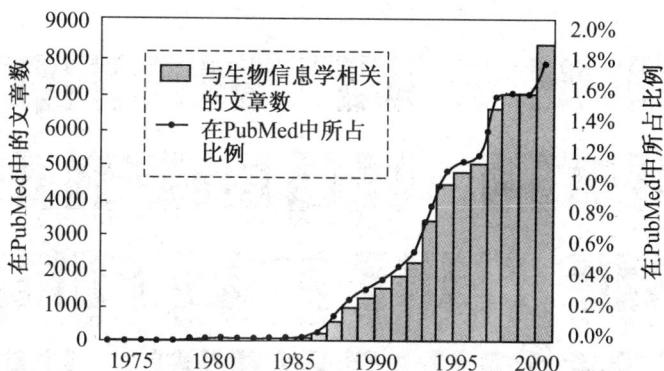

图 1 - 1　1973—2000 年 PubMed 中与生物信息学相关论文统计

生物信息学的核心内容是研究如何通过对 DNA 序列的统计计算分析,更加深入地理解 DNA 序列、结构、演化及其与生物功能之间的关系。其研究课题涉及分子生物学、分子演化及结构生物学、统计学及计算机科学等许多领域。生物信息学是内涵非常丰富的学科,其核心是基因组信息学,包括基因组信息的获取、处理、存储、分配和解释。基因组信息学的关键是"读懂"基因组的核苷酸顺序,即全部基因在染色体上的确切位置以及各 DNA 片段的功能;同时在发现了新基因信息之后进行蛋白质空间结构模拟和预测,然后依据特定蛋白质的功能进行药物设计。了解基因表达的调控机理也是生物信息学的重要内容。基因表达调控的研究目标是揭示"基因组信息结构的复杂性及遗传语言的根本规律",解释生命的遗传语言。

无论从理论上来讲还是从实际情况来看,生物信息学的实质就是利用计算机科学和技术来解决生物学问题。生物信息学的诞生是由生物学对大量数据处理和分析的需求而引发的,是历史的必然。作为一门交叉学科,生物信息学的发展依赖于计算机科学技术和生物技术的发展,而生物信息学的研究成果又促进了生物学特别是分子生物学的发展。生物信息学已成为整个生命科学发展的重要组成部分,成为生命科学研究的前沿。

1.2　生物信息学主要研究内容

纵观当今生物信息学界的现状可以发现,虽然生物信息学诞生较晚,但在短短几十年间,已经形成了多个研究方向,研究内容涵盖基因组、蛋白质组、蛋白质结构以及与之相结合的药物设计等方面,其研究内容大致包括以下几个方面:

1.2.1　序列比对

序列比对(sequence alignment)是生物信息学的基础,是生物信息学的核心研究内容之一。在生物学研究过程中,为了确定新测序列的生物属性,经常需要进行序列同源性分析,就是将新序列加入到一组与之同源,但来自不同物种的序列中进行多序列同时比较,以确定该序列与其他序列间的同源性大小。这是理论分析方法中最关键的一步。完成这一工作通常使用序列比对的方法(图 1-2)。不仅如此,对于蛋白质结构预测等,序列比对也是最为重要的一种方法。

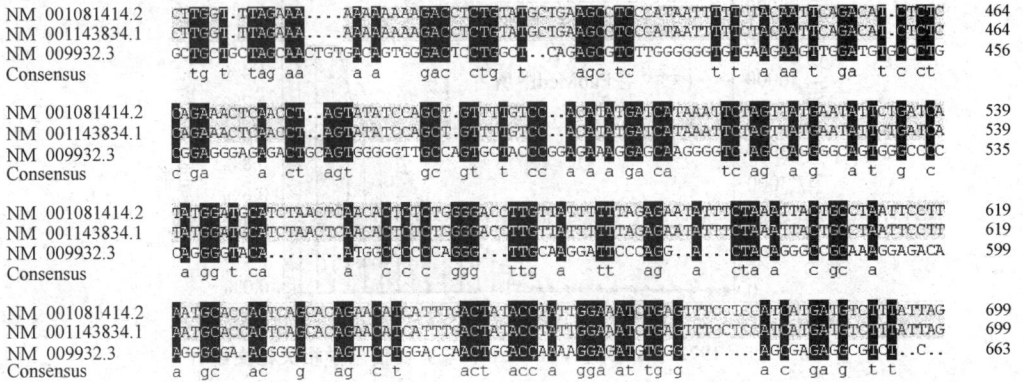

图 1-2　序列比对示意图

序列比对的理论基础是进化学说。如果两个序列之间具有足够的相似性,就推测两者可能有共同的进化祖先,经过序列内残基的替换、残基或序列片段的缺失以及序列重组等遗传变异过程分别演化而来。序列相似和序列同源是不同的概念,序列之间的相似程度是可以量化的参数,而序列是否同源需要有进化事实的验证。

序列比对的基本问题是比较两个或两个以上符号序列的相似性或不相似性。从生物学的初衷来看,这一问题包含了以下几个意义:从相互重叠的序列片断中重构 DNA 的完整序列;在各种试验条件下从探测数据(probe data)中决定物理和基因图存贮;遍历和比较数据库中的 DNA 序列;比较两个或多个序列的相似性;在数据库中搜索相关序列和子序列;寻找核苷酸(nucleotides)的连续产生模式;找出蛋白质和 DNA 序列中的信息成分序列;比对考虑 DNA 序列的生物学特性;如序列局部发生的插入、删除(InDel)和替代;依据序列的目标函数,获得序列之间突变集最小距离加权和或最大相似性和对齐的方法包括全局对齐、局部对齐、代沟惩罚等。两个序列比对常采用动态规划算法,这种算法在序列长度较小时适用,然而对于海量基因序列(如人的 DNA 序列高达 109Mb),这一方法就不太适用。因此,启发式方法的引入势在必行,著名的 BALST 和 FASTA 算法及相应的改进方法均是从此前提出发的。

1.2.2　蛋白质结构比对和结构预测

蛋白质的结构与功能是密切相关的,一般认为,具有相似功能的蛋白质结构一般相似。蛋白质是由氨基酸组成的长链,一般有 50~3000 个氨基酸残基,蛋白质具有多种功能,如作为酶和抗体、物质的存贮和运输、信号传递等等。氨基酸的序列决定了蛋白质的三维结构。一般认为,蛋白质有四级不同的结构。蛋白质结构比对的基本问题是比较两个或两个以上蛋白质分子空间结构的相似性或不相似性。

基于氨基酸序列预测蛋白质自然结构仍然是分子生物学中最重要且尚未解决的问题。其主要理论依据是假定蛋白质的自然构象处于自由能的极小位置。大量的蛋白质从变性状态重新折叠的实验都给予这个假设以事实的支持:如果改变蛋白质的外界环境条件,比如温度、压力或者溶剂条件,那么蛋白质就会失去折叠,并且失去活性;但是一旦环境条件恢复到正常生理状态,蛋白质又会自发地折叠成其天然结构,并且恢复活性。因此,蛋白质的折叠过程很明显是一个热动力学过程,而且形成蛋白质天然三维结构所需要的全部信息都包含在相应的蛋白质序列当中。蛋白质二级结构的预测通常被认为是蛋白质结构预测的第一步,是根据预测的局部结构,对蛋白质序列中的氨基酸的二级结构类型进行分类。但是蛋白质的二级结构在一定程度上受远程残基的影响,尤其是 β-折叠。从理论上来说,局部信息仅包含二级结构信息的 65% 左右,因此,可以想象只用局部信息的二级结构预测方法,其准确率不会有太大的提高。而蛋白质的三维结构比其一级结构在进化过程中得到更稳定的保留,同时也包含了较氨基酸序列更多的信息。蛋白质三维结构研究的前提假设是内在的氨基酸序列与三维结构一一对应(不一定全真),物理上可用最小能量来解释。

蛋白质结构预测的方法主要有演绎法和归纳法两种。前者主要是从一些基本原理或假设出发来预测和研究蛋白质的结构和折叠过程。分子力学和分子动力学属这一范畴。后者主要是从观察和总结已知结构的蛋白质结构规律出发来预测未知蛋白质的结构。同源建模和指认(threading)方法属于这一范畴。同源建模用于寻找具有高度相似性的蛋白质结构(超过 30% 氨基酸相同);后者则用于比较进化族中不同的蛋白质结构。蛋白质结构和预测的研究具有重要的研究意义和应用价值,医药上可以用来理解生物的功能,寻找 dockingdrugs 的目标,农业上可以藉此通过基因工程获得更好的农作物,工业上相关研究将有助于酶的合成。虽然已经过 30 余年的努力,目前的蛋白结构预测研究仍远远不能满足实际需要,相关研究亟待进一步发展。

1.2.3　基因识别和非编码区分析

1. 基因识别

基因识别是生物信息学的一个重要分支,通过使用生物学实验或计算机等手段识别 DNA序列上的具有生物学特征的片段。基因识别的对象主要是蛋白质编码基因,也包括其他具有一定生物学功能的因子,如 RNA 基因和调控因子。基因识别是基因组研究的基础。识别具有生物学功能的片段与判定该片段(或其对应的产品)的功能是两个不同的概念,后者通常需要通过基因敲除等实验手段来决定。不过,生物信息学的前沿研究正使得由基因序列预测基因功能变得可能。

基因识别方法主要有两种:一种是基于序列比对方法;另一种是所谓的从头计算方法。基于序列比对方法考虑到同源蛋白质基因结构具有相似性,通过比较位置序列和已知基因之间的相似性,判断未知序列是否为基因,采用的工具有 FASTA 和 BLAST。从头计算方法考虑到基因结构具有保守性的特点,分析已知基因结构特征,提取信息参量,建立理论模型,设计算法达到识别基因的目的。

早期基因识别的主要手段是基于活细胞或生物实验。通过对若干种不同基因的同源重组速率的统计分析,我们能够获知它们在染色体上的顺序。若进行大量类似的分析,我们可以确定各个基因的大致位置。现在,由于人类已经获得了巨大数量的基因组信息,依靠较慢的实验分析已不能满足基因识别的需要,而基于计算机算法的基因识别得到了长足的发展,成为了基因识别的主要手段。目前在计算机辅助基因识别方面已有了数十种算法,有十种左右重要的算法和相应软件提供网上免费服务。原核生物计算机辅助基因识别相对容易些,结果可靠些。从具有较多内含子的真核生物基因组序列中正确识别出起始密码子、剪切位点和终止密码子是个相当困难的问题,目前的研究现状不令人满意,仍有大量的工作要做。

2. 非编码区分析

众所周知,生命是由基因组决定的。每个生物都具有基因组,携带着构成和维持该生物体生命形式所必需的所有生物信息。不论是原核生物基因组还是真核生物基因组,都由两部分组成:编码区和非编码区。DNA 序列作为一种遗传语言,既包含在编码区,又隐含在非编码序列中。非编码区包含如下类型的 DNA 成分或由其表达的 RNA 成分:内含子、卫星 DNA、小卫星 DNA、微卫星 DNA、非均一核 RNA(hmRNA)、短散置元(SINE)、长散置元(LINE)、伪基因等。除此之外,顺式调控元件,如启动子、增强子等也属于非编码序列。非编码区曾被称为"垃圾"DNA,其实它们并非"垃圾",只是我们暂时还不知道其重要的功能。

非编码序列在原核生物基因组与真核生物基因组中所占的比例有很大的区别。原核生物基因组较小,非编码蛋白质的区域只占整个基因组序列的 10%～20%,编码区在基因组中所占的比例很高(80%～90%),基因常以操纵子形式组织。相比之下,真核生物,例如人类基因组含有约 32 亿对碱基对,其中仅有 3%～5%编码约 2 万～2.5 万个基因,而其余 95%～97%均为非编码区,这表明这些非编码序列必定具有重要的生物功能。普遍的认识是,它们与基因的表达调控有关。关于编码区的相关研究已经缔造了数十名诺贝尔奖获得者,非编码区蕴含的成果将是十分可观的,因此寻找这些区域的编码特征、信息调节与表达规律是未来相当长时间内的热点课题。

分析非编码区 DNA 序列目前没有一般性的指导方法。对非蛋白编码区进行生物学意义分析的策略主要有两种:一种是基于已被实验证实的、功能已知的 DNA 元件的序列特征,预测非蛋白编码区中可能含有的功能已知的 DNA 元件,从而预测其可能的生物学功能,并通过实验进行验证;另一种则是通过数理理论直接探索非蛋白编码区的新的未知序列特征,并从理论上预测其可能的信息含义,最后同样通过实验验证。侦测密码区的方法包括测量密码区密码子(codon)的频率、一阶和二阶马尔可夫链、ORF(open reading frames)、启动子(promoter)识别、HMM(hidden markov model)和 GENSCAN、Splice Alignment 等等。

1.2.4 分子进化和比较基因组学

1. 分子进化

分子进化和比较基因组学是生物信息学最重要的课题之一。分子进化是利用不同物种中同一基因序列的异同来研究生物的进化,构建进化树。既可以用 DNA 序列也可以用其编码的氨基酸序列来研究分子进化,甚至还可通过相关蛋白质的结构比对来进行,其前提是假定相似种族在基因上具有相似性。通过比较可以在基因组层面上发现哪些是不同种族中共同的,哪些是不同的。早期研究方法常采用外在的因素,如大小、肤色、肢体的数量等等作为进化的依据。随着近年来较多模式生物基因组测序的完成,人们可从整个基因组的角度来研究分子进化。在匹配不同种族的基因时,一般需处理三种情况:orthologous——不同种族、相同功能的基因;paralogous——相同种族、不同功能的基因;xenologous——有机体间采用其他方式传递的基因,如被病毒注入的基因。这一领域常采用的方法是构造进化树,通过基于特征(即

DNA 序列或蛋白质中的氨基酸的碱基的特定位置)和基于距离(对齐的分数)的方法和一些传统的聚类方法(如 UPGMA)来实现。

2. 比较基因组学

比较基因组学是基于基因组图谱和测序基础,对已知的基因和基因组结构进行比较,来了解基因的功能、表达机理和物种进化的学科,利用模式生物基因组与人类基因组之间编码顺序上和结构上的同源性,克隆人类疾病基因,揭示基因功能和疾病分子机制,阐明物种进化关系及基因组的内在结构。目前从模式生物基因组研究中已得出一些规律:模式生物基因组一般比较小,但编码基因的比例较高,重复顺序和非编码顺序较少;其 GC 含量比较高;内含子和外显子的结构组织比较保守,剪切位点在多种生物中一致;DNA 冗余,即重复;绝大多数的核心生物功能由相当数量的 orthologous 蛋白承担;synteny 连锁的同源基因在不同的基因组中有相同的连锁关系等。模式生物基因组研究协助揭示了其他生物基因的功能,利用基因顺序上的同源性克隆人类或其他生物重要基因,如人类疾病基因。利用模式生物实验系统上的优越性,应用比较作图分析复杂性状,加深对基因组结构的认识。

1.2.5　序列重叠群装配

一般来说,根据现行的测序技术,每次反应只能测出 500 或稍多一些碱基对的序列,如人类基因的测量就采用了鸟枪法(shotgun)。这就有一个把大量的较短的序列拼接成一个较大的、完整序列的任务。显然,为了正确拼接,短的序列之间应有一部分重叠区(contigs)。所有相互部分重叠的序列全体构成了重叠群。逐步把它们拼接起来形成序列更长的重叠群,直至得到完整序列的过程称为重叠群装配。拼接 EST 数据以发现全长新基因也有类似的问题。从算法层次来看,序列的重叠群是一个 NP -完备性算法问题。

1.2.6　遗传密码的起源

遗传密码为什么是现在这样的? 这一直是一个谜。对遗传密码的研究通常认为,密码子与氨基酸之间的关系是生物进化历史上一次偶然的事件而造成的,并被固定在现代生物的共同祖先里,一直延续至今。不同于这种"冻结"理论,有人曾分别提出过选择优化、化学和历史等三种学说来解释遗传密码。各种生物基因组测序工作的完成,为研究遗传密码的起源和检验上述理论的真伪提供了新的素材。

早在遗传密码破译以前,盖莫夫就曾对遗传密码的起源进行了假设。关于遗传密码的起源,主要有两种相互对立的假说:① 克里克提出的偶然冻结理论认为,三联体密码子与相应的氨基酸的密码关系完全是偶然的,而这种关系一旦建立就立即冻结,保持不变。由于这种假说难以用实验进行验证,至今尚无有力的证据。② 伍斯的立体化学理论认为,三联体密码子与相应的氨基酸之间的密码关系起源于它们之间特殊的立体化学相互的作用。近 30 年来对遗传密码起源的研究主要是从这个角度进行的。大量的研究结果表明,氨基酸与反密码子的直接作用以及疏水-亲水相互作用在遗传密码的起源中可能具有重要意义。

近 10 年来,分子生物学特别是核酸化学的一系列进展,证明了从核酸特别是从 RNA 途径研究遗传密码起源的准确性,为遗传密码起源问题的最终解决提供了可能性。塞克和艾尔麦恩发现核酸酶这一事实表明,在生命起源的早期,在蛋白质酶的生命系统之前,存在一种基于 RNA 的自我复制系统,它使著名的"鸡-蛋"悖论倾向于先有 RNA。从原则上讲,集催化与信息功能于一身的 RNA 可能催化自身的复制。且核酸酶不会仅限于自身或自身的互补链作模板。某些 RNA 具有 RNA 加工酶的活性,如 RNaseP;某些 RNA 分子可能结合一个氨基酸作为原始的 tRNA;某些 tRNA 分子可能促进邻位的两个 tRNA 的结合,而在 RNA 模板上催化肽键的形成。随着多肽与蛋白质的形成,其中一些可能与核酸酶相互作用促进或调节其活性。因此,基于核酸酶的作用与功能,可以预见一个较现实的复制翻译过程。以上想法近年来已取得了某些实验证据。

原始 tRNA 比现代 tRNA 分子小得多,而且可能是由反密码环与氨基酸接受臂构成。虽然原始 tRNA 可能是随机形成的,但只要其特定的氨基酸处于正确的位置上,即能识别相应的氨基酸。这些特定的核苷酸就是反密码子。由于酶只能改变反应的速率,不能改变反应的平衡和性质,故在原始 tRNA 与相应的氨基酸的相互识别中,没有特定酶的催化,以上反应也能进行。原始地球条件下相对长的反应时间以及已经发现的一些原始的催化作用也有可能有利于以上反应的进行,而不是像有的科学家认为的,原始 tRNA 与相应氨基酸的特异性完全是由特定的氨酰 tRNA 合成酶决定的。

因此,遗传密码的起源既非偶然的冻结,也非简单地源于三联体密码子或反密码子与相应核苷酸的直接相互作用,而可能来源于氨基酸与相应原始 tRNA 之间的立体化学相互作用。在这种相互作用中,反密码子决定了作用的特异性,并进而决定了与它相应氨基酸的特定密码关系。人们正通过实验检验以上观点,即按照已知 tRNA 的核苷酸排列顺序及识别位点,人工合成各种识别位点的 tRNA 片段以检验它们与各种氨基酸的亲和性。尽管如此,关于遗传密码起源和进化的问题至今仍未得到令人满意的诠释,特别是在如何解释遗传密码的分配原则以及与生命体多样性的关系上,相关研究仍在进行中。

1.2.7　基于结构的药物设计

人类基因工程的目的之一是要了解人体内约 10 万种蛋白质的结构、功能、相互作用以及与人类各种疾病发生之间的关系,寻求各种治疗和预防方法,包括药物治疗。基于生物大分子结构及小分子结构的药物设计是生物信息学中的极为重要的研究领域。为了抑制某些酶或蛋白质的活性,在已知其蛋白质三级结构的基础上,可以利用分子对齐算法,在计算机上设计抑制剂分子,作为候选药物。基于结构的药物设计是计算机辅助药物设计的重要分支。这一领域研究的目的是发现新的基因药物,有着巨大的经济效益。

以基于靶标分子结构的药物设计为例,了解基于结构的药物设计的基本过程是:① 确定药物作用的靶标分子(如蛋白质、核酸等);② 用生物技术手段对靶标分子加以分离纯化;③ 确定靶标分子的三维结构以及依据相关理论或经验提出的一系列假定的配体与靶标分子复合物的三维结构;④ 依据这些结构信息,利用相关的计算机程序和法则(如 DOCK)进行配体分子设计,模拟出最佳的配体结构模型;⑤ 合成出这些模拟出来的结构,进行活性测试,如果对测试结果感到满意,则进行后面的临床实验等研究,反之,重复以上过程,直至满意为止。

基于结构的药物设计有助于合成化学先导物及其优化。但是与其他领域相比,基于结构的药物发现在抗菌药物领域成功的例子相对还比较少,这主要与细胞透过困难有关。基于结构的药物设计可提高化合物的活性和选择性,但在细胞透过性方面需要结合其他技术,如突变技术等。对细胞转运机制的深入了解有助于提高化合物的细胞穿透能力。

1.2.8　基因和蛋白质芯片

1. 基因芯片

基因芯片(gene chip)又称 DNA 芯片,是专门用于核酸检测的生物芯片,也是目前运用最广泛的微阵列芯片。它是指在固相载体上按照待定的排列方式固定大量序列已知的 DNA 片段,形成 DNA 微矩阵。所谓基因芯片就是按特定的排列方式固定有大量基因探针/基因片段的硅片、玻片、塑料片(图 1-3)。探针 DNA 是指被有序地点样固定在玻片或硅片上的 DNA 片段,可直接合成,或通过 PCR 技术扩增获得。这些大小和序列不同的片段分别经过纯化后,被高密度有序地点样固定在玻片或硅片上,从而制备成 DNA 微阵列,用于检测待测样品中是否有与之互补的序列。待测样品中的 mRNA 被提取后,通过反转录反应过程获得标记荧光的 cDNA,与包含上千个基因的 DNA 微阵列进行杂交反应,将玻片上未互补结合反应的片段洗去,再对玻片进行激光共聚焦扫描,测定微阵列上各点的荧光强度,推算出待测样品中各种基因的表达水平。若要比较不同的两个细胞系或不同组织来源的细胞中基因表达的差异,则从不同的两个细胞系或不同的组织来源中提取 mRNA。反转录反应过程中标记上不同颜色的荧光等量混合后,与包含上千个基因的 DNA 微阵列进行杂交反应,对玻片进行激光共聚焦扫描,比较两种荧光在各点阵上的强度,推算出各基因在不同细胞系中的相对表达水平。

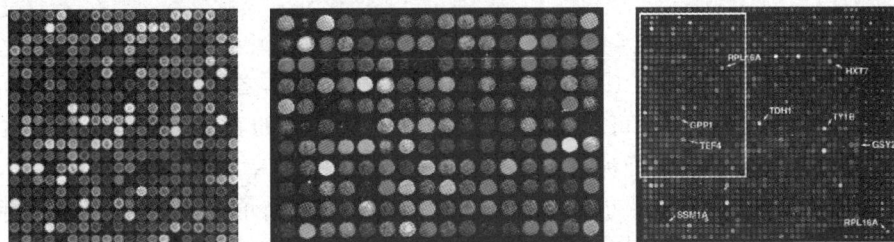

图 1-3　基因芯片示意图

基因芯片技术的核心原理与 Southern blot 相同。但 Southern blot 是将待测样品固定于尼龙膜上,与一个特定的经标记的 DNA 探针杂交,每次只能对一个靶序列进行检测;而基因芯片技术则是将大量的 DNA 探针固定于固相基质上,与待测的经标记的 DNA 样品杂交,只需一次实验,便能够将成千上万的基因的表现形式记录下来。基因芯片技术具有多靶并行处理能力、分析速度快、所需样品量少、污染少等优点,近年来对临床诊断、药物筛选、寻找新基因等研究领域带来巨大影响。

2. 蛋白质芯片

蛋白质芯片是一种新型的生物芯片,是由固定于不同种类支持介质上的蛋白微阵列组成的。阵列中固定分子的位置及组成是已知的,用未经标记或已标记(荧光物质、酶或化学发光物质等标记)的生物分子与芯片上的探针进行反应,让待测样品通过芯片表面与其接触,经过洗脱把非特异性结合的蛋白洗掉,然后通过特定的扫描装置对特异性地结合在上面的蛋白质进行检测,结果由计算机分析处理(图1-4)。蛋白质芯片根据功能不同可分为功能研究型芯片和检测型芯片。功能研究型芯片多为高密度芯片,载体上固定的是天然蛋白质或融合蛋白。该种芯片主要用于蛋白质活性以及蛋白质组学的相关研究。检测型芯片的密度相对较低,固定的是抗原、抗体等,主要用于生物分子的大量、快速检测。

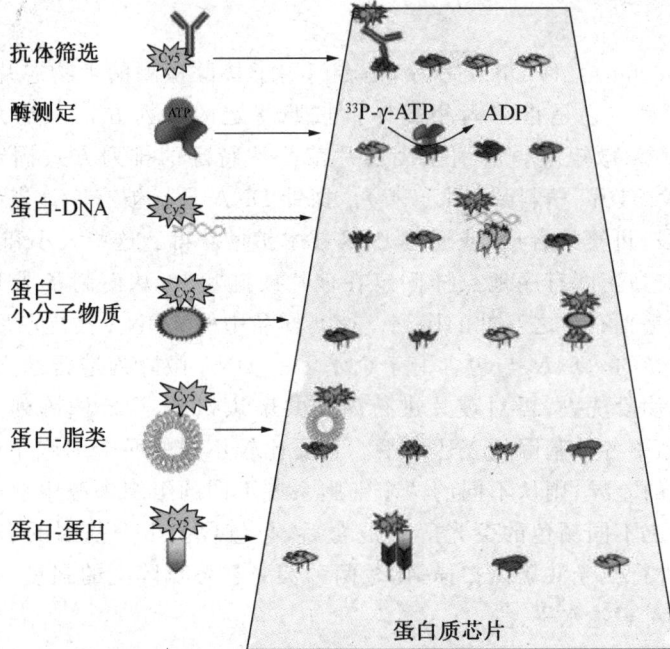

图 1-4 蛋白质芯片示意图

蛋白质芯片具有以下特点:① 特异性强,这是由抗原抗体之间、蛋白与配体之间的特异性结合决定的。② 敏感性高,可以检测出样品中微量蛋白的存在,检测水平已达 ng 级。③ 通量高,在一次实验中对上千种目标蛋白同时进行检测,效率极高。④ 重复性好,不同次实验间相同两点之间差异很小。⑤ 应用性强,样品的前处理简单,只需对少量实际标本进行沉降分离和标记后,即可加于芯片上进行分析和检测。基于蛋白质芯片的上述特点,结合质谱、荧光、显色等方法可以直接或间接地鉴定出与靶蛋白相结合的蛋白质,进而在研究蛋白质相互作用的过程中发挥重要的作用。目前,蛋白质芯片被研究人员应用到生命研究的各个领域,如利用蛋白质芯片发现新的蛋白并且阐明其功能,寻找与疾病有关或直接引发疾病的新蛋白,发现新的药物靶标和肿瘤标记物。

虽然蛋白质芯片技术是一种强有力的蛋白质组学研究的新方法,从产生至今已有了很大的发展,但与基因芯片相比,蛋白质芯片技术还处在起步阶段,无论在芯片的制备、具体应用过程以及结果的检测方面还有很多不足。首先是成本问题,蛋白质芯片的制作工艺还相当繁琐复杂,而且信号的检测也需要专门的仪器设备,一般实验室都承受不起。其次,在蛋白质芯片制作过程中实验条件发生微小的变化便可能引起最后结果的不同,实验条件不易控制,使得实验结果的可重复性相对不足。这些问题已成为蛋白质芯片技术下一步需要重点解决的问题。

1.3　展望

　　21 世纪是生命科学的时代,也是信息时代。随着多个物种基因组计划的相继完成,有关核酸、蛋白质的序列和结构数据呈指数增长。面对巨大而复杂的数据,运用计算机技术更加有效管理数据、控制误差、加速分析过程势在必行。最初,生物信息学是为适应人类基因组信息分析的需要而出现的一门与信息科学、数学、计算机科学等交叉的新兴学科;如今,生物信息学已经成为基因组研究中强有力的、必不可少的研究手段,被广泛地用来加快新基因的寻找过程,以达到将"有用"新基因抢先注册专利的目的。生物信息学已成为当今生命科学和自然科学的重大前沿领域之一,也是 21 世纪自然科学的核心领域之一。

　　面对挑战,生物信息学研究人员在今后应该做好以下几个方面的工作:① 理论研究。生物信息学理论研究对许多学科都提出了巨大的挑战,主要有以下几个:基因组信息结构复杂性研究;序列(特别是非编码区)信息分析;基因组结构与遗传语言;语法和词法分析;大规模基因表达谱分析,相关算法、软件研究;基因表达调控网络研究;基因组信息相关的蛋白质功能分析等。② 软件开发。现在虽然已经开发出大量的软件工具,但是大多数软件缺乏技术细节的描述,使得新软件编制时不能很好地利用已有的软件资源,造成各种软件都有自己的输入、输出格式,相互之间通用性不强。同时,大量软件的出现带来一个新问题,即生物学家面对数量众多的软件无从选择。这两个问题的解决需要对各种软件的功能特性和技术细节进行详尽的介绍及比较。③ 集成数据库。公共数据库与因特网相连,为世界各地的科学家提供快速高效的服务,因而成为获取生物学数据的最佳媒介。目前,国际上著名的公共数据库有 GenBank、EMBL、DDBJ、Swiss - Prot、PIR、PDB 等。④ 生物数据的质量监控。监控已有的生物数据究竟具有多大的可信度,对于物理图谱的构建工作有十分重大的意义。⑤ 学科交叉。长期以来,生物学家、计算机科学家、数学家这三类科学家都是埋头于各自的研究领域,而不关心其他学科的发展和要求。这种状况在我国尤为突出。生物信息学的发展要求三者之间加强沟通,其意义不仅在于推动生物信息学自身的发展,而且将成为促进整个生物学发展的强大动力。

　　生物信息学将会揭示人类及重要动植物种类的基因的信息,为生物大分子结构模拟和药物设计提供巨大的帮助。生物信息学不仅对认识生物体和生物信息的起源、遗传、发育与进化的本质有重要意义,而且将为人类疾患的诊治开辟全新的途径,还可为动植物的物种改良提供坚实的理论基础。生物信息学不仅具有重大的科学意义,而且具有巨大的经济效益。一只小鼠的肥胖基因都值上亿美元,关系到人类自身生老病死的基因的价值就更高了。生物信息学的许多研究成果可以较快地产业化,成为价值很高的产品。生物信息学的这一特点在现有的许多学科中几乎是独一无二的。目前生物信息学的发展已经超越了它最初的目标。现在可以说生物信息学的重要目标在于理解生物学数据和揭示生命本质,但是它的前景仍然是不可估量的。可以肯定,在不远的将来,生物信息学的研究成果不仅被应用于生物、医学等相关领域,同时它将对其他学科,包括信息科学、数学、计算机科学、物理学等的研究产生巨大的影响。

知识拓展

■ 可免费登录的相关网站

NCBI 生物信息学研究工具　http://www.ncbi.nih.gov/Tools/

欧洲生物信息学研究所　http://www.ebi.ac.uk

Brutlag 生物信息学研究组　http://motif.stanford.edu

生物 GBF 信息学小组　http://transfac.gbf.de/

Pune 大学生物信息学中心　http://bioinfo.ernet.in/

北京大学生物信息学中心　http://www.cbi.pku.edu.cn

加拿大生物信息学资源　http://cbr-rbc.nrc-cnrc.gc.ca/index_e.php

结构生物信息学公司　http://www.strubix.com/

林奈斯生物信息学中心　http://www.lcb.uu.se/

曼彻斯特大学生物信息学教育与研究　http://www.bioinf.man.ac.uk

英国牛津大学出版社出版的生物信息学　http://www.oup.co.uk/jnls/list/bioinformatics/etoc.html

印第安纳大学分子和细胞生物学研究所提供的生物信息学资源　http://biotech.icmb.utexas.edu/pages/bioinfo.html

美国哥伦比亚大学的 B. Noble 教授建立的有关生物信息学的网络资源总汇　http://www1.cs.columbia.edu/~cleslie/cs4761/resources.html

生物信息学趋势导向　http://www.ped.med.utah.edu/genpedscrr/Trends.htm

中国医学科学院肿瘤医院/肿瘤研究所生物信息学网　http://starr.myetang.com/

生物信息学小组　http://life.anu.edu.au/

Weizmann 科学研究所、生物服务部和 Crown 人类基因组学中心支持的生物信息学与生物计算　http://bioinformatics.weizmann.ac.il/

中国科学院上海生命科学研究院生物信息中心　http://www.biosino.org/bioinformatics/bioinfo.htm

生物信息学专业网　http://bioinf.bmi.ac.cn

生物信息学组织　http://bioinformatics.org/

香港生物信息学中心　http://www.hkbic.bch.cuhk.edu.hk/

耶鲁大学盖斯坦生物信息学实验室　http://bioinfo.mbb.yale.edu/

劳伦斯伯克利国家实验室提供的用于比较基因组学的生物信息学工具　http://pga.lbl.gov/Workshop/webTools.html

中国生物信息学资源导航　http://www.biosino.org/pages/source-bioinfo.htm

■ 主要的公共序列数据库

EMBL WWW 服务器　http://www.EMBL-heidelberg.ed/Services/index.html

GenBank 数据库查询形式　http://ncbi.nlm.nih.gov/genbank/query_form.html

蛋白质结构数据库 WWW 服务器(得到一 PDB 结构)　http://www.rcsb.org

欧洲生物信息学研究中心(EBI)　http://www.ebi.ac.uk/

EBI 产业支持　http://industry.ebi.ac.uk/

SWISS－PROT(蛋白质序列库)　http://www.expasy.ch/sprot/sprot-top.html

大分子结构数据库　http://BioMedNet.com/cgi-bin/membersl/shwtoc.pl?J　mms

Molecules R Us(搜索及观察一蛋白质分子)　http://cmm.info.nih.gov/modeling/net_services.html

PIR 国际蛋白质序列数据库　http://www.gdb.org/Dan/proteins/pir.html

SCOP(蛋白质的结构分类),MRC　http://scop.mrc-lmb.cam.ac.uk/scop/data/scop.l.html

洛斯阿拉莫斯的 HIV 分子免疫数据库　http://hiv-web.lanl.gov/immuno/index.html

TIGR 数据库　http://www.tigr.org/tdb/tdb.html

NCBI WWW Entrez 浏览器　http://www.ncbi.nlm.nih.gov/Entrez/index.html

剑桥结构数据库(小分子有机的及有机金属的结晶结构)　http://www.ccdc.cam.ac.uk

基因本体论坛　http://genome-www.stanford.edu/GO/

▦ 专业数据库

ANU 生物信息学超媒体服务(病毒数据库、分类及病毒的命名法)　http://life.anu.edu.au/

O - GLYCBASE(O 联糖基化蛋白质的修订数据库)　http://www.cbs.dtu.dk/OGLYCBASE/cbsoglycbase.html

基因组序列数据序(GSDB)(已注释的 DNA 序列的关系数据序)　http://www.ncgr.org

EBI 蛋白质拓扑图　http://www3.ebi.ac.uk/tops/Serverintermed.html

酶及新陈代谢途径数据库(EMP)　http://www.empproject.com/

大肠杆菌数据库收集(ECDC)(大肠杆菌 K12 的 DNA 序列汇编)　http://susi.bio.uni-giessen.de/ecdc.html

EcoCyc(大肠杆菌基因及其新陈代谢的百科全书)　http://www.ai.sri.com/ecocyc/ecocyc.html

Eddy 实验室的 snoRNA 数据库　http://rna.wustl.edu/snoRNAdb/

GenproEc(大肠杆菌基因及蛋白质)　http://www.mbl.edu/html/ecoli.html

NRSub(枯草芽孢杆菌的非冗余数据库)　http://pbil.univ-lyonl.fr/nrsub/nrsub.html

YPD(酿酒酵母蛋白质)　http://www.proteome.com/YPDhome.html

酵母基因组数据库　http://genome-www.stanford.edu/Saccharomyces/

LISTA、LISTA - HOP 及 LISTA - HON(酵母同源数据库汇编)　http://www.ch.embnet.org/

MPDB(分子探针数据库)　http://www.biotech.est.unige.it/interlab/mpdb.html

tRNA 序列及 tRNA 基因序列汇编　http://www.uni-bayreuth.de/departments/biochemie/trna/index/html

贝勒医学院的小 RNA 数据库　http://mbcr.bcm.tmc.edu/dbs/SRPDB/SRPDB.html

SRPDB(信号识别粒子数据库)　http://psyche.uthct.edu/dbs/SRPDB/SRPDB.html

RDP(核糖体数据库计划)　http://rdpwww.life.uiuc.edu/

小核糖体亚蛋白 RNA 结构　http://rrna.uia.ac.be/ssu/index.html

大核糖体亚蛋白 RNA 结构　http://rrna.uia.ac.be/lsu/index.html

RNA 修饰数据库　http://medlib.med.utah.edu/RNAmods/

16S 和 23S 核糖体 RNA 突变数据库　http://www.fandm.edu/Departments/Biology/Databases/RNA.html

SWISS - 2DPAGE(二维凝胶电泳数据库)　http://expasy.hcuge.ch/ch2d/ch2d-top.html

蛋白质印迹数据库　http://www.biochem.ucl.ac.uk/bsm/dbbrowser/PRINTS/PRINTS.html

KabatMan(抗体结构及序列信息数据库)　http://www.bioinf.org.uk/abs

ALIGN(蛋白质序列比对一览)　http://www.biochem.ucl.ac.uk/bsm/dbbrowser/ALIGN/ALIGN.html

CATH(蛋白质结构分类系统)　http://www.biochem.ucl.ac.uk/bsm/cath

ProDom(蛋白质域数据库)　http://protein.toulouse.inra.fr/

Blocks 数据库(蛋白质分类系统)　http://blocks.fhcrc.org/

HSSP(按同源性导出的蛋白质二级结构数据库)　http://www.sander.embl-heidelberg.de/hssp/

FSSP(基于结构比对的蛋白质折叠分类)　http://www2.ebi.ac.uk/dali/fssp/fssp.html

SBASE 蛋白质域(已注释的蛋白质序列片断)　http://www.icgeb.trieste.it/~sbasessrv/

TransTerm(翻译控制信号数据库)　http://uther.otago.ac.nz/Transterm.html

参与基因调控的蛋白质的相关信息数据库　http://www.access.digex.net/~regulate/trevgrb.html

REBASE(限制性内切酶和甲基化酶数据库)　http://www.neb.com/rebase/

RNaseP 数据库　　http://jwbrown.mbio.ncsu.edu/RNaseP/home.html

大肠杆菌转录调控数据库　http://www.cifn.unam.mx/Computational_Biology/regulondb/

TRANSFAC(转录因子及其 DNA 结合位点数据库)　http://transfac.gbf.de/

MHCPEP(MHC 结合肽数据库)　http://wehih.wehi.edu.au/mhcpep/

ATCC(美国菌种保藏中心)　http://www.atcc.org/

高度保守的核蛋白序列的组蛋白序列数据库　　http://www.nvbi.nlm.nih.gov/Baxevani/HISTONES

3Dee(蛋白质结构域定义数据库)　http://barton.ebi.ac.uk/servers/3Dee.html

InterPro(蛋白质域以及功能位点的完整资源)　http://www.ebi.ac.uk/interpro/

■ 序列相似性搜索

EBI 序列相似性研究网页 · http://www.ebi.ac.uk/searches/searches.html

NCBI：BLAST 注释　http://www.ncbi.nlm.nih.gov/BLAST

EMBL 的 BLITZ ULTRA 快速搜索　http://www.ebi.ac.uk/searches/blitz_input.html

EMBL WWW 服务器　http://www.embl-heidelberg.de/Services/index.html#5

蛋白质或核苷酸的模式浏览　http://www.mcs.anl.gov/compbio/PatScan/HTML/patscan.html

MEME(蛋白质超二级结构模体发现与研究)　http://meme.sdsc.edu/meme/website

CoreSearch(DNA 序列保守元件的识别)　http://www.gsf.de/biodv/coresearch.html

PRINTS/PROSIT 浏览(搜索 motif 数据库)　http://www.biochem.ucl.ac.uk/cgi-bin/attwood/SearchprintsForm.pl

苏黎世 ETH 服务器的 DARWIN 系统　http://cbrg.inf.ethz.ch/

利用动态规划找出序列相似性的 Pima Ⅱ　http://bmerc-www.bu.ede/protein-seq/pimaII-new.html

利用与模式库进行哈希码(hashcode)比较找到序列相似性的 DashPat　http://bmerc-www.bu.edu/protein-seq/dashPat-new.html

PROPSEARCH(基于氨基酸组成的搜索)　http://www.embl-heidelberg.de/aaa.html

序列搜索协议(集成模式搜索)　http://www.bochem.ucl.ac.uk/bsm/dbbrowser/protocol.html

ProtoMap(SEISS - PROT 中所有蛋白质的自动层次分类)　http://www.protomap.cs.huji.ac.il/

GenQuest(利用 Fasta、Blast、Smith - Waterman 方法在任意数据库中搜索)　http://www.gdb.rog/Dan/gq/gq.form.html

SSearch(对特定数据库的搜索)　http://watson.genes.nig.ac.jp/homology/ssearch-e_help.html

Peer Bork 搜索列表(motif/模式序列谱搜索)　http://www.embl-heidelberg.de/~bork/pattern.html

PROSITE 数据库搜索(搜索序列的功能位点)　http://www.ebi.ac.uk/searches/prosite.html

PROWL(Skirball 研究中心的蛋白质信息检索)　http://mcphar04.med.nyu.edu/index.html

■ 序列和结构的两两比对

蛋白质两两比对(SIM)　http://expasy.hcuge.ch/sprot/sim-prot.html

LALNVIEW 比对可视化观察程序 ftp：//expasy.hcuge.ch/pub/lalnview

BCM 搜索装置(两两序列比对)　http://searchlauncher.bcm.tmc.edu/seq-search/alignment.html

DALI 蛋白质三维结构比较　http://www2.ebi.ac.uk/dali/

DIALIGN(无间隙罚分的比对程序)　http://www.gsf.de/biodv/dialign/html

■ 多重序列比对及系统进行树

ClustalW(BCM 的多重序列比对)　http://searchlauncher.bcm.tmc.edu/multi-align/multi-align.html

PHYLIP(推测系统进行树的程序)　http://evolution.genetics.washington.edu/phylip.html

其他系统进行树程序,PHYLIP 文档的汇编　http://expasy.hcuge.ch/info/phylogeny.html

系统进行树分析程序(生命树列表)　http://phylogeny.arizona.edu/tree/programs/programs.html

遗传分类学软件(Willi hennig 协会提供的列表)　　http://www.cladistics.org/education.html

用于多重序列比对的 BCM 搜索装置　http://searchlauncher.bcm.tmc.edu/multi-align/multi-align.html

AMAS(分析多重序列比对中的序列)　　http://barton.ebi.ac.uk/servers/amas_server.html

维也纳 RNA 二级结构软件包　　http://www.tbi.univie.ac.at/~ivo/RNA/

▣ 有代表性的预测服务器

PHD 蛋白质预测服务器(用于二级结构、水溶性以及跨膜片断的预测)　　http://www.embl-heidelberg.de/predictprotein/predictprotein.html

PhdThreader(利用逆折叠方法预测、识别折叠类)　http://www.embl-heidelberg.de/predictprotein/phd_help.html

PSIpred(蛋白质结构预测服务器)　http://insulin.brunel.ac.uk/psipred

THREADER(戴维·琼斯)　http://www.biochem.ucl.ac.uk/~jones/threader.html

TMHMM(跨膜螺旋蛋白的预测)　http://www.cbs.dtu.dk/services/TMHMM/

蛋白质结构分析，BMERC　http://bmerc-www.bu.edu/protein-seq/protein-struct.html

蛋白质域和折叠预测的提交表　http://genome.dkfz-heidelberg.de/nnga/def-query.html

NNSSP(利用最近邻法预测蛋白质的二级结构)　http://genomic.sanger.ac.uk/pss/pss.html

Swiss-Model(基于知识的蛋白质自动同源建模服务器)　http://www.expasy.ch/swissmod/SWISS-MODEL.html

SSPRED(用多重序列比对进行二级结构预测)　http://www.mrc-cpe.cam.ac.uk/jong/predict/sspred.html

法国 IBCP 的 SOPM(自寻优化预测方法、二级结构)　http://pbil.ibcp.fr/cgi-bin/npsa...NPSA/npsa_sopm.html

TMAP(蛋白质跨膜片断的预测服务)　http://www.embl-heidelberg.de/tmap/tmap_info.html

TMpred(跨膜区域和方向的预测)　http://www.ch.embnet.org/software/TMPRED_form.html

MultPredict(多重序列比对的序列的二级结构)　http://kestrel.ludwig.ucl.ac.uk/zpred.html

BCM 搜索装置(蛋白质二级结构预测)　http://searchlauncher.bcm.tmc.edu/seq-search/struc-predict.html

COILS(蛋白质的卷曲螺旋区域预测)　http://www.ch.embnet.org/software/coils/COILS_doc.html

Coiled Coils(卷曲螺旋)　http://www.york.ac.uk/depts/biol/units/coils/coilcoil.html

Paircoil(氨基酸序列中的卷曲螺旋定位)　http://theory.lcs.mit.edu/bab/webcoil.html

PREDATOR(由单序列预测蛋白质二级结构)　http://www.embl-heidelberg.de/argos/predator/predator_info.html

EVA(蛋白质结构预测服务器的自动评估)　http://cubic.bioc.columbia.edu/eva/

▣ 其他预测服务器

SignalP(革兰氏阳性菌、革兰氏阴性菌和真核生物蛋白质的信号肽及剪切位点)　　http://www.cbs.dtu.dk/services/SignalP/

PEDANT(蛋白质提取、描述及分析工具)　http://pedant.mips.biochem.mpg.de/

▣ 分子生物学软件链接

生物信息学可视化工具　http://industry.ebi.ac.uk/alan/VisSupp/

EBI 分子生物学软件档案　http://www.ebi.ac.uk/software/software.html

BioCatalog　http://www.ebi.ac.uk/biocat/e-mail_Server_ANALYSIS.html

生物学软件和数据库档案　http://www.gdb.org/Dan/softsearch/biol-links.html

UC Santa Cruz 的序列保守性 HMM 的 SAM 软件　http://www.cse.ucsc.edu/research/compbio/sam.html

▣ 网上研究生课程

生物计算课程资源列表：课程大纲　http://www.techfak.uni-bielefeld.de/bcd/Curric/syllabi.html

生物序列分析和蛋白质建模的 PhD 课程　　http://www.cbs.dtu.dk/phdcourse/programme.html

分子科学虚拟学校　　http://www.ccc.nottingham.ac.uk/vsms/sbdd/

EMBnet 生物计算指南　　http://biobase.dk/Embnetut/Universl/embnettu.html

蛋白质结构的合作课程　　http://www.cryst.bbk.ac.uk/PPS/index.html

自然科学 GNA 虚拟学校　　http://www.techfak.uni-bielefeld.de/bcd/Vsns/index.html

分子生物学算法　　http://www.cl.washington.edu/education/courses/590bi

习　　题

1. 什么是生物信息学？

2. 当前生物信息学的主要研究内容有哪些？

参考文献

1. 陈润生. 生物信息学. 生物物理学报,1999,15：5-12.

2. 李维忠,王任小,林大威等. 国内外生物信息学数据库服务新进展. 生物化学与生物物理进展,1999,26：22-25.

3. 王志新. 蛋白质结构预测的现状与展望. 生命化学,1999,6：19-22.

4. 来鲁华. 蛋白质的结构预测与分子设计. 北京：北京大学出版社,1993.

5. 张亮仁. 以结构为基础的药物设计与分子模拟. 北京：科学出版社,1999.

6. 黄戈,罗静初,顾孝诚等. 生物信息资源的应用与二次开发. 高技术通讯,1999,9(1)：60-62,34.

7. 张淑誉,郝柏林. 生物信息学手册. 上海：上海科学技术出版社,2002.

8. 赵国屏等. 生物信息学. 北京：科学出版社,2002.

9. 张春霆. 生物信息学的现状与展望. 世界科技研究与发展,2000,22(6)：17-20.

10. 欧阳曙光,贺福初. 生物信息学：生物实验数据和计算技术结合的新领域. 科学通报,1999,44(14)：1457-1468.

## 第 2 章

生物信息学的生物学基础

生物学是生物信息学的重要基础,也是其所要开拓的知识领域。传统意义上的生物信息学用于建立现代生物学所需信息系统框架(支持生物学的信息管理系统、分析工具和通信网络)的研究开发工作,所以基础的生物学知识是必需的。

本章介绍了与生物信息学密切相关的生物学基础知识,提供一些主要的信息,以便于理解本书中涉及的生物学背景。

2.1 生物的分类

自然界的生物物种以百万计,千差万别,各不相同,表现出无与伦比的多样性与复杂性,如果不予分类,不立系统,便无从认识,难以研究利用。实际上人们很早就认识到"方以类聚,物以群分"的道理,并在大量观察与比较的基础上,根据生物体的共同点和差异点,将生物区分为具有一定从属关系的不同种类、不同等级的系统。例如,汉初的《尔雅》将植物分为草、木两大类,把动物分为虫、鱼、鸟、兽四类,虫类相当于无脊椎动物,鱼类相当于鱼纲、两栖纲和爬行纲等变温动物,鸟类基本上为鸟纲,兽类为哺乳纲,在虫、鱼、鸟、兽之下还有较细的分类。古希腊哲学家亚里士多德采取性状对比的方法区分物类,如把热血动物归为一类,与冷血动物相区别,他把动物按构造的完善程度依次排列,给人以自然阶梯的概念。直到1859年,达尔文的《物种起源》出版以后,进化思想才在分类学中得到贯彻,明确了分类研究在于探索生物之间的亲缘关系。

生命的历史经历了几个重要阶段,最初的生命应是非细胞形态的生命,病毒就是一类非细胞生物。从非细胞到细胞是生物发展的第二个重要阶段,早期的细胞是原核细胞,早期的生物称为原核生物(细菌、蓝藻)。原核生物没有成形的细胞核,无核膜、核仁,核质集中在中央的核区,仅有一个丝状的 DNA 分子,没有染色体,不与蛋白质相结合;细胞质中只有一种细胞器——核糖体;细胞壁由特殊糖和肽构成,这与真核细胞的细胞壁不同;细胞较小,多为单细胞;在代谢类型上是厌氧或需氧,多数靠异养生活,少数靠光合作用或化能合成作用,自养生活。从原核到真核是生物发展的第三个重要阶段。真核细胞具有核膜,整个细胞分化为细胞核和细胞质两个部分:细胞核内具有复杂的染色体装置,成为遗传中心;细胞质内具有复杂的细胞器结构,成为代谢中心。真核生物也经历了从单细胞发展到多细胞生物的过程,随着多细胞体形的出现,逐渐形成了复杂的组织结构和器官系统,最后产生了高级的被子植物和哺乳动物。

近代生物分类学诞生于 18 世纪,它的奠基人是瑞典博物学家林奈(C. Linnaeus,1707—1788)。林奈为分类学解决了两个关键问题:① 建立了双名制。② 确立了阶元系统。现代生物分类系统通常包括 7 个主要级别:种(*Species*)、属(*Genus*)、科(Family)、目(Order)、纲(Class)、门(Phyla)、界(Kingdom)。种(物种)是基本单元,近缘的种归合为属,近缘的属归合为科,科隶于目,目隶于纲,纲隶于门,门隶于界。随着研究的进展,分类层次不断增加,每级还可冠以前缀——"超(super)"或"亚(sub)",分出新的层次。一个具体物种的学名由属名和种名两个拉丁化名词组成,属名在前,第一个字母大写,种名在后,小写,其后还可标注发现的地名或发现者的名字。例如,动物界(Animalia)脊索动物门(Chordata)哺乳纲(Mammalia)食肉目(Carnivora)猫科(Felidae)豹属(*Panthera*)的金钱豹(*pardus*),学名是 *Panthera pardus*。

值得注意的是,生物的分类是随着人类对生物认识的深入和研究技术的发展而不断改进和完善的。1758 年,林奈根据生物有固着不动及自养型的植物,也有自由行动及异养型的动物,把整个生物界分成动物界与植物界。1866 年,德国生物学家赫克尔(E. Haeckel)在两界分类系统的基础上又增加一个原生生物界,出现了三界的概念,即动物界、植物界和原生生物界。1959 年,美国生物学家考柏兰(H. Copeland)因发现细菌具有完全不同于其他生物的细胞结构而提出菌界,使分类扩展到四界:动物界、植物界、原生生物界和菌界。1969 年,美国学者惠特克(R. Whittaker)根据细胞结构的复杂程度和营养方式的不同,提出将真菌从植物界中移出来,确立了真菌界,这就形成了五界分类系统:原核生物界、动物界、植物界、真菌界和原生生物界。1977 年,沃斯(C. Woese)等人提出了六界分类系统:真细菌界、古菌细菌界、原生生物界、真菌界、植物界、动物界。

生物原来是以物种之间的形态上具有的共同特点的差异作为分类的依据,根据彼此相似性程度的不同而逐渐细分,譬如豆科植物都有豆荚状的果实;也有的可以根据生活习性的不同而作为归类的参考依据,譬如猫科动物都具有食肉和夜行性的特点;动物分类的重要依据还有骨骼的结构和生活习性以及地域分布造成的生殖隔离。这种根据生物形态学做出的分类,可以粗线条地构建物种的亲缘关系。近年来,分子生物学的快速发展,特别是大量核酸和蛋白质数据的积累,使得人们能够依据不同生物分子水平上的特征来进行分类,构建亲缘树或演化树,这也是生物信息学的一个重要内容。

2.2　模式生物

模式生物是人们研究生命现象过程中长期和反复作为研究材料的物种。早在 20 世纪初期,人们就发现,如果把关注的焦点集中在相对简单的生物上,则发育现象难题可以得到部分解答,因为这些生物的细胞数量少,分布相对单一,变化也较好观察。由于进化的原因,细胞生命在发育的基本模式方面具有相当大的同一性,所以利用位于生物复杂性阶梯较低级位置上的物种来研究发育的共同规律是可能的。尤其是当在有不同发育特点的生物中发现共同形态形成和变化特征时,发育的普遍原理也就得以建立。因为对这些生物的研究具有帮助我们理解生命世界一般规律的意义,所以它们被称为"模式生物"。

模式生物之所以常常受到生物学家的青睐,是由于它们通常具备以下特性:实用性高,取得成本便宜,供应量大,容易安置,可以直接繁殖后代,世代间隔短,能生产大量子代,在实验室中容易操作处理,具有小量且不复杂的基因组等。基于以上优势,许多生物成为科学研究的明星,如大肠杆菌、酵母菌、线虫、果蝇、非洲爪蟾、斑马鱼、拟南芥、小鼠等。模式生物的建立对科学的进步具有重要贡献,研究的过程与结果都是学术发展的基石,在生命科学及医学的发展中,模式生物发挥着重要作用。下面简要介绍这几种经典的模式生物。

1. 大肠杆菌(*Escherichia coli*)

大肠杆菌是现代生物学中研究得最为详尽的模式生物。它具有结构简单、基因组小、无内含子、无性繁殖、发育周期短、可人工培养等特点,因此已作为一种重要的模式生物在现代生命科学研究,尤其在分子遗传学及生物工程领域起着异常重要的作用。

2. 酿酒酵母(*Saccharomyces cerevisiae*)

酿酒酵母被用作研究真核生物的模式生物,也是目前被人们了解最多的生物之一。酿酒酵母是最简单的真核单细胞生物,可在基本培养基上生长,生长可完全控制。酵母在单倍体和二倍体的状态下均能生长,并能在实验条件下相互转换,对其基因功能的研究十分有利。另外,有将近31%编码蛋白质的酵母基因或者开放阅读框与哺乳动物编码蛋白质的基因有高度的同源性。基因组大小约15Mb,约6000个基因。

3. 秀丽隐杆线虫(*Caenorhabditis elegans*)

秀丽隐杆线虫是了解的最清楚的模式生物之一。线虫虫体通身透明,平均长1.5mm,容易培养和保存,生命周期短(3.5d),易于产生突变,可不间断观察并追踪每个细胞演变为细胞定数动物。两性成虫个体由959个体细胞组成,雌性成虫只有1031个体细胞,302个神经元构成神经网络。基因组大小100Mb,约1.9万个基因。细胞分裂与分化的调控、细胞凋亡的调控机制、RNAi及其遗传机制的发现是秀丽隐杆线虫对当代生命科学发展的重要贡献。

4. 黑腹果蝇(*Drosophila melanogaster*)

黑腹果蝇是奠定经典遗传学基础的重要模式生物之一。果蝇不仅饲养容易,繁殖快,而且有着很多很容易鉴别的表型,是典型的"雌雄异体"生物,雌雄容易识别,可以进行各种有目的的交配,得到各种重组性状,进而揭示基因的位置。"遗传作图"的建立在很多方面是采用了研究果蝇时得到的经验。果蝇在近一个世纪以来的生物学舞台上占有举足轻重的地位,在各个领域的广泛应用使其成为一种理想的模式生物,不论在过去、现在和将来,都将为人类探索生命科学的真谛作出不可磨灭的贡献。

5. 非洲爪蟾(*Xenopus laevis*)

非洲爪蟾被当作发育生物学研究的重要模式动物已长达一个世纪。非洲爪蟾的卵母细胞体积大,数量多,易于显微操作,还可制成具有生物活性的无细胞体系,易于生化分析,在卵母细胞减数分裂机理研究中具有不可替代的作用。非洲爪蟾的胚胎具有许多优点:其胚胎在体外发育,在实验室里培养容易。它的受精卵很大,可在胚胎上做移殖手术并观察移殖对胚胎发育的影响。以荷尔蒙注射雌蛙,可让其在一年中的任何时间产卵,实为研究发育的一大优势。参与调节哺乳动物卵母细胞减数分裂的重要蛋白激酶,其作用最初大都是在非洲爪蟾卵子中发现的。非洲爪蟾除了在发育生物学上的重要贡献外,它也被大量应用在细胞周期及信息传递领域的研究。

6. 斑马鱼(*Danio rerio*)

斑马鱼可以说是脊椎动物中的"果蝇",是研究脊椎动物器官发育和人类疾病的重要遗传学模型之一。其显著优势在于体积小（3～6cm），发育快，成熟周期短，早期胚胎完全透明，故可在体视解剖镜下观察。斑马鱼的基因组中大约含有 30000 个基因，这个数目与人类差不多，而且它的许多基因与人类存在一一对应的关系。它的神经中枢系统、内脏器官、血液以及视觉系统在分子水平上大约有 85％与人相同，尤其是心血管系统，早期发育与人类极为相似。目前，斑马鱼已经成为研究人类疾病及动物胚胎发育的最佳模式生物。

7. 拟南芥（*Arabidopsis thaliana*）

拟南芥是典型的十字花科植物。其优点是个体较小（1cm² 可种植好几棵），每代时间短（从播种到种子收获仅需要 6～8 周），结子多（每棵植物可产很多粒种子），生命力强（用普通培养基就可做人工培养）。拟南芥的基因组是目前已知植物基因组中最小的。每个单倍染色体组（n＝5）的总长只有 7000 万个碱基对，即只有小麦染色体组长的 1/80，这就使克隆它的有关基因相对说来比较容易。拟南芥是自花受粉植物，基因高度纯合，用理化因素处理突变率很高，容易获得各种代谢功能的缺陷型。这些都使得拟南芥成为一种特别理想的遗传学、发育生物学和分子生物学研究材料。透过对阿拉伯芥基因运作的认识，可协助了解许多可供食用的植物，如作为家畜饲料的牧草、黄豆、小麦、玉米、水果和其他农作物等。

8. 小鼠（*Mus musculus*）

小鼠于 17 世纪开始用于解剖学和动物实验，经长期人工饲养选择培育，已育成千余个独立的远交群和近交系，是当今世界上研究最详尽的哺乳类实验动物，已成为生物学、医学、分子生物学、分子遗传学、免疫学等广泛领域的模式动物。小鼠是人类的近缘亲戚的哺乳动物，与人类只有几亿年的进化距离，基因组与基因数目都和人类的差不多，大小为 3000Mb，大约 30000 个基因，已经发现的人类基因，小鼠不仅都有，而且小鼠 80％的基因与人类基因相同或同源。因此，小鼠是人类基因组研究的主要模式生物之一。

2.3　生物大分子及其结构

生物大分子指的是作为生物体内主要活性成分的各种相对分子质量达到上万或更多的有机分子。生物大分子除了主要的蛋白质与核酸外，另外还有糖、脂类和它们相互结合的产物。它们的相对分子质量往往比一般的无机盐类大百倍或千倍以上。蛋白质的相对分子质量在一万至数万左右，核酸的相对分子质量有的竟达上百万。生物大分子是生物体的重要组成成分，其结构比较复杂。这些生物大分子的复杂结构决定了它们的特殊性质，它们在体内的运动和变化体现着重要的生命功能。例如，进行新陈代谢，供给维持生命需要的能量与物质；传递遗传信息；控制胚胎分化；促进生长发育；产生免疫功能等等。

生物大分子大多是由简单的组成结构聚合而成的。蛋白质的组成单位是氨基酸，核酸的组成单位是核苷酸。核酸分为两大类：脱氧核糖核酸（deoxyribonucleic acid，DNA）和核糖核酸（ribonucleic acid，RNA）。生物大分子都可以在生物体内由简单的结构合成，也都可以在生物体内经过分解作用被分解为简单结构。一般在合成的过程中消耗能量，分解的过程中释放能量。

生物大分子的物化性质、结构及其动态特性、分子间相互作用及其协同性等正是复杂生命活动的基础。研究生物大分子是探索生命本质的重要途径之一。下面我们介绍与生物信息学研究密切相关的三种类型的大分子，即 DNA、RNA 和蛋白质的一些基础知识。

2.3.1　DNA 及其结构

DNA 是遗传物质,是由称为核苷酸的小分子生成的聚合物。核苷酸有四种类型,可以用四种碱基来区分它们,构成核苷酸的碱基包括嘌呤和嘧啶两类。DNA 中的嘌呤为腺嘌呤(adenine,A)和鸟嘌呤(guanine,G);嘧啶为胞嘧啶(cytosine,C)和胸腺嘧啶(thymine,T)。尿嘧啶(Uracil,U)也是一种常见的嘧啶,仅存在于 RNA 中。表 2 - 1 给出了国际生物学联合会(IUB)和国际纯粹和应用化学联合会(IUPAC)共同制定的核苷酸的标准符号,许多软件能识别这些符号。

表 2 - 1　扩展的遗传学字母表或 IUPAC 编码表

符　号	含　义	说　明	符　号	含　义	说　明
G	G	鸟嘌呤	S	G 或 C	强氢键(3 个氢键)
A	A	腺嘌呤	W	A 或 T	弱氢键(2 个氢键)
C	C	胞嘧啶	H	A 或 C 或 T	非 G
T	T	胸腺嘧啶	B	G 或 T 或 C	非 A
U	U	尿嘧啶	V	G 或 C 或 A	非 T(非 U)
R	G 或 A	嘌呤	D	G 或 A 或 T	非 C
Y	T 或 C	嘧啶	N	G 或 A 或 T 或 C	任意碱基
M	A 或 C	氨基	X	X	未知碱基
K	G 或 T	酮基	—	—	不定长度的空隙

DNA 是由许多脱氧核糖核苷酸通过磷酸二酯键连接起来的多聚核苷酸。DNA 的一级结构是指 DNA 分子中脱氧核糖核苷酸的排列顺序,它是形成二级结构和三级结构的基础,DNA序列(或顺序)是这一概念的简称,由于核苷酸之间的差异仅仅是碱基的不同,故也可称为碱基顺序。DNA 是巨大的生物高分子,如人的 DNA 就包含了 3×10^9 个碱基对,其所能容纳的信息量之大是可想而知的。生物世界里形形色色的遗传信息都包含在组成 DNA 的 A、G、C、T 这四种核苷酸的排列顺序之中。DNA 分子中不同排列顺序的 DNA 区段构成特定的功能单位,这就是基因,不同基因的功能各异,各自分布在 DNA 的一定区域中。基因的功能取决于 DNA 的一级结构,要想解释基因的生物学含义,就必须弄清 DNA 顺序。因此,DNA 顺序测定是分子遗传学中一项既重要又基本的课题。

DNA 的二级结构是一个双螺旋结构,其结构模型于 1953 年由美国的沃森(J. D. Watson)和英国的克里克(F. H. C. Crick)两位科学家共同提出,它从本质上揭示了生物遗传性状得以世代相传的分子奥秘。图 2 - 1 所示的 DNA 双螺旋二级结构的基本内容如下:

① 主链反向平行。DNA 分子的两条主链似"麻花状"绕一共同轴心以右手方向盘旋,相互平行而走向相反,形成双螺旋构型。主链由脱氧核糖和磷酸基通过酯键交替连接而成,处于螺旋的外侧。碱基位于双螺旋的内侧,碱基平面与中轴垂直。

② 侧链碱基互补配对。两条脱氧多核苷酸链通过碱基之间的氢键连接在一起。碱基之间有严格的配对规律:A 与 T 配对,其间形成两个氢键;G 与 C 配对,其间形成三个氢键。这

种配对规律称为碱基互补配对原则。严格地讲,双链 DNA 分子的两条链之间是反向互补的。因此,若一条链的碱基序列是 5′- ATGCGCTGA - 3′,则另一条链将是 3′- TACGCGACT - 5′。每一碱基对的两个碱基称为互补碱基,同一 DNA 分子的两条脱氧多核苷酸链称为互补链。位于某个参考点的 5′-端的序列通常称为该点的"上游",而在 3′-端的序列称为"下游"。

③ 双螺旋立体结构。DNA 双螺旋的直径为 2nm,一圈螺旋含 10 个碱基对,每一碱基平面间的轴向距离为 0.34nm,故每一螺旋的螺距为 3.4nm,每个碱基的旋转角度为 36°。维持 DNA 结构稳定的力量主要是碱基对之间的堆积力,此外,碱基对之间的氢键也起着重要作用。

④ 大沟和小沟。大沟和小沟分别指双螺旋表面凹下去的较大沟槽和较小沟槽。小沟位于双螺旋的互补链之间,而大沟位于相毗邻的双股之间。这是由于连接于两条主链糖基上的配对碱基并非直接相对,从而使得在主链间沿螺旋形成空隙不等的大沟和小沟。在大沟和小沟内的碱基对中的 N 和 O 原子朝向分子表面。

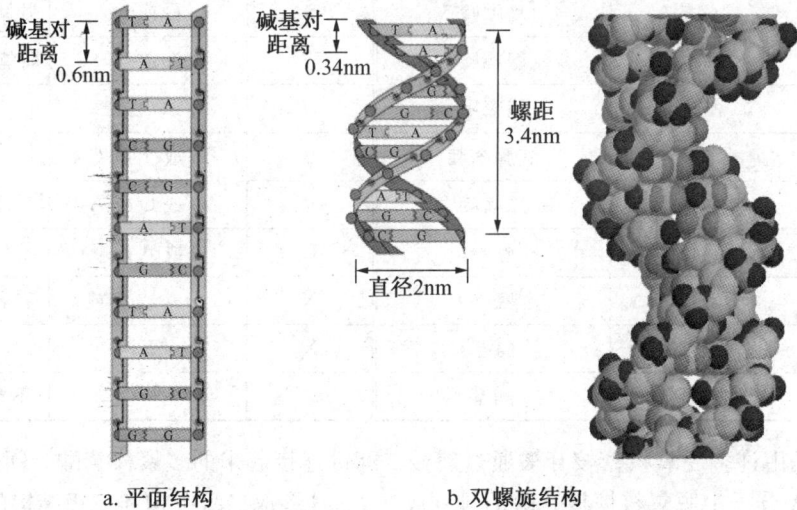

a. 平面结构　　　　　b. 双螺旋结构

图 2-1　DNA 双螺旋结构模型

DNA 双螺旋进一步盘曲形成更为复杂的三级结构。绝大部分原核生物的 DNA 都是共价封闭的环状双螺旋分子,这种双螺旋分子还需再次螺旋化形成超螺旋结构。超螺旋是 DNA 三级结构的最常见的形式。真核细胞 DNA 的双链缠绕在组蛋白上构成核小体,它是染色质的基本单位,核小体彼此相连成串珠状染色质细丝,染色质细丝螺旋化形成染色质纤维,后者进一步卷曲、折叠形成染色单体。这样,DNA 的长度被压缩近万倍。在真核生物的染色质中,DNA 的三级结构与蛋白质的结合有关。

2.3.2　RNA 及其结构

核糖核酸是由核糖核苷酸通过磷酸二酯键连接形成的一类核酸,因含核糖而得名。RNA 普遍存在于动物、植物、微生物、某些病毒和噬菌体内。RNA 分子与 DNA 分子非常相似,但有以下组成和结构上的不同:① RNA 中,核糖取代了 DNA 分子中的脱氧核糖。② RNA 中,胸腺嘧啶 T 被尿嘧啶 U 取代,U 和 T 一样能够与 A 配对。③ RNA 为单链结构,局部可因碱基互补配对 (A—U,C—G)以氢键相连,形成双螺旋结构。在不同的 RNA 中,双螺旋区所占比例不同。

RNA 按功能不同分为信使 RNA(mRNA)、转运 RNA(tRNA)及核糖体 RNA(rRNA)三类。mRNA 一般都不稳定,代谢活跃,更新迅速,半衰期短。其生物学功能是传递 DNA 的遗传信息,指导蛋白质的生物合成。tRNA 是细胞内相对分子质量最小的一类核酸,100 多种 tRNA 都由 70~90 个核苷酸构成。tRNA 的功能是在细胞蛋白质合成过程中作为各种氨基酸的载体并将其转呈给 mRNA。rRNA 约占 RNA 总量的 80% 以上,它与蛋白质结合为核糖体,由易于解聚的大、小亚基组成,存在于粗面内质网与胞浆中。核糖体是蛋白质生物合成的场所。

RNA 二级结构是多核苷酸链通过自身回折,使链中的腺嘌呤(A)与尿嘧啶(U)、鸟嘌呤(G)与胞嘧啶(C)进行配对,形成多而短的双股螺旋区。连续配对所形成的螺旋区对 RNA 二级结构起着稳定作用,从而降低整体结构自由能;而 RNA 分子中没有配对的部分形成环状结构(发卡环、内部环、突环和多分支环等),这不利于结构的稳定,升高结构自由能;而 RNA 二级结构的形成就是在这种矛盾之间的一种平衡。tRNA 的二级结构最具特色,呈三叶草形,具有四臂三环的结构,RNA 在二级结构的基础上进一步弯曲折叠就形成各自特有的三级结构。X 射线衍射结构分析发现,tRNA 的共同三级结构是倒 L 形。

RNA 结构的相关内容详见 10.1.2。

2.3.3　蛋白质及其结构

蛋白质是生物体内占有特殊地位的生物大分子,它不仅是各器官、组织的主要化学组成,也是生命活动的重要物质基础,几乎一切生命现象都要通过蛋白质的结构与功能而体现出来。蛋白质普遍存在于生物界中,病毒、细菌、动物、植物中都含有蛋白质,病毒除核酸外几乎都由蛋白质组成,朊病毒甚至只含蛋白质而不含核酸。蛋白质也是各种生物体内含量最多的有机物质,约占干重的 45% 左右。

1. 蛋白质的分子组成

蛋白质的基本组成单位或构件分子是氨基酸。虽然自然界中存在着 300 多种氨基酸,但参与蛋白质组成的常见氨基酸只有 20 种(表 2-2),并且组成蛋白质的氨基酸不存在种族差异和个体差异。

表 2-2　组成蛋白质的氨基酸及其英文缩写

氨基酸名称	三字符号	单字符号	氨基酸名称	三字符号	单字符号
甘氨酸	Gly	G	丝氨酸	Ser	S
丙氨酸	Ala	A	苏氨酸	Thr	T
缬氨酸	Val	V	天冬酰胺	Asn	N
异亮氨酸	Ile	I	谷酰胺	Gln	Q
亮氨酸	Leu	L	酪氨酸	Tyr	Y
苯丙氨酸	Phe	F	组氨酸	His	H
脯氨酸	Pro	P	天冬氨酸	Asp	D
甲硫氨酸	Met	M	谷氨酸	Glu	E
色氨酸	Trp	W	赖氨酸	Lys	K
半胱氨酸	Cys	C	精氨酸	Arg	R

　　蛋白质是由氨基酸组成的,其理化性质必定有一部分与氨基酸相同或相关。认识氨基酸的性质对于蛋白质的分离、纯化以及结构和功能的研究都极为重要。氨基酸在结构上的共同点是与羧基(—COOH)相邻的 α-氨基酸。各种 α-氨基酸的区别在于侧链 R 基团不同,R 基团的特异性使不同氨基酸显示出不同的理化性质:① 相对分子质量。氨基酸残基平均相对分子质量为 110,但 20 种氨基酸的相对分子质量差异较大。② 溶解性。不同氨基酸在水中溶解度相差很大,所有的氨基酸都易溶于稀酸或稀碱溶液中,而不溶于有机溶剂。③ 旋光性。20 种氨基酸中,只有甘氨酸(Gly)因无手性碳而不具有旋光性;Thr、Ile 各有两个手性碳;其余 17 种氨基酸的 L 型与 D 型互为镜像关系,互称光学异构体(对映体,或立体异构体)。一个异构体的溶液可使偏振光逆时针旋转(记为"−"),另一个异构体可使偏振光顺时针旋转(记为"+"),这称为旋光性。旋光性物质在化学反应时经过对称的过渡态时会发生消旋现象。氨基酸的旋光符号和大小取决于它的 R 基的性质,并与溶液的 pH 值有关(pH 值影响氨基和羧基的解离)。比旋光度即单位浓度和单位长度下的旋光度,是旋光性物质的特征物理常数。④ 两性解离与等电点。氨基酸同时含有氨基和羧基,因此属两性电解质,在水溶液或结晶体内基本上以兼性离子或偶极离子的形式存在。对某种氨基酸来讲,当溶液在某一特定的 pH 值时,氨基酸以两性离子的形式存在,正电荷与负电荷数相等,净电荷为零,在直流电场中,即不向正极移动,也不向负极移动,此时溶液的 pH 值称为该氨基酸的等电点(isoelectric point, pI)。等电点是氨基酸的极为重要的特征常数。不同的氨基酸由于 R 基结构的不同,有不同的等电点。当氨基酸处于等电点状态时,由于静电引力作用,其溶解度最小,容易发生沉淀。表 2-3 列出了 20 种常见氨基酸的以上所述的 4 种理化性质的特征常数。

表 2-3　常见的 20 种氨基酸的重要理化性质特征常数

氨基酸	相对分子质量	水中溶解度 (g/100mL, 25℃)	比旋光度 (5mol/L HCl)	等电点
甘氨酸	75.05	25	—	5.97
丙氨酸	89.06	16.7	+14.6	6.02
缬氨酸	117.09	8.9	+28.3	5.97
亮氨酸	131.11	2.4	+16.0	5.98
异亮氨酸	131.11	4.1	+39.5	6.02
丝氨酸	105.06	5.0	+15.1	5.68
苏氨酸	119.18	1.59	−15.0	6.53
天冬氨酸	133.60	0.54	+25.4	2.97
天冬酰胺	132.60	3.5	+33.2**	5.41
谷氨酸	147.08	0.86	+31.8	3.22
谷氨酰胺	146.08	3.7	+31.8*	5.65
精氨酸	174.40	15	+27.6	10.76
赖氨酸	146.13	66.6	+26.0	9.74
组氨酸	155.09	4.2	+11.8	7.59

氨基酸	相对分子质量	水中溶解度 （g/100mL，25℃）	比旋光度 （5mol/L HCl）	等电点
半胱氨酸	121.12	—	+6.5	5.02
蛋氨酸	149.15	3.4	+23.2	5.75
苯丙氨酸	165.09	3.0	−4.5	5.48
酪氨酸	181.09	0.04	−10.0	5.66
色氨酸	204.11	1.1	+2.8*	5.89
脯氨酸	115.08	62.3	−60.4	6.30

注：* 表示 1mol/L HCl；** 表示 3mol/L HCl

　　另外，20 种氨基酸可以按照 R 基团的化学结构或极性的不同进行分类。

　　按照 R 基团的化学结构的不同，20 种常见的氨基酸可分为脂肪族氨基酸、芳香族氨基酸和杂环族氨基酸三大类，其中以脂肪族氨基酸最多，其按具体的结构的不同可进一步分类。脂肪族氨基酸包括：① 一氨基一羧基氨基酸，包括甘氨酸、丙氨酸、缬氨酸、亮氨酸、异亮氨酸；② 羟基氨基酸，包括丝氨酸、苏氨酸；③ 硫氨基酸，包括半胱氨酸、甲硫氨酸（或称蛋氨酸）；④ 酰胺基氨基酸，包括 天冬酰胺、谷氨酰胺；⑤ 一氨基二羧基氨基酸，包括天冬氨酸、谷氨酸；⑥ 二氨基一羧基氨基酸，包括赖氨酸、精氨酸。芳香族氨基酸包括苯丙氨酸、酪氨酸。杂环族氨基酸包括色氨酸、组氨酸、脯氨酸。

　　根据 R 基团的极性的不同，可将 20 种常见氨基酸分为非极性氨基酸（也称疏水性氨基酸）、不带电荷的极性氨基酸和带电荷的极性氨基酸三类。其中，带电荷的氨基酸又可分为带正电荷的氨基酸和带负电荷的氨基酸。非极性氨基酸共有 8 种，分别是丙氨酸、缬氨酸、亮氨酸、异亮氨酸、苯丙氨酸、色氨酸、甲硫氨酸和脯氨酸。它们的侧链 R 基团是非极性基团（或称疏水性基团），这类氨基酸在水中的溶解度一般要比亲水性氨基酸小。不带电荷的极性氨基酸共有 7 种，分别是甘氨酸、丝氨酸、苏氨酸、半胱氨酸、酪氨酸、天冬酰胺和谷氨酰胺。它们的侧链 R 基团是不解离的极性基团（或称亲水性基团），能与水形成氢键。需要特别说明的是，其中甘氨酸的侧链介于极性与非极性之间，有时也把它归入非极性类，但是它的 R 基只不过是一个氢原子，对极性强的 α-氨基和 α-羧基影响很小，因而将它归为极性氨基酸比较合理。带电荷的极性氨基酸共有 5 种，侧链带有高度极性的 R 基团，会发生解离带上正电荷或负电荷。其中，带正电荷的氨基酸包括赖氨酸、精氨酸和组氨酸，又叫碱性氨基酸；带负电荷的氨基酸包括天冬氨酸和谷氨酸，又叫酸性氨基酸。

　　2. 蛋白质的结构

　　为了表示蛋白质的不同组织层次，经常使用一级结构和空间结构（二、三、四级结构）等术语对其分子结构进行阐述。

　　一级结构是蛋白质最基本的结构。它是由基因上遗传密码的排列顺序所决定的。肽键是蛋白质结构中的主键。二级结构涉及那些按线性顺序来说相互接近的氨基酸残基之间的空间关系，如α-螺旋、β-折叠。三级结构有关于蛋白质中多肽链的空间走向，它涉及那些按线性顺序来说相隔较远的氨基酸残基之间的空间关系。必须注意，二级结构与三级结构之间的分界线是人为规定的。包含一条以上多肽链的蛋白质在结构上表现出一个新的层次,即四级结构。四级结构涉及这些多肽链结合在一起的方式。在这样的蛋白质中,每一条多肽链称为亚基。随着研究的深入,现在在蛋白质二级和三级结构之间,又增加了一些超二级结构和结构域,代表蛋白质结构中的功能单位。

（1）一级结构

蛋白质一级结构（protein primary structure）是指多肽链的氨基酸残基的排列顺序（图2-2）。对于蛋白质各结构层次之间的关系而言,氨基酸排列顺序决定它的特定的空间结构,即一级结构决定其他各层次的高级结构。蛋白质的一级结构是其生物学功能的基础。蛋白质一级结构不同,其生物学功能不同。蛋白质的一级结构改变而使生物学功能发生很大的变化。蛋白质的空间结构直接与其生物活性相关,空间结构发生改变,其生物学活性也随之改变。

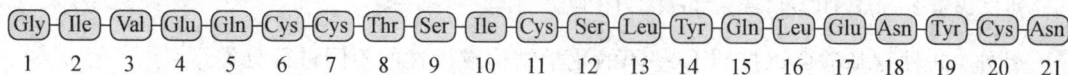

| Gly | Ile | Val | Glu | Gln | Cys | Cys | Thr | Ser | Ile | Cys | Ser | Leu | Tyr | Gln | Leu | Glu | Asn | Tyr | Cys | Asn |
| 1 | 2 | 3 | 4 | 5 | 6 | 7 | 8 | 9 | 10 | 11 | 12 | 13 | 14 | 15 | 16 | 17 | 18 | 19 | 20 | 21 |

图 2-2　胰岛素 A 链的一级结构

（2）二级结构

蛋白质的二级结构（protein secondary structure）是指多肽链中相邻氨基酸残基形成的局部肽链空间结构,是其主链原子的局部空间排布。蛋白质分子的空间结构有一些共同的规律可遵循,其中二级结构主要是周期性出现的有规则的 α-螺旋、β-折叠、β-转角和无规则卷曲等几种二级结构单元（图2-3）。这些有序的二级结构单元主要是靠氢键等非共价键来维持其空间结构的相对稳定。

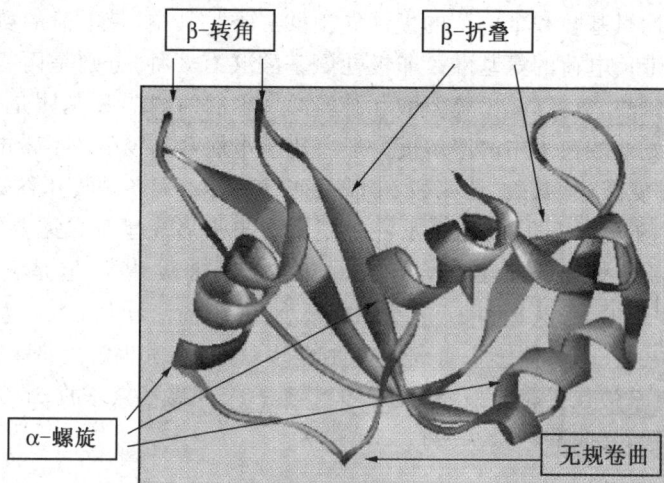

图 2-3　RNase 的某些二级结构

近年来,随着蛋白质结构与功能研究的深入,研究者发现不少蛋白质分子中的一些二级结构单元往往有规则地组合在一起,彼此相互作用,排列形成有规则的、在空间结构上能够辨认的二级结构组合体,称为超二级结构,又称模体（motif）或模序。其基本形式有 αα、βββ、βαβ、β₂α 和 αTα 等。例如具有调控作用的转录因子蛋白质中,就有 $\beta_2\alpha$ 和 αTα 超二级结构存在。单个或多个超二级结构尚可进一步集结起来,形成在蛋白质分子空间结构中明显可区分的区域,称为结构域。它通常由 40～400 个氨基酸残基组成,其特点是在三维空间可以明显区分和相对独立,并且具有一定的生物功能(如结合小分子)。结构域的基本类型有全平行 α-螺旋结构域、平行或混合型 β-折叠片结构域、反平行 β-折叠片结构域、富含金属或二硫键结构域四种。结构域相对较小,比较容易研究其结构和功能的关系,因此已成为目前蛋白质结构、功能研究中的一个关注焦点与热门课题。

(3) 三级结构

蛋白质的三级结构(protein tertiary structure)是指整条多肽链借助各种相互作用力盘绕成具有特定肽链走向的总三维结构,包括一级结构中相距甚远的肽段之间的几何相互关系、骨架和侧链在内的所有原子的空间排列。维持蛋白质三级结构的作用力主要是氢键、疏水相互作用、离子键(即盐键)、范德华力以及共价二硫键。自然界中的大多数蛋白质都是由一条肽链组成的,因此相对稳定的三级结构就是其特征性的空间结构,这是蛋白质分子最显著的特征之一。下图为溶菌酶的三级结构。

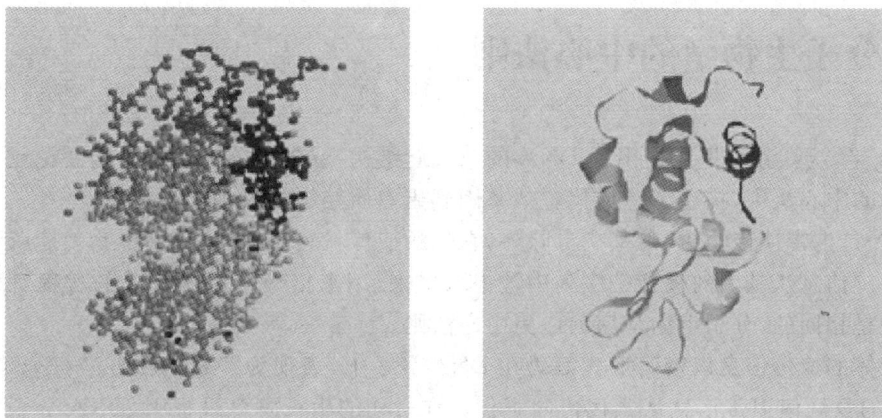

图 2 - 4　溶菌酶分子的三级结构

(4) 四级结构

蛋白质的四级结构(protein quaternary structure)是指在亚基和亚基之间通过疏水作用等次级键结合成为有序排列的特定的空间结构。四级结构的蛋白质中每个球状蛋白质称为亚基,亚基通常由一条多肽链组成,单独存在时一般没有生物活性。并不是所有蛋白质分子都具有四级结构。大多数蛋白质都只由一条肽链组成,只具有三级结构就有生理活性了;只有一部分相对分子质量更大或具有调节功能的蛋白质才具有四级结构,它由几条肽链组成,这对完成其特定生理功能十分重要。仅由一个亚基组成的无四级结构的蛋白质(如核糖核酸酶)称为单体蛋白质;由两个或两个以上亚基组成的有四级结构的蛋白质(如血红蛋白)称寡聚蛋白质、多聚蛋白质或多亚基蛋白质。大多数寡聚蛋白质分子中亚基数目为偶数,尤以 2 和 4 为多;个别为奇数,如荧光素酶分子含三个亚基。亚基的种类一般是一种或两种,少数多于两种。生物体内发现的寡聚蛋白质多数是酶,它行使某一完整的生物学功能,而每个亚基则各负担完整功能中的一部分。血红蛋白的四级结构见图 2 - 5。

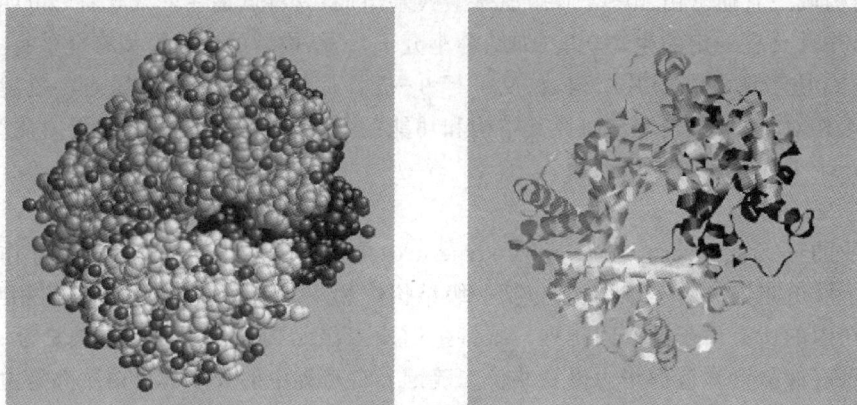

图 2-5　血红蛋白的四级结构

2.4　分子生物学的中心法则

1953 年,沃森和克里克提出了 DNA 的双螺旋结构,开创了分子生物学的新纪元。在此基础上提出的中心法则,描述了遗传信息从基因到蛋白质结构的流动。

DNA 是携带遗传物质(某些病毒除外,它们的遗传材料是 RNA),即生物功能所要求的信息的载体。信息从基因的核苷酸序列中被提取出来,用来指导蛋白质合成的过程对地球上的所有生物是相同的,分子生物学家称之为中心法则。

生物体的遗传信息以密码形式编码在 DNA 分子上,表现为特定的核苷酸排列顺序,并通过 DNA 的复制使遗传信息从亲代传向子代。在后代的生长发育过程中,DNA 分子中的遗传信息转录到 RNA 分子中(即 RNA 聚合酶以 DNA 为模板合成 RNA),再由 RNA 翻译生成体内各种蛋白质,行使特定的生物功能。翻译过程是在核糖体上进行的。这样,通过遗传信息从亲代传向子代,并在子代表达,使得子代获得了亲代的遗传性状。RNA 也能通过复制过程合成出与其自身相同的分子。此外,生物界还存在由 RNA 指导的DNA 合成过程,即逆转录,这一过程发现于逆转录病毒中。通过基因转录和翻译得到的蛋白质分子可以反过来作用于 DNA,调控其他基因的表达。分子生物学的中心法则见图 2-6,它说明遗传信息由DNA 分子到 RNA,再到蛋白质的传递过程。

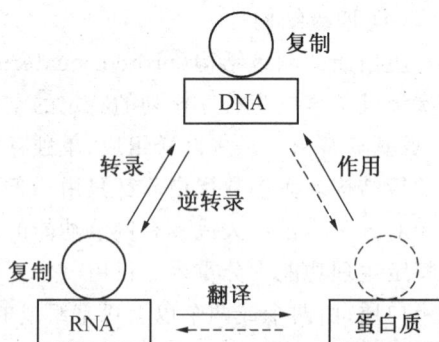

图 2-6　分子生物学中心法则

2.4.1　DNA 的复制

DNA 复制开始时,两条链在复制起点解开,形成复制泡,DNA 向两侧复制形成两个复制叉。以复制叉移动的方向为基准,一条模板链是 $3' \rightarrow 5'$,以此为模板而进行的新生 DNA

链的合成沿 $5'→3'$ 方向连续进行,这条链为前导链(leading strand)。另一条模板链的方向为 $5'→3'$,以此为模板的 DNA 合成也是沿 $5'→3'$ 方向进行,但与复制叉前进的方向相反,而且是分段的、不连续合成的,这条链被称为滞后链(lagging strand),合成的片段即为冈崎片段。这些冈崎片段再由 DNA 连接酶连成完整的 DNA 链。这种前导链的连续复制和滞后链的不连续复制在生物中是普遍存在的,称为 DNA 合成的半不连续复制。在子代 DNA 双链分子中,一条为来自亲代的旧链,另一条为新合成的链,所以 DNA 复制还是半保留复制。

亲代 DNA 分子的两条互补链都按照 A 与 T、G 与 C 配对的对应关系合成它自己的互补子代链,这样新合成的子代链与亲代链的核苷酸排列顺序完全相同,这就是 DNA 的复制,生命的遗传信息就这样一代一代准确地往下传。

以大肠杆菌($E.\ coli$)为例,原核生物的 DNA 复制过程大致分为以下三个阶段:

① 复制的启动。在 DNA 复制起始部位,先由 DNA 拓扑异构酶改变 DNA 分子的超螺旋结构,然后在解链酶的作用下解开双股链,再由单链 DNA 结合蛋白保护和稳定 DNA 单链,双链解开的这一点沿着 DNA 向两边延伸扩大,产生形状像叉子的复制叉。引发酶和引发前体参与合成 RNA 引物。在前导链合成中,以单链 DNA 为模板,先由引发酶催化合成一段短的 RNA 引物;继而在 DNA 聚合酶Ⅲ的催化下,新生 DNA 链从 $5'→3'$ 方向连续的合成和延伸。

② 复制的延伸。DNA 链的延长是在 DNA 聚合酶催化下进行的,以四种脱氧三磷酸即 dATP、dGTP、dCTP、dTTP 为原料进行的合成反应。聚合作用是自引物 $3'-OH$ 端开始,沿 $5'→3'$ 方向逐个加入脱氧核苷酸 dNMP 而脱下焦磷酸 PPi,使 DNA 链得以延长。DNA pol 仅催化 DNA 链沿 $5'→3'$ 方向的聚合作用,因此,解开双链后在 $3'→5'$ 方向的模板上可以按 $5'→3'$ 方向合成前导链;而以 $5'→3'$ 方向链为模板,仍然按 $5'→3'$ 方向合成不连续的短冈崎片段。

③ 复制的终止。在 DNA 合成的片段内,由 DNA 聚合酶Ⅰ外切酶活性催化切除 RNA 引物,致使各片段之间形成空隙,然后由 DNA 聚合酶Ⅰ的聚合酶活性催化填补空隙,最后由 DNA 连接酶将这些片段再连接起来,成为一条长链。DNA 复制完毕后,DNA Topo 将 DNA 分子引入超螺旋结构。

真核生物的 DNA 复制与 $E.coli$ 基本相似,但仍有一些特点,如复制的速度约为 50nt/s($E.coli$ 为 500nt/s),每个复制子都有固定的起点,常常采用双向复制方式,冈崎片段的长度小于原核生物,在 DNA 聚合酶 δ 与 α 配合下催化合成反应等。

2.4.2　DNA 到 mRNA 的转录

生物体以 DNA 分子为模板合成出与其核苷酸顺序相对应的 RNA 的过程称为转录。转录是基因表达(gene expression)的第一个阶段。DNA 分子上的遗传信息是决定蛋白质氨基酸序列的原始模板。RNA 把遗传信息从染色体内贮存的状态转送至胞液,作为蛋白质合成的直接模板。同样,转录过程也是在一系列特定的酶的催化下完成的。与 DNA 聚合酶不同的是,RNA 聚合酶无需引物,它可以直接在模板上合成 RNA 链,合成方向为 $5'→3'$。原核细胞中只有一种 RNA 聚合酶负责转录所有的基因,真核细胞中已发现三类 RNA 聚合酶:DDRP

Ⅰ、Ⅱ、Ⅲ，它们分别催化 rRNA、mRNA 和 tRNA 的合成。

转录过程分为起始、延长和终止三个阶段。在起始阶段，RNA 聚合酶及相关转录因子识别 DNA 分子的启动子，并与之结合。此时，DNA 分子双螺旋局部解开，解链范围仅限于与 RNA 聚合酶结合的部位。聚合酶识别模板链，按照碱基配对原则催化最先掺入的两个核苷酸间形成磷酸二酯键。第一个磷酸二酯键形成后，σ 亚单位即从转录起始复合物上脱落。核心酶则连同合成的 RNA 链，继续结合于 DNA 分子上并沿 DNA 链向前移动。在延长阶段，RNA 聚合酶在 DNA 模板链上沿 $3'→5'$ 方向移动，新合成的 RNA 链与模板链互补，以 $5'→3'$ 方向延长，被转录过的 DNA 重新形成双螺旋结构。产物 RNA 是没有 T 的；遇到模板为 A 的位置时，转录产物相应加入的是 U。在终止阶段，RNA 聚合酶移动至转录终止位点（终止子，是转录的终止信号序列）时，聚合反应终止，新合成的 RNA 链从转录复合物上脱离出来，RNA 聚合酶从 DNA 模板上脱落。

由于原核细胞不存在核膜，因此 RNA 是边转录边翻译，即转录还没完成，蛋白质的翻译过程已经开始。然而，真核生物中前体 mRNA 在细胞核合成后，还必须经过一系列复杂的加工修饰过程并转移到细胞质内才能指导蛋白质的合成。mRNA 分子的前体是核不均一 RNA（hnRNA），其加工修饰主要有四项工作：

① 加尾。通过多聚腺苷酸化（polyadenylation）在 $3'$-端添加多聚腺苷酸（poly A）尾巴。这一反应是在 RNA 末端腺苷酸转移酶催化下完成的。Poly A 的存在保护了遗传密码部分不被核糖核酸酶水解，但是 poly A 的尾巴依然能被水解，所以 poly A 的长短决定了 mRNA 的寿命。研究表明，poly A 的尾巴不仅与 mRNA 由细胞核向细胞质的转移有关，而且对 mRNA 的稳定性及翻译效率有明显影响。

② 戴帽。在 mRNA 的 $5'$-端形成一种特殊的结构，这种结构使水解酶无法从 $5'$-端进行水解。用核糖核酸酶处理 mRNA，发现它的 $5'$-端的核苷酸总是 N7-甲基鸟苷酸（m7GPPPX），mRNA 的 $5'$-端的这种结构就叫帽子。不同生物体内，由于甲基化程度不同，可以形成几种不同形式的帽子。

③ 剪接。真核生物的大多数基因都被间隔序列分隔而成为分裂基因，这些间隔序列即称为内含子。因为转录过程中内含子也被转录，所以前体 mRNA 需通过剪接使编码区（即外显子）成为连续序列。

④ 化学修饰。部分碱基进行甲基化、还原、移位、脱氨基等修饰过程。转录的 RNA 经剪接或修饰转变成为成熟的具有功能的 mRNA。tRNA、rRNA 同样存在加工修饰现象。

2.4.3　mRNA 翻译成蛋白质

蛋白质的生物合成是根据 mRNA 链上每三个核苷酸决定一个氨基酸的三联体密码规则，合成出具有特定氨基酸顺序的蛋白质肽链。蛋白质合成过程本质上是遗传信息的翻译过程，是基因表达的第二个阶段。mRNA 是蛋白质合成的直接模板，RNA 和蛋白质是在组成上完全不同的两类生物大分子，它们之间的信息传递就像是两种文字之间需要翻译，因此把以 mRNA 为模板的蛋白质合成过程称为翻译。

mRNA 序列上三个相邻的碱基组成一个密码子，或叫三联体遗传密码，一个密码子对应一种氨基酸。表 2-4 列出了编码 20 种氨基酸所对应的密码子。遗传密码有如下基本特征：

表 2 - 4　三联体通用遗传密码表

第一位核苷酸（5'-端）	第二位核苷酸				第三位核苷酸（3'-端）
	U	C	A	G	
U	苯丙氨酸	丝氨酸	酪氨酸	半胱氨酸	U
	苯丙氨酸	丝氨酸	酪氨酸	半胱氨酸	C
	亮氨酸	丝氨酸	终止（＊）	终止（＊）	A
	亮氨酸	丝氨酸	终止（＊）	色氨酸	G
C	亮氨酸	脯氨酸	组氨酸	精氨酸	U
	亮氨酸	脯氨酸	组氨酸	精氨酸	C
	亮氨酸	脯氨酸	谷氨酰胺	精氨酸	A
	亮氨酸	脯氨酸	谷氨酰胺	精氨酸	G
A	异亮氨酸	苏氨酸	天冬酰胺	丝氨酸	U
	异亮氨酸	苏氨酸	天冬酰胺	丝氨酸	C
	异亮氨酸	苏氨酸	赖氨酸	精氨酸	A
	甲硫氨酸	苏氨酸	赖氨酸	精氨酸	G
G	缬氨酸	丙氨酸	天冬氨酸	甘氨酸	U
	缬氨酸	丙氨酸	天冬氨酸	甘氨酸	C
	缬氨酸	丙氨酸	谷氨酸	甘氨酸	A
	缬氨酸	丙氨酸	谷氨酸	甘氨酸	G

注：标以"＊"的为终止密码子

① 连续性。编码蛋白质氨基酸序列的各个三联体密码间既无间断也无交叉，阅读密码必须按照一定的读码框架，从一个正确的起点开始，逐个顺次向下阅读，直到终止信号处停止。若插入或缺失一个碱基，就会使这一碱基之后的读码发生错误，这种错误称为移码。

② 简并性。20 种氨基酸中的 18 种具有多个密码子，这一现象称为密码子的简并性。由于密码子具有简并性，有时虽然在 DNA 复制和转录过程中发生错误，但蛋白质的氨基酸序列却可以不受影响，尤其当突变（遗传物质发生改变）发生在密码子的第三位时更是如此。通常三联体密码子一个碱基的改变不足以引起所编码的氨基酸从一类变成另一类。这些改变一个碱基而对蛋白质没有影响的密码子位点称为简并位点，在编码序列水平上不导致蛋白质氨基酸序列发生改变的核苷酸替换称为同义替换，而使氨基酸发生变化的替换称为异义替换。

③ 通用性。最初遗传密码的解读是在体外大肠杆菌无细胞蛋白质合成体系中得到的，后来的研究发现，从最简单的病毒、原核生物直至人类，基本上共用同一套密码，仅发现少数例外，如动物细胞的线粒体、植物细胞的叶绿体。遗传密码的通用性进一步证明各种生物进化自同一祖先。

④ 摆动性。转运氨基酸的 tRNA 的反密码需要通过碱基互补与 mRNA 上的遗传密码反向配对结合，但反密码与密码间不严格遵守常见的碱基配对规律，这称为摆动配对。尤其是密码的第三位碱基对反密码的第一位碱基时更常出现这种摆动现象，即碱基不严格互补也能互

相辨认。

翻译过程也可分为起始、延伸和终止三个阶段。下面以原核生物为例,介绍多肽合成的过程。

① 起始。这是 mRNA 能忠实地翻译的关键步骤,是将带有蛋氨酸的 tRNA 与 mRNA 结合到核糖体上形成起始复合物的过程。此过程在原核生物与真核生物中完全相同。由 50S 亚基(大亚基)、30S 亚基(小亚基)、mRNA 与甲酰蛋氨酰 tRNA 共同构成有生物学功能的 70S 起始复合物。

② 延伸。翻译过程的肽链延长,也称为核糖体循环。每循环一次,肽链延长一个氨基酸,如此不断重复,肽链不断延长,直至肽链合成终止。此过程可分为三个步骤进行:a. 由 A 位上 mRNA 密码子规定的氨酰-tRNA 进入核糖体并结合在 A 位上;b. 此时 A 位和 P 位上都结合氨酰-tRNA(延伸时 P 位上为肽酰-tRNA),肽酰基从 P 位到 A 位,并形成新的肽链;c. 核糖体沿 mRNA($5' \rightarrow 3'$)做相对移动,肽酰-tRNA 又从 A 位移到 P 位,失去氨酰基的 tRNA 从核糖体上脱落,待下一个氨酰-tRNA 进入 A 位,开始新的一轮肽链延伸反应。

③ 终止。mRNA 的终止信号(UAA、UAG、UGA)进入核糖体,释放因子可完成终止信号的识别。P 位上 tRNA 与肽链之间的酯键在水解作用下断裂,肽链从核糖体上脱落。随后,mRNA、tRNA 与核糖体分离,核糖体又解离为大、小亚基,可重新聚合参与另一条肽链的合成。

真核生物的蛋白质合成与上述过程基本相似,合成中涉及的蛋白质因子较多,合成机制更为复杂。另外需要指出的是,从核糖体上最终释出的多肽链,即使能自行卷曲而具有一定的构象,但还不是具有生物活性的成熟蛋白质,必须进一步进行切割或修饰,乃至聚合,才能表现出生理活性。这些蛋白质的修饰过程,称为翻译后加工,有兴趣的读者可以参阅《分子生物学》教材。

2.4.4　mRNA 反转录为 cDNA

人们最初认为遗传信息只能从 DNA 传到 mRNA,再从 mRNA 翻译成蛋白质,通过蛋白质来表达遗传信息,实现生物体的各种功能。然而,在 1970 年,科学家发现有些 RNA 病毒会将 RNA 反转录成 DNA,并且找到了促成这一过程的反转录酶。反转录酶可以将 mRNA 反转录为 DNA,而这样的 DNA 分子里没有内含子。这样的单链 DNA 分子称为互补 DNA,或 cDNA。

反转录(又称逆转录)过程是依赖 RNA 的 DNA 合成,先以单链 RNA 的基因组为模板,由 dNTP(dATP、dGTP、dCTP、dTTP)聚合成一条 cDNA。产物与模板生成 RNA - DNA 杂化双链,杂化双链中的 RNA 被 RNA 酶水解后,再以新合成的单链 DNA 为模板,催化合成第二条单链 DNA。此过程中,核酸合成与转录(DNA→RNA)过程遗传信息的流动方向相反(RNA→DNA),故称为反转录。催化这一反应的酶即反转录酶。

反转录酶和反转录现象是分子生物学研究中的重大发现,这使得人们扩展了对中心法则的认识。过去,中心法则认为,DNA 的功能兼有遗传信息的传递和表达,因此,DNA 处于生命活动的中心位置。反转录现象说明,至少在某些生物体内,RNA 同样兼有遗传信息传递和表达的功能。20 世纪 80 年代末,又发现某些 RNA,即核酶(ribozyme)具有催化功能。按过去所知,有生物催化作用的酶,其化学本质都是蛋白质。核酶的发现,使科学界对 RNA 在生命活动中的重要性添加了更深刻的认识。

真核生物每个细胞里都有全套染色体和遗传信息。然而,在不同的组织和环境中,只有一部分基因被表达为蛋白质。所有要表达的基因,都有相应的 mRNA 被转录和加工。原则上可以提取一定组织细胞中的全部 mRNA,将它们反转录成稳定而便于保存的 cDNA,做成 cDNA 文库。

2.4.5　RNA 的复制

以 DNA 为模板合成 RNA 是生物界 RNA 合成的主要方式;但有些生物,像某些病毒、噬菌体,它们的遗传信息贮存在 RNA 分子中,当它们进入宿主细胞后,还可进行复制,即在 RNA 指导的 RNA 聚合酶催化下合成 RNA 分子。

RNA 复制酶催化的合成反应是以 RNA 为模板,$5'\rightarrow 3'$ 方向进行 RNA 链的合成。RNA 复制酶缺乏校对功能的内切酶活性,因此 RNA 复制的错误率较高,RNA 复制酶只是特异地对病毒的 RNA 起作用,而宿主细胞的 RNA 一般并不进行复制。

若依照惯例把 mRNA 规定为(＋)RNA,其互补链为(－)RNA,根据病毒 RNA 和其 mRNA 的关系,RNA 病毒可分为四类,它们各自有不同的 RNA 复制方式。一类病毒为含正链 RNA 的病毒,如脊髓灰质炎病毒和 Qβ 噬菌体。它们先合成(－)RNA,再以之为模板合成(＋)RNA,组装成病毒颗粒。二类病毒是含负链 RNA 的病毒,如狂犬病病毒和疱疹性口炎病毒。其(－)RNA 是(＋)mRNA 合成的模板,再由(＋)RNA 合成蛋白质、(－)RNA,组装成病毒。三类病毒是含双链 RNA 的病毒,如呼肠孤病毒。它以(－)RNA 为模板合成(＋)RNA,以(＋)RNA 为模板合成(－)RNA 和蛋白,组装病毒颗粒。四类病毒是逆转录病毒,如白血病毒和 Rous 肉瘤病毒。这类病毒最特殊,它们通过一个 DNA 中间物表达病毒(＋)RNA 的遗传信息,这个 DNA 中间物是(＋)RNA 合成的模板。因此,逆转录病毒的信息流是从 RNA 到 DNA,再返回 RNA。

进一步的研究还发现一些 RNA 病毒,如 R17、f2、MS2 等,可以 RNA 为模板直接复制新的 RNA。这些病毒都属于最简单的类型。例如,MS2 的 RNA 只含有大约 350 个核苷酸,仅编码 3 种蛋白质。

1958 年,由克里克提出的中心法则的基本思想无疑是正确的,生命的信息传递是有方向性的。中心法则的内容则由于分子生物学在这五十年中的迅猛发展而大大地丰富起来,信息传递主线上的细节基本上已经清楚。中心法则不但对过去几十年的分子生物学的发展起了指导性的作用,对今后分子生物学的发展还将继续起指导性的作用。中心法则所包含的跨时代的生物学意义在于它揭示了生命最本质的规律,今天和明天的生命科学都是建立在分子生物学的中心法则上,它无疑是 20 世纪人类科技史上的一个伟大的里程碑。

2.5　基因组及基因组结构

2.5.1　基因与基因组的一些问题

无论是病毒、原核生物还是真核生物,其 RNA 或蛋白质的结构信息都是以基因的形式贮存在核酸分子中的。基因的最基本性质是在一个多世纪前由孟德尔(G. J. Mendal)定义的。他提出的两大定律总结出：一、基因是一种由亲代传到子代的特殊因子，它使生物的物种得以保存、生物性状相对稳定；二、基因可能存在变异的形式，生物在不断变化的环境中为适应生存而自身发生变化，变异是生物进化的源泉。下面从基因研究的发展历史谈起，有助于对基因的理解。

"基因(gene)"一词在1909年由丹麦植物生理学家、遗传学家约翰逊(W. L. Johannen)提出，用来表示孟德尔在豌豆杂交试验中所证实的遗传因子，可当时的"遗传因子"或"基因"都只是一种从实验现象中进行逻辑推理的产物，都是一种遗传性状的符号，而没有任何物质内容。1910年，美国胚胎学家摩尔根与他的助手们在研究果蝇时发现：果蝇的眼色基因是与性基因连锁的，即它位于X染色体上。这是首次将一个特定基因的行为定位到一个在显微镜下可见的特定染色体上，染色体-基因学说(也称基因理论)正式确立。这时，人们认为基因是染色体上的遗传功能单位。1928年格里菲斯的肺炎双球菌转化实验为确定遗传物质化学性质的研究开辟了道路。随后，美国化学家艾弗里(O. Avery)通过DNA转化实验在1944年首次证明DNA是遗传物质，从而揭开了基因的化学本质，但这个结论在当时受到质疑。直到1952年，赫尔希(A. D. Hershey)和蔡斯(M. Chase)报道T2噬菌体感染实验，这次他们是用放射性同位素标记方法研究了另一物种，得出与艾弗里同样的结论，至此科学界才确认DNA是遗传物质。随后在真核细胞生物中同样证明了DNA是遗传物质。但在研究烟草花叶病毒时，科学家发现它体内只有RNA，经实验发现RNA也可起到遗传的作用，于是基因的化学性质被扩展为DNA和RNA两类，以DNA为主。

1957年，本泽尔(S. Benzer)以T4噬菌体为材料，在DNA分子水平上研究基因内部的精细结构，提出了顺反子(cistron)概念，进一步提出了"一个顺反子一条多肽链"的论断。顺反子是基因的同义词，所以也说"一个基因一条多肽链"。这比"一个基因一种酶"的假说更为准确，因为有些蛋白质并不具有酶的性质，而且酶和蛋白质分子既可由一条肽链构成，也可由两条以上的肽链构成。

20世纪70年代，重组DNA技术即基因工程诞生，此后，随着分子生物学的迅速发展，人们对基因的认识不断深化。其中最重要的发现有：

① 操纵子。从分子水平来看，基因就是DNA分子上的一个个片段，经过转录和翻译能合成一条完整的多肽链。可是，通过近年来的研究，认为这个结论并不全面，因为有些基因，如rRNA和tRNA基因只有转录功能而没有翻译功能。另外，还有一类基因，其本身并不进行转录，但可以对邻近的结构基因的表达起控制作用，如启动基因和操纵基因。从功能上讲，能编码多肽链的基因称为结构基因；启动基因、操纵基因、编码阻遏蛋白和激活蛋白的调节基因属于调控基因。操纵基因与其控制下的一系列结构基因组成一个功能单位，称为操纵子。

② 断裂基因。原核生物中编码蛋白质的基因序列是连续而不中断的，即在一个基因的内部没有不编码的DNA序列。20世纪70年代，道尔等首次发现卵清蛋白基因是不连续的，在基因内部插入了7个没有编码意义的DNA片段。现已查明，真核生物的绝大多数基因都是不连续的断裂基因，无编码意义的插入片段称为内含子，有编码意义的基因片段称为外显子。在基因表达时，内含子与外显子被一起转录成mRNA前体，然后通过加工除掉与内含子对应的序列，再把与外显子对应的序列拼接起来，形成成熟的mRNA分子，最后翻译成多肽链。这种能表达的外显子被不能表达的内含子隔开的基因就称为断裂基因。这在真核生物中是一种

普遍现象。断裂基因的发现使人们对基因结构的认识产生了质的飞跃。

③ 移动基因。基因绝大多数是固定在染色体的一个位置上的,但有些基因在染色体上的位置是可以移动的,这类基因称为移动基因,又称跳跃基因。1950 年,麦克林托克在玉米的染色体中发现了可以改变自身位置的基因,它们在染色体上的位置不固定,可以从一个位点跳到另一个位点,甚至从一条染色体跳到另一条染色体上。后来,在其他生物中也发现了可以改变自身位置的移动基因,其中最常见的是细菌转座子。转座子除了含有与改变自身位置有关的基因以外,还携带与插入功能无关的基因,如耐药基因、毒素基因和代谢基因等。后来人们在果蝇、酵母、大肠杆菌中都发现了跳跃基因的存在。

④ 假基因。1977 年,杰奎(G. Jacq)等人根据对非洲爪蟾 5S rRNA 基因族的研究,首次提出了假基因的概念。假基因是没有功能的基因,其由于基因突变而失去了生物学功能。它们在序列上与活性基因相似,但不具有功能,不能转录或翻译生成成熟 mRNA 或蛋白质,或产生过早终止的无活性肽链,或由于错误的阅读框形成无活性的蛋白质,这种功能失活的基因称为假基因。在动物、植物和微生物中都发现了假基因。一般认为假基因是由 mRNA 反转录成 cDNA,然后整合在基因组中形成的。

⑤ 重叠基因。长期以来,在人们的观念中一直认为基因在染色体上排列时是一个接一个线性排列的,是不可能存在重叠的读码结构的。19 世纪 70 年代,桑格(F. Sanger)等在噬菌体 Φ - X174 中发现,它的同一部分 DNA 序列能够编码两种不同的蛋白质,即不同基因的核苷酸序列有时是可以共同的,它们的核苷酸序列彼此重叠,这样的基因称为重叠基因。目前已在细菌、噬菌体、病毒等低等生物和人类等少数高等生物中发现重叠基因。基因重叠有两种形式:其一是一个基因的密码子被完全包含在另一个基因中,形成大基因套小基因;其二是两个基因共用一部分核苷酸。重叠基因是生物体合理而又经济地利用自身 DNA 的一种绝妙方式,它的发现打破了基因是彼此分离的传统观念。

⑥ 多个基因编码一条多肽链。1979 年,那卡尼施等发现并非一条肽链都由一个基因编码,例如有些病毒可以由一段 DNA 序列转录出一条 mRNA,然后翻译出一条多肽链,最后这条多肽链被切割成多个有生物功能的肽链。有多少个功能肽链产生,对应的 DNA 序列就应当含有多少个基因。这种多个基因编码一条多肽链的现象,不符合“一个基因决定一条多肽链”的普遍原则,使基因的定义更加复杂化。

⑦ 隐蔽基因。一般来说,用做翻译模板的 mRNA 分子应该与其编码基因有对应关系,也就是说它的核苷酸碱基应与基因的核苷酸碱基互补,而且数量相等,对真核基因来说应与外显子序列相对应。但是,自 1985 年以来,在某些病毒、植物和动物中发现 mRNA 前体在成熟过程中发生了碱基的增加、缺失或替换,mRNA 与基因之间失去了一一对应的关系。这一现象首先在原生动物锥虫中发现,并称之为 RNA 编辑。这种需要编辑才能正常表达的基因称为隐蔽基因。隐蔽基因的发现使对基因的准确定义更加困难。

⑧ 重复基因。细胞中大多数基因都是属于唯一序列的单拷贝基因,许多重要的蛋白(如丝心蛋白及卵清蛋白)都是由唯一序列的单基因编码。但有些具有转录活性的基因在 DNA 分子有重复分布,我们把这类基因称为重复基因,如酵母、果蝇、爪蛙的 rDNA、5S DNA、4S DNA基因,人类、海胆的 hDNA 基因等。这些基因在 DNA 分子中重复出现的次数从几次到上万次不等。依据重复序列在 DNA 分子中排列方式不同,其又分为首尾连接的重复基因和分散的重复基因两类。前者如非洲爪蟾的 rRNA 基因,大约有 500 个拷贝首尾串联重复排

列在其基因组中;后者重复单位则以分散的形式重复出现在基因组的不同部位,每个基因组大约有数千甚至上万个拷贝。重复基因的发现,使人们从"量"上对基因的概念又有了新的认识。

⑨ 不编码蛋白质的基因。在蛋白质合成过程中需要两类 RNA 分子的参与:一类是核糖体 RNA,简称 rRNA,它是核糖体的组成部分;另一类是转运 RNA,简称 tRNA,其功能是把氨基酸搬运到核糖体合成多肽链的位点上。原核生物的 rRNA 有三种;真核生物的 rRNA 有四种。tRNA 有几十种。编码这两类 RNA 分子的 DNA 序列称为 RNA 基因,或者分别称为 rRNA 基因和 tRNA 基因。这样看来,把基因定义为编码一条多肽链的 DNA 序列显然不够全面。

由此可见,随着科学技术的进步,人们对基因概念的理解也不断深入。在世界科学技术日新月异的今天,生物科学将会有更多新的突破性进展,基因的概念不可避免地将会被赋予新的内容,人们也将更准确、更全面地揭示生物遗传和变异的规律。

现代生物学认为,基因是 DNA 分子上具有遗传效应的特定核苷酸序列的总称,是具有遗传效应的 DNA 分子片段。基因位于染色体上,并在染色体上呈线性排列。基因不仅可以通过复制把遗传信息传递给下一代,还可以使遗传信息得到表达。

基因组(genome)是一种生物染色体内全部遗传物质的总和,包括构成基因和基因之间区域的所有 DNA。它对细胞(或病毒)信息进行全局性、高度协调的控制,以执行一系列细胞(或病毒)功能。基因组以及基因,一般以 DNA 的长度和序列表示。生命是由基因组决定的。不同生物的基因组大小及复杂性不同。生物的复杂性与基因组内的基因数量有关。进化程度越高,基因组越复杂。基因组 DNA 上排列着基因,形成该生物特定的有规律的结构。因此,基因组所谓全部遗传物质的总和还应该指该物种的不同 DNA 功能区域上结构分布和排列的情况。原核生物和真核生物的基因组在复杂性和基因组织特异性上都有很大差异。

应该指出,基因组的概念不是十分确切的,它既可指一个生物的所有基因,也可指一个染色体或几个染色体的一组基因总和。人类基因组则常指 23 对染色体的所有基因。而细胞线粒体中还有一小套线粒体基因组。相对于线粒体基因组,细胞核内的基因组称为核基因组。

知识拓展

基因及基因组研究大事记

1860—1870 年

奥地利学者孟德尔根据豌豆杂交试验提出遗传因子概念,并总结出孟德尔遗传定律。

1909 年

丹麦植物学家和遗传学家约翰逊首次提出"基因"这一名词,用以表达孟德尔的遗传因子概念。

1944 年

三位美国科学家分离出细菌的 DNA,并发现 DNA 是携带生命遗传物质的分子。

1953 年

美国人沃森和英国人克里克通过实验提出了 DNA 分子的双螺旋模型。

1969 年

科学家成功分离出第一个基因。

1990 年

10 月,被誉为生命科学"阿波罗登月计划"的国际人类基因组计划启动。

1998 年

一批科学家在美国罗克威尔组建塞莱拉遗传公司,与国际人类基因组计划展开竞争。

12 月,一种小线虫完整基因组序列的测定工作宣告完成,这是科学家第一次绘出多细胞动物的基因组图谱。

1999 年

9 月,中国获准加入人类基因组计划,负责测定人类基因组全部序列的 1%。中国是继美、英、日、德、法之后第六个国际人类基因组计划参与国,也是参与这一计划的唯一的发展中国家。

12 月 1 日,国际人类基因组计划联合研究小组宣布,完整破译出人体第 22 对染色体的遗传密码,这是人类首次成功地完成人体染色体完整基因序列的测定。

2000 年

4 月 6 日,美国塞莱拉公司宣布破译出一名实验者的完整遗传密码,但遭到不少科学家的质疑。

4 月底,中国科学家按照国际人类基因组计划的部署,完成了 1%人类基因组的工作框架图。

5 月 8 日,德、日等国科学家宣布,已基本完成了人体第 21 对染色体的测序工作。

6 月 26 日,科学家公布人类基因组工作草图,标志着人类在解读自身“生命之书”的路上迈出了重要一步。

12 月 14 日,美、英等国科学家宣布绘出拟南芥基因组的完整图谱,这是人类首次全部破译出一种植物的基因序列。

2001 年

2 月 12 日,中、美、日、德、法、英六国科学家和美国塞莱拉公司联合公布人类基因组图谱及初步分析结果。

——摘自《科技文摘报》

2.5.2　病毒基因组

病毒是最简单的生物,外壳蛋白包裹着里面的遗传物质——核酸。但是病毒的 DNA 复制及基因表达往往依赖于宿主细胞的系统。因此,某些病毒的基因、基因组既有它简单的一面,又有反映真核生物特性的一面。根据基因组的核酸类型不同,病毒可分为 DNA 病毒和 RNA 病毒。根据宿主不同,病毒又可以分为动植物病毒和噬菌体。

病毒基因组有如下几个结构特点:

① 与细菌或真核细胞相比,病毒的基因组很小,所含遗传信息量较小,只能编码少数蛋白质。但是不同病毒之间的基因组大小差异很大。如乙肝病毒 DNA 只有 3kb,所含信息量也较小,只能编码 4 种蛋白质;而痘病毒的基因组有 300kb 之大,可以编码几百种蛋白质。

② 病毒基因组可以由 DNA 组成,也可以由 RNA 组成,当然每种病毒颗粒中只含有一种核酸,两者一般不共存于同一病毒颗粒中。核酸的结构可以是单链或双链、闭合环状、线状分子。

③ 有基因重叠现象,即同一段 DNA 序列能够编码两种甚至三种蛋白质分子,这种结构特点能够使较小的基因组携带较多的遗传信息。一个基因可以完全在另一个基因里面,或部分重叠,或两个基因之间只有一个核苷酸重叠。重叠基因使用共同的核苷酸序列,但转录成的 mRNA 有不同的阅读框,有些重叠基因使用相同的阅读框,但起始密码子或终止密码子不同。

④ 基因组的大部分序列用来编码蛋白质,只有非常小的一部分不被翻译,基因之间的间隔序列通常是基因表达的控制序列。

2.5.3　原核生物基因组

原核生物没有细胞核,遗传物质分散于整个细胞中,有时虽有相对集中的区域,但并无核膜包围,且染色体数量少,一般只有一条染色体,即一个核苷酸分子,无细胞核。

与真核基因相比较,原核生物基因的结构非常简单,如图 2-7 所示。完整的基因结构从基因的 5′-端启动子区域开始,到 3′-端终止区结束。基因的转录开始位置由转录起始位点确定,转录过程直至遇到转录终止位点结束,转录的内容包括 5′-端非编码区(5′UTR)、开放阅读框(ORF)以及 3′-端非编码区(3′UTR)。基因翻译的准确起止位置由起始密码子和终止密码子决定,翻译的对象即为介于这两者之间的开放阅读框。原核基因为连续基因,其编码区是一个完整的 DNA 片段。

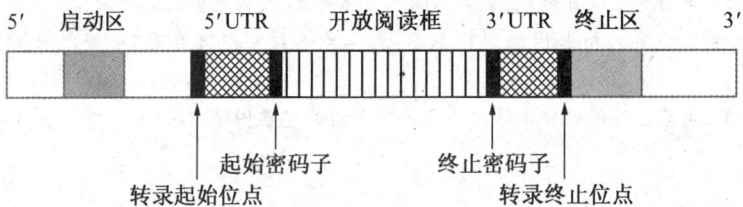

图 2-7　原核生物基因的结构模型

原核生物基因组小,基因结构简单,密度非常高。原核生物基因组的许多信息都是为了维持细胞的基本功能,如构造和复制 DNA,产生新蛋白质,以及获得和存储能量。基因组内大多数核苷酸序列用于编码多肽以及 tRNA、rRNA 等,仅有少量的非编码核苷酸序列,其中一部分 DNA 是有重要功能的,如启动子、复制原点等,另一些区域可能涉及和 DNA 包装蛋白的相互作用。基因的编码序列通常是连续的,中间无非编码成分。完全测序的细菌和古细菌的基因组数据表明,其中 85%～88% 的核酸序列与基因的编码直接相关。如大肠杆菌基因组共有4639221bp,全序列中 87.8% 编码蛋白质,0.8% 编码稳定性 RNA,0.7% 是没有功能的重复序列,其余 11% 为调节序列或具有其他功能。

2.5.4　真核生物基因组

真核生物的基因是由编码区和非编码区两部分组成的。在真核生物的非编码区上,同样有具调控作用的核苷酸序列,但是真核细胞的基因结构远比原核细胞的基因结构复杂,如图2-8所示。与原核细胞比较,真核细胞基因结构的主要特点是编码区是间隔的、不连续的。也就是说,能够编码蛋白质的序列被不能够编码蛋白质的序列分隔开来,成为一种断裂的形式。其中,编码区中能够编码蛋白质的序列叫做外显子,不能够编码蛋白质的序列叫做内含子。内含子和外显子虽同时被转录成 mRNA 前体,但由于内含子不为多肽编码,其转录产物则在转录后经小核 RNA(snRNA)的作用被切除,而外显子的转录产物则拼接成成熟的 mRNA。各类真核生物基因中的内含子数目、位置以及占基因总长的比例差异很大。

与原核生物相比,真核生物的基因组有一些不同的特点:真核生物基因组的规模远大于原核生物基因组,真核基因具有复杂的结构,基因的完整性可以被打断,存在多个相同的重复序列,重复次数可达百万次以上,有大量的 DNA 并不编码蛋白,并且由于核与胞质的分离,真核基因具有复杂的表达调控方式。两者之间的差异主要表现在:

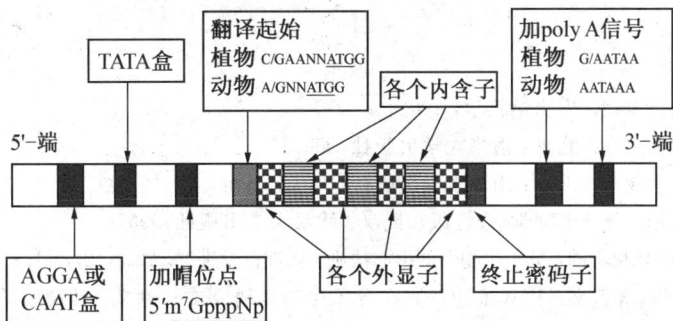

图 2-8　真核生物基因的结构模型

① 真核生物的基因组 DNA 与蛋白质结合形成染色体,储存于细胞核中,除配子细胞外,体细胞内的基因的基因组是双份的(即双倍体,diploid),即有两份同源的基因组。

② 原核生物几乎每一个基因都是完整的、连续的 DNA 片段;而真核生物的基因是不连续的,被一些称为内含子的序列隔开。

③ 真核生物的基因组转录后的绝大部分前体 RNA 必须经过剪接过程才能形成成熟的 mRNA;而原核生物的基因几乎不需要转录后加工。

④ 原核生物的基因组转录和翻译是同步的;而真核生物基因组需要经过转录后加工再转运到细胞质中完成翻译。

⑤ 原核生物的基因组一般是一个复制子;而真核生物基因组的复制起始点很多,且每个复制子的长度较小。

知识拓展

可免费登录的相关网站

美国 Arizona 大学生物学教育网上资源　http://www.biology.arizona.edu

分子生物学专业信息网　http://www.37c.com.cn/topic/004/00401.asp

人类基因组计划美国官方网站　http://www.ornl.gov/sci/techresources/Human_Genome/home.shtml

习　　题

1. 简述 DNA 的化学组成及结构。

2. 简述蛋白质的各级结构。蛋白质有哪些主要功能? 蛋白质的功能由什么决定?

3. 脱氧核糖核酸(DNA)与核糖核酸(RNA)有什么不同?

4. 维护 DNA 双螺旋结构的主要作用力是什么?

5. RNA 主要有哪几种? 各自的作用是什么?

6. 简述分子生物学中的"中心法则"。"中心法则"的核心是什么?

7. 遗传密码有哪些基本特征?

8. 按照 5'-端到 3'-端的顺序写出下列核苷酸的互补序列:5'- ATGCTTGCGGATAGA - 3'。

9. 与原核生物基因组相比较,真核生物基因组有哪些明显的特征?

10. 若一条序列为 5'- AUGGGAUGUCGCCGAAAC - 3'的 mRNA 被核糖体翻译,将形成怎样的氨基酸序列? 若将第一个核苷酸删掉,而将另一个 A 加到 mRNA 序列的 3'-端,又将形成怎样的氨基酸序列?

11. 长度为 N 的寡核苷酸序列一共有多少种可能的组合?

12. 在一个包含 30 亿个碱基对的基因组中,为了使一个 DNA 序列偶然出现不超过一次,其至少需要多长?

参考文献

1. 蔡向昱. 什么是基因. 生物学教学,2002,4(27):40-41.

2. 许忠能. 生物信息学. 北京:清华大学出版社,2008.

3. 陈启民. 分子生物学. 天津:南开大学出版社,2001.

4. 郜金荣,叶林柏. 分子生物学(修订版).武汉:武汉大学出版社,2007.

5. 王志珍. 一个科技里程碑:分子生物学的中心法则. 生理科学进展,2003,(2),101-103.

6. 罗盘棋,王新华,薄新文. 模式生物及其在分子生物学研究中的意义. 动物医学进展,2008,29(6):105-109.

7. 张淑誉,郝柏林. 生物信息学手册. 上海:上海科学技术出版社,2002.

8. 周国庆. 生物化学. 杭州:浙江科学技术出版社,2004.

9. 欧伶,俞建英,金新根.应用生物化学.北京:化学工业出版社,2001.

10. 贾弘缇.生物化学.北京:北京大学医学出版社,2005.

11. 金凤燮.生物化学.北京:中国轻工业出版社,2004.

第 3 章

数据库的基本知识与生物
信息数据库的模拟构建

数据库技术是数据管理的最新技术,其应用已经遍及各个领域,成为 21 世纪信息化社会的核心技术。将数据库技术应用于生物信息的储存、管理,就构成了生物数据库,它是生物信息学的核心和基石。

本章将介绍数据库的定义、数据管理技术的发展、数据模型、数据库系统的组成部分、生物数据库的模拟构建等内容,为学习生物数据库等后续章节打下基础。

3.1 数据库系统概述

在系统地介绍数据库的基本理论之前,这里先介绍一些数据库最常用的术语与最常见的基本概念。

3.1.1 数据与信息

描述事物属性的符号记录称为数据。数据是数据库中存储的基本对象。说起数据,人们常常把数字等同于数据,其实数字只是最简单的一种数据,数据包含范围很广,文本、图形、图像、视频、音频等都是数据。无论是文本、图形、图像,或是语言、声音,都是描述事物的符号,都是数据的表现形式,它们都可以在数字化后存入计算机中。

数据的表现形式有时还不能完全表达其内容,还需要对数据进行解释。数据和数据的解释是密不可分的。少了解释,数据的含义就会模糊。例如,90 是一个数据,它既可以表示一个人的重量,也可以表示一个学生的成绩,还可以表示一本电影放映的时间。因此,数据需要适当的解释来明确其含义。

在日常生活中,人们对事物的描述可以从多个层面出发,也可以用多种自然语言(如汉语、英语等)表示。例如,张三,男性,1979 年 12 月出生,浙江省杭州市人,在法院调解处上班,政治面貌是党员。而在计算机中,描述常常是这样的:(张三,男,197912,浙江杭州,调解处,党员),从而形成一个有规律的组织,这个有规律的组织就是描述法院工作人员的数据。

在日常生活中,有些数据是对人类有意义的,有些是无意义的;而信息对人类是有意义的。那么,什么是信息呢?

信息是客观事物属性的反映,是经过加工处理并对人类客观行为产生影响的数据表现形式。数据经过加工处理之后,即成为信息。

例如,数据 1、3、5、7、9、11、13、15,它是一组数据,如果我们对它进行分析,便可以得出它是一组等差数列,我们可以比较容易地知道后面的数字,那么它便是一条信息,它是有用的数据。而数据 1、3、2、4、5、1、41,不能告诉我们任何东西,故它不是信息。

综上所述,数据与信息既有区别,又是密切相关的。数据是信息的具体表现形式,是信息的载体,信息必须通过数据才能传播,才能对人类有影响。信息是数据的内涵,是对数据语义的解释。但是,在很多场合里人们并不对数据和信息加以区分,常常将这两个名词混用。

3.1.2 数据库系统的基本概念

1. 数据库

数据库(database,DB),顾名思义,就是存放数据的仓库。通常意义上来讲,这个仓库是存放在计算机存储设备(例如计算机硬盘)上的。严格意义上讲,数据库是依照某种数据模型组织起来并存放在存储介质中的数据集合。

数据库有以下基本特点:其中的数据是按一定的组织方式(数据模型)组织和存储的;对于应用程序具有独立性;具有较小的冗余度、较高的数据独立性和易扩展性;能为各种用户共享。

数据库一般通过数据库管理系统来建立、维护和使用。

2. 数据库管理系统

数据库管理系统(database management system,DBMS)是对数据库进行管理的软件,它是数据库系统的核心。数据库管理系统位于用户和操作系统之间,它和操作系统一样是计算机的基础软件,也是一个大型的、复杂的软件系统。

它的主要功能包括:数据库的建立和维护;数据操纵(数据库的查询、插入、删除、修改等);数据库的安全性管理;数据库的完整性管理等。

3. 数据库系统

数据库系统(database system,DBS)是实现有组织地、动态地存储大量关联数据、方便用户访问的系统。它通常由数据库、硬件、软件和人员四个部分组成(图 3-1)。

数据库系统对硬件的要求是要能够满足数据库系统的正常运行。例如,要有足够大的内存来存放操作系统、数据库管理系统;要有较高的信道承载能力,以提高数据的传输速度。

软件主要包括操作系统、数据库管理系统、应用开发工具、应用系统等。其中,操作系统对数据库管理系统提供支持;此外,还要有各种高级语言及其编译系统,这些高级语言与数据库都有接口,便于开发应用程序;应用开发工具是系

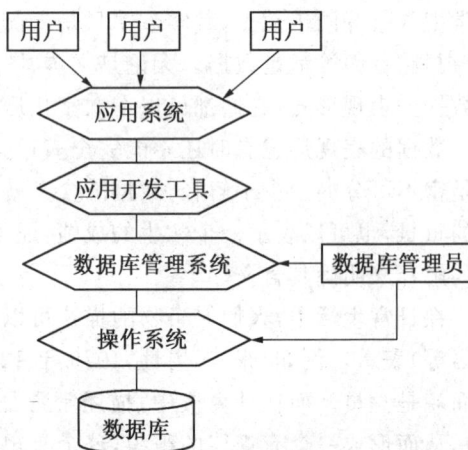

图 3-1 数据库系统

统为应用开发人员和最终用户提供的高效率的开发应用软件,它们为数据库系统的开发和应用提供了良好的环境;数据库应用系统是为特定应用环境开发的。

人员主要包括数据库管理员(DBA)、系统分析员和数据库设计人员、应用程序员、最终用户。数据库管理员负责全面管理和控制数据库;系统分析员和数据库设计人员负责应用系统的需求分析、概要设计和数据库设计;应用程序员负责设计和编写应用系统的程序模块,并进行调试和安装;最终用户通过应用系统的用户接口使用数据库。

3.2　数据管理技术的发展

数据管理技术是应数据管理任务的需要而产生的。数据处理是指对各种数据进行收集、储存、加工和传播等一系列活动的总和。数据管理是指对数据的分类、组织、编码、储存、检索和维护,它是数据处理的中心问题。

在数据管理应用需求的推动下,在计算机硬件、软件发展的基础上,数据管理技术经历以下四个阶段:人工管理阶段(20 世纪 50 年代中期以前)、文件系统阶段(20 世纪 50 年代后期到 60 年代中期)、数据库系统阶段(20 世纪 60 年代后期到 80 年代)、高级数据库系统阶段(20 世纪 80 年代以来)。

3.2.1　人工管理阶段

早期的计算机主要用于科学计算,数据处理都是通过手工方式进行的。当时,外存没有磁盘等直接存取的存储设备,软件没有操作系统,数据的处理是批处理。

人工管理数据具有如下特点:

(1) 数据不保存在计算机内

由于计算机的软件和硬件的发展水平有限,一般不需要数据长期保存,通常数据随程序一起输入计算机,处理结束后将结果输出,数据空间随着程序空间一起被释放。

(2) 只有程序的概念,没有文件的概念,数据由应用程序进行管理

数据的组织方式必须由程序员自行设计与安排。数据需要由应用程序自己管理,没有相应的软件来处理数据。所有的数据库设计内容包括逻辑结构、物理结构、存取方法及输入方式等,都由应用程序完成。

(3) 数据面向程序,数据不共享

数据面向程序,即一组数据对应一个程序。因此,数据不共享,程序之间互不干扰,数据的冗余大。

(4) 数据不具有独立性

应用程序发生改变,数据的逻辑结构和物理结构就相应地发生变化。

人工管理阶段应用程序与数据之间的关系如图 3－2 所示。

图 3－2　人工管理阶段应用程序与数据之间的关系

3.2.2　文件系统阶段

20世纪50年代后期到60年代中期,计算机不仅用于科学计算,还大量用于管理工程中,这时已有操作系统,在操作系统中有专门的数据管理软件,一般称为文件系统。文件系统是数据库系统发展的初级阶段,但不是真正的数据库系统。

1. 文件系统管理数据的特点

(1) 数据可长期保存

用户可经常对在外存上保存的数据进行查询、更新、插入和删除等操作。

(2) 简单的数据管理功能

由文件系统进行数据管理,程序和数据之间有了一定的独立性,减少了程序员的工作量。

(3) 数据共享性差

在文件系统中,文件仍然是面向应用的,当不同文件具有相同数据时,须建立各自的文件,而不能共享这些数据,因此数据的冗余度大,浪费储存空间。

(4) 数据的独立性差

文件系统中的文件是面向应用服务的,数据的结构发生改变,必须修改应用程序,修改文件的结构的定义;而应用程序的改变也将改变数据的结构,因此文件系统仍然是一个无结构的数据集合。

该阶段应用程序与数据之间的关系如图3-3所示。

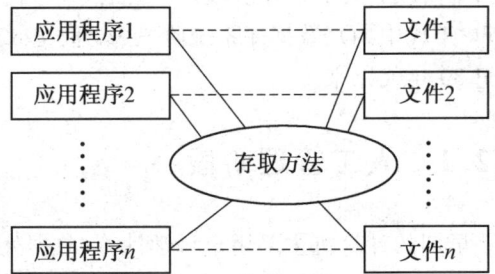

图3-3　文件系统阶段应用程序与数据之间的关系

2. 文件系统的缺陷

随着数据管理规模的扩大,数据量急剧增加,文件系统的缺陷显露出来,主要表现在以下几个方面:

(1) 数据冗余

由于文件之间缺乏联系,造成每个应用程序都有对应的文件,这样相同的数据会在多个文件中重复存储。

(2) 数据不一致

通常情况是由于数据冗余造成的,在进行更新操作时,稍不注意就可能使相同的数据在多个文件中不一致。例如修改时遗漏,修改时错改。

(3) 数据联系弱

这是由于文件之间相互独立,缺乏联系造成的。

(4) 数据和程序缺乏独立性

这通常表现在以下三方面:① 文件系统中的数据文件是为某一特定应用程序服务的,数据文件的可重复利用率很低;② 数据的逻辑结构改变时,未修改应用程序和文件结构的定义;③ 应用程序的改变影响到文件数据结构改变。

3.2.3　数据库系统阶段

由于文件系统的缺陷,20世纪60年代末期,人们对文件系统进行了扩充,研制了一种结构化的数据组织和处理方式,才出现了真正的数据库系统。数据库为统一管理与共享数据提供了有力支撑。在这个时期,数据库系统蓬勃发展,进入了有名的"数据库时代"。数据库系统建立了数据与数据之间的有机联系,实现了统一、集中、独立地管理数据,使数据的存取独立于使用数据的程序,实现了数据的共享。

(1) 数据的集成性

数据库系统中采用统一的数据结构方式。数据的结构化是数据库系统与文件系统的根本区别。数据库系统中的全局的数据结构是多个应用程序共用的,而每个应用程序调用的数据是全局结构的一部分,称为局部结构(即视图),这种全局与局部的结构模式构成数据库系统数据集成性的主要特征。

(2) 数据的高度共享性与低冗余性

数据库系统从整体角度看待和描述数据,数据不再面向某个应用,而是面向整个系统,因此,数据可以被多个用户、多个应用共享使用。尤其是数据库技术与网络技术的结合扩大了数据库系统的应用范围。数据的共享程度可以极大地减少数据的冗余度,节约存储空间,又能避免数据之间的不相容性和不一致性。

所谓数据的不一致性是指同一数据在系统的不同拷贝中的值不一样。采用人工管理或文件系统管理时,由于数据被重复储存,当不同的应用使用和修改不同的拷贝时,就容易造成数据的不一致性。在数据库中数据共享,减少了由于数据冗余造成的不一致现象。

(3) 数据独立性高

数据的独立性是指用户的应用程序与数据库中数据是相互独立的,即当数据的物理结构和逻辑结构发生变化时,不影响应用程序对数据的使用。

数据的独立性是由DBMS的二级映像功能来保证的。数据的独立性一般分为以下两种:

① 物理独立性。它是指数据的物理结构(包括存储结构、存取方式等)的改变,如存储设备的更换、物理存储的更换、存取方式改变等,都不影响数据库的逻辑结构,从而不会引起应用程序的改变。

② 逻辑独立性。它是指数据的总体逻辑结构改变时,如修改数据模式,改变数据间的联系等,不需要修改相应的应用程序。

(4) 数据的管理和控制能力

数据由数据库管理系统统一管理和控制。DBMS提供以下几方面的数据控制功能:

① 数据的安全性(security)保护。DBMS对访问数据库的用户进行身份及其操作的合法性检查,保证了数据库中数据的安全性。

② 数据的完整性(integrity)约束。数据的完整性指数据的正确性、有效性和相容性。DBMS自动检查数据的一致性、相容性,保证数据符合完整性约束条件。

③ 并发(concurrency)控制。当多个用户同时存取、修改数据库时,可能会相互干扰,从而得到错误的结果或使得数据库的完整性遭到破坏。DBMS提供并发控制手段,能有效控制多个用户程序同时对数据库数据的操作,保证共享及并发操作。

④ 数据库恢复(recovery)。当数据库在运行过程中发生硬件或软件故障时,数据库中数据的正确性会受到影响,甚至造成数据库部分或全部数据的丢失。DBMS具有恢复功能,当数据库遭到破坏时能自动从错误状态恢复到最近某个时刻的正确状态。

数据库系统阶段应用程序与数据之间的对应关系如图3-4所示。

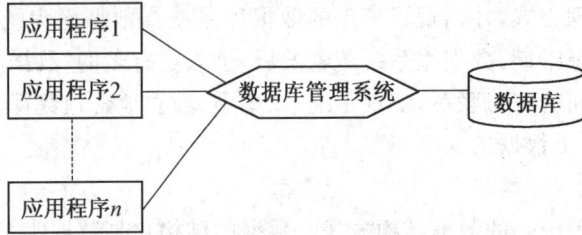

图3-4　数据库系统阶段应用程序与数据之间的关系

数据管理发展的三个阶段的软、硬件背景及其特点的比较见表3-1。

表3-1　数据管理三个阶段的比较

		人工管理阶段	文件系统阶段	数据库系统阶段
背景	应用背景	科学计算	科学计算、管理	大规模管理
	硬件背景	无直接存取、存储设备	磁盘、磁鼓	大容量磁备盘
	软件背景	没有操作系统	有文件系统	有数据库管理系统
	处理方式	批处理	联机实时处理、批处理	联机实时处理、分步处理、批处理
特点	数据的管理者	用户(程序员)	文件系统	数据库管理系统
	数据面向的对象	某一应用程序	某一应用	现实世界
	数据共享程序	无共享,冗余度极大	共享性差,冗余度大	共享性高,冗余度小
	数据的独立性	不独立,完全依赖于程序	独立性差	具有高度的物理独立性和一定的逻辑独立性
	数据的结构化	无结构	记录内有结构,整体无结构	整体结构化,用数据模型描述
	数据控制能力	应用程序自己控制	应用程序自己控制	由数据库管理系统提供数据安全性、完整性、并发控制和恢复能力

3.2.4　高级数据库系统阶段

自20世界80年代以来,以分布式数据库和面向对象数据库技术为代表,数据管理技术进入高级数据库系统阶段。此后,数据管理应用领域的不断扩大,如知识库、多媒体数据库、工程数据库、统计数据库、模糊数据库、空间数据库、并行数据库、面向对象数据库及数据仓库等新型数据库系统的大量涌现,为数据的管理和信息的共享与利用带来极大的便利。

1. 高级数据库系统阶段的特点

高级数据库系统阶段的特点是数据库技术与各种新技术的综合与交叉。例如,分布式数据库是数据库技术与通信和网络技术相结合的产物;面向对象数据库是数据库技术与面向对象技术相结合的产物;多媒体数据库是数据库技术与多媒体技术相结合的产物;知识库是数据库技术与人工智能技术相结合的产物;并行数据库是数据库技术与并行技术相结合的产物;模糊数据库是数据库技术与模糊数学理论相结合的产物等。

2. 高级数据库技术发展的现状

当前,数据库技术发展的现状是,在数据模型方面,关系数据模型与面向对象模型并存,其中关系数据模型依然是主流数据模型,将两者结合而产生的关系-对象模型将具有广阔的应用前景;在数据分布方面,集中式数据库与分布式数据库并存,分布式的应用将越来越广泛;在数据处理方式方面,并行数据库日益显示出其巨大的威力;在数据库外部连接方面,强调开放性、互联性和与因特网的连接,产生了 Web 数据库和许多与网络应用相关的新技术。这些均使得数据库的应用提高到了一个新的阶段。

3.2.5　数据库系统阶段的划分

数据模型是数据库技术的基础和核心。对数据库系统发展的划分应以数据模型的发展演变为主要依据和标志。按照数据模型的发展,在 30 多年的发展历史中,数据库技术主要经历了三个发展阶段。第一代是网状、层次数据库系统;第二代是关系数据库系统;第三代是面向新一代应用的数据库技术。数据库技术与网络通信技术、人工智能技术、面向对象程序设计技术、并行计算技术等互相渗透,有机地结合,成为当代数据库技术发展的重要特征。

1. 第一代数据库系统

第一代数据库系统是 20 世纪 70 年代研制的层次和网状数据库系统。1968 年,IBM 公司研制了基于层次数据模型的数据库管理系统 IMS(Information Management System)。60 年代末 70 年代初,美国数据库系统语言协会 CODASYL(Conference On Data System Language)下属的数据库任务组 DBTG(Data Base Task Group)对网状数据库方法进行了系统的研究、探讨,提出了若干报告,统称为 DBTG 报告。DBTG 报告确定并建立了网状数据库系统的许多概念、方法和技术,它是网状数据库的典型代表。在 DBTG 方法和思想的指引下,数据库系统的实现技术不断成熟,同时也出现了许多商品化的网状和层次数据库管理系统。

2. 第二代数据库系统

第二代数据库系统是关系数据库系统。1970 年,IBM 公司 San Jose 实验室的研究员科德(E. F. Codd)发表了题为《大型共享数据库数据的关系数据模型》的论文,提出了关系数据模型,从而开创了关系数据库方法和关系数据库理论,为关系数据库技术奠定了理论基础。由于科德的杰出贡献,他于 1981 年获得了 ACM 图灵奖。

20 世纪 70 年代是关系数据库理论研究和原型系统开发的时代,其中以 IBM 公司的 San Jose 实验室开发的 System R 和加利福尼亚大学伯克立分校研制的 Ingres 为典型代表。经过大量的高层次研究和开发,关系数据库系统从实验室走向了社会。因此,很多人把 20 世纪 70 年代称为关系数据库时代。在 20 世纪 80 年代,几乎所有新开发的数据库系统均是关系型的,如 db2、Ingres、Oracle 等。这些商用数据库系统的运行,使数据库技术日益广泛地应用到企业管理、情报检索、辅助决策等各个方面,成为信息系统和计算机应用系统的重要基础。

3. 第三代数据库系统

20 世纪 80 年代以来,数据库技术在商业领域的巨大成就刺激了其他领域对数据库需求的迅速增长。例如,计算机辅助设计与制造、计算机集成制造系统、计算机辅助软件工程、地理信息系统、办公自动化和面向对象程序设计环境等。这些新的领域为数据库应用开辟了新的天地,推动了数据库技术新的研究和发展。

1990 年,高级 DBMS 功能委员会发表了《第三代数据库系统宣言》,提出了第三代数据库管理系统应具有的三个基本特征:

① 第三代数据库系统应支持数据管理、对象管理和知识管理。

② 第三代数据库系统必须保持或者继承第二代数据库系统的技术。

③ 第三代数据库系统必须对其他系统开放。

20 世纪 80 年代以来,面向对象的方法和技术对计算机各个领域,包括程序设计语言、软件工程、信息系统设计和计算机硬件设计等都产生了深远的影响,也给数据库技术带来了机会和希望。它促进了数据库技术在一个新的技术基础上的发展。面向对象数据模型是第三代数据库系统的主要特征之一。第三代数据库系统的另一个主要特征是数据库技术与其他学科的内容互相结合。分布式数据库、工程数据库、演绎数据库、知识数据库、模糊数据库、时态数据库、统计数据库、空间数据库、多媒体数据库、并行数据库等都是这方面的实例,它们共同构成了数据库大家族。

3.3　信息描述与数据模型

模型是对现实世界的模拟和抽象。在现实世界中我们经常会接触到各种模型,例如房屋设计模型、城市规划模型等。这些模型都是对现实世界事物的一种模拟。数据模型(data model)也是一种模型,它是对现实世界数据特征的抽象。

在数据处理中,会涉及不同的数据描述领域,即三个世界:现实世界、信息世界和机器世界。现实世界是指存在于人们头脑之外的客观世界;信息世界是现实世界在人们头脑中的反映;机器世界是指信息世界中的信息在计算机中的数据储存。由于计算机不可能直接处理现实世界中的具体事物,所以人们必须事先把具体事物转换成计算机能够处理的数据,这就需要用数据模型这个工具来进行模拟、抽象、表示和处理。

现有的数据库系统均是基于某种数据模型的。数据模型是数据库系统的核心和基础。

3.3.1　数据模型的类型

数据模型应满足三方面的要求:一是能比较真实地模拟现实世界;二是容易为人所理解;三是便于在计算机上实现。按照对现实问题抽象的不同层次,数据模型可分为以下三类:

1. 概念数据模型

概念数据模型(conceptual data model)也称信息模型,用于信息世界的建模,是现实世界到信息世界的第一层抽象。它是从用户的角度对现实世界建立的数据模型,与具体的计算机和数据库管理系统均无关。概念数据模型主要用来描述世界的概念化结构,注重于对现实世界复杂数据的结构描述及其相互之间内在联系的刻画。它使数据库的设计人员在设计的初始阶段摆脱计算机系统及 DBMS 的具体技术问题,集中精力分析数据以及数据之间的联系等,与具体的 DBMS 无关。E‐R 模型是概念数据模型的一种典型代表。

概念数据模型必须换成逻辑数据模型,才能在 DBMS 中实现。

2. 逻辑数据模型

逻辑数据模型(logical data model)是一种面向数据库逻辑结构的数据模型,涉及具体的计算机和数据库管理系统。用户从数据库中所看到的数据模型是具体的 DBMS 所支持的数据模型。这类数据模型具有严格的形式化定义,以便在计算机系统中实现。逻辑数据模型主要包括网状数据模型、层次数据模型、关系数据模型和面向对象数据模型等等。

3. 物理数据模型

物理数据模型(physical data model)是一种面向计算机物理表示的数据模型,是一种描述数据在储存介质上的组织结构的数据模型。它不但与具体的 DBMS 有关,而且还与操作系统和硬件有关。每一种逻辑数据模型在实现时都有其对应的物理数据模型。DBMS 为了保证其独立性与可移植性,大部分物理数据模型的实现工作由系统自动完成,而设计者只设计索引、聚集等特殊结构。

为了把现实世界中的具体事物抽象、组织为某一DBMS 支持的数据模型,人们常常首先将现实世界抽象为信息世界,把现实世界中的客观事物抽象为某一种信息结构,这种信息结构并不依赖于具体的计算机系统,不是某一个 DBMS 支持的数据模型,而是概念级的模型;人们然后再将信息世界转换为机器世界,把概念数据模型转换为计算机上某一 DBMS 支持的数据模型。这一过程如图 3‐5 所示。

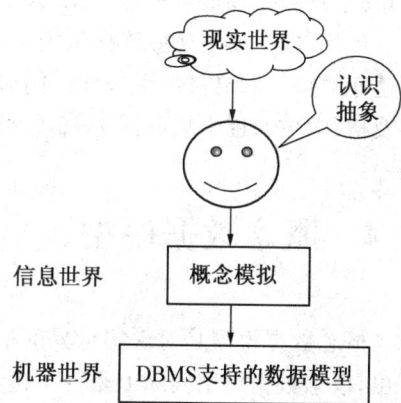

图 3 ‐ 5　现实世界中客观对象的抽象过程

3.3.2　数据模型的组成要素

一般地讲,数据模型是严格定义的概念的集合。这些概念精确地描述系统的静态特性、动态特性和完整性约束条件。因此,数据模型通常由数据结构、数据操作和数据的完整性约束三部分组成。

1. 数据结构

数据结构描述数据库的组成对象以及对象之间的联系,这些对象是数据库的组成成分。也就是说,数据结构描述的内容有两类:一类是数据本身,与数据的类型、内容、性质有关的对象,例如网状数据模型中的数据项、记录,关系数据模型中的域、属性、关系等。另一类是与数据之间联系有关的对象,描述数据之间是如何相互关联的,例如关系数据模型中的主码、外码、联系等。

数据库系统是按照数据结构的类型来组织数据的,因此数据库系统通常按照数据结构的类型来命名数据模型。如层次结构、网状结构和关系结构的数据模型分别命名为层次数据模型、网状数据模型和关系数据模型。由于采用的数据结构类型不同,通常把数据库分为层次数据库、网状数据库、关系数据库和面向对象数据库等。

数据结构是对系统静态特性的描述。

2. 数据操作

数据操作是指对数据库中各种对象(型)的实例(值)允许执行的操作的集合,包括操作和有关的操作规则。

数据库主要有查询和更新(包括插入、删除、修改)两大类操作。数据模型必须定义这些操作的确切含义、操作符号、操作规则(如优先级)以及实现操作的语言。

数据操作是对系统动态特性的描述。

3. 数据的完整性约束条件

数据的约束条件是一组完整性规则的集合。完整性规则是给定的数据模型中数据及其联系所具有的制约和储存规则,用以限定符合数据模型的数据库状态以及状态的变化,以保证数据的正确、有效、相容。

数据模型中的数据及其联系都要遵循完整性规则的制约。例如,数据库的主键不允许空值;每个月的天数最多不超过 31 天等。

此外,数据模型还应该提供定义完整性约束条件的机制,以反映某一应用所涉及的数据必须遵守的特定的语义约束条件。例如,在学生成绩管理中,本科生的累计成绩不得有三门以上不及格;学位课程平均分低于 75 分将不得授予学位等。

3.4 概念数据模型

概念数据模型是对现实世界的抽象反映,它不依赖于具体的计算机系统。由图 3-5 可以看出,概念数据模型实际上是现实世界到机器世界的一个中间层次。

概念数据模型应该具有以下两个特点:

① 具有较强的语义表达能力,能够方便、直接地表达应用中的各种语义知识。

② 应该简单、清晰、易于用户理解,是用户与数据库设计人员之间进行交流的语言。

1. 信息世界中的基本概念

(1) 实体(entity)

客观存在并可相互区别的事物称为实体。实体可以是具体的人、事、物,也可以是抽象的概念或联系。例如,一个职工、一个部门、一个学生、一门课、学生的一次选课、某人在商店的一次购物等都是实体。

(2) 属性(attribute)

实体所具有的某一特性称为属性。一个实体可以由若干个属性来刻画。例如,学生实体的属性有学号、姓名、性别、出生年月、所在院系、入学时间等。(2008050102,张三,男,199012,生命科学学院,2008)这些属性组合起来表征了一个学生。

(3) 码(key)

唯一标识实体的属性集称为码。例如学号是学生实体的码。

(4) 域(domain)

属性的取值范围称为该属性的域。例如,学号的域为 10 位整数;姓名的域为字符串集合;年龄的域为 0~150 的整数;性别的域为(男,女)。

（5）实体型（entity type）

具有相同属性的实体必然具有共同的特征和性质，用实体名及其属性名集合来抽象和刻画同类实体，称为实体型。例如，学生（学号、姓名、性别、出生年月、所在院系、入学时间）就是一个实体型。

（6）实体集（entity set）

同型实体的集合称为实体集。例如，全体学生就是一个实体集。

（7）联系（relationship）

在现实世界中，事物内部和事物之间是有联系的，这些联系在信息世界中反映为实体（型）内部的联系和实体（型）之间的联系。实体内部的联系通常是指组成实体的各属性之间的联系；实体之间的联系通常是指不同实体集之间的联系。

2. 实体之间的联系

（1）两个实体型之间的联系

两个实体型之间的联系可以分为以下三种：

1）一对一联系（1∶1）

如果对于实体集 A 中的每一个实体，实体集 B 中至多有一个实体与之联系，反之亦然，则称实体集 A 与实体集 B 具有一对一联系，记为 1∶1。

例如，在学校里，一个寝室只有一个寝室长，而一个寝室长只在一个寝室中任职，则寝室与寝室长之间具有一对一联系。

2）一对多联系（1∶n）

如果对于实体集 A 中的每一个实体，实体集 B 中有 n 个实体（$n \geqslant 0$）与之联系，反之，对于实体集 B 中的每一个实体，实体集 A 中至多只有一个实体与之联系，则称实体集 A 与实体集 B 有一对多联系，记为 1∶n。

例如，一个班内有多名同学，而每个同学只能属于一个班，则班级与学生之间具有一对多联系。

3）多对多联系（$m∶n$）

如果对于实体集 A 中的每一个实体，实体集 B 中有 n 个实体（$n \geqslant 0$）与之联系，反之，对于实体集 B 中的每一个实体，实体集 A 中也有 m 个实体（$m \geqslant 0$）与之联系，则称实体集 A 与实体集 B 具有多对多联系，记为 $m∶n$。

例如，学生在选课时，一门课程可被多名学生选，而一个学生可以选多门课程，则课程与学生之间具有多对多联系。

实际上，一对一联系是一对多联系的特例，而一对多联系又是多对多联系的特例。

两个实体型之间的这三类联系，也可以用图形的方式表示（图 3-6）。

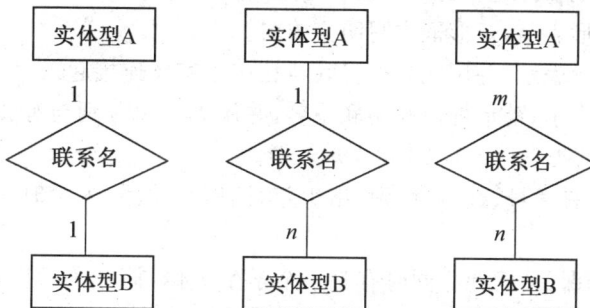

图 3-6　两个实体型之间的三类联系

（2）两个以上的实体型之间的联系

两个以上的实体型之间的联系也存在着一对一、一对多、多对多三种联系。

例如，对于课程、教师与参考书三个实体型，如果一门课程可以由多个教师教授，使用多本参考书；而每一个教师只讲授一门课程；每一本参考书只供一门课程使用，则课程与教师、参考书之间的联系是一对多联系，如图 3-7 所示。

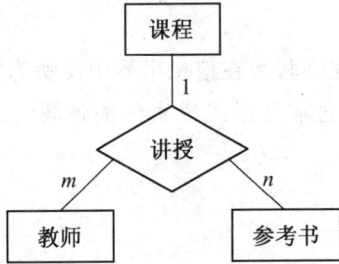

图 3-7　三个实体型之间的联系示例

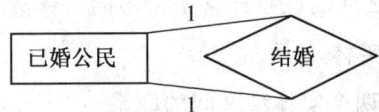

图 3-8　单个实体型内一对一联系示例

（3）单个实体型内的联系

以上我们讨论的是不同的实体型之间的关系，各个实体型分属于不同的实体集。实际上，同一个实体集内的各实体之间也可以存在一对一、一对多、多对多三种联系。

例如，我国实行一夫一妻制，每个已婚公民的一个实例可以通过联系"婚姻"与另一个已婚公民的实例建立唯一的联系，两个实例之间具有一对一的联系，如图 3-8 所示。

又如，职工实体型内部具有领导与被领导的联系，即某一职工（干部）"领导"多名职工，而一个职工仅被另外一个职工（干部）直接领导，这是一对多的联系，如图 3-9 所示。

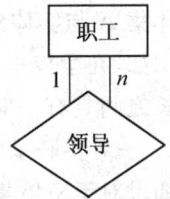

图 3-9　单个实体型内一对多联系示例

3. 概念数据模型的表示

（1）概念数据模型的表示方法

概念数据模型是对信息世界建模，所以概念数据模型应该能够方便、准确地表示信息世界中的常用概念。概念数据模型的表示方法很多，其中最为常用的是陈（P. P. S. Chen）于 1976 年提出的实体-联系方法（entity-relationship approach，E-R 表示法）。该方法是用 E-R 图来描述现实世界的概念数据模型，实体-联系方法也称为实体-联系模型，简称 E-R 模型。

（2）E-R 模型的图形描述

E-R 图提供了表示实体型、属性和联系的方法。

① 实体型：用矩形表示，矩形框内写明实体名。

② 属性：用椭圆形表示，并用无向边将其与相应的实体连接起来。

③ 联系：用菱形表示，菱形框内写明联系名，并用无向边分别与有关实体连接起来，同时在无向边旁标上联系的类型（1∶1、1∶n 或 m∶n）。

例如，学生实体具有学号、姓名、性别、出生年月、所在院系、入学时间等属性，其 E-R 图如图 3-10 所示。

又如，学校学生选课，一门课程同时有若干个学生选修，而一个学生可以同时选修多门课程，则课程与学生之间具有多对多联系。

学生选课涉及的实体及其属性有：

学生：学号、姓名、性别、出生年月、所在院系、入学时间

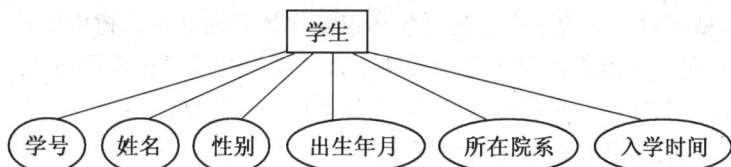

图 3 - 10　学生实体及属性

课程：课程代号、授课教师、学时数、开课时间、是否为学位课程

我们可以用 E - R 图表示学校学生选课情况的概念数据模型(图 3 - 11)。

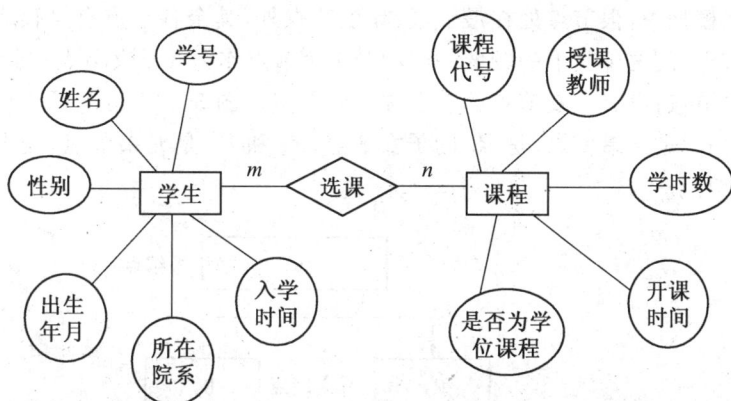

图 3 - 11　实体、实体属性及实体联系模型图

需要注意的是,联系本身也是一种实体型,也可以有属性。如果一个联系具有属性,则这些属性也要用无向边与该联系连接起来。

因此,从本质上来说,概念数据模型是由实体型所构成的。

3.5　常见的逻辑数据模型

前面,我们讲到了一种面向数据库逻辑结构的数据模型,我们称之为逻辑数据模型。它是按计算机的观点对数据进行建模。逻辑数据模型是数据库系统的核心和基础,数据库系统大多是基于某种逻辑数据模型的。

本节我们将对三种常见的逻辑数据模型进行讨论。

3.5.1　层次数据模型

层次数据模型是数据库系统中最早出现的数据模型。层次数据库系统采用层次数据模型作为数据的组织方式。层次数据库系统的典型代表是 IBM 公司的 IMS 数据库管理系统,这是 1968 年 IBM 公司推出的第一个大型的商用数据库管理系统,曾在 20 世纪 70 年代商业上广泛应用,目前仍有某些特定用户在使用。

1. 层次数据模型的数据结构

（1）层次数据模型的基本结构

层次数据模型用树形结构来表示各类实体以及实体间的联系。树中的每个节点表示一个记录类型（实体），每个节点都必须满足以下两个条件才能构成层次数据模型：

① 有且只有一个节点没有双亲节点，这个节点称为根节点。

② 根以外的其他节点有且只有一个双亲节点。

在层次数据模型中，每个节点表示一个记录类型（实体），节点之间的连线（有向边）表示记录类型（实体）间的联系，这种联系只能是父子之间的一对多的联系。这使得层次数据库系统只能处理一对多的实体联系。

每个记录类型可包含若干个字段，这里，记录类型描述的是实体，字段描述实体的属性。

在层次数据模型中，根节点处在最上层；除根节点外，其余各节点有且仅有一个上一层节点作为其双亲节点，而位于其下的较低一层的若干个节点作为其子女节点；同一双亲节点的子女节点称为兄弟节点；没有子女节点的节点称为叶节点。图 3-12 给出了一个例子，其中，R_1 为根节点；R_2 和 R_3 是兄弟节点，是 R_1 的子女节点；R_4 和 R_5 是兄弟节点，是 R_2 的子女节点；R_3、R_4、R_5 是叶节点。

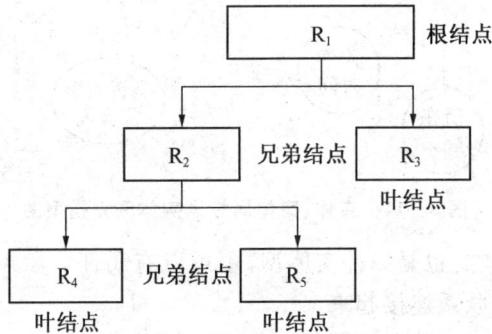

图 3-12　层次数据模型示例

层次数据模型的基本特点是，任何一个给定的记录值只有按其路径查看时，才能显出它的全部意义，没有一个子女记录值能够脱离双亲记录值而独立存在。

图 3-13 是一个系教员学生层次数据模型。系节点是根节点，由系编号、系名、办公地点三个属性组成；它有两个子女节点，分别是教研室节点（属性为教研室编号、教研室名）和学生节点（属性为学号、姓名和成绩）；教研室节点又有一个子女节点，为教员节点，属性为职工号、姓名、研究方向。系到教研室、系到学生、教研室到教员都是一对多的联系。

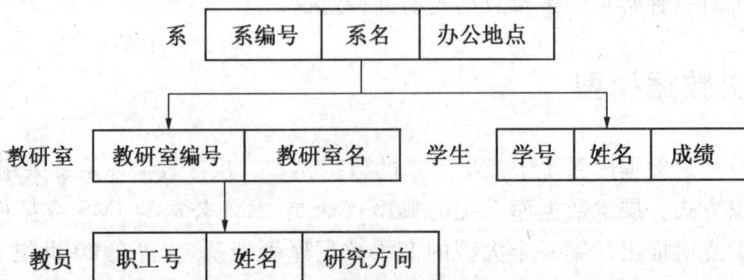

图 3-13　教员学生层次数据模型

（2）多对多联系在层次数据模型中的表示

前面已经说过，层次数据模型能表示一对多的联系，那么，另外一种常见的多对多联系能否用层次数据模型表示呢？答案当然是肯定的，否则层次数据模型就无法真正反映现实世界了。

用层次数据模型表示多对多联系，必须首先将其分解成一对多联系。分解方法有两种：冗余节点法和虚拟节点法。这里就不深入展开了。

2. 层次数据模型的操纵与完整性约束

层次数据模型的操纵主要有查询、插入、删除和更新。进行插入、删除、更新操作时要满足层次数据模型的完整性约束条件。

进行插入操作时，如果没有相应的双亲节点值，就不能插入子女节点值。例如在前面的例子中，如果新调入一名教员，但尚未分配到某个教研室，则不能将新教员插入到数据库中。

进行删除操作时，如果删除双亲节点值，则相应的子女节点值也同时被删除。例如在前面的例子中，如果删除某个教研室，那么该教研室下所有教员的数据将全部丢失。

进行更新操作时，应更新所有相应记录，以保证数据的一致性。

3. 层次数据模型的存储结构

层次数据库中不仅要存储数据本身，还要存储数据之间的层次联系。层次数据模型数据的存储通常是和数据之间联系的存储结合在一起的。常用的实现方法有两种：

（1）邻接法

按照层次树的前序穿越顺序把所有记录值依次邻接存放，即通过物理空间的位置相邻来实现层次顺序。

（2）链接法

用指引元（指针）来反映数据之间的层次联系。

4. 层次数据模型的优缺点

层次数据模型的优点主要有：

① 层次数据模型的数据结构比较简单清晰，操作简单。

② 层次数据模型对于实体间联系是固定的，且预先定义好应用系统，查询性能较高。

③ 层次数据模型提供了良好的完整性支持。

层次数据模型的缺点主要有：

① 现实生活中有很多联系是非层次的，层次数据模型不适合表示非层次性的联系。

② 层次数据模型对插入和删除操作的限制比较多，因此应用程序的编写比较复杂。

③ 查询子女节点必须通过双亲节点。

④ 由于结构严密，层次命令趋于程序化。

3.5.2　网状数据模型

在现实世界中，很多事物之间的联系是非层次的，用层次数据模型表示这些结构是很不直接的，网状数据模型则可以克服这些弊端。网状数据库系统采用网状数据模型作为数据的组织方式。20 世纪 60 年代末至 70 年代初，美国数据库系统语言协会 CODASYL 下属的数据库任务组 DBTG 对网状数据库方法进行了系统的研究、探讨，提出了若干方案，构建了 DBTG 模型。DBTG 模型确定并建立了网状数据库系统的许多概念、方法和技术,它是网状数据模型的典型代表。后来,不少网状数据库系统都采用了 DBTG 模型或者简化的 DBTG 模型。

1. 网状数据模型的数据结构

在网状数据模型中,节点必须满足以下两个条件:

① 允许一个以上的节点没有双亲节点。

② 允许一个节点可以有多个双亲节点。

与层次数据模型一致的是,网络模型中每个节点表示的是记录类型,也就是实体;每个记录类型可包含若干个字段(实体的属性);节点间的连线表示记录类型(实体)之间的联系。

网状数据模型是一种比层次数据模型更具普遍性的结构,它去掉了层次数据模型的两个限制,允许多个节点没有双亲节点,允许节点有多个双亲节点,此外它还允许两个节点之间有多种联系(称为复合联系)。

在网状数据模型中,节点之间的联系是任意的,更适合于描述客观世界。

图 3-14a 和 b 所示都是网状数据模型的例子。其中,图 a 中如果 R_1 与 R_3、R_2 与 R_3 之间分别具有一对多的联系,那么这样的网称为简单网;图 b 中如两个节点之间具有多对多的联系,那么这样的网称为复杂网。一个复杂网通常要先分解成简单网之后再进行处理。

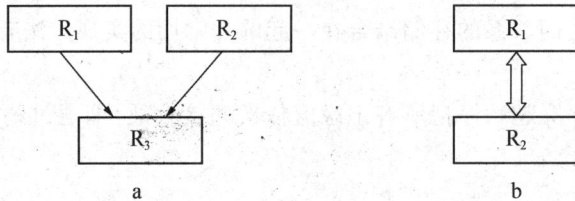

图 3-14 网状数据模型示例

下面以订单订货为例子,看一看网状数据模型是如何来组织数据的。按照常规语义,一份订单可以订购若干种产品,而某一产品可以被若干份订单订购,因此订单和产品之间是多对多联系。这样的实体联系图不能直接用 DBTG 模型来表示,因为 DBTG 模型不能表示记录之间多对多的联系。为此,我们引进另一个记录型"订单明细",该记录型的属性由三个数据项组成,分别是订单代号、产品代号以及数量。

这样,订单订货数据库就包含三个记录型:订单、产品、订单明细。订单与订单明细之间、产品与订单明细之间的联系都是一对多的,如图 3-15 所示。

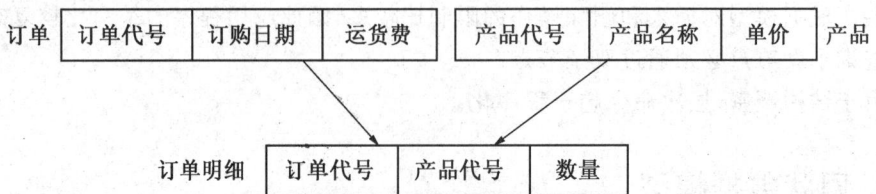

图 3-15 订单订货网状数据模型

2. 网状数据模型的操纵与完整性约束

网状数据模型的操纵主要包括查询、插入、删除和更新数据。同时,网状数据模型支持一定的完整性约束条件,主要有以下三点:

① 支持记录码,码是唯一标识记录的数据项的集合。例如,学生记录中学号是码,因此不允许学生的学号出现重复值。

② 保证双亲与子女间的一对多的联系。

③ 支持双亲和子女之间某些约束条件。例如,在插入、删除时有一定的约束条件。

3.　网状数据模型的存储结构

网状数据模型的存储结构依具体系统不同而不同。常用的方法是链接法,包括单向链接、双向链接、环状链接、向首链接等。此外还有其他实现方法,如指引元阵列法、二进制阵列法、索引法等。

4.　网状数据模型的优缺点

网状数据模型的优点主要有:

① 能够更为直接地描述现实世界。

② 具有良好的性能,存取效率较高。

网状数据模型的缺点主要有:

① 其 DDL 语言极其复杂。

② 数据独立性较差,结构比较复杂,不利于最终用户掌握。

由于实体间的联系本质上是通过存取路径指示的,因此应用程序在访问数据时要指定存取路径,加重了编写应用程序的负担。

3.5.3　关系数据模型

关系数据模型是目前最常用的一种数据模型。关系数据库系统采用关系数据模型作为数据的组织方式。20 世纪 80 年代以来,计算机厂商推出的数据库管理系统几乎都支持关系数据模型,非关系数据模型系统的产品也大都加上了接口。数据库领域当前的研究工作也都是以关系方法为基础。

1.　关系数据模型的数据结构

在现实世界中,人们经常用表格形式表示数据信息。但是日常生活中使用的表格往往比较复杂,在关系数据模型中,基本数据结构被限制为二维表格。因此,在关系数据模型中,数据在用户观点下的逻辑结构就是一张二维表。每一张二维表称为一个关系。

下面介绍关系数据模型中的一些概念:

① 关系(relation):一个关系对应通常所说的一张表,如表 3 - 2 所示的学生信息表。

表 3 - 2　学生信息表——关系数据模型的数据结构

学　号	姓　名	年　龄	性　别	系　名	年　级
2005004	王小明	19	女	社会学	2005
2005006	黄大鹏	20	男	商品学	2005
2005008	张文斌	18	女	法律	2005
…	…	…	…	…	…

② 元组(tuple):表中的一行即为一个元组。

③ 属性(attribute):表中的一列即为一个属性,给每一列取一个名称即属性名。如表 3 - 2

所示的学生信息表有六列,对应六个属性,分别是学号、姓名、年龄、性别、系名和年级。

④ 主码(key):表中的某个属性组,它可以唯一确定一个元组,例如学生信息表中的学号。

⑤ 域(domain):属性的取值范围。例如,姓名的域为字符串集合;年龄的域为 $0\sim150$ 的整数;性别的域为(男,女)。

⑥ 分量:元组中的一个属性值。

⑦ 关系模式:对关系的描述,一般表示为:关系名(属性 1,属性 2,…,属性 n)。例如,上面的关系可描述为:学生(学号,姓名,年龄,性别,系名,年级)。

关系数据模型的一些注意点有:

① 在关系数据模型中,最后都归结为关系,一个关系就是一个表。

② 概念数据模型中的实体型就是由一个或多个关系所组成的。

③ 而概念数据模型中实体间的联系实质上也是实体型,所以,联系也是关系。

④ 关系(表)对应概念数据模型中的实体型或者联系,列对应实体的属性,行对应某个实体。

⑤ 关系数据模型要求关系必须是规范化的,最基本的条件就是,关系的每一个分量必须是一个不可分的数据项,即不允许表中还有表。

⑥ 关系数据模型不是人为地设置指针,而是由数据本身自然地建立它们之间的联系,并且用关系代数和关系运算来操纵数据。

2. 关系数据模型的操纵与完整性约束

关系数据模型的操纵主要包括查询、插入、删除和更新数据。这些操作必须满足关系的完整性约束条件。关系的完整性约束条件包括实体完整性、参照完整性和用户定义的完整性。

关系数据模型中的数据操作是集合操作,操作对象和操作结果都是关系,即若干元组的集合。而非关系数据模型中,都是单记录的操作方式。

关系数据模型把存取路径向用户隐蔽起来,用户只要指出"干什么",不必详细说明"怎么干",从而大大地提高了数据的独立性,提高了用户生产率。

关系数据库标准操作语言是 SQL 语言。

3. 关系数据模型的存储结构

在关系数据模型中,实体及实体间的联系都用表来表示。在数据库的物理组织中,有的 DBMS 将一个表对应一个操作系统文件;有的 DBMS 从操作系统获得若干大的文件,自己设计表、索引等存储结构。

4. 关系数据模型的优缺点

关系数据模型的优点主要有:

① 关系数据模型是建立在严格的数学概念的基础上的。这一点与非关系数据模型不同。

② 无论实体还是实体之间的联系都用关系来表示。对数据的检索结果也是关系(即表),因此概念单一,其数据结构简单,概念清晰。

③ 能够直接反映实体之间一对一、一对多和多对多的联系。

④ 通过公共属性就可以建立表与表之间的联系,从而就建立了实体之间的联系。

⑤ 关系数据模型的存取路径对用户透明,从而具有更高的数据独立性、更好的安全保密性,也简化了程序员的工作和数据库开发建立的工作。

关系数据模型的缺点主要是,由于存取路径对用户透明,查询效率往往不如非关系数据模型。因此,为了提高性能,必须对用户的查询请求进行优化,增加了开发数据库管理系统的负担。

3.6　数据库系统结构

从数据库管理系统方面考虑,数据库系统通常采用三级模式结构,这是 DBMS 内部的系统结构。本节介绍数据库系统的模式结构。

3.6.1　数据库系统模式的概念

在数据模型中有"型(type)"和"值(value)"的概念。型是对某一类数据的结构和属性的说明(或定义);值是对型的一个具体赋值。例如,图书记录定义为:(编号,书名,作者,出版社,出版日期,定价),这是记录的型,而(G11.11,C 语言程序设计,张大海,蓝天,2004.4,26.30)是该记录型的一个记录值。

模式(schema)是对现实世界的抽象,是对数据库中全体数据的逻辑结构和特征的描述,它仅仅涉及型的描述,不涉及具体的值。模式的一个具体值称为模式的一个实例(instance)。同一模式可以有很多实例。

模式反映的是数据的结构及其联系;而实例反映的是数据库某一时刻的状态。因此,模式是相对稳定的;而实例是相对变动的。

3.6.2　数据库系统的三级模式结构

数据库系统的体系结构是数据库系统的总体框架。虽然数据库管理系统种类很多,它们可能支持不同的数据模型,使用不同的数据库语言,建立在不同的操作系统之上,数据的存储结构也不尽相同,但它们在体系结构上都具有相同的特征,即都采用三级模式结构,并提供二级映像功能。

数据库系统三级模式结构为模式、外模式和内模式。二级映像则是外模式/模式映像和模式/内模式映像。这三级模式与二级映像构成数据库系统的内部的抽象结构体系,如图 3-16 所示。

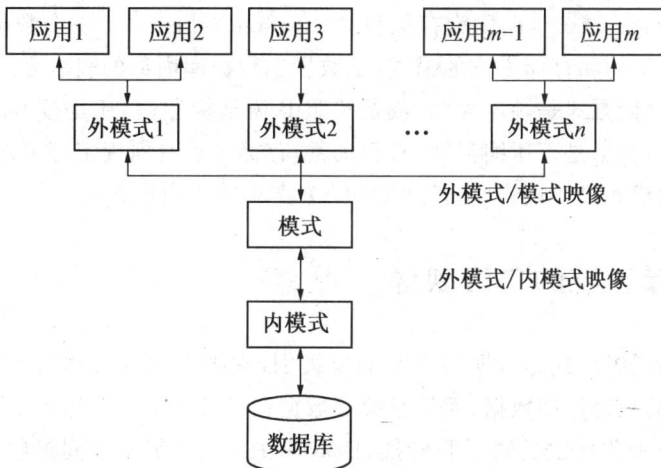

图 3-16　数据库系统的三级模式结构

模式反映的是总体的逻辑结构，一个数据库只有一个模式，它是由数据库管理员定义的。外模式反映的是一种局部的逻辑结构，它与应用程序相对应，由用户自己定义。一个数据库可以有多个外模式。内模式是反映物理数据存储的模型，它也是由数据库管理员定义的。

1. 模式

模式(schema)也称为逻辑模式，是数据中全体数据的逻辑结构和特征描述，是所有用户的公共数据视图。它是数据库系统模式结构的中间层，既不涉及数据的物理存储细节和硬件环境，也与具体的应用程序及其所使用的开发工具(如 C、Visual Basic、Power Build、ASP、JSP等)无关。

从本质上讲，模式是数据库数据在逻辑上的视图。一个数据库只有一个模式。数据库模式以某一种数据模型为基础，统一综合地考虑了所有用户的需求，并将这些需求有机地结合成一个逻辑整体。

定义模式时不仅要定义数据的逻辑结构(包括数据记录由哪些数据项构成，数据项的名字、类型、取值范围等)，而且要定义数据之间的联系，定义与数据有关的安全性、完整性要求。

DBMS 提供描述语言(模式 DDL)来严格定义模式。

2. 外模式

外模式(external schema)也称为子模式(sub schema)或用户模式，它是数据库用户(包括应用程序员和最终用户)能够看到和使用的局部数据的逻辑结构和特征的描述，是数据库用户的数据视图，是与某一应用有关的数据的逻辑表示。

外模式通常是模式的子集。一个数据库可以有多个外模式。由于它是各个用户的数据视图，如果不同的用户对应用需求、看待数据的方式、对数据保密的要求等存在差异，则其外模式描述就是不同的。即使模式中的同一数据记录，在外模式中的结构、类型、长度、保密级别等都可以不同。另一方面，同一个外模式也可为某一用户的多个应用系统所用，但一个应用程序只能使用一个外模式。

外模式是保证数据库安全性的一个有力措施。每个用户只能看见和访问所对应的外模式中的数据，数据库中其余数据是不可见的。

DBMS 提供外模式描述语言(外模式 DDL)来严格定义外模式。

3. 内模式

内模式(internal schema)也称为存储模式(storage schema)。一个数据库只有一个内模式。它是数据物理结构和存储方式的描述，是数据在数据库内部的表示方式。

例如，记录的存储方式是顺序存储，或是按照 B 树结构存储，还是按 hash 方法存储；索引按照什么方式组织；数据是否压缩存储，是否加密；存储记录有何规定等等。

DBMS 提供内模式描述语言(内模式 DDL)来严格定义内模式。

3.6.3 数据库系统的二级映像

数据库系统的三级模式是数据的三个抽象级别，它把数据的具体组织留给 DBMS 管理，使用户能逻辑地、抽象地处理数据，而不必关心数据在计算机中的具体表示与存储。为了能够在内部实现这三个抽象层次的联系和转换，DBMS 在这三个级别之间提供了两层映像：外模式/模式映像和模式/内模式映像。

外模式/模式映像使数据具有较高的逻辑独立性。它定义了该外模式与模式之间的对应关系。这些映像定义通常包含在各自外模式的描述中。当模式改变时，DBA 要对相关的外模式/模式映像做相应的改变，以使外模式保持不变。应用程序是依据数据的外模式编写的，外模式不变，应用程序就没必要修改。因此，外模式/模式映像功能保证了数据与程序的逻辑独立性。

模式/内模式映像使数据具有较高的物理独立性。它定义了数据库全局逻辑结构与存储结构之间的对应关系。该映像定义通常包含在模式描述中。当数据库的存储结构改变时，DBA 要对模式/内模式映像做相应的改变，以使模式保持不变。模式不变，与模式没有直接联系的应用程序也不会改变。因此，模式/内模式映像功能保证了数据与程序的物理独立性。

3.7　数据库管理系统

数据库管理系统是指在数据库系统中对数据库进行管理的软件，它是数据库系统的核心。对数据库的所有操作（如结构定义、数据录入与更新、信息查询、统计与报表打印等）都是由数据库管理系统实现的。

3.7.1　数据库管理系统的功能

一个数据库管理系统无论是基于哪一种数据模型，都应该具有以下基本功能：

1. 数据库的定义功能

DBMS 提供数据库定义语言 DDL（描述概念模式的数据定义语言）定义数据库的三级结构、二级映像，提供数据库控制语言 DCL 定义数据的完整性约束、安全性和保密限制等约束。因此，在 DBMS 中应包括 DDL 和 DCL 的编译程序，来实现数据库的定义功能。

2. 数据库的操纵功能

DBMS 提供 DML（数据操纵语言），实现对数据的操作。基本的数据操作有两类：检索（查询）和更新（包括插入、删除、更新）。因此，在 DBMS 中同样包括 DML 的编译程序或解释程序，来实现数据库的操纵功能。依照语言的级别，DML 又可分成过程性 DML 和非过程性DML 两种。

3. 数据库的保护功能

DBMS 对数据库的保护主要通过四个方面实现：

① 数据库的恢复。在数据库被破坏或数据不正确时，系统有能力把数据库恢复到正确的状态。

② 数据库的并发控制。在多个用户同时对同一个数据进行操作时，系统应能加以控制，防止破坏数据库中的数据。

③ 数据完整性控制。保证数据库中数据及语义的正确性和有效性，防止任何对数据造成错误的操作。

④ 数据安全性控制。防止未经授权的用户存取数据库中的数据，以避免数据的泄露、更改或破坏。

4. 数据库的维护功能

这一部分包括数据库的数据载入、转换、转储，数据库的改组以及性能监控等功能。

5. 其他功能

为了扩大数据库的应用，DBMS 还具有与其他类型数据库系统之间的格式转换以及网络通信等功能。DBMS 还提供处理数据的传输，实现用户程序与 DBMS 之间的通信，通常与操作系统协调完成。

3.7.2　数据库管理系统的类型

由于所采用的数据模型不同，数据库管理系统可划分为多种类型。

1. 层次型数据库管理系统

层次型数据库管理系统采用层次数据模型。典型的层次型数据库管理系统有 IBM、SYSTEM 2000 等。

2. 网状型数据库管理系统

网状型数据库管理系统采用网状数据模型。典型的网状型数据库管理系统有 IDMS、UDS、TOTAL 等。

3. 关系型数据库管理系统

关系型数据库管理系统采用关系数据模型，现在被广泛使用。典型的关系型数据库管理系统有 Oracle、DB2、SQL‐SERVER、Access、Sybase 等。

4. 面向对象数据库管理系统

面向对象数据库管理系统采用面向对象数据模型，是面向对象技术与数据库技术的结合产物。面向对象数据库管理系统并未广泛普及。现在的许多关系型数据库管理系统中已经引入了面向对象数据库管理系统的某些特征，例如 Oracle、SQL‐SERVER。

3.7.3　数据库管理系统的构成

数据库管理系统按其功能划分为多个程序模块，这些模块相互联系，共同完成复杂的数据库管理功能。数据库管理系统一般可分为应用层、语言处理层、数据存取层和数据存储层四个层次。

3.8　生物信息数据库的模拟构建

本节以 ACCESS 数据库管理系统为例，模拟构建关系型生物数据库。

3.8.1　生物信息数据库的创建

1. 启动 ACCESS,出现图 3 - 17。

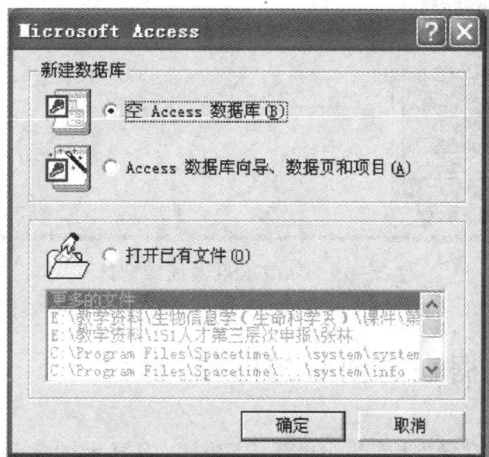

图 3 - 17　Access 启动界面

2. 选中"空 Access 数据库"选项,单击"确定"按钮,见图 3 - 18。在图 3 - 18 的对话框中选择相应文件夹,并输入文件名"生物数据库.mdb",单击"创建"按钮,出现图 3 - 19。图3 - 19 所示即为"ACCESS 数据库"窗体。

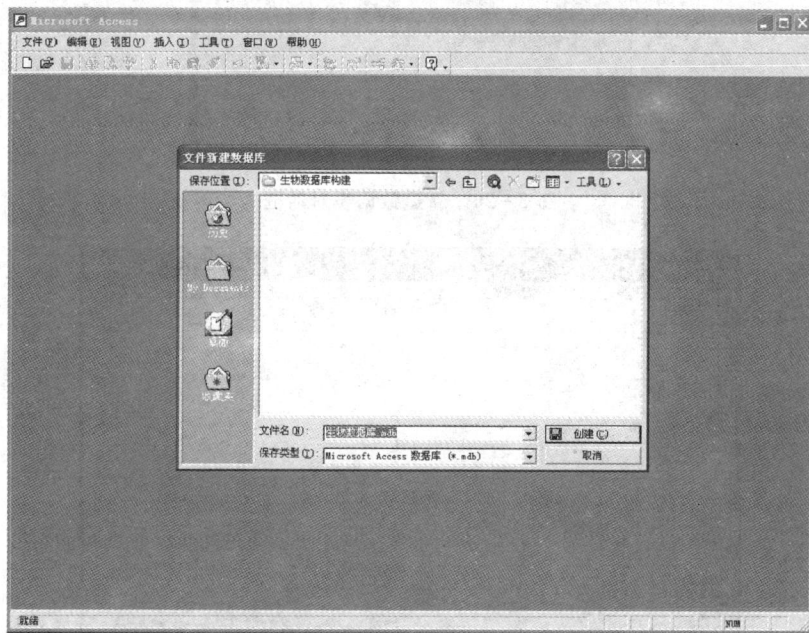

图 3 - 18　新建 Access 数据库对话框

ACCESS 数据库是所有相关对象的集合,包括表、查询、窗体、报表、页、宏、模块七个对象,其中表是数据库的基础。

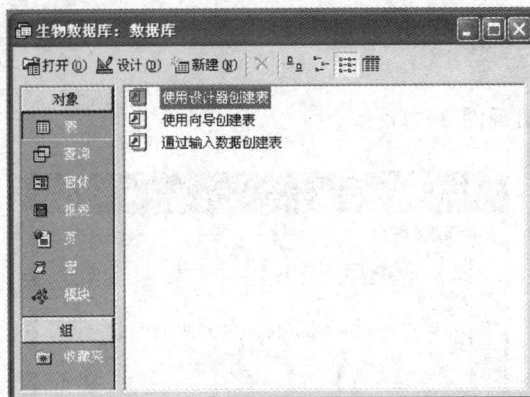

图 3-19　ACCESS 数据库窗体 1

3.8.2　生物信息数据表的创建与操作

　　1. 单击图 3-19 中的对象"表",并按"新建"按钮,将显示图 3-20 中所示对话框,选择"设计视图",单击"确定"按钮。这将显示表的设计视图,如图 3-21 所示,它可用于设计、创建表的结构。

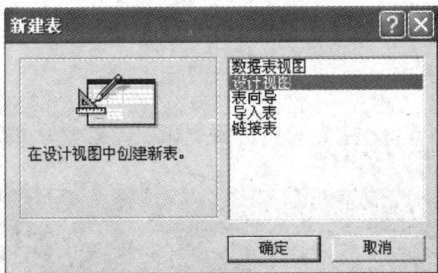

图 3-20　新建数据表对话框

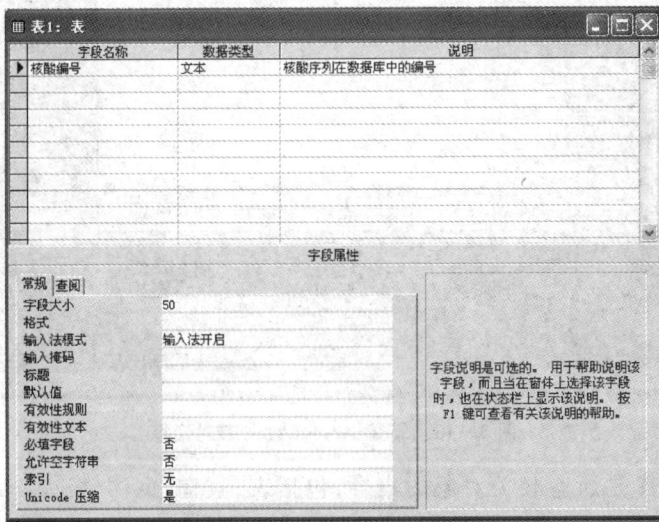

图 3-21　核酸序列表的设计视图 1

创建表涉及要储存的数据指定字段名称和数据类型。这些是必需的步骤，而说明和字段属性是可选的。

2. 输入如图 3-22 所示的的字段名称、数据类型和说明。

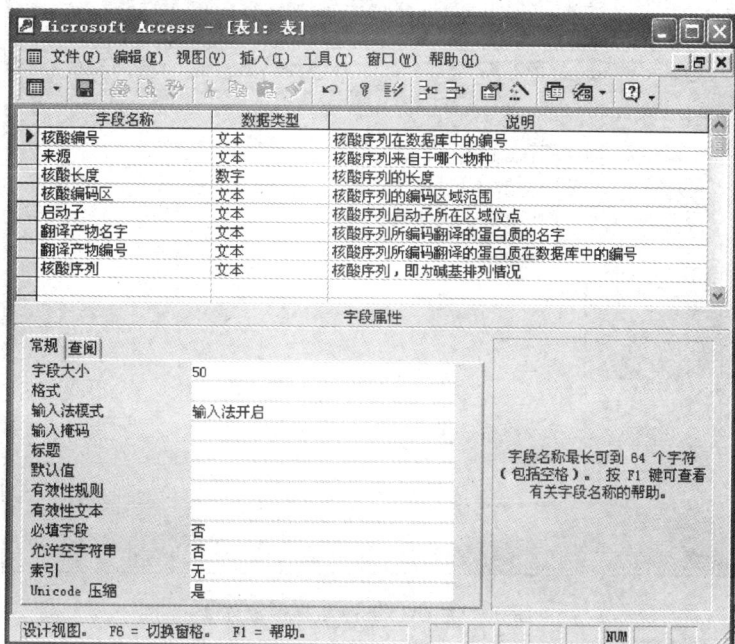

图 3-22　核酸序列表的设计视图 2

3. 将鼠标指针移到"核酸编号"上，然后单击右键，从弹出的菜单中选择"主键"，如图 3-23 所示。这将在"核酸编号"旁边放置一个钥匙形状的图标，表示已对"核酸编号"字段实施了"主键"约束，即不允许空值，不允许重复，必须保证数据唯一性。

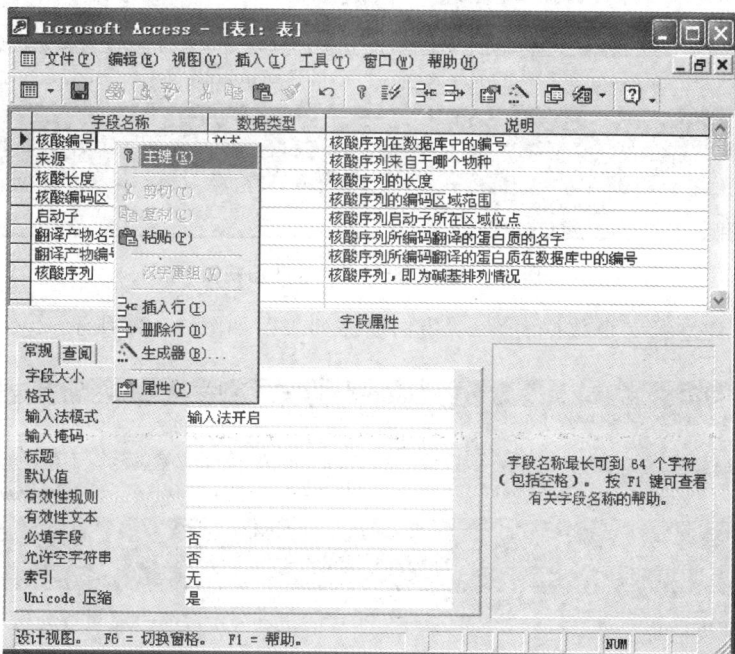

图 3-23　核酸序列表的设计视图 3——指定主键

4. 单击常用工具栏上的"保存"按钮,将提示输入表的名称,输入"核酸序列表",然后单击"确定"按钮。此时,ACCESS 数据库窗体中将出现"核酸序列表",如图 3-24 所示。

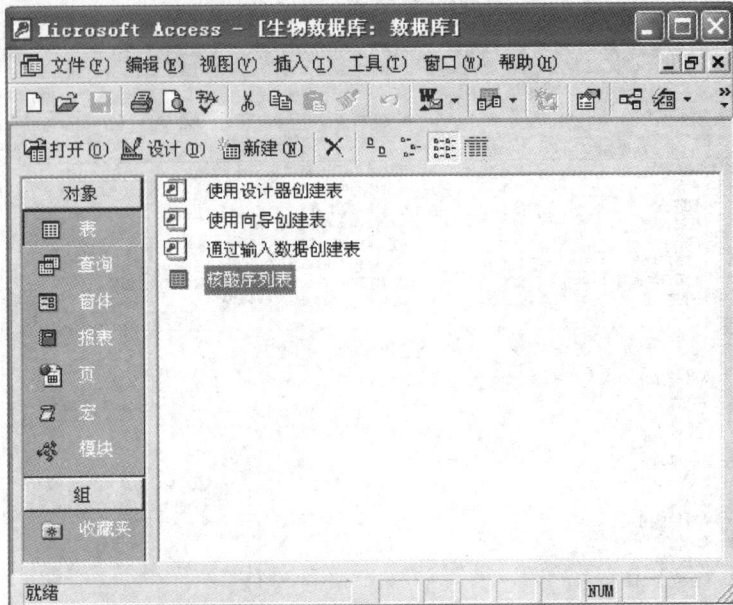

图 3-24　ACCESS 数据库窗体 2

5. 表的设计视图用于更改表的结构(如字段名称或数据类型),或更改字段和表的属性。双击图 3-24 中的"核酸序列表",将显示核酸序列表的数据视图,如图 3-25 所示,它用于输入、修改和删除数据。

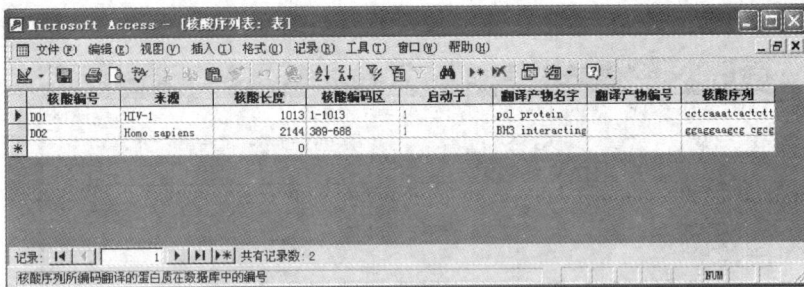

图 3-25　核酸序列表的数据视图

6. 同理,可建立第二个数据表——"蛋白质序列表",如图 3-26 所示。

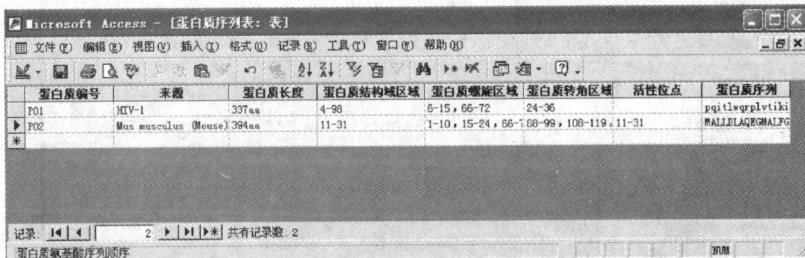

图 3-26　蛋白质序列表的数据视图

7. 重新打开核酸序列表的设计视图,如图 3-27 所示,选择"翻译产物编号"字段,单击下方"查询"面板,在"显示控件"选项中选择"列表框",在"行来源类型"选项中选择"表/查询",在"行来源"选项中选择"蛋白质序列表"。这样,核酸序列表就与蛋白质序列表建立了联系,核酸序列所翻译得到的蛋白质应当在蛋白质序列表中存在。

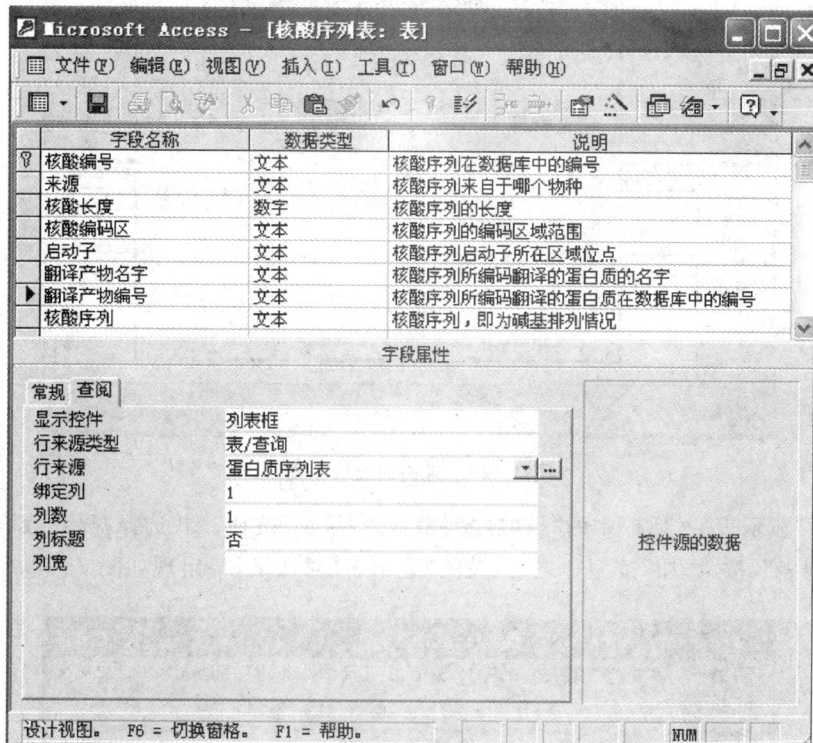

图 3-27　建立联系

3.8.3　生物信息数据库关系与查询的建立

1. 单击 ACCESS 数据库窗体(图 3-19)中的对象"查询",并按"新建"按钮,将显示图 3-28中所示对话框,选择"设计视图",单击"确定"按钮。这将显示查询的设计视图,如图 3-29所示,它可用于设计、创建查询。

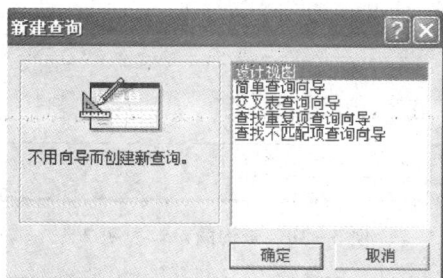

图 3-28　新建查询对话框

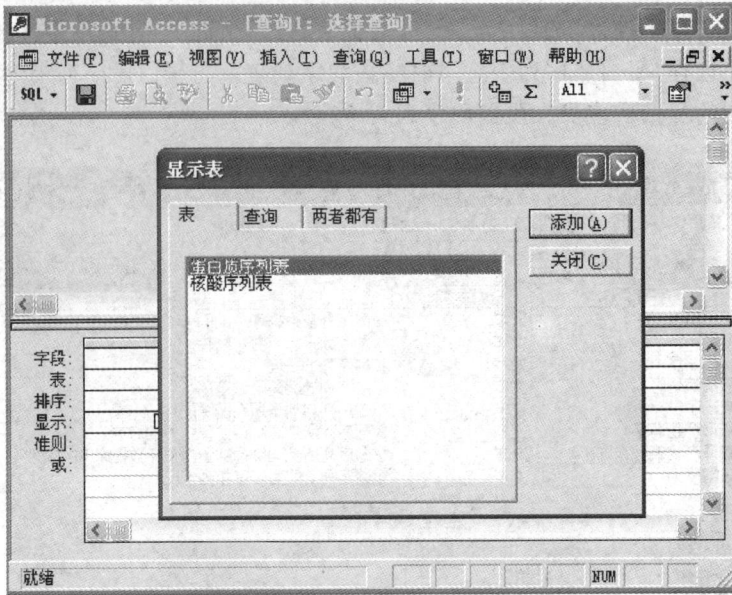

图 3 - 29　查询的设计视图 1

2. 选择"显示表"对话框中的"核酸序列表",按"添加"按钮。并选择"显示表"对话框中的"蛋白质序列表",按"添加"按钮。之后,关闭"显示表"对话框,将出现如图 3 - 30 所示画面。

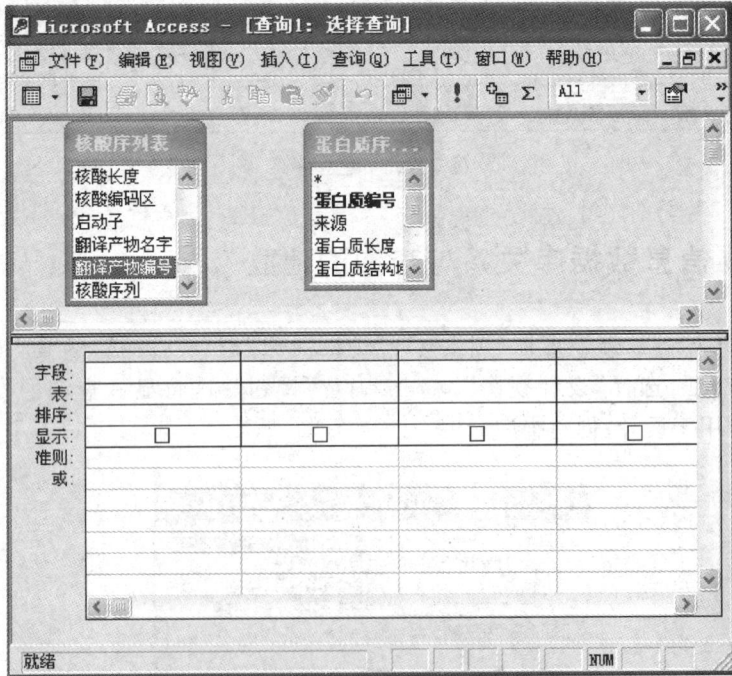

图 3 - 30　查询的设计视图 2

3. 鼠标左键单击核酸序列表的"翻译产物编号"字段,并点住不放,将鼠标拖到蛋白质序列表的"蛋白质编号"字段上方,释放鼠标。此时,就会在上述两个字段之间出现一条黑色连线,表明核酸序列表与蛋白质序列表之间的关系已经建立,如图 3 - 31 所示。

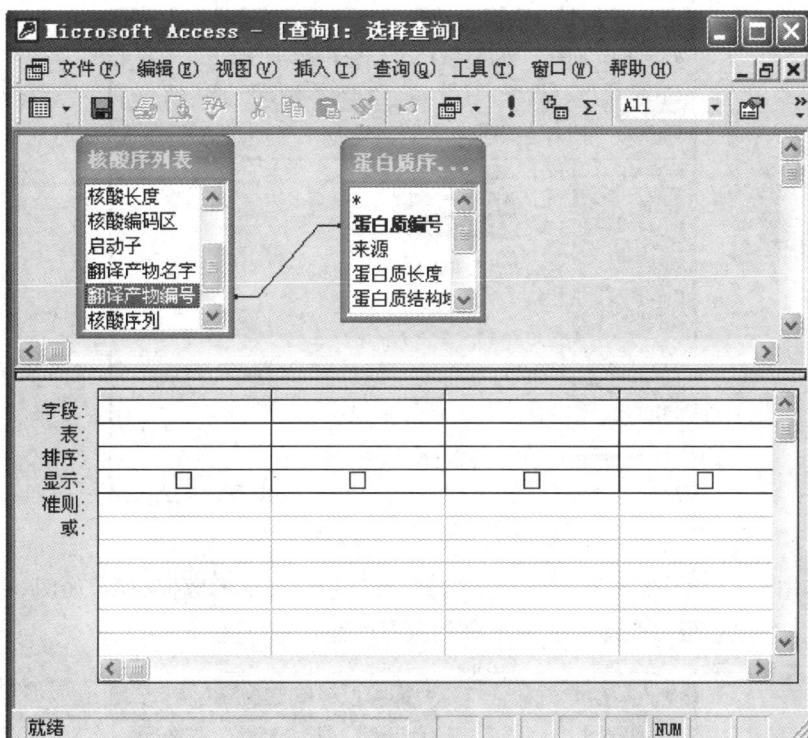

图 3 - 31　查询的设计视图 3——关系的建立

4. 在建立两个表的关系之后,可以建立连接核酸序列表与蛋白质序列表的查询。双击核酸序列表与蛋白质序列表中所需要的字段,将出现如图 3 - 32 所示画面。单击工具栏上"保存"按钮,将提示输入查询的名称,输入"核酸-蛋白质查询",然后单击"确定"按钮。此时,ACCESS 数据库窗体中将出现"核酸-蛋白质查询",如图 3 - 33 所示。

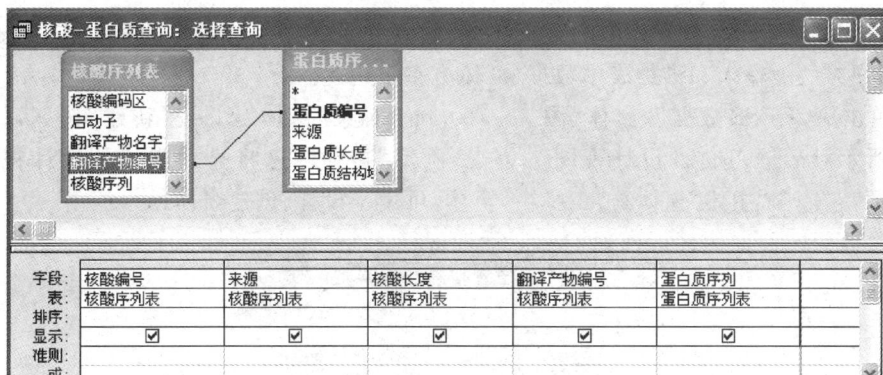

图 3 - 32　查询的设计视图 4

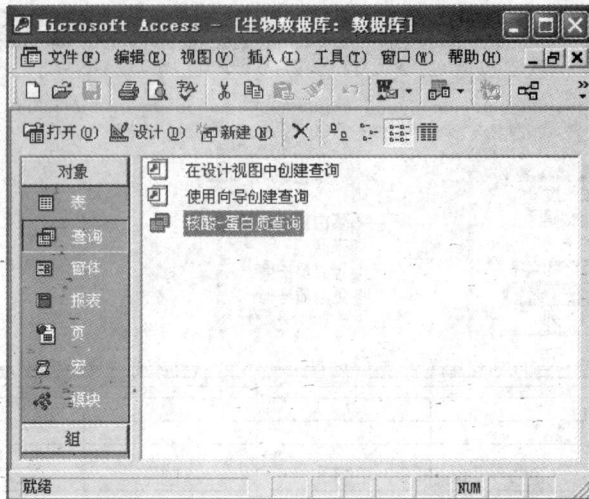

图 3 - 33　ACCESS 数据库窗体 3

5. 双击图 3 - 33 中的"核酸-蛋白质查询",将显示该查询的数据视图,如图 3 - 34 所示,它将显示核酸序列表和蛋白质序列表相关联的数据信息。

图 3 - 34　核酸-蛋白质查询的数据视图

3.8.4　生物信息数据库窗体的创建

窗体作为 ACCESS 数据库中的重要部分,起着联系数据库与用户的桥梁作用,通过窗体可以使用户方便地输入和维护表中数据,窗体有多重用途。

1. 单击 ACCESS 数据库窗体(图 3 - 19)中的对象"窗体",并按"新建"按钮,将显示图 3 - 35中所示对话框,选择"设计视图",单击"确定"按钮。这将显示窗体的设计视图,如图 3 - 36所示,它包含"主体"窗体与"工具箱"窗体,可用于设计、创建窗体。

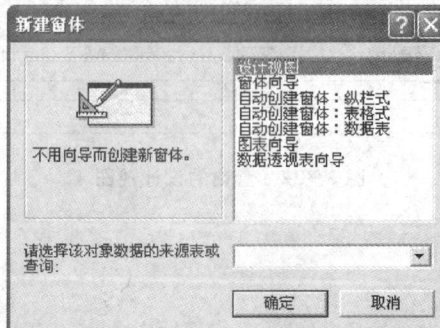

图 3 - 35　新建窗体对话框

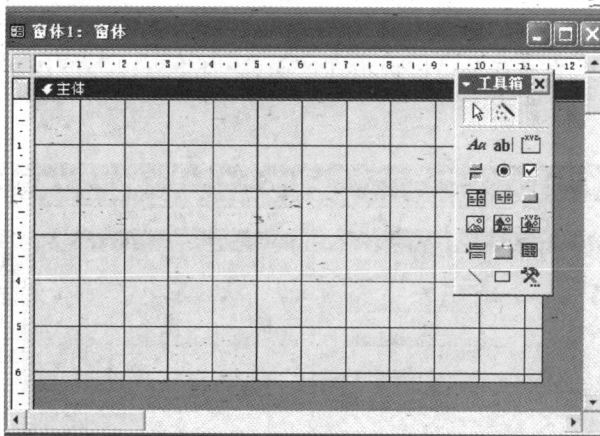

图 3－36　窗体的设计视图 1

2. 单击"视图"菜单中的"属性"子菜单，将显示图 3－37 中所示"窗体"对话框，选择"数据"面板，单击"记录源"下拉列表框，在下拉列表中选择"核酸序列表"，然后关掉"窗体"对话框。

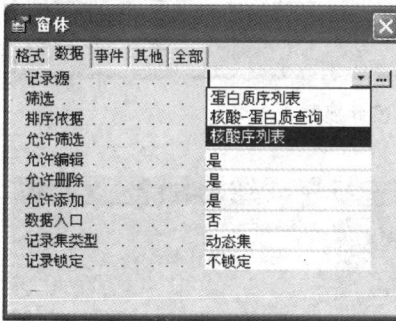

图 3－37　"窗体"对话框

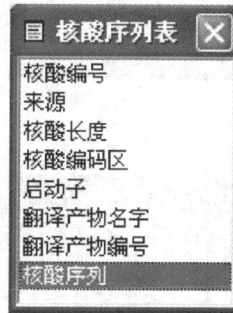

图 3－38　"核酸序列表"对话框

3. 此时，将弹出一个新的窗体，即"核酸序列表"窗体，如图 3－38 所示。"核酸序列表"窗体将显示核酸序列表的每一个字段。鼠标左键单击"核酸序列表"窗体中的所需字段，并点住不放，将鼠标拖到窗体设计视图上方，释放鼠标，此时会出现如图 3－39 所示界面。此时，该窗体已与核酸序列表建立了联系，换句话说，可以通过该窗体来显示和操控核酸序列表。

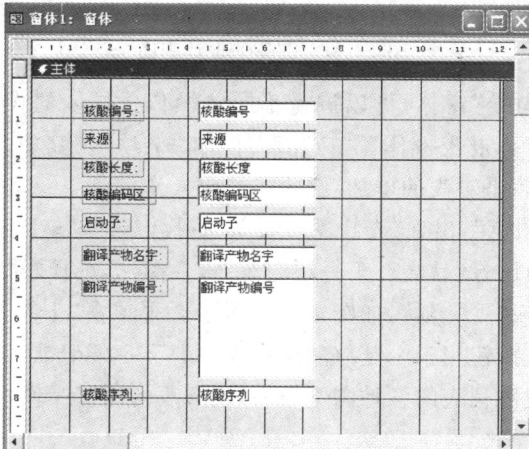

图 3－39　窗体的设计视图 2

4. 对于核酸序列表的显示和操控,需要控件来进行辅助,最常见的控件是"命令按钮",如图 3-40 所示。单击"工具箱"窗体中的"命令按钮",然后在窗体设计视图中合适的位置点击鼠标左键,并根据需要,在合适的范围内拖动鼠标,此时将出现一个按钮,并同时出现"命令按钮向导"窗体,如图 3-41 所示。

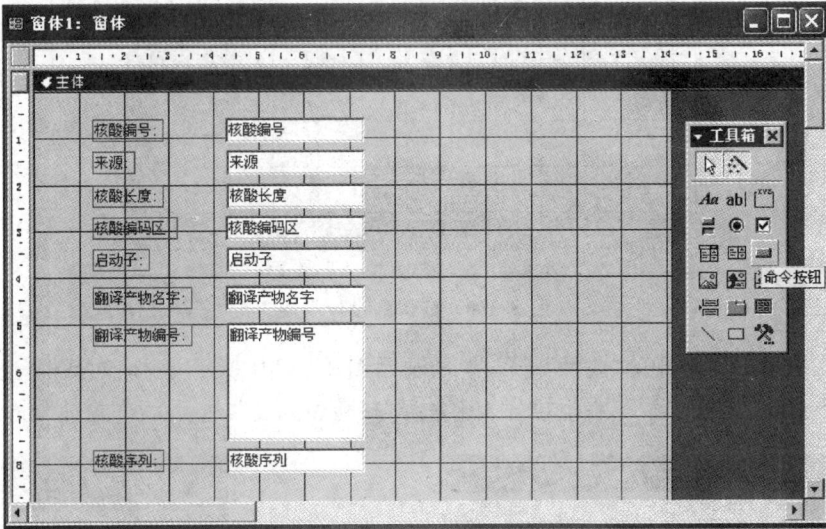

图 3-40　窗体的设计视图 3

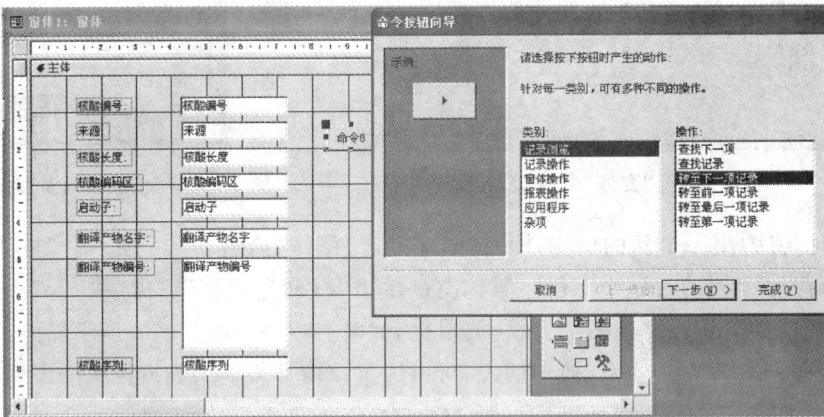

图 3-41　窗体的设计视图 4

5. 通过"命令按钮向导"窗体,可以进行不同的操作。具体的操作类别有:"记录浏览"、"记录操作"、"窗体操作"、"报表操作"、"应用程序"和"杂项"。其中,"记录浏览"是对表的浏览、显示操作;"记录操作"是对表的增加、删除和修改操作。

6. 鼠标点击"记录浏览",出现"查找下一项"、"查找记录"、"转至下一项记录"、"转至前一项记录"、"转至最后一项记录"、"转至第一项记录"六个操作,选择"转至下一项记录",单击"下一步",选择"文本"并输入"下一项",如图 3-42 所示。再单击"下一步",按"完成"按钮,则就构建好一个命令按钮,该按钮用于浏览核酸序列表中的下一条记录,如图 3-43 所示。按照上述步骤,可以建立对核酸序列表的各种浏览按钮,用于表的浏览操作,如图 3-44 所示。

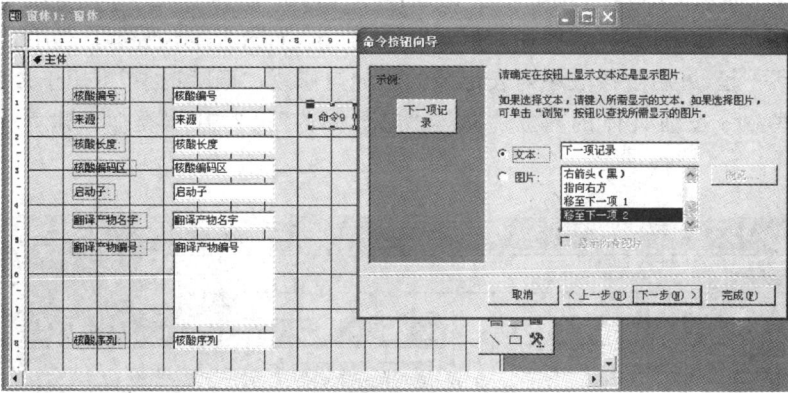

图 3 - 42 窗体的设计视图 5

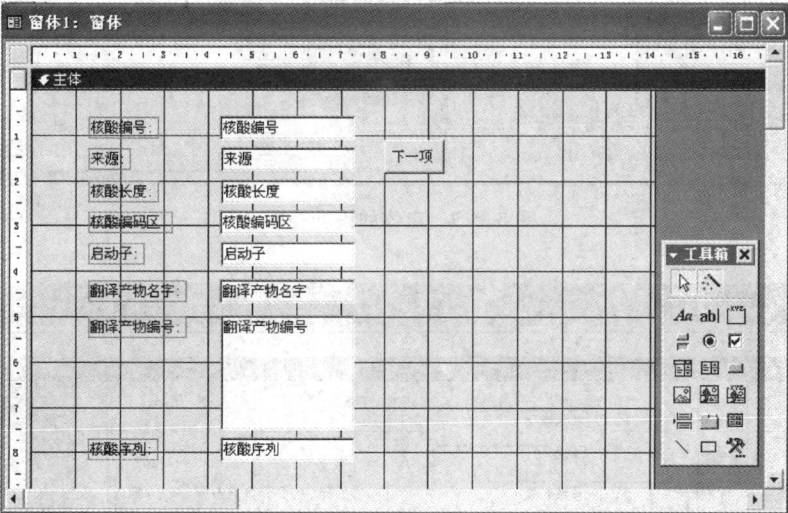

图 3 - 43 窗体的设计视图 6

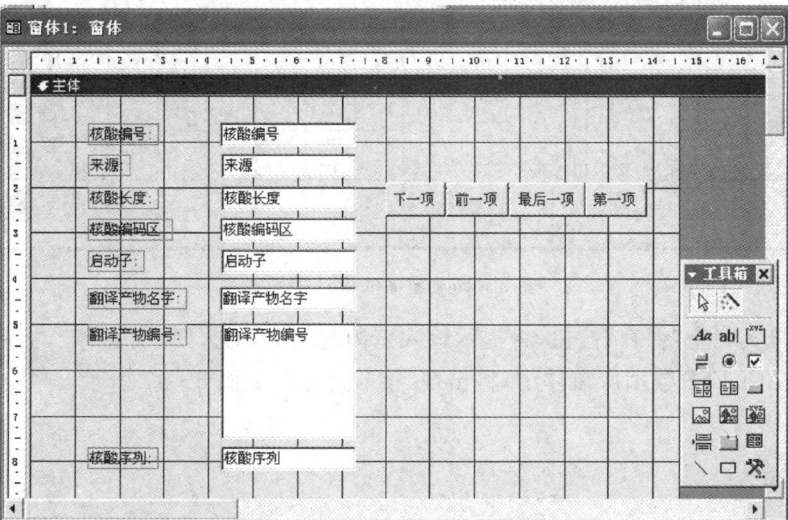

图 3 - 44 窗体的设计视图 7

7. 同理,鼠标点击图 3-41 所示的"记录操作",则出现"保存记录"、"删除记录"、"复制记录"、"打印记录"、"撤销记录"、"添加新记录"六个操作,如图 3-45 所示。其中,"添加新记录"与"保存记录"一起,可用于核酸序列表记录的增加与修改;"删除记录"可用于核酸序列表记录的删除。这些命令按钮具体的建立方式与"记录浏览"操作基本类似。建立完成界面如图 3-46所示。

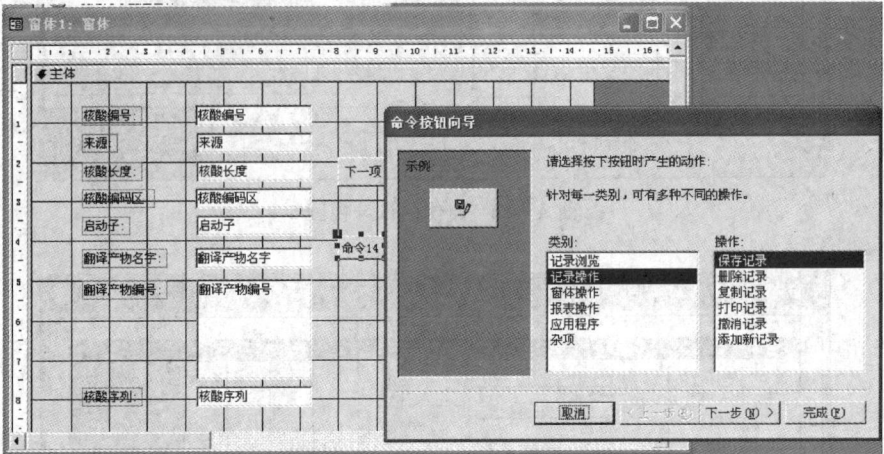

图 3-45　窗体的设计视图 8

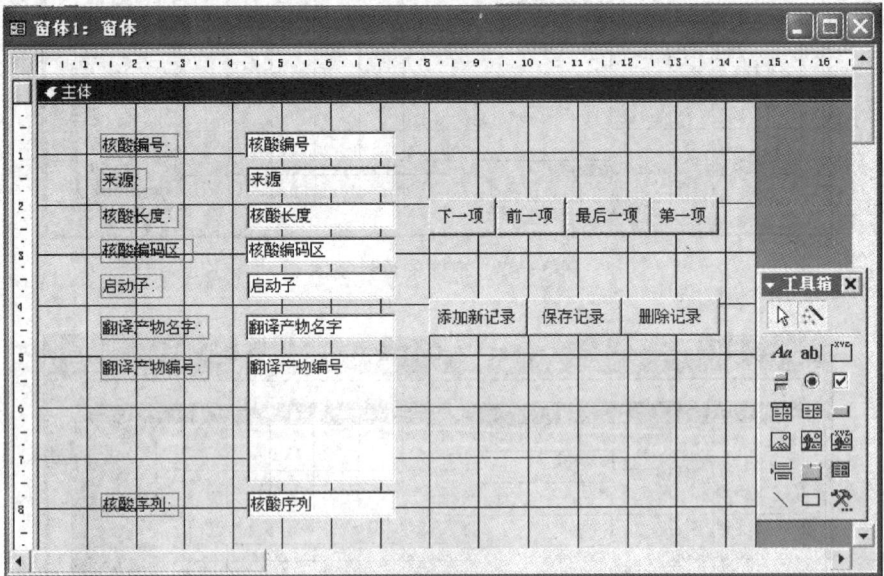

图 3-46　窗体的设计视图 9

8. 点击工具栏上"保存"按钮,将提示输入窗体的名称,输入"核酸窗体",然后单击"确定"按钮。此时,ACCESS 数据库窗体中,将出现"核酸窗体",如图 3-47 所示。

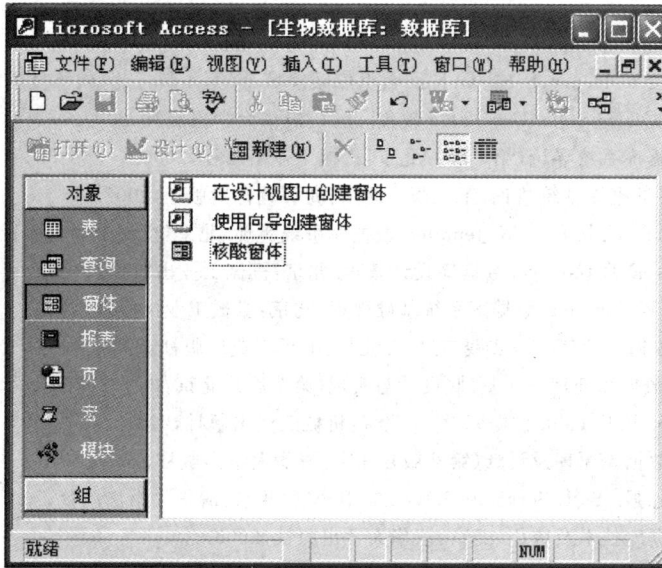

图 3 - 47 ACCESS 数据库窗体 4

9. 双击图 3 - 47 中的"核酸窗体",将显示窗体的应用界面,如图 3 - 48 所示,此时窗体可以发挥作用,用于对"核酸序列表"的浏览与操控。

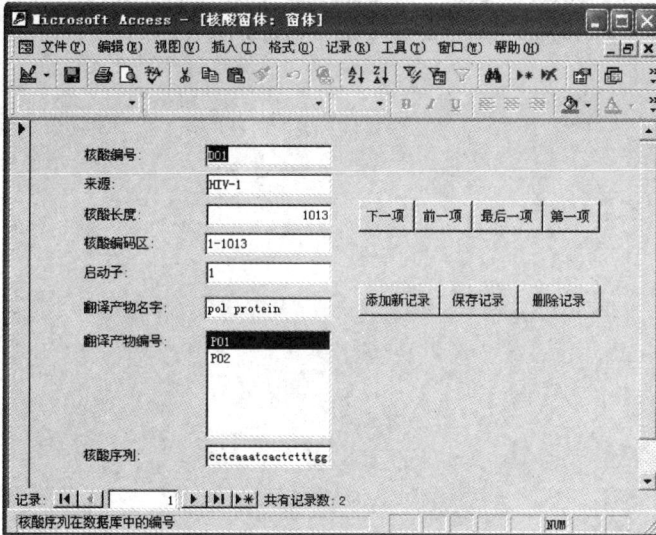

图 3 - 48 核酸窗体的应用界面

习 题

1. 什么是数据库?它的特点是什么?
2. 简述数据管理技术的发展历程。
3. 常见的逻辑数据模型有哪些?简述它们各自的优缺点。
4. 简述数据库系统的三级模式结构。
5. 数据库的基本功能有哪些?

参考文献

1. S. Abraham,E. K. Henry,S. Sudarshan. 数据库系统概念(第 4 版). 北京:机械工业出版社,2003.

2. 钱雪忠等. 数据库与 SQL Server2005 教程. 北京:清华大学出版社,2007.

3. C. J. Date. 数据库系统导论(第 7 版). 北京:机械工业出版社,2000.

4. 萨师煊,王珊. 数据库系统概论(第三版). 北京:高等教育出版社,2002.

5. G. M. Hector,D. U. Jeffrey,W. Jennifer. 数据库系统实现. 北京:机械工业出版社,2001.

6. M. C. Thomas,E. B. Carolyn. 数据库设计教程. 北京:机械工业出版社,2003.

7. D. U. Jeffrey,W. Jennifer. 数据库系统基础教程. 北京:机械工业出版社,2003.

8. S. M. Craig. 数据库管理——实践与过程. 北京:电子工业出版社,2003.

9. M. K. David. 数据库处理——基础、设计与实现(第 7 版). 北京:电子工业出版社,2001.

10. K. S. Ryan,R. P. Ronald. 数据库设计. 北京:机械工业出版社,2001.

11. 陶宏才等. 数据库原理及设计(第 2 版). 北京:清华大学出版社,2007.

12. 陈永强,张志强. SQL Server2005 Web 应用开发. 北京:清华大学出版社,2008.

13. 胡艳等. 数据库技术及应用. 北京:清华大学出版社,2005.

14. 陈伟等. SQL Server2005 数据库应用与开发教程. 北京:清华大学出版社,2007.

15. R. Taylor, R. Frank. CODASYL Data Base Management Systems. *ACM Computing Surveys*,1976,1(8).

16. C. Bachman, S. Williams. *A General Purpose Programming System for Random Access Memories*. Proceedings of the Fall Joint Computer Conference, AFIPS, 1964:26.

17. C. Bachman. Date Structure Diagrams. *Data Base (Bulletin of ACM SIGFIDET)*, 1969, 1.

18. C. Bachman. The Programmer as a Navigator. *CACM*,1973, 1(16).

第 4 章

生物信息数据库与网络基础

本章将介绍生物信息数据库的特征,分类,核酸、蛋白质、生物大分子和其他数据库,以及数据库搜索和集成等内容。

4.1 生物信息数据库概述

生物信息数据库的发展状况有下列几个特征:

① 数据更新速度加快,数据量呈指数级增长趋势。

② 数据库网络化。绝大部分数据库都可在互联网上访问,且数据库之间相互链接,资源共享。

③ 数据库复杂程度增加。数据库中除基本数据之外,还包括大量的功能注释、相关信息链接等信息。

生物信息数据库大体可分四大类,即基因组数据库、核酸和蛋白质一级结构序列数据库、生物大分子(主要是蛋白质)三维空间结构数据库,以及由以上三类数据库和文献资料为基础构建的二次数据库。基因组数据库来自基因组作图;序列数据库来自序列测定;结构数据库来自 X 射线衍射和核磁共振等结构测定。这些数据库是生物信息学的基本数据资源,通常称为基本数据库,又称一次数据库。

一般来说,一次数据库的数据量最大,用户面广,更新速度快,需要高性能的计算机服务器、大容量的磁盘空间和专门的数据库管理系统支撑。而二次数据库的容量则小得多,更新速度不如一次数据库,也可不用大型商业数据库软件支持。

4.2 核酸数据库

4.2.1 核酸序列数据库

世界上有三个大型的公共数据库存储着大量的核酸序列,它们分别是美国国家生物技术信息中心(National Center for Biotechnology Information,NCBI)维护的 GenBank 数据库、欧洲生物信息学研究所(European Bioinformatics Institute,EBI)维护的 EMBL 数据库和日本国家遗传学研究所(National Institute of Genetics,NIG)维护的 DDBJ 数据库。1988 年,GenBank、EMBL、DDBJ 数据库共同成立了国际核酸序列联合数据库中心,建立了合作关系。

根据协议,这三个数据库各自搜集世界各国发布的核酸序列数据,并通过计算机网络每天将新数据进行交换,以保证这三个数据库序列信息的全面和完整。

鉴于核酸序列数据库规模不断扩大,数据来源种类繁多,尤其是大量的基因组序列片段迅速进入数据库,有必要将其分成若干子库,这样既便于数据库的维护和管理,也便于用户使用。例如在对数据库进行查询或搜索时,有时不需要进行整库操作,而是将查询和搜索范围限定在一个或几个子库,此方法不仅能加快速度,而且可以得到更可靠和明确的结果。数据库分类的原则,一是按照种属来源分为哺乳类、灵长类、细菌、病毒等;二是根据序列来源分为人工合成序列、专利序列等。由于基因组计划测序所得序列经常超过数据库总量的一半,且增速远超其他各种子库,因此有必要将其单独分类,包括序列标签位点(sequence tag site,STS)、表达序列标签(EST)、高通量基因组测序(high throughput genomic sequencing,HTG)、基因组概览序列(genome survey sequence,GSS)等。其中 EST 序列条目占整个核酸序列数据库的一半以上。

三大数据库对其子库分类方法略有不同,使用时应注意。

1. GenBank

GenBank 是国际上最著名的核酸数据库,是美国国立卫生研究院维护的基因序列数据库,汇集并注释了所有公开的核酸序列。每个纪录代表了一个单独的、连续的、带有注释的DNA 或 RNA 片段。其序列组织方式为 ACSII 文本文件,主要存放核酸序列数据,同时还有一些辅助文件。GenBank 的网址为 http://www.ncbi.nlm.nih.gov/genbank/。该数据库主要内容见表 4-1。该数据库主页见图 4-1。

表 4-1　GenBank 数据库主要内容

GenBank 标识字	含　义
LOCUS	序列名称
DEFINITION	序列简单说明
ACCESSION	唯一的序列编号
VERSION	序列版本号
KEYWORDS	与序列相关的关键词
SOURCE	序列来源的物种名
ORGANISM	序列来源的物种学名和分类学位置
REFERENCE	相关文献编号或提交注册信息
AUTHORS	相关文献作者或提交序列作者
TITLE	相关文献题目
JOURNAL	相关文献刊物名或作者单位
MEDLINE	相关文献 MEDLINE 引文代码
REMARK	相关文献注释
COMMENT	关于序列的注释信息
FEATURES	序列特征表起始
BASE CONTENT	序列长度、碱基数目统计数
ORIGIN	序列

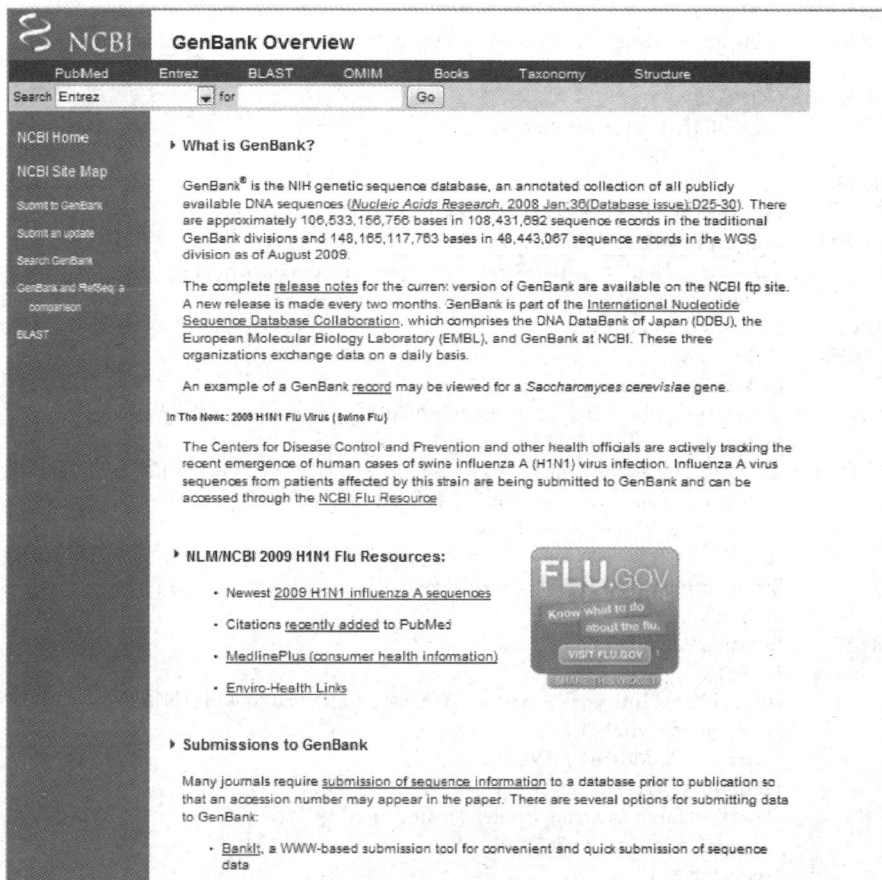

图 4 - 1　GenBank 数据库主页

GenBank 数据库的基本单位是序列条目,包括核苷酸碱基排列顺序和注释两部分。序列条目由字段组成,每个字段由标识字起始,后面为该字段的具体说明。有些字段又分为若干次字段,以次标识字或特征表说明符开始。GenBank 序列条目以标识字"LOCUS"开始,可理解为序列的代号或识别符,实际表示序列名称。标识字还包括说明、编号、关键词、种属来源、学名、文献、特征表、碱基组成,最后以双斜杠"//"结尾。GenBank 数据库的标识字以完整的英文单词表示,主标识字从第 1 列开始,次标识字从第 3 列开始,特征表说明符从第 5 列开始。每个字段不超过 80 个字符,若该字段的内容一行中写不下,可在下一行继续,行首注以相同的标识字。

图 4 - 2 是猪流感序列条目的 GenBank 格式,其中序列代码"Accession"是惟一且永久存在的,在文献引用中以代码(而非序列名称)为准。除了一般注释信息外,GenBank 还包括了大量与序列特性相关的注释信息,这些信息为数据库的使用和二次开发提供了基础。这些注释信息位于其他注释信息和序列之间,称序列特征表,以标识字"FEATURE"引导。序列特征表详细描述该序列的各种特性,包括序列来源、基因编码区域及序列、蛋白质编码区及翻译所得氨基酸序列等。

不同序列条目大小相差很大,有的只有几个碱基,有的却有几十万个碱基。上述特征位点仅供参考,并非每个序列均包含。

```
LOCUS GQ494357 2316 bp cRNA linear VRL 19－AUG－2009
DEFINITION     Influenza A virus（A/Moscow/IIV05/2009(H1N1)) segment 1 polymerase
               PB2 (PB2) gene，complete cds.
ACCESSION      GQ494357
VERSION        GQ494357. 1 GI：256042030
DBLINK         Project：37813
KEYWORDS       .
SOURCE         Influenza A virus（A/Moscow/IIV05/2009(H1N1))
  ORGANISM     Influenza A virus（A/Moscow/IIV05/2009(H1N1))
               Viruses；ssRNA negative-strand viruses；Orthomyxoviridae；
               Influenzavirus A.
REFERENCE      1 (bases 1 to 2316)
  AUTHORS      Prilipov，A. G.
  TITLE        Direct Submission
  JOURNAL      Submitted (19－AUG－2009) Molecular Genetics，Ivanovsky Virology
               Institute，Gamalei 16，Moscow 123098，Russia
COMMENT        GenBank Accession Numbers GQ494351－GQ494357，GQ496137 represent
               sequences from the 8 segments of Influenza A virus
               (A/Moscow/IIV05/2009(H1N1)).

               Swine influenza A (H1N1) virus isolated during human swine flu
               outbreak of 2009.
FEATURES       Location/Qualifiers
     source    1..2316
               /organism＝"Influenza A virus（A/Moscow/IIV05/2009(H1N1))"
               /mol_type＝"viral cRNA"
               /strain＝"A/Moscow/IIV05/2009"
               /serotype＝"H1N1"
               /host＝"Homo sapiens；gender：male；age：19"
               /db_xref＝"taxon：667050"
               /segment＝"1"
               /country＝"Russia"
               /collection_date＝"20－Jun－2009"
               /note＝"lineage：swl"
     gene      16..2295
               /gene＝"PB2"
     CDS       16..2295
               /gene＝"PB2"
               /codon_start＝1
               /product＝"polymerase PB2"
               /protein_id＝"ACU64795. 1"
               /db_xref＝"GI：256042031"
               /translation＝"MERIKELRDLMSQSRTREILTKTTVDHMAIIKKYTSGRQEKNPA
               LRMKWMMAMRYPITADKRIMDMIPERNEQGQTLWSKTNDAGSDRVMVSPLAVTWWNRN

               ……
               TSGVESAVLRGFLILGKEDKRYGPALSINELSNLAKGEKANVLIGQGDVVLVMKRKRD
               SSILTDSQTATKRIRMAIN"
ORIGIN
        1 tcaaatatat tcaatatgga gagaataaaa gaactgagag atctaatgtc gcagtcccgc
       61 actcgcgaga tactcactaa gaccactgtg gaccatatgg ccataatcaa aaagtacaca
        ……
     2221 aaacgaaagc gggactctag catacttact gacagccaga cagcgaccaa aagaattcgg
     2281 atggccatca attagtgtcg aattgtttaa aaacga
//
```

图 4－2　　GenBank 核酸序列数据库实例

　　GenBank 数据可用文本检索系统和 Entrez 高级检索系统进行检索。其中,Entrez 系统是由 NCBI 开发的一个数据库检索系统,包括核酸、蛋白质、基因组、MMDB 分子结构模型以及 MEDLINE 文摘数据库,并在数据库之间建立了非常完善的联系。因此,可以从一个 DNA 序列查询到蛋白质产物以及相关文献,而且,每个条目均有一个类邻(neighboring)信息,给出与查询条目接近的信息。最常用的查询系统是序列局部相似性查询(BLAST)系统,包括一系列查询程序,将未知序列与数据库中的所有序列进行比较,以寻找与待查序列有足够相似性的序列,提供功能相似的评估,是十分方便、强大的查询工具,可通过 WWW 或 E-mail 途径进行。

　　GenBank 数据递交方式有 BankIt 和 Sequin。其中,BankIt 是直接通过 NCBI 提供的 WWW 形式的表格进行简便、快捷的递交,适合少量和短序列的递交。Sequin 是可供 Mac、PC/Windows、UNIX 用户使用的递交软件,在输入有关数据的详细资料后通过 E-mail 发送到 NCBI,也可以将数据文件拷贝到软盘上邮寄给 NCBI。这种方式便于大量序列及长序列的输入。数据递交后,作者将收到一个数据存取号,表明递交的数据已被接收,此存取号可作为以后向数据库查询时的凭据,作者可将其列入发表文章中。作者可通过 BankIt、Sequin 或 E-mail 方式,对已被收入数据库的数据进行修改、添加或删减。由于三大核酸数据库之间每日都互相交换数据,因此作者向其中任意一个数据库递交数据即可。

2. EMBL

　　EMBL 于 1982 年建立,是最早的 DNA 序列数据库。其数据来源主要有:① 由序列发现者直接提交。大部分国际权威生物学杂志都要求作者在文章发表前提交其测定的序列给 GenBank、EMBL 或 DDBJ,拿到数据库管理系统签发的序列代码。② 从生物医学期刊上收录已发布的序列信息。对于每个序列,相关数据包括序列名称、序列位点、关键字、来源、物种、注释、参考文献。EMBL 的网址为 http://www.ebi.ac.uk/embl/。该数据库主页见图 4-3。

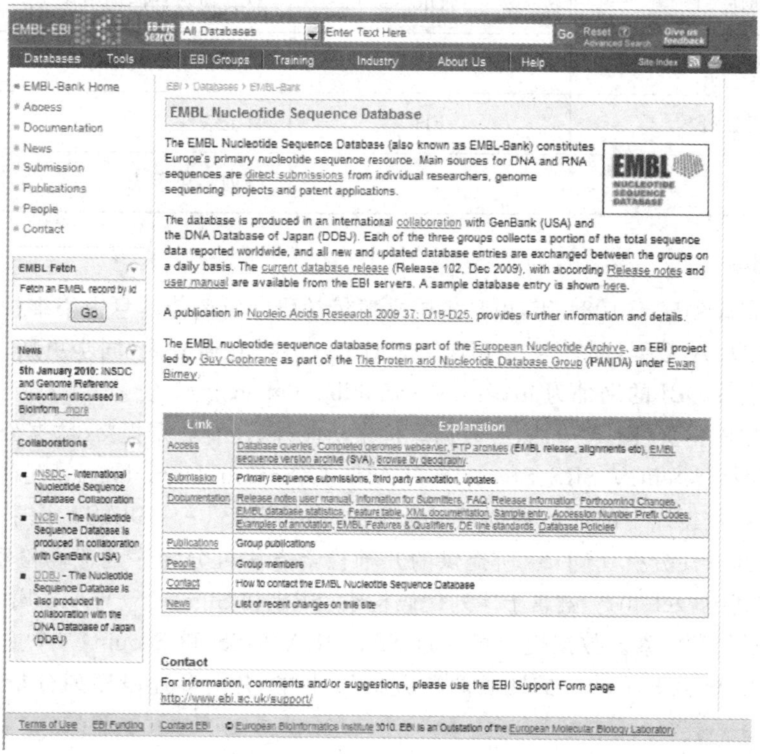

图 4-3　EMBL 数据库主页

　　EMBL 数据库由 ORACLE 数据库管理系统维护,数据库中每一个序列数据被赋予一个永久、惟一的序列代码,且该代码在 GenBank、EMBL 和 DDBJ 三大数据库中通用(表 4-2)。序列数据用外在的 ASCII 表示,每个文件均分为文件头和文件体两大部分。文件头由一系列信息描述行组成,包括序列的标示符、序列功能、种属、参考文献等。

表 4-2　GenBank 和 EMBL 数据库的行识别标志

GenBank 识别标志	EMBL 识别标志	含　义
LOCUS	ID	标识字符串及短描述字
ACCESSION	AC	惟一的提取号
DEFINITION	DE	简单的描述
SOURCE	OS	来源生物体
ORGANISM	OC	生物体分类谱系
KEYWORDS	KW	关键字
REFERENCE	RN	引文编号
AUTHORS	RA	引文作者
TITLE	RT	引文题目
JOURNAL	RL	引文出处
COMMENTS	DR	对其他数据库的引用
VERSION	NI	可更新的序列版本号
TEATURES	FH	特征表头
//	//	序列结束标志

3. DDBJ

　　DDBJ 数据库创建于 1984 年,由日本国立遗传学研究所遗传信息中心维护。它首先反映日本所产生的 DNA 数据,同时与 GenBank、EMBL 合作,互通有无,同步更新,数据库格式与 GenBank 一致。DDBJ 的网址为 http://www.ddbj.nig.ac.jp/。

　　DDBJ 数据库主页(图 4-4)除了数据库检索功能外,还有数据提交、数据分析等功能。其中,数据检索包括 getentry、SRS、Sfgate & WAIS、TXSearch、Homology 等几种方式。前四者用于检索 DDBJ 数据库中的原始数据;Homology 采用 FASTA/BLAST 检索对用户提供的序列或片断做同源性分析。DDBJ 所提供的几种检索方法可分为序列代码检索、关键词检索和分类检索。其中,getentry 就属于序列代码检索;SRS 和 Sfgate & WAIS 属于关键词检索;TXSearch 属于分类检索。数据提交可通过 SAKURA、MSS 和 Sequin 三个途径。数据分析共有 CLUSTALW 及其 DDBJ 扩展版两种分析软件,能提供多片段序列分析及系统树图的制作。

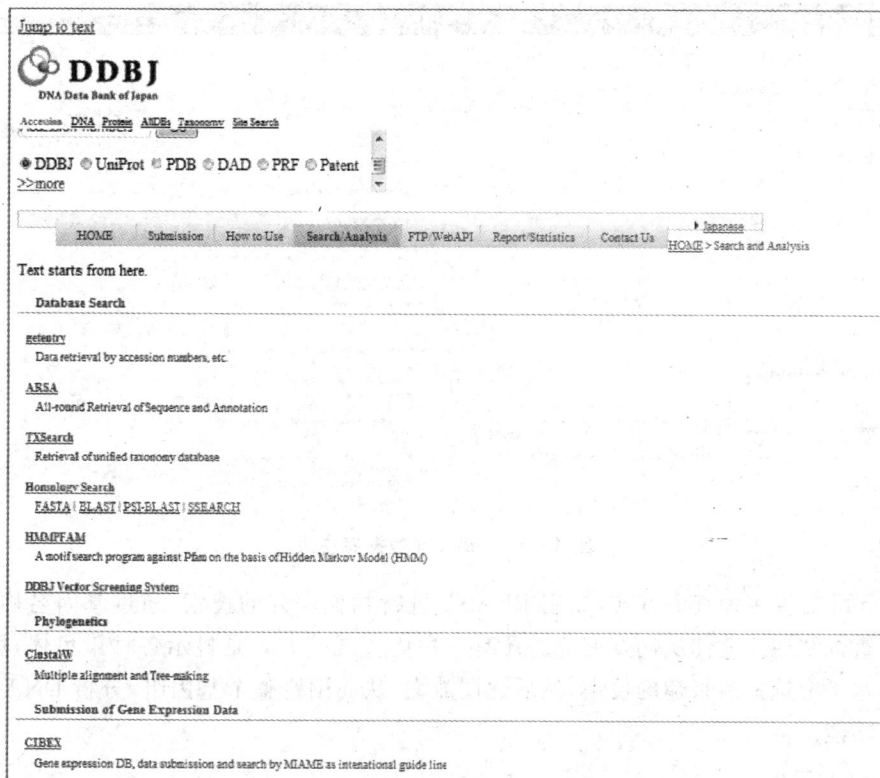

图 4 - 4　DDBJ 数据库主页

4.2.2　基因组数据库

基因组数据库是生物信息数据库重要组成部分。基因组数据库内容丰富,格式不一,分布广泛,主体是人、小鼠、大鼠、拟南芥、水稻、线虫、果蝇、酵母、大肠杆菌等模式生物基因组数据库,大部分数据由世界各国人类基因组研究中心、测序中心提供。随着资源基因组计划的普遍实施,上千种动植物和微生物的基因组信息资源均能在网上找到。除模式生物基因组数据库外,基因组信息资源还包括基因突变、遗传疾病、比较基因组、基因图谱、基因调控和表达、放射杂交等各种数据库。

1. Ensembl

Ensembl 是一个综合基因组数据库,它是由欧洲分子生物学实验室(European Molecular Biology Laboratories,EMBL)、欧洲生物信息学研究所(European Bioinformatics Institute,EBI)与英国 Sanger 研究所共同开发的一个系统。Ensembl 产生并维护关于各种动物基因组的自动注释,如人类基因组、小鼠基因组、大鼠基因组、黑猩猩基因组等。Ensembl 将序列片段组装成单个长序列后,分析这些组装后的序列,搜索其中的基因,发现一些感兴趣的特征。Ensembl 所用的基因预测程序为 GenScan。该数据库还提供疾病、细胞等方面的信息,并且提供数据下载、数据搜索、统计分析等服务。Ensembl 的网址为 http://www.ensembl.org/。该数据库主页见图 4 - 5。

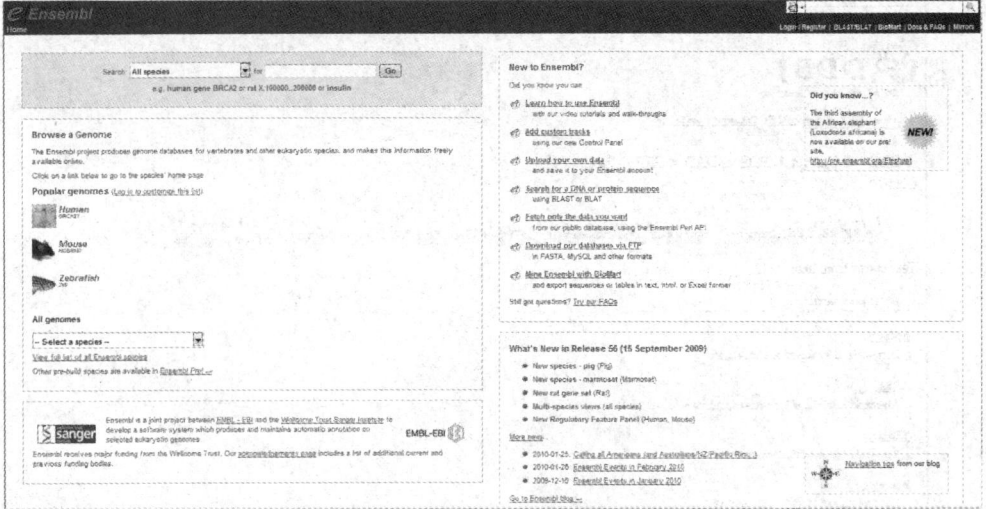

图 4 - 5　Ensembl 数据库主页

　　Ensembl 提供多种查询方式,如用 BLAST 进行相似序列的搜索、通过基因名称查询、通过序列号查询和通过遗传疾病查询等。还有一种更直观的方式是显示各种染色体,用户可以在染色体水平上选择感兴趣的位点,然后逐层放大,从而浏览整个基因组,分析 DNA 序列,研究基因的功能。

　　2. AceDB

　　AceDB 是秀丽线虫(*Caenorhabditis elegans*)基因组数据库。AceDB 既是一个数据库,又是一个数据库管理系统。其基于面向对象的程序设计技术是一个相当灵活和通用的数据库系统,可用于其他基因组计划的数据分析。AceDB 最初是基于 Unix 操作系统的 X 窗体系统,适用于本地计算机系统。新开发的 WebAce 和 AceBrowse 则基于网络浏览器。AceDB 的网址为 http://www.acedb.org/。该数据库主页见图 4 - 6。

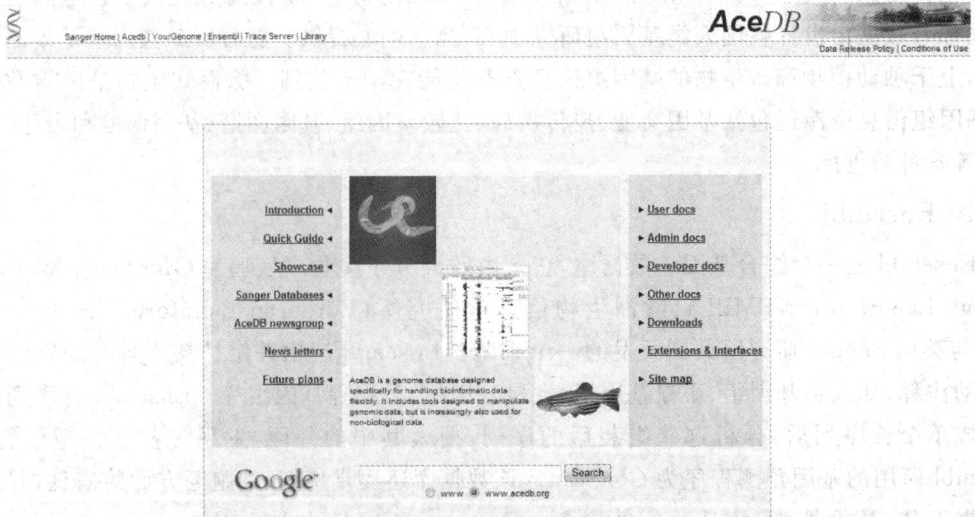

图 4 - 6　AceDB 数据库主页

AceDB 提供很好的图形界面,用户能够从大到整个基因组、小到单个序列的各个层次观察和分析基因组数据。Sanger 中心已将其用于线虫和人类基因组数据库的浏览和检索,库内的资源包括序列数据、基因结构信息、质粒图谱、限制性图谱、参考文献等。

4.3 蛋白质数据库

我们可根据核苷酸序列预测新基因,预测编码区域,并推测其产物(即蛋白质)的序列。随着核苷酸序列数量指数级的增长,蛋白质序列也迅速增加。本节着重介绍与蛋白质相关数据库。

4.3.1 蛋白质序列数据库

由于蛋白质序列测定技术先于 DNA 序列测定技术问世,蛋白质序列的搜集也早于 DNA 序列。蛋白质序列数据库的雏形可以追溯到 20 世纪 60 年代。从 20 世纪 60 年代中期到 80 年代初,美国国家生物医学研究基金会(National Biomedical Research Foundation,NBRF) Dayhoff 领导的研究组将搜集到的蛋白质序列和结构信息以"蛋白质序列和结构地图集(atlas of protein sequence and structure)"的形式发表,主要用来研究蛋白质的进化关系。1984 年, "蛋白质信息资源(protein information resource,PIR)"计划正式启动,蛋白质序列数据库 PIR 也因此而诞生。与核酸序列数据库的国际合作相呼应,1988 年,美国的 NBRF、日本的国际蛋白质信息数据库(Japanese International Protein Information Database,JIPID)和德国的慕尼黑蛋白质序列信息中心(Munich Information Center for Protein Sequences,MIPS)合作成立了国际蛋白质信息中心(PIR - International),共同收集和维护蛋白质序列数据库 PIR。

1. 蛋白质信息资源 PIR

蛋白质序列数据库 PIR 和国际蛋白质序列数据库 PSD 是由蛋白质信息资源、慕尼黑蛋白质序列信息中心和日本国际蛋白质序列数据库共同维护的世界最大的公共蛋白质序列数据库。这是一个全面的、经过注释的、非冗余的蛋白质序列数据库,其中包括来自几十个完整基因组的蛋白质序列。所有序列数据都经过整理,超过 99% 的序列已按蛋白质家族分类,一半以上还按蛋白质超家族进行了分类。PSD 的注释中还包括对许多序列、结构、基因组和文献数据库的交叉索引,以及数据库内部条目之间的索引,这些内部索引帮助用户在包括复合物、酶-底物相互作用、活化和调控级联和具有共同特征的条目之间方便地检索。每季度都发行一次完整的数据库,每周可以得到更新部分。

PIR 数据库按照数据的性质和注释层次分四个不同部分,分别为 PIR1、PIR2、PIR3 和 PIR4。 PIR1 中的序列已经验证,注释最为详尽;PIR2 中包含尚未确定的冗余序列;PIR3 中的序列尚未加以检验,也未加注释;而 PIR4 中则包括了其他各种渠道获得的序列,既未验证,也无注释。

PSD 数据库有几个辅助数据库,如基于超家族的非冗余库等。PIR 提供三类序列搜索服务:基于文本的交互式检索;标准的序列相似性搜索,包括 BLAST、FASTA 等;结合序列相似性、注释信息和蛋白质家族信息的高级搜索,包括按注释分类的相似性搜索、结构域搜索 GeneFIND 等。PIR 和 PSD 的网址是 http://pir. georgetown. edu/,数据库下载地址是 ftp: //nbrfa. georgetown. edu/pir/。其数据库主页见图 4 - 7。

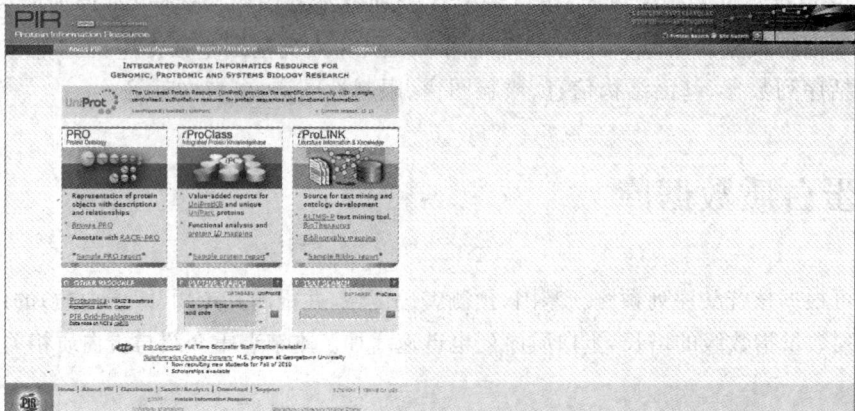

图 4 - 7　蛋白质数据库 PIR 主页

2. 全球蛋白资源数据库 UniProt

UniProt 是一个集中收录蛋白质资源并能与其他资源相互联系的数据库,也是目前为止收录蛋白质序列目录最广泛、功能注释最全面的一个数据库。UniProt 是由欧洲生物信息学研究所、美国蛋白质信息资源以及瑞士生物信息研究所(Swiss Institute of Bioinformatics,SIB)等机构共同组成的 UniProt 协会(UniProt Consortium)编辑、制作的一个信息资源,旨在为从事现代生物研究的科研人员提供一个有关蛋白质序列及其相关功能方面广泛的、高质量的并可免费使用的共享数据库。UniProt 的网址为 http://www.uniprot.org/。其数据库主页见图 4 - 8。

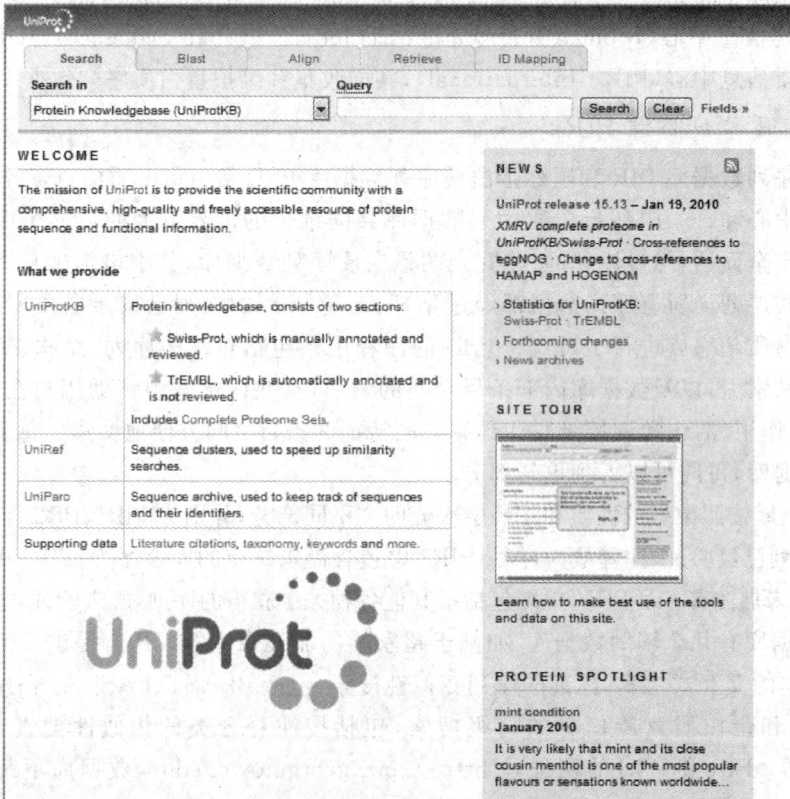

图 4 - 8　蛋白质数据库 UniProt 主页

UniProt 数据库由 UniProt 知识库(UniProtKB)、UniProt 档案(UniParc)、UniProt 参考资料库(UniRef)以及 UniProt 元基因组学与环境微生物序列数据库(UniMES)构成。

UniProtKB 包括两个部分:Swiss-Prot 和 TrEMBL。

① Swiss-Prot 数据库由蛋白质序列条目构成,每个条目包含蛋白质序列、引用文献信息、分类学信息、注释等。注释包括蛋白质的功能、转录后修饰、特殊位点和区域、二级结构、四级结构、与其他序列的相似性、序列残缺与疾病的关系、序列变异体和冲突等信息。Swiss-Prot 中尽可能多地减少了冗余序列,并与其他 30 多个数据建立了交叉引用,其中包括核酸序列库、蛋白质序列库和蛋白质结构库等。利用序列提取系统(SRS)可以方便地检索 Swiss-Prot 和其他 EBI 的数据库。Swiss-Prot 只接受直接测序获得的蛋白质序列,序列提交可以在其 Web 页面上完成。

UniProtKB/Swiss-Prot 包含人工注释的记录、相关参考文献和计算机辅助分析信息。人工注释信息包括蛋白质序列和试验证据或计算机预测信息。还有许多生物学专家不断地对这些数据进行完善和补充。对 UniProtKB/Swiss-Prot 中的记录进行注释的工作可以分为两个部分:模式生物的注释以及横向注释。被 UniProtKB/Swiss-Prot 数据库注释的模式生物见图 4-9。

人类及其他哺乳动物、相关数据库HPI	病毒
细菌和古细菌、相关数据库HAMAP	毒素、相关数据库Tox-Prot
植物、相关数据库PPAP	果蝇、非洲蟾蜍、斑马鱼和秀丽隐杆线虫
真菌、相关数据库FPAP	

图 4-9　被 UniProtKB/Swiss-Prot 数据库注释的模式生物

UniProtKB/Swiss-Prot 对许多物种的蛋白质进行了注释,但主要还是集中在对分类清楚的模式生物蛋白的注释上,因为只有这样才能保证对每一个蛋白质家族的"代表"做出高质量的注释。横向注释主要关注存在于所有物种中的普遍现象,例如翻译后修饰(PTM)、蛋白质结构信息、蛋白间相互作用等。

自 2005 年完成人类基因组全序列测试,收录在 UniProtKB/Swiss-Prot 中的注释成果就是对第一张完整的人类基因组草图的注释工作。这意味着在 UniProt 14.1 版本中可以查询到所有已知人类蛋白编码基因的人工注释结果。在该版本发布时共收录了 20325 条记录,其中超过 1/3 的记录还都收录有因可变剪接、可变启动子或可变翻译起始位点造成的异构体序列。因此,该版本收录的蛋白质序列将近有 34000 条,还收录了大约 46000 个单氨基酸多态性(SAP)和 60000 个 PTM,这些大部分都与人类疾病有关。

UniProt 向全世界清晰地展示第一幅完整的人类蛋白质图画。能在分子水平对人类蛋白质有一个总体的了解是全世界生物学家共同的最终目标,UniProt 希望这项工作能帮助科学家早日实现这个愿望。不过还有许多难题等待着人们去解决。人们还将继续收录新发现的人类蛋白质,不断整理、修改已经收录的记录,收录更多的剪接变异体,发现更多的 PTM,总之就是不断完善人类蛋白质组数据库。分子水平的研究成果也应该放到生理水平,例如亚细胞定位、组织表达和蛋白相互作用等水平去进行验证。

② TrEMBL 是瑞士生物信息学研究所的蛋白质序列数据库 Swiss-Prot 的增补本。

TrEMBL 增加了一些 Swiss-Prot 数据库中没有的欧洲分子生物学实验室核苷酸序列。TrEMBL 数据库分两部分：SP-TrEMBL 和 REM-TrEMBL。SP-TrEMBL 中的条目最终将归并到 Swiss-Prot 数据库中。而 REM-TrEMBL 则包括其他剩余序列,包括免疫球蛋白、T 细胞受体、少于 8 个氨基酸残基的小肽、合成序列、专利序列等。与 TrEMBL 类似,GenPept 是由 GenBank 翻译得到的蛋白质序列。由于 TrEMBL 和 GenPept 均是由核酸序列通过计算机程序翻译生成,这两个数据库中的序列错误率较大,均有较大的冗余度。网页提供了分析蛋白质序列和结构的工具和软件包,还提供了其他分子生物学的资源和主要服务器的链接。

4.3.2　蛋白质组数据库

蛋白质组(proteome)一词由澳大利亚 Macquarie 大学的威尔金斯和威廉姆斯在 1994 年首次提出,它是指基因组表达的全部蛋白质及其存在方式。蛋白质组学旨在阐明生物体全部蛋白质的表达模式及功能模式,研究的是对不同时间和空间发挥功能的特定蛋白质群体,从蛋白质水平上探索蛋白质作用模式、功能机理、调节控制以及蛋白质群体内相互作用,为临床诊断、病理研究、药物筛选、新药开发、新陈代谢途径研究等提供理论依据和基础。

蛋白质组主要研究包括对蛋白质的表达模式(或蛋白质组组成)的研究和对蛋白质组功能模式(目前主要集中在蛋白质相互作用网络关系)的研究两个方面。对蛋白质组组成的分析鉴定是蛋白质组学中与基因组学相对应的主要内容。它要求对蛋白质组进行表征,即实现所有蛋白质的分离、鉴定及图谱化。双向凝胶电泳技术、质谱鉴定(mass spectrometry)技术、计算机图像数据处理与蛋白质组数据库是当前分离鉴定蛋白质的三大关键核心技术。通过分析一个蛋白质是否跟功能已知的蛋白质相互作用可得到揭示其功能的线索。利用大规模酵母双杂交系统建立相互作用关系的网络图,是目前蛋白质组学领域的研究热点。

蛋白质组数据库(proteome database)是蛋白质组学的主要内容之一,目前主要集中在不同细胞或组织表达的全部蛋白质数据库的构建与细胞在不同状态下的蛋白质表达差异的研究上。蛋白质数据库具有以下一些特点：① 数据库种类具有多样性。② 数据库的更新和增长快,数据库的更新周期越来越短,有些数据库每天更新。数据的规模也以指数级增长。③ 数据库的复杂性增加,层次加深。许多数据库具有相关的内容和信息,数据库之间相互引用,如 PDB 就与文献库、酶学数据库、蛋白质二级数据库、蛋白质结构分类数据库、蛋白折叠库等十几种数据库直接交联。④ 数据库使用的高度计算机化和网络化是蛋白质组信息学的又一重要特点。越来越多的蛋白质组信息学数据库与因特网连接,从而为分子生物学家利用这些信息资源提供了前所未有的机遇。特别是绝大多数网上蛋白质组信息学数据库信息资源可免费检索或下载使用,这对我国开展蛋白质组信息学研究提供了捷径,特别是在当前我国生物信息学自建数据库不丰富和引进数据库又比较少的情况下,探讨和研究如何充分开发和利用网络上免费的生物信息学数据库信息资源显得尤为重要。

4.4　生物大分子结构数据库

4.4.1　蛋白质数据库

蛋白质数据库(PDB)是国际上唯一的生物大分子结构数据档案库,由美国 Brookhaven 国家实验室建立。PDB 收集的数据来源于 X 射线晶体衍射和核磁共振(NMR)的数据,经过整理和确认后存档而成。目前 PDB 的维护由结构生物信息学研究合作组织(RCSB)负责。RCSB 的主服务器和世界各地的镜像服务器提供数据库的检索和下载服务,以及关于 PDB 数据文件格式和其他文档的说明,PDB 数据还可以从发行的光盘获得。使用 Rasmol 等软件可以在计算机上按 PDB 文件显示生物大分子的三维结构。PDB 的网址是 http://www.pdb.org/。该数据库主页见图 4-10。

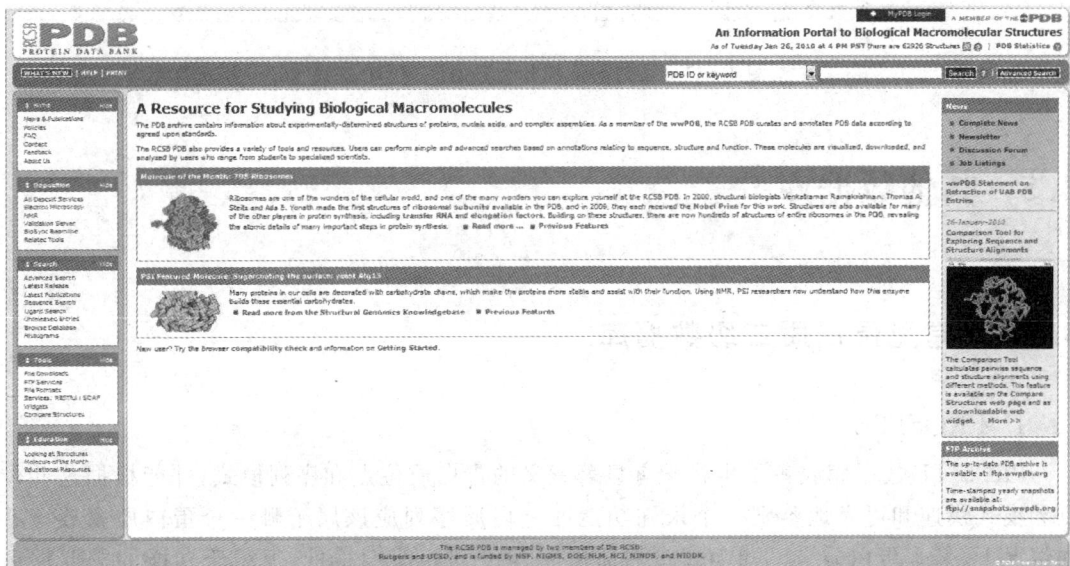

图 4-10　蛋白质数据库 PDB 主页

4.4.2　蛋白质结构分类数据库

蛋白质结构分类(SCOP)数据库详细描述了已知的蛋白质结构之间的关系。其分类基于若干层次:家族,描述相近的进化关系;超家族,描述远源的进化关系;折叠子(fold),描述空间几何结构的关系;折叠类,所有折叠子被归于全 α、全 β、α/β、α+β 和多结构域等几个大类。SCOP 还提供一个非冗余的 ASTRAIL 序列库,这个库通常被用来评估各种序列比对算法。此外,SCOP 还提供一个 PDB-ISL 中介序列库,通过与这个库中序列的两两比对,可以找到与未知结构序列远缘的已知结构序列。SCOP 数据库的网址是 http://scop.mrc-lmb.cam.ac.uk/scop/。该数据库的主页见图 4-11。

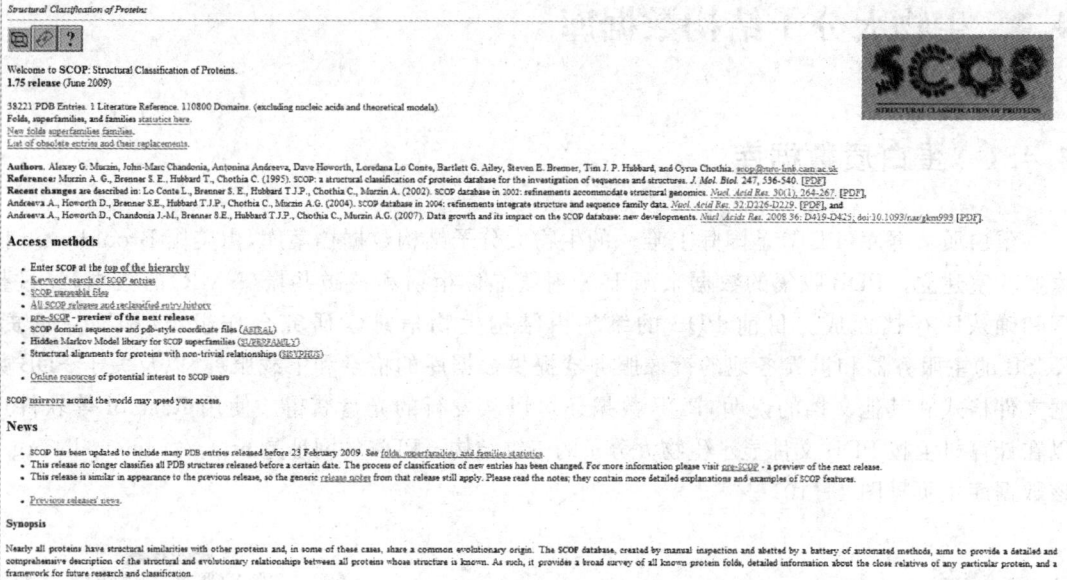

图 4 - 11　蛋白质结构分类数据库 SCOP 主页

4.5　其他数据库

4.5.1　常见蛋白质二级数据库

1. PROSITE

PROSITE 数据库收集了生物学有显著意义的蛋白质位点和序列模式,并能根据这些位点和模式快速和可靠地鉴别一个未知功能的蛋白质序列应该属于哪一个蛋白质家族。有的情况下,某个蛋白质与已知功能蛋白质的整体序列相似性很低,但由于功能的需要保留了与功能密切相关的序列模式,这样就可能通过 PROSITE 的搜索找到隐含的功能 motif,因此是序列分析的有效工具。PROSITE 中涉及的序列模式包括酶的催化位点、配体结合位点、与金属离子结合的残基、二硫键的半胱氨酸、与小分子或其他蛋白质结合的区域等。除了序列模式之外,PROSITE 还包括由多序列比对构建的 profile,能更敏感地发现序列与 profile 的相似性。PROSITE 的主页(图 4 - 12)上提供各种相关检索服务。PROSITE 数据库的网址是 http://www.expasy.ch/prosite/。

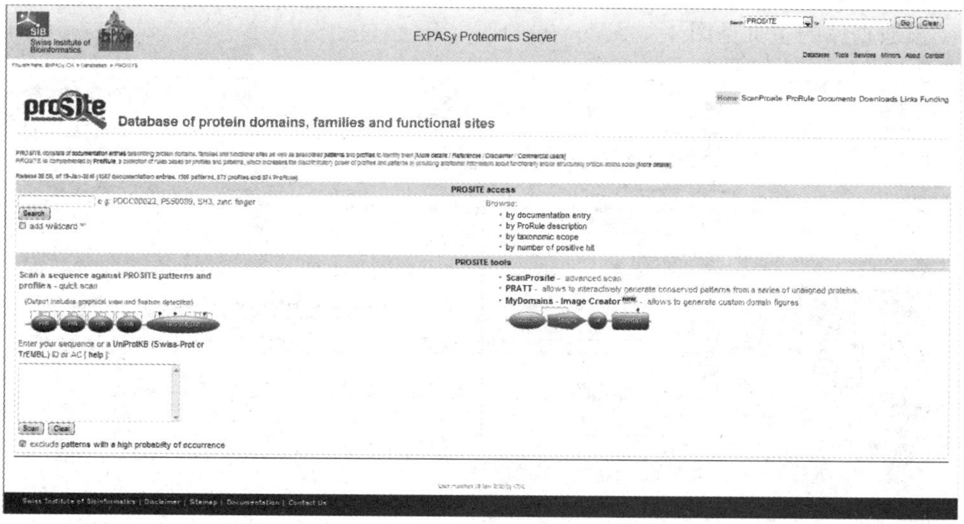

图 4 - 12　蛋白质二级数据库 PROSITE 主页

2. COGs

蛋白质直系同源簇(COGs)数据库是对细菌、藻类和真核生物的 21 个完整基因组的编码蛋白,根据系统进化关系分类构建而成。COG 库对于预测单个蛋白质的功能和整个新基因组中蛋白质的功能都很有用。利用 COGNITOR 程序,可以把某个蛋白质与所有 COGs 中的蛋白质进行比对,并把它归入适当的 COG 簇。COG 库提供了对 COG 分类数据的检索和查询、基于 Web 的 COGNITOR 服务、系统进化模式的查询服务等。COG 数据库的网址是 http://www.ncbi.nlm.nih.gov/COG/。该数据库的主页见图 4 - 13。

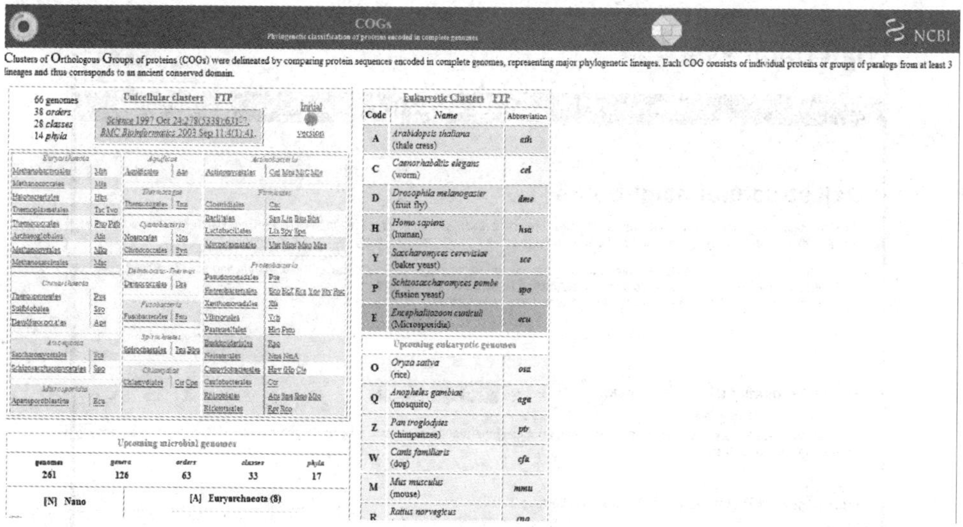

图 4 - 13　蛋白质直系同源簇数据库 COGs 主页

3. DSSP

蛋白质二级结构构象参数(definition of secondary structure of proteins,DSSP)数据库。DSSP 数据库根据 PDB 中的原子坐标,计算每个氨基酸残基的二级结构构象参数,包括氢键主链和侧链二面角、二级结构类型等。DSSP 数据库的网址是 http://swift.cmbi.kun.nl/gv/dssp/。该数据库的主页见图 4 - 14。

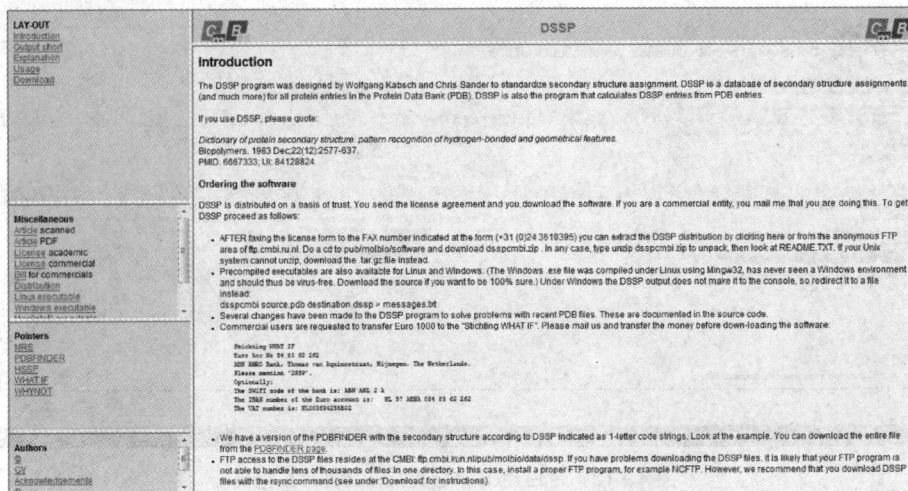

图 4 - 14　蛋白质二级结构构象参数数据库 DSSP 主页

4. FSSP

蛋白质结构二次(families of structurally similiar proteins，FSSP)数据库是具有相似结构蛋白质家族的数据库，它把 PDB 中的蛋白质通过序列和结构比对进行分类，通过三维结构对比，得到用一维同源序列比对无法获得的结构相似性，库中列出了相似 PDB 结构的三维结构比对参数，并给出了序列同源性、二级结构、变化矩阵等结构叠合信息。FSSP 数据库的网址是 http://ekhidna.biocenter.helsinki.fi/dali。该数据库的主页见图 4 - 15。

图 4 - 15　蛋白质二次数据库 FSSP 主页

5. HSSP

同源蛋白(homology derived secondary structure of proteins，HSSP)数据库。将已知结构的 PDB 的蛋白质与 Swiss – Prot 进行序列比对的数据库，对于未知结构蛋白的同源比较很有帮助。该数据库不但包括已知三维结构的同源蛋白家族，而且包括未知结构的蛋白质分子，并将它们按同源家族分类。HSSP 数据库的网址是 http://swift. cmbi. kun. nl/swift/hssp/。该数据库的主页见图 4 – 16。

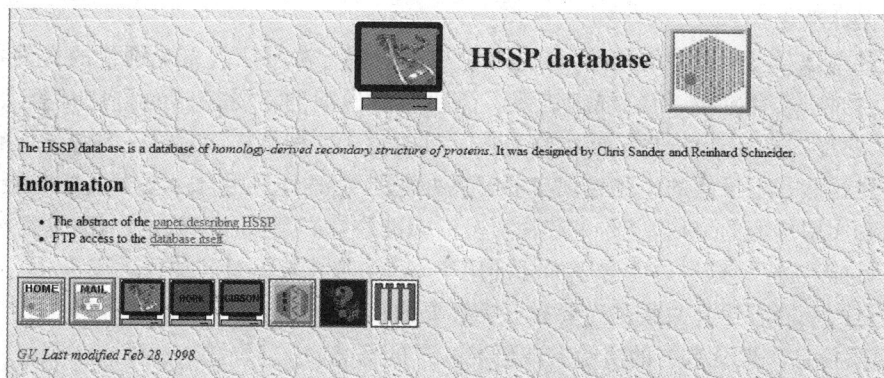

图 4 – 16　同源蛋白数据库 HSSP 主页

DSSP、FSSP、HSSP 这三个蛋白质结构二次数据库为蛋白质分子设计、蛋白质模型构建和蛋白质工程等研究提供了很好的信息资源和工具。

4.5.2　基因表达数据库

1. 数据库的用途

① 基础研究。将来自各种生物的表达数据与其他各种分子生物学数据资源，如经注释的基因组序列、启动子、代谢途径数据库等结合，有助于理解基因调控网络、代谢途径、细胞分化和组织发育。例如，比较未知基因与已知基因表达谱的相似性能帮助推测未知基因的功能。

② 医学及药学研究。例如，如果特定的一些基因的高表达与某种肿瘤密切相关，可以研究对这些或其他有相似表达谱的基因的表达的影响条件，或研究能降低表达水平的化合物（潜在药物）。

③ 诊断研究。通过对数据库数据进行基因表达谱的相似性比较对疾病早期诊断具有临床价值。

④ 毒理学研究。例如，了解大鼠某种基因对特定毒剂的反应可帮助预测人的同源性基因的反应情况。

⑤ 实验质量控制和研究参考。例如，通过比较实验室样本与数据库中标准对照样本，能找出方法和设备问题。此外，数据库能提供其他研究者的研究现状，避免重复实验，节约经费。

2. 数据库建设的特点和难点

目前急需建立标准注释的公共数据库，但这是生物信息学迄今面临的最复杂且富有挑战性的工作之一。主要困难来自对实验条件细节的描述、不精确的表达水平相对定量方法以及不断增长的庞大数据量。

目前所有的基因表达水平的定量都是相对的：哪些基因差异表达仅仅是与另外一个实验比较而言，或者是与相同实验的另一个基因相比较而言的。这种方法不能确定 mRNA 的拷贝数，转录水平是总的细胞群的平均水平。结果导致采用不同技术进行基因表达的检测，甚至不同实验室采用相同技术，都有可能不能进行比较。对来源不同的数据进行的比较有必要采取两个步骤：首先，原始数据应避免任何改动，比如采取数据标准化（data – normalization）的方法；其次，在实验中设计使用标准化的对照探针和样本，以便给出参考点，至少使来自同一实验平台的数据标准化。

另一难点是对实验条件的描述，解决方法是对实验方法采用规范化词汇的文件描述：如基因名称、物种、发育阶段、组织或细胞系。还要考虑偶然的不受控制的实验因素（如空气湿度，甚至实验室的噪音水平）也可能影响表达。目前建立一种结构能对将来实验设计的所有细节进行描述显然是不可能的。比较现实的解决办法是大部分采用自由文本描述实验，同时尽可能加上有实用价值的结构。DNA 芯片实验的标准注释必须采用一致的术语，这需要时间去发展。但目前，就应采取尽可能合理的标准用于 DNA 芯片数据及其注释。

标准化的基因表达公共数据库要有五类必要的信息：

① 联系信息。提交数据的实验室或研究人员的信息。

② 杂交靶探针信息。阵列上的每个"点"应有相应的 DNA 序列在公共数据库中的编号。对于 cDNA 阵列，克隆识别号（如 IMAGE clone_id）应给出。

③ 杂交样本。细胞类型和组织来源用标准语言描述。常规诊断病理中使用的组织和组织病理词汇可被采用，还可采用胚胎发育和器官发生中的标准词汇。样本来源种属的分类学名称（如 *Saccharomyces cerevisiae*、Homo sapiens），应当提供。对有些生物体（如啮齿类动物和微生物），品系资料需要提供。关于实验中生物体状况的资料，如用药或未用药非常关键，也需提供。"肿瘤与正常"或不同发育阶段也该注明。细胞或生物体的遗传背景或基因型在特定例子中也是重要的，如酵母基因缺失和转基因鼠。最后，由于组织处理会引起差别，故应包括相关的详细处理方法。

④ mRNA 转录定量。这非常关键，由于很难通过一组"管家基因"做内参照进行标准化，有关的具体定量方法应提供。

⑤ 统计学意义。理想情况下，应经济合理且足够多地重复一个实验，以便给出基因表达测定的变异情况，最好能提供合理的可信度值。

上述表达数据记录的前两个要求是简单的；第三个要求较困难，需有标准术语协议，但这并不只是表达数据的要求，类似的要求已在公共序列数据库或专业化的数据库中得到成功解决；目前基因表达数据最富有挑战性的方面是最后两个方面。

3. 数据库建设的现状和计划

目前，几个大的芯片实验室（如斯坦福大学和麻省理工学院 Whitehead 研究所等）在发展实验室内部数据库。大的商业化芯片公司（如 Affymetrix、Incyte、GeneLogic）正在开发基于 Affymetrix 芯片技术平台的商业化基因表达数据库。哈佛大学已经建立了一个新的数据库，数据来自几个公共来源并统一格式。宾夕法尼亚大学计算生物学和信息学实验室正在整合描述样本的术语。

目前，至少有三个大的公共基因表达数据库项目：美国基因组资源国家中心的 GeneX、美国国家生物技术信息中心的 Gene Expression Omnibus、欧洲生物信息学研究所与德国癌症研究中心的 ArrayExpress。ArrayExpress 是一种与目前推荐标准兼容的基因表达数据库。该数据库将利用来自合作方的数据,可操作的数据库已建立(http://www.ebi.ac.uk/arrayexpress)。

欧美专家合作提出有关数据库的初步标准:实验描述和数据表示的标准;芯片数据 XML 交换格式;样本描述的术语;标准化、质量控制和跨平台比较;数据查询语言和数据挖掘途径(http://www.ebi.ac.uk/microarray/)。

4.5.3　基因功能分类和代谢途径数据库

在完成基因结构分析的同时,进一步对基因产物做功能注释、功能分类以及代谢途径的分析已经成为基因研究的主要内容。基因产物分析通常从以下三个方面进行:基因组组成元素的识别、基因产物的功能注释、直系同源簇的分析。基因组各基因不仅在序列上有一定的排列顺序,在转录、表达水平上相互作用,并且在生物体代谢途径中也显示出相互调控的功能。基因产物可能有较多分子功能,参与较多生物过程,并与较多细胞组分有关。

1. 基因功能分类数据库 GO

GO(gene ontology)是基因本体论联合会所建立的数据库,适用于各种物种,对基因和蛋白质功能进行限定和描述。GO 数据库的网址为 http://www.geneontology.org/。该数据的主页见图 4 - 17。

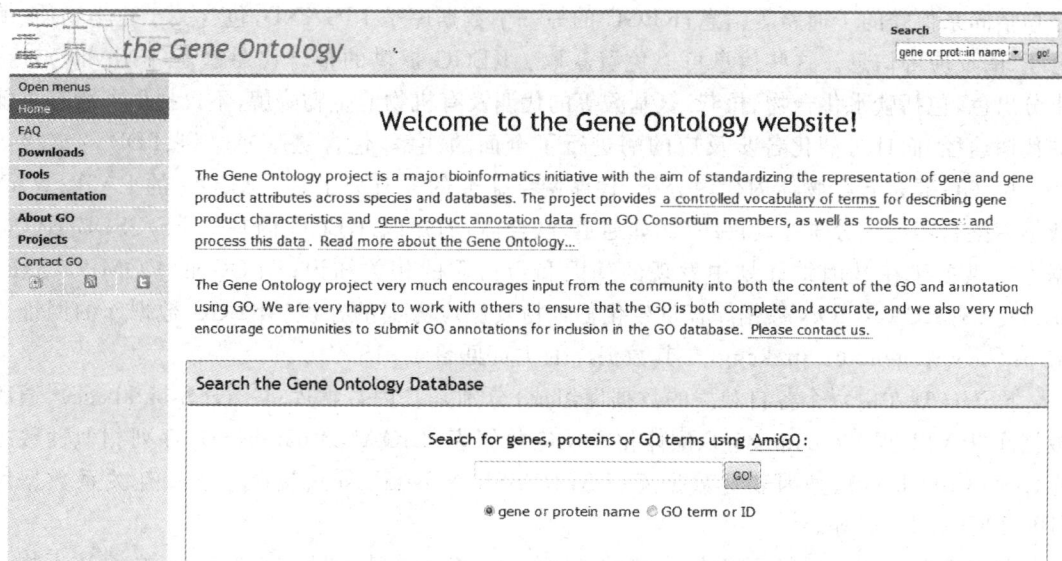

图 4 - 17　基因功能分类数据库 GO 主页

该数据库将基因按参与"生物过程(molecular functions)"、"细胞组分(cellular components)"、实现"分子功能(biological processes)"进行分类。向 GO 数据库中提交一系列基因,可以从中获得上述三个关系的树状分支图,从而了解这些基因之间的关系。GO 中的生物过程通常是指如细胞生长和维持、信号传导等一连串的反应过程,还可以指嘧啶代谢或 α - 配糖基的运输等过程。GO 中的细胞组分是指在细胞中的定位,如糙面内质网、核或核糖体、蛋白酶体等。GO 中广义的分子功能包含催化、转运、结合等生物活性，它们多数是指单个基因产物的功能，并且涉及在生物体中的时空表达信息。

GO 可以根据序列的相似性，搜索数据库中已经注释的功能类似的基因。共表达的基因可能在同一个生物过程中编码相同的基因产物，或定位于同一个细胞部位。如果某一个未知基因和已被 GO 注释的基因共表达，则可推测这个未知基因在同一个过程中发挥功能。如果在芯片数据中引入 GO 注释，则可以揭示特定组织中基因拥有的相似表达模式。GO 还可以应用于以下几个方面：整合来自不同生物的蛋白质组信息；判定蛋白质结构域的功能；发现疾病或衰老状态下基因异常表达的功能；预测与某个疾病相关的基因；分析发育过程中同时表达的基因等。

2. 代谢途径数据库 KEGG

京都基因与基因组百科全书（Kyoto encyclopedia of genes and genomes，KEGG）是系统分析基因功能、基因组信息数据库，它有助于研究者把基因及表达信息作为一个整体网络进行研究。在后基因时代的一个重大挑战是如何使细胞和有机体在计算机上完整的表达和演绎，让计算机利用基因信息对更高层次和更复杂细胞活动和生物体行为做出计算推测。为达到此目的，人们建立了一个在相关知识基础上的网络推测计算工具。在给出染色体中一套完整的基因的情况下，它可以对蛋白质交互（互动）网络在各种细胞活动中起的作用做出预测。基因组信息存储在 GENES 数据库里，包括完整和部分测序的基因组序列；更高级的功能信息存储在 PATHWAY 数据库里，包括图解的细胞生化过程（如代谢、膜转运、信号传递、细胞周期），还包括同系保守的子通路等信息；KEGG 的另一个数据库是 LIGAND，包含关于化学物质、酶分子、酶反应等信息。这些信息可以免费获取。KEGG 提供的整合代谢途径（pathway）查询十分出色，包括碳水化合物、核苷、氨基酸等的代谢及有机物的生物降解，不仅提供了所有可能的代谢途径，而且对催化各步反应的酶进行了全面的注解，包含氨基酸序列、PDB 的链接等等。KEGG 是进行生物体内代谢分析、代谢网络研究的强有力工具。KEGG 的 PATHWAY 数据库整合当前在分子互动网络（比如通道、联合体）的知识；KEGG 的 GENES/SSDB/KO 数据库提供关于在基因组计划中发现的基因和蛋白质的相关知识；KEGG 的 COMPOUND/GLYCAN/REACTION 数据库提供生化复合物及反应方面的知识。KEGG 数据库的网址为 http://www.genome.jp/kegg/。其数据库的主页见图 4-18。

KEGG 现在由六个各自独立的数据库组成，分别是基因数据库（GENES batabase）、通路数据库（PATHWAY batabase）、配体化学反应数据库（LIGAND batabase）、序列相似性数据库（SSDB batabase）、基因表达数据库（EXPRESSION batabase）、蛋白分子相互关系数据库（BRITE batabase）等。

基因数据库含有所有已知的、完整的基因组和不完整的基因组，有细菌、蓝藻、真核生物等生物体（如人、小鼠、果蝇、Arabidopsis 等等）的基因序列。该数据库含有关于每个基因最低限度的信息，并且在不断地更新和改进，同时还可作为通往其他相关信息的路径。

通路数据库储存了基因功能的相关信息，通过图形来表示细胞内的生物学过程（如代谢、膜运输、信号传导和细胞的生长周期）。在通路数据库中，有一部分由 ortholog group 图表组成的保守的亚通路（通路基序）信息。亚通路是由染色体位置偶联的基因编码的，它对预测基因的功能有很大的作用。

配体数据库包括了细胞内的化学复合物、酶分子和酶反应的信息等。

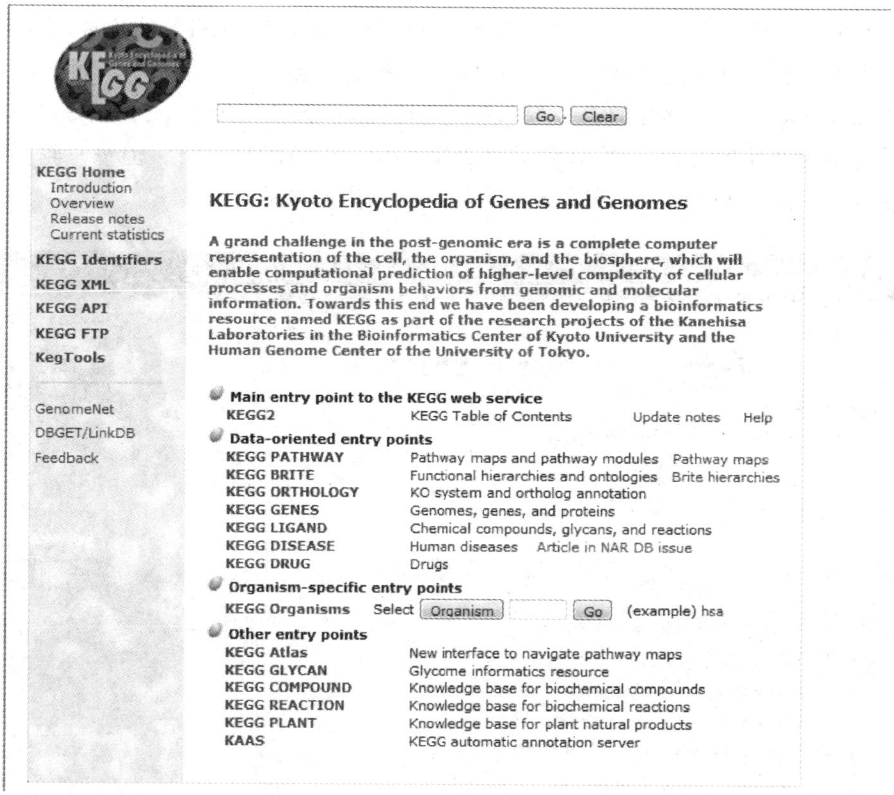

图 4 - 18 代谢途径数据库 KEGG 主页

4.6 数据库搜索

比较和确定某一数据库中的序列与某一给定序列的相似性是生物信息学中最频繁使用和最有价值的操作。本质上这与两条序列的比较没有太大差异,只是要重复成千上万次。但是要严格地进行一次比较必定需要一定的时间,所以必须考虑在一个合理的时间段内完成搜索比较操作。目前有两个最为常用的程序服务于未知序列的数据库相似性搜索,即 BLAST 和 FASTA。

4.6.1 BLAST

基本局部联配搜索工具(basic local alignment search tool,BLAST)是基于匹配短序列片段,用一种强有力的统计模型来确定未知序列与数据库序列的最佳局部联配。BLAST 的网址为 http://www.ncbi.nlm.nih.gov/BLAST/。其主页见图 4 - 19。

目前大多数研究都通过互联网应用 NCBI 研发的 BLAST 程序来进行 DNA 和蛋白质序列相似性搜索。用一组 BLAST 程序联配可以快速进行核酸和蛋白质序列库的相似性检索。采用 BLAST 的基本算法编成了若干各不同的程序,分别使用特定的序列库和用于特定类型的输入序列。BLASTN 是在核苷酸序列库搜索核苷酸序列。BLASTP 是在蛋白质序列库中搜索氨基酸序列。TBLASTN 则可以在核酸序列库中搜索氨基酸序列,此时序列库在搜索之前要按所有六种阅读框即时翻译。与此相反的一项分析则由 BLASTX 来完成,它要将所输入的核酸序列按所有六种阅读框翻译,然后再以之搜索蛋白质序列库。一个通过寻找蛋白质家族保守序列来提高算法敏感性的 PSI-BLAST(position-specific iterated BLAST)算法可以对数据库进行多轮循环检索,每一轮的检索速度都大约是 BLAST 的两倍,但每一轮都能提高检索的敏感性。它是目前 BLAST 程序家族中敏感性最高的成员。

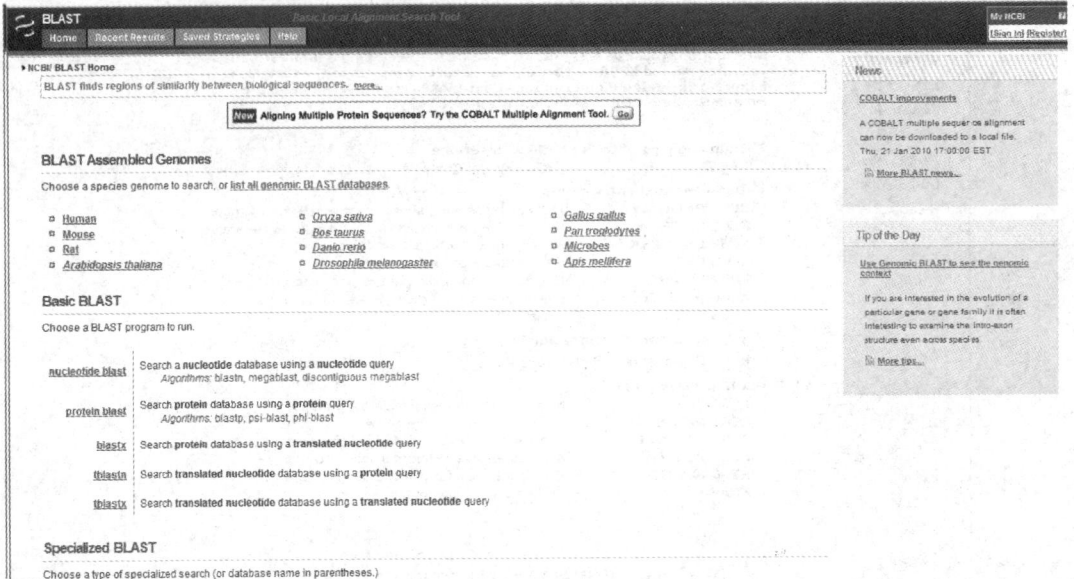

图 4-19　基本局部联配搜索工具 BLAST 主页

如果目的序列中有蛋白质编码区,则用翻译的蛋白质序列来搜索蛋白质序列库要比用 DNA 序列搜索核酸序列库更有价值。由于蛋白质序列的进化要比 DNA 序列慢一些,在蛋白质序列水平上的远缘关系在 DNA 水平上可能被错过。如果无法确定编码区,则可利用 BLASTX 按所有六种阅读框来翻译 DNA 序列,然后用它搜索蛋白质序列库。由于蛋白质序列库仅包含已鉴定的蛋白质,所以必须采用 TBLASTN 程序在现有的 GenBank、EMBL 或 DDBJ DNA 序列库中检索新确定的氨基酸或翻译过的 DNA 序列。这种检索有时可以找到一些显著相似的 DNA 序列,而原本并不知道这些序列可编码蛋白质。

BLAST 的一项重要特性就是所报告的匹配序列的统计学显著性评分。这一统计学显著性评分是用 Karlin-Altschul 算法决定的,所算出的 Poisson 概率表明所得到的序列相似性随机出现的可能性。

4.6.2　FASTA

另一个常用的核酸和蛋白质序列库搜索程序是 FASTA,即 FASTN 和 FASTP 程序的新版本。FASTA 的原型是利普曼(D. Lipman)和皮尔森(W. Pearson)于 1985 年提出的用于蛋白质同源比较的 FASTP。FASTA 提高了 FASTP 的灵感性,且速度并没有损失多少。它可以用来进行 DNA 对 DNA、DNA 对蛋白质(将 DNA 按六个阅读框翻译成氨基酸序列,再与蛋白质比较)和蛋白质对蛋白质的同源比较。FASTA 使用的是 Wilbur - Lipman 算法的改进算法,进行整体联配,重点查找那些可能达到匹配显著的联配。虽然 FASTA 不会错过那些匹配极好的序列,但有时会漏掉一些匹配程度不高但达显著水平的序列。

　　FASTA 格式开始于一个标识符:">",然后是一行描述,再下面是一行行的序列,每一行最好不要超过 80 个字母,如下图所示。

```
>gi |532319| pir |TVFV2E| TVFV2E envelope protein
ELRLRYCAPAGFALLKCNDADYDGFKTNCSNVSVVHCTNLMNTTVTTGLLLNGSYSENRT
QIWQKHRTSNDSALILLNKHYNLTVTCKRPGNKTVLPVTIMAGLVFHSQKYNLRLRQAWC
HFPSNWKGAWKEVKEEIVNLPKERYRGTNDPKRIFFQRQWGDPETANLWFNCHGEFFYCK
MDWFLNYLNNLTVDADHNECKNTSGTKSGNKRAPGPCVQRTYVACHIRSVIIWLETISKK
TYAPPREGHLECTSTVTGMTVELNYIPKNRTNVTLSPQIESIWAAELDRYKLVEITPIGF
APTEVRRYTGGHERQKRVPFVXXXXXXXXXXXXXXXXXXXXXXXVQSQHLLAGILQQQKNL
LAAVEAQQQMLKLTIWGVK
```

图 4-20　FASTA 格式

每个字母或字符所代表的含义如图 4-21 及图 4-22 所示。

A: adenosine	Y: T C(pyrimidine)	D: G A T
C: cytidine	K: G T(keto)	H: A C T
G: guanine	M: A C (amino)	V: G C A
T: thymidine	S: G C(strong)	N: A G C T (any)
U: uridine	W: A T(weak)	—: gap of indeterminate length
R: G A(purine)	B: G T C	

图 4-21　FASTA 格式核苷酸序列字母代表的含义

A: alanine	K: lysine	U: selenocysteine
B: aspartate or asparagine	L: leucine	V: valine
C: cystine	M: methionine	W: tryptophan
D: aspartate	N: asparagine	Y: tyrosine
E: glutamate	P: proline	Z: glutamate or glutamine
F: phenylalanine	Q: glutamine	X: any
G: glycine	R: arginine	*: translation stop
H: histidine	S: serine	—: gap of indeterminate length
I: isoleucine	T: threonine	

图 4-22　FASTA 格式氨基酸序列字母代表的含义

　　FASTA 首先在序列库中进行快速的初检,找出与待检序列高度相似的序列。这一快速检索局限于待检序列和序列库序列之间较短的完全相同序列区段上。

　　FASTA 首先要建立一个长度由 K - tuple(ktup)值决定的所有可能的总表或字典。这一程序中使用的字长参数(或 K - tuple)表示所用的初始相配序列长度。

　　K - tuple 的大小可以变化,并将间接影响搜索的速度和敏感度。然后,程序要对待检序列和序列库中的所有序列进行处理,找出字典中长度与 K - trple 相等的所有序列段的位置。比较两个序列的字典要比比较两个序列本身快得多,可以有效地找出小段相似区。一旦通过初始的快速检索找到一批评分最高的序列,就可以仅对这些高分序列进行第二轮比较。第二轮的序列比对是采用 Needleman - Wunsch 算法进行空位联配计算,得出分析的最后结论。如果 FASTA 运行后找到较好的相似序列,有时采用较小的 K - tuple 值或换一个评分矩阵重新检索分析,也许会有帮助。

在终端计算机上,FASTA 检索的一个简便方法是使用 E - mail 服务。有好几个机构都可以通过 E - mail 自动地接受 FASTA 计算机检索要求,用 E - mail 中所提供的序列,对多个序列库进行搜索,然后又通过 E - mail 将结果送回。

不论是 FASTA 还是 TFASTA,它们都提供一项评分,以评价前述 PAM250 矩阵生成的每一对联配序列的匹配程度。但 FASTA 并不像 BLAST 程序那样给出一项显著值。无论采用 FASTA 或 BLAST,推断相似性是否具有生物学意义都取决于研究者。要做出决断,必须充分考虑蛋白质已知或推断的功能、与已知活性位点或模体的相似程度等等。

因为 BLAST 和 FASTA 采用不同的算法,同时用这两种搜索引擎重新检索某一特定序列往往是可取的。如果用其中一种找不到显著相似序列,不妨试一试另一程序。如果 BLAST 和 FASTA 均找不到显著匹配的序列,还可以选择第三条比较费时的搜索策略。一些网站允许用户使用基于 Smith - Waterman 算法的搜索程序,如 BLITZ。BLITZ 被设计在大型并行计算机上运行,因此使检索更灵敏。虽然运行这样的程序比较费时,但它们有时会发现一些被 BLAST 和 FASTA 错过的勉强达到显著的联配。

由于数据库相似性搜索是生物信息学最为重要的组成部分,所以很多网站都提供了 BLAST 和 FASTA 搜索服务。在选择何种数据源时,有很多标准可以应用。并非所有的 BLAST 和 FASTA 均提供相同的服务,你所搜索的数据库各不相同,就如同我们有多种替换矩阵一样。另外,一些网站还为熟练使用者提供了特别服务。总之,在一些非冗余序列数据库中搜索均是被允许的。这类数据库至少包括在 Swiss - Prot 和 PIR(蛋白质)或 EMBL 和 GenBank(核酸)的所有记录,这往往是最佳选择。但不要滥用这些资源,例如,如果你正在构建序列重叠群(contigs),则只需进行最终组合序列的 BLAST 或 FASTA 搜索即可,而不必对每个序列片段均进行搜索。同样,为了查找克隆载体的污染序列而进行整个非冗余数据库的 BLAST 运行,也不是一个有效办法。

4.7　数据库集成

4.7.1　Entrez 系统

检索服务器主要的缺陷在于一次只能从一个数据库中检索到记录,想对一批数据库进行检索的用户必须为每一个目标数据库分别发出一次申请。很明显,这些大量的公共数据库之间存在着逻辑联系。例如,MEDLINE 中的一篇论文可能描述一个基因的序列,该基因又在 GenBank 中出现,其核苷酸序列所编码的蛋白质序列又存放在蛋白质数据库中,这种蛋白质的三维结构可能又是已知的,结构数据可能出现在结构数据库中,最后,基因可能定位在某条染色体的某个区域,这类信息存放在图谱数据库中。

研究者在这些生物学联系的基础上开发了一种方法,可以通过它查询与某一特殊的生物学实体有关的所有信息,而不必按次序查询分立的数据库。这就是一个名为 Entrez 的分子检索系统。它由 NCBI 开发和维护,包括核酸、蛋白以及 MEDLINE 文摘数据库,这三个数据库之间建立了非常完善的联系。因此,可以从一个 DNA 序列查询到蛋白产物以及相关文献,而且每个条目均有一个类邻(neighboring)信息,给出与查询条目接近的信息。Entrez 中的核酸数据库包括 GenBank、EMBL、DDBJ;蛋白质数据库包括 Swiss - Prot、PIR、PFR、PDB。它在所有的主要的数据库计算机平台上均可使用。全部信息只需经过一次查询。Entrez 的网址为 http://www.ncbi.nlm.nih.gov/Entrez/。其主页见图 4 - 23。

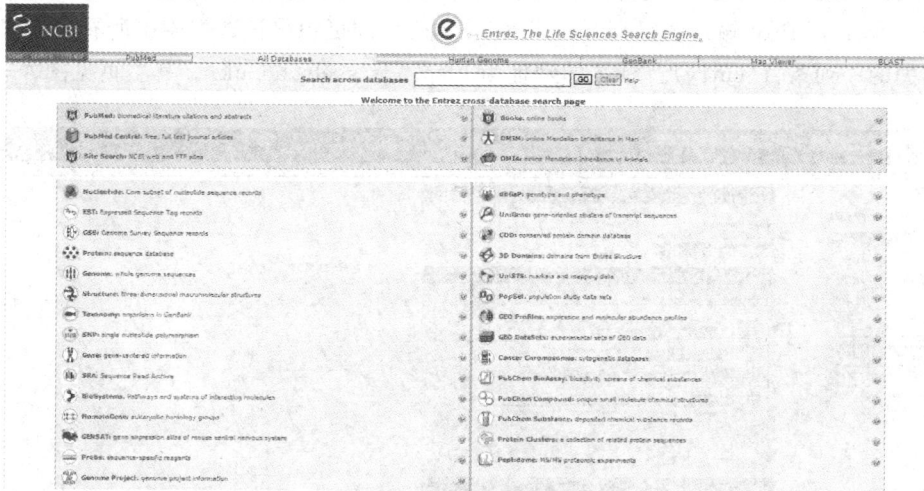

图 4 - 23　Entrez 系统主页

Entrez 是面向生物学家的数据库查询系统。其特点之一是使用十分方便。它把序列、结构、文献、基因组、系统分类等不同类型的数据库有机地结合在一起,通过超文本链接,用户可以从一个数据库直接转入另一个数据库。

假设用户要检索关于 H1N1 的所有信息,使用主页中"Search across databases"查询窗体,在查询框中输入"H1N1",并点击"GO"按钮后跳出如下图所示页面。从该页面中得知 NCBI 各数据库中与 H1N1 有关的信息数,点击进入不同的数据库即可得到更多详细内容(图 4 - 24)。

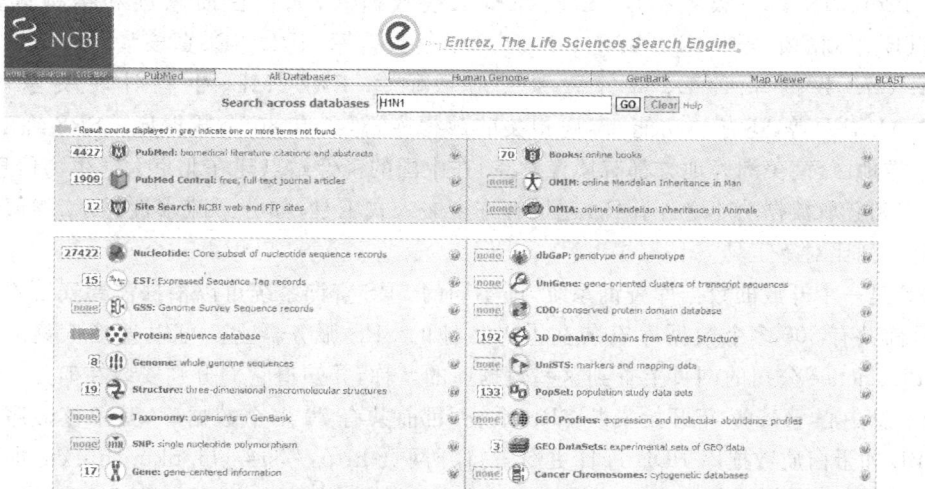

图 4 - 24　在 Entrez 系统中查询所有与 H1N1 相关信息的结果

4.7.2　SRS 系统

SRS 为 sequence retrieval system 的缩写,是 EMBL 研制的一个基于 Web 的查询系统,也是目前分子生物学领域最重要的序列和其他数据检索工具之一。它由欧洲分子生物学实验室开发,最初是为核酸序列数据库 EMBL 和蛋白质序列数据库 Swiss-Prot 的查询开发的。通过输入关键词就可以对各类数据库关键词进行匹配查找,并输出相关信息。例如,对蛋白质序列数据库 Swiss-Prot 输入关键词"insulin(胰岛素)",即可找出该数据库中所有胰岛素或与胰岛素有关的序列条目(entry)。SRS 的网址为 http://srs.ebi.ac.uk/。其主页见图 4-25。

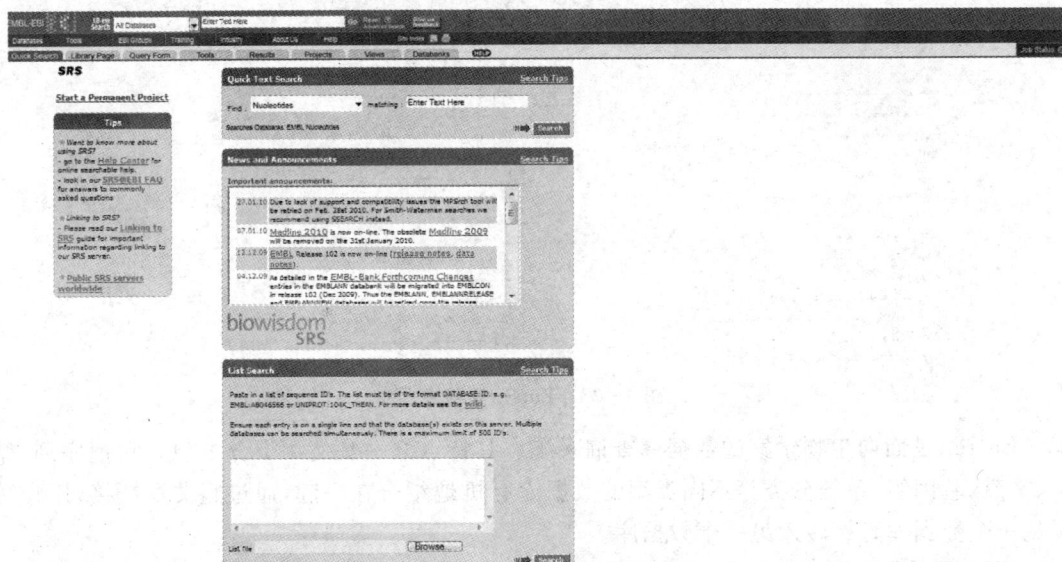

图 4-25　SRS 数据库查询系统主页

用户可以通过 SRS 迅速地访问生物分子数据库和文献数据库,如 EMBL、EMBL_NEW、Swiss-Prot、PIR 等一级数据库,以及许多二级数据库,如蛋白质家族和结构域数据库 PROSITE、限制酶数据库 REBASE、PDB 序列子集数据库 NRL_3D、真核基因启动子数据库 EPD、E. coli 数据库 ECD、酶名称和反应数据库 ENZYME、生物计算文献数据库 SEQANALREF 等,还有与功能、疾病相关的数据库,总共有 80 个数据库。SRS 在欧洲、亚洲、太平洋地区、南美洲等地方都有镜像站点,在中国的镜像站点建在北京大学生物信息中心。除了查询和获取数据功能之外,SRS 还带有许多嵌入式工具,如分子疏水性显示、相似序列搜索、多重序列比对等工具。

SRS 是一个开放的数据库查询系统,即不同的 SRS 查询系统可以根据需要安装不同的数据库,目前共有 300 多个数据库安装在世界各地的 SRS 服务器上。可以直接从英国剑桥的 LION Bioscience 公司的网页上查到这些数据库的名称,并知道它们分别安装在何处。北京大学生物信息中心于 1997 年开始安装 SRS 系统,目前共有 70 多个数据库,其中核酸序列数据库 EMBL 和蛋白质数据库 PDB 每日更新。打开网页 http://srs.cbi.pku.edu.cn/即可访问北京大学生物信息中心 SRS 数据库查询系统,进入 SRS 主页,点击"Start"按钮即可进入 SRS 数据库查询系统,还可以通过这里学习北大生物信息中心提供的 SRS 教程。国内微生物所、上海生命科学院等单位也于 2000 年开始安装 SRS 系统。

目前,SRS 已经发展成商业软件,由 LION 公司继续开发,学术单位在签订协议后可以免费获得该软件的使用权,而非学术单位则需要购买使用权。欧洲生物信息学研究所、英国基因组测序中心(Sanger Centre)和英国基因组资源中心(HGMP)等大型生物信息中心安装了 100 多个数据库。

下面列出国际上主要 SRS 数据库查询系统服务器系统的网址。

欧洲生物信息研究所：http://srs6.ebi.ac.uk/srs6/

英国基因组测序中心：http://www.sanger.ac.uk/srs6/

德国癌症研究所：http://genius.embnet.dkfz-heidelberg.de/menu/srs/

■ 知识拓展

■ BLAST 和 SRS 的区别

BLAST 和 SRS 都是序列检索(sequence retrieval)工具,很多刚接触生物信息学的人可能对它们的概念和用途有些混淆,其实 BLAST 和 SRS 有本质的区别,特做补充说明：

BLAST 是分子生物学特有的工具,它通过特定的序列相似性比对算法,找出核酸或蛋白质序列数据库中与检测序列具有一定程度相似性的序列。例如,给定一个胰岛素序列,通过数据库搜索,可以在蛋白质序列数据库 Swiss-Prot 或其他选定的数据库中找出与该检测序列具有一定相似性的序列。

SRS 对序列数据库的查询,是指对序列、结构以及各种二次数据库中的注释信息进行关键词匹配查找。例如,选定蛋白质序列数据库 Swiss-Prot,输入关键词"insulin(胰岛素)",即可找出该数据库所有胰岛素或与胰岛素有关的序列条目。数据库查询有时也称数据库检索,它和在互联网上通过搜索引擎查找需要的信息是一个概念。

4.7.3　邮件服务器平台

有时候用户没有 Entrez 平台可用,他将只能通过电子邮件 E-mail 来进行检索。也有可能用户连接在互联网上访问 Entrez,但速度又不够快。Query 是一种使用 E-mail 的 Entrez。Query 的思想与 Retrieve 非常类似,但是一次能查询多个数据库。Query 可以在一个指定的数据库范围中查询(蛋白质、核酸、结构或 MEDLINE)。

与使用 Retrieve 一样,Query 的用户向服务器发出查询请求时必须遵循规定的格式(Query 也支持 Retrieve 的语法,所以向 Query 服务器发送 Retrieve 格式的查询请求也能正确执行)。最简单的查询是使用检索词。执行这种查询要先给定目标数据库和一个或几个检索词。用 Query 和用 Retrieve 一样,基于词的检索可以限定在数据库记录的特定域中,这样得到的结果更好。

■ 知识拓展

■ 可免费登陆的相关网站

Ensembl 综合基因组数据库　http://www.ensembl.org/

秀丽线虫基因组数据库 AceDB　http://www.acedb.org/

GenBank 核酸数据库　http://www.ncbi.nlm.nih.gov/Genbank/

DNA 序列数据库 EMBL　http://www.ebi.ac.uk/embl/

DNA 序列数据库 DDBJ　http://www.ddbj.nig.ac.jp/

蛋白质信息资源 PIR　http：//pir. georgetown. edu/

全球蛋白资源数据库 UniProt　http：//www. uniprot. org/

蛋白质数据库 PDB　http：//www. pdb. org/

蛋白质结构分类数据库 SCOP　http：//scop. mrc-lmb. cam. ac. uk/scop/

蛋白质二级数据库 PROSITE　http：//www. expasy. ch/prosite/

蛋白质直系同源簇(COGs)　http：//www. ncbi. nlm. nih. gov/COG/

蛋白质二级结构构象参数数据库 DSSP　http：//swift. cmbi. kun. nl/gv/dssp/

蛋白质结构二次数据库 FSSP　http：//ekhidna. biocenter. helsinki. fi/dali

同源蛋白数据库 HSSP　http：//swift. cmbi. kun. nl/swift/hssp/

基因功能分类数据库 GO　http：//www. geneontology. org/

代谢途径数据库 KEGG　http：//www. genome. jp/kegg/

基本局部联配搜索工具 BLAST　http：// www. ncbi. nlm. nih. gov/BLAST/

Entrez 分子检索系统　http：//www. ncbi. nlm. nih. gov/Entrez/

SRS 数据检索系统　http：//srs. ebi. ac. uk/

习　题

1. 比较三大核酸序列库的异同。

2. 简述蛋白质数据库的特点。

3. 分别用 BLAST 与 FASTA 搜索查找 DNA 序列"ccaatgactg cgatgatttt tccgctgatg ttcctgcctg cagcagcttc cgggcgaggc"的相似序列。

参考文献

1. A. D. Baxevanis，B. F. F. Ouellette. 生物信息学：基因和蛋白质分析的实用指南. 李衍达，孙之荣等译. 北京：清华大学出版社，2000.

2. 2000 Database Issue of Nucleic Acid Research. *Nucleic Acid Research* ，2000，28：1 - 382.

3. 贺思敏，陈文光，许东，罗静初，吴晓桃. 生物信息学. 计算机教育，2006，(9)：51 - 55.

4. 李松，王英. 生物信息学在生命科学研究中的应用. 热带医学杂志，2009，(10)：30 - 32.

5. 谢志浩. 生物信息学数据库发展及其软件资源的利用. 中华卫生杀虫药械 ，2002，(4)：10 - 12.

6. 杜永莉，王志萍，程瑾. 因特网生物信息学数据库资源及其利用. 中华医学图书情报杂志，2004，(6)：62 - 65.

第 5 章

序 列 比 对

比较是科学研究中最常见的方法。通过将研究对象相互比较可寻找对象可能具备的特性并获得有用的信息。

在生物信息学研究中,序列比对是生物信息学中最基本、最重要的操作。通过序列比对可以发现生物序列中的功能、结构和进化的信息。序列比对的根本任务是,通过比较生物分子序列,发现它们的相似性,找出序列之间共同的区域,同时辨别序列之间的差异。

最常见的比较是蛋白质序列之间或核酸序列之间的两两比较,通过比较两个序列之间的相似区域和保守位点,寻找二者可能的分子进化关系。进一步的比较是将多个蛋白质或核酸同时进行比较,寻找这些有进化关系的序列之间共同的保守区域、位点和轮廓(profile),从而探索导致它们产生共同功能的序列模式。此外,还可以把蛋白质序列与核酸序列相比来探索核酸序列可能的表达框架;把蛋白质序列与具有三维结构信息的蛋白质相比,从而获得蛋白质折叠类型的信息。

序列比对的理论基础是进化学说。如果两个序列之间具有足够的相似性,就推测二者可能有共同的进化祖先,经过序列内残基的替换、残基或序列片段的缺失、序列重组等遗传变异过程分别演化而来。

在生物信息学中,序列的比较是将两个或多个核酸序列或蛋白质序列进行比对(alignment),通过比对未知序列与已知序列(尤其是功能和结构已知的序列)之间的相似性,得到它们的同源性,来预测未知序列的功能。

本章重点介绍了序列的相似性、两两比对的方法、多重比对的方法、DNA 片段组装等内容。

5.1 序列的相似性

为描述两条序列之间的关系,有许多名词,如"相同"、"相似"、"同源"、"同功"、"直向同源"、"共生同源"等。在进行序列比对时经常使用"同源(homology)"和"相似(similarity)"这两个概念,这是两个经常容易被混淆的不同概念。

5.1.1 同源性

同源性是比较生物学中的中心概念之一。在生物学种系发生理论中,若两个或多个结构具有相同的祖先,则称它们同源。这里所讲的相同的祖先既可以指进化论意义上的祖先,即两个结构由一个共同的祖先进化而来(在这个意义上,蝙蝠的翅膀与人类的手臂是同源的),也可以指发育意义上的祖先,即两个结构由胚胎时期的同一组织发育而来(在这个意义上,人类女性的卵巢与男性的睾丸同源)。

在分子进化研究中,同源性一般是指两种核酸分子的核苷酸序列之间或两种蛋白质分子的氨基酸序列之间具有共同的祖先。即同源序列是指从某一共同祖先经过趋异进化而形成的不同序列。

同源序列可分为两种:直系同源(orthology)和旁系同源(paralogy)。直系同源的序列因物种形成(speciation)而被区分开:若一个基因原先存在于某个物种,而该物种分化为了两个物种,那么新物种中的基因是直系同源的。旁系同源的序列因基因复制(gene duplication)而被区分开:若生物体中的某个基因被复制了,那么两个副本序列就是旁系同源的。直系同源序列和旁系同源系列形成见图 5-1。直系同源的一对序列称为直系同源体或直向同源体(orthologs);旁系同源的一对序列称为旁系同源体、共生同源体或旁系同源体(paralogs)。

直系同源体通常有相同或相似的功能。但旁系同源体则不一定:由于缺乏原始的自然选择的力量,繁殖出的基因副本可以自由的变异并获得新的功能。

一般来说,直系同源(orthologous)序列是来自于不同的种属同源序列;而旁系同源(paralogous)序列则是来自于同一种属的序列,它是由进化过程中的序列复制而产生的。

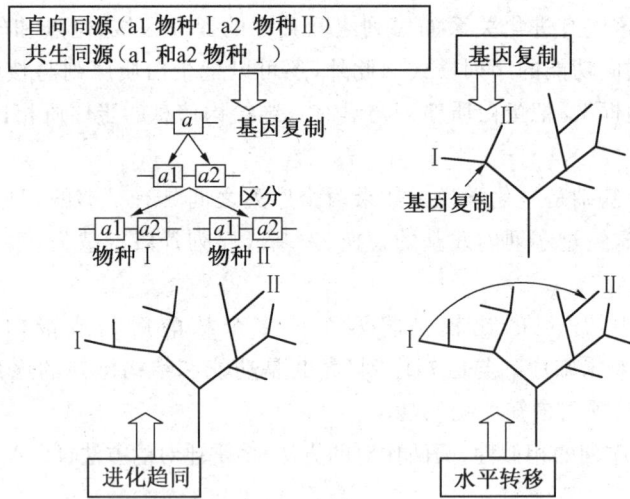

图 5-1　直系同源序列和旁系同源系列形成示意图

例如,肌红蛋白(myoglobin)和血红蛋白(hemoglobin)被认为是古老的旁系同源体(ancient paralogs)。类似地,已知的四种血红蛋白(血红蛋白 A、血红蛋白 A2、血红蛋白 S 和胎儿血红蛋白)均互为旁系同源体。它们均能够运输氧气,但在功能上又有细微的分化,如胎儿血红蛋白(血红蛋白 F)比成年血红蛋白对氧气有更高的亲和力。

旁系同源体常见于同一物种,但也不是绝对如此。例如,人类的血红蛋白和非洲黑猩猩的肌红蛋白就是旁系同源体。这是使用生物信息学方法预测基因功能的一大困难:即使不同物种的基因同源,我们也不能立刻推断它们具有相同或相似的功能,因为它们可能为具有不同功能的旁系同源体。

5.1.2　相似性

序列的相似性可以是定量的数值,也可以是定性的描述。相似度是一个数值,反映两条序列的相似程度。例如下面两条序列的相似性为 90%:

蛋白质序列 1:W T F E S R N D P A K D P V I L W L N G G P G C S S L T G L

蛋白质序列 2:W F F E S R N D P A N D P I I L W L N G G P G C S S F T G L

在生物信息学中,相似性的表示方法一般有两种:相似度和距离。两个序列越相似,则它们的相似度越高;另一方面,两个序列越相似,则它们的距离越小。

两条序列同源是指它们具有共同的祖先。在这个意义上,无所谓同源的程度,两条序列要么同源,要么不同源。而相似则是有程度的差别,如两条序列的相似程度达到 30% 或 80%。一般来说,相似性很高的两条序列往往具有同源关系。但也有例外,即两条序列的相似性很高,但它们可能并不是同源序列,这两条序列的相似性可能是由随机因素所产生的,这在进化上称为“趋同(convergence)”,这样一对序列可称为同功序列。

5.2　序列比对的模型和依据

当前,科学家们每天都要进行成千上万次的序列比对和数据库搜索。对于分子生物学工作者来说,序列比对是一种必备的工具。

序列比对是指将两个或多个序列排列在一起,标明其相似之处。序列中可以插入间隔(通常用短横线“–”表示)。对应的相同或相似的符号[在核酸中是 A、T(或 U)、C、G,在蛋白质中是表示氨基酸残基的单字母]排列在同一列上。序列的比对是一种关于序列相似性的定性描述,它反映在什么部位两条序列相似,在什么部位两条序列存在差别。最优比对揭示两条序列的最大相似程度,指出序列之间的根本差异。

例如,有以下两个序列:

Ⅰ:T C C T C T G C C T C T G C C A T C A T C A A C C C C A A A G T

Ⅱ:T C C T G T G C A T C T G C A A T C A T G G G C A A C C C C A A A G T

通过加入空格我们可以得到下面的比对结果:

```
T C C T C T G C C T C T G C C A T C A T - - - C A A C C C C A A A G T
| | | |   | | | |   | | |   | | | | |         | | |   | | | | | | | |
T C C T G T G C A T C T G C A A T C A T G G G C A A C C C C A A A G T
```

5.2.1　序列比对的数学模型

在生物分子信息处理过程中,将生物分子序列抽象为字符串,其中的字符取自特定的字母表。字母表是一组符号或字符,字母表中的元素组成序列。一些重要的字母表有:

① 4 字符 DNA 字母表 {A, C, G, T};

② 扩展的遗传学字母表或 IUPAC 编码表(表 2 - 1);

③ 单字母氨基酸编码;

④ 上述字母表形成的子集。

序列比对就是运用某种特定的数学模型或算法,找出两个或多个序列之间的最大匹配碱基或残基数,比对的结果反映了算法在多大程度上反映了序列之间的相似性关系以及它们的生物学特征。

在序列比对中,有时需要用到"子串(substring)"的概念:s 的子串是由 s 中不间断的字符所组成,例如 CGATC 是 CGATCAG 的子串。图 5 - 2说明了对两个序列进行比对的简单模型。如果序列 X 是序列 Y 的一个子串,则将 X 与 Y 的相应部分对齐,其余的地方加上空格即可(图5 - 2a)。如果 X 有两个区域 X1、X2,它们分别是 Y 的两个子串,则将 X 分为两部分 X1 和 X2,分别与 Y 的相应部分对齐,两端和中间分别插入空格即可(图 5 - 2b)。

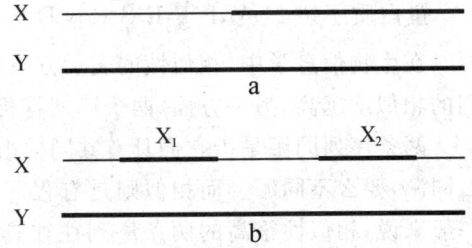

图 5 - 2　两个序列比对的简单模型

5.2.2　得分矩阵

对于序列比对的结果,通常用得分矩阵来计算其分值,以得到一个评价优劣的标准。

如果序列比对仅仅取决于序列间严格一致的区域,那么我们可以将其转化为一种极为简单的程序。然而,大多数序列比对不是仅仅限制在子序列的范围内,而是涉及全长序列的比较。有时,也不能简单理解为如何减少间隔的数目,而要同时考虑比对后序列的生物学意义。例如,有些氨基酸有时应放在非严格一致的位置。

得分矩阵(scoring matrix)被广泛应用于评价序列比对的质量,是为了更好地反映序列比对而预先设定的分值阵列,矩阵值反映了两个序列比对之间的关系和交互性。通常使用得分(+)、无分(0)或罚分(penalty)来进行综合评价。

设核酸序列所用的字母表为 A = { A,C,G,T };氨基酸序列所用的字母表为 Ω={A,R, N, D, C, Q, E,G, I, H, L, K, M, F, P, S, T, W, Y,V}。

1. 等价矩阵

等价矩阵(表 5 - 1)是最简单的一种得分矩阵,其中,相同核苷酸匹配的得分为"1",而不同核苷酸的替换得分为"0"(没有得分)。

表 5 - 1　等价矩阵

	A	T	C	G
A	1	0	0	0
T	0	1	0	0
C	0	0	1	0
G	0	0	0	1

2. BLAST 矩阵

BLAST 是目前最流行的核酸序列比对程序,表 5 - 2 是其得分矩阵。这也是一个非常简单的矩阵,如果比对的两个核苷酸相同,则得分为"+5",反之得分为"-4"。

表 5-2　BLAST 矩阵

	A	T	C	G
A	5	-4	-4	-4
T	-4	5	-4	-4
C	-4	-4	5	-4
G	-4	-4	-4	5

3. 转换-颠换矩阵

核酸的碱基按照环结构分为两类:一类是嘌呤(A、G),它们有两个环;另一类是嘧啶(C、T),它们的碱基只有一个环。如果 DNA 碱基的变化(碱基替换)保持环数不变,则称为转换(transition),如 A→G,C→T;如果环数发生变化,则称为颠换(transversion),如 A→C,A→T等。在进化过程中,转换发生的频率远比颠换高,而表 5-3 所示的矩阵正好反映了这种情况,其中转换的得分为"-1",而颠换的得分为"-5"。

表 5-3　转移矩阵

	A	T	C	G
A	1	-5	-5	-1
T	-5	1	-1	-5
C	-5	-1	1	-5
G	-1	-5	-5	1

(1) 等价矩阵

$$R_{i,j} = \begin{cases} 1 & i = j \\ 0 & i \neq j \end{cases} \tag{5-1}$$

式中:$R_{i,j}$ 代表得分矩阵元素;i、j 分别代表字母表第 i 个和第 j 个字符。

(2) 遗传密码矩阵

遗传密码(GCM)矩阵通过计算一个氨基酸残基转变到另一个氨基酸残基所需的密码子变化数目而得到,矩阵元素的值对应于代价。如果变化一个碱基,就可以使一个氨基酸的密码子变为另一个氨基酸的密码子,则这两个氨基酸的替换代价为"1";如果需要 2 个碱基的改变,则替换代价为"2";依此类推(表 5-4)。注意,Met 到 Tyr 的转变是仅有的密码子三个位置都发生变化的转换。在表 5-5 中,Glx 代表 Gly、Gln 或 Glu,而 Asx 则代表 Asn 或 Asp,X 代表任意氨基酸。GCM 矩阵常用于进化距离的计算,其优点是计算结果可以直接用于绘制进化树,但是它在蛋白质序列比对尤其是相似程度很低的序列比对中很少被使用。

表 5 - 4　遗传密码矩阵

	A	S	G	L	K	V	T	P	E	D	N	I	Q	R	F	Y	C	H	M	W	Z	B	X
Ala＝A	0	1	1	2	2	1	1	1	1	1	2	2	2	2	2	2	2	2	2	2	2	2	2
Ser＝S	1	0	1	1	2	2	1	1	2	2	1	1	2	1	1	1	1	2	2	1	2	2	2
Gly＝G	1	1	0	2	2	1	2	2	1	1	2	2	1	2	2	1	2	2	1	2	2	2	2
Leu＝L	2	1	2	0	2	1	2	1	2	2	2	1	1	1	1	2	2	1	1	1	2	2	2
Lys＝K	2	2	2	2	0	2	1	2	1	2	1	1	1	1	2	2	2	2	1	2	1	2	2
Val＝V	1	2	1	1	2	0	2	1	1	2	2	1	2	2	1	2	2	2	1	2	2	2	2
Thr＝T	1	1	2	2	1	2	0	1	2	1	1	2	1	1	2	2	2	1	2	2	2	2	2
Pro＝P	1	1	2	1	2	2	1	0	2	2	2	2	1	1	2	2	2	1	2	2	2	2	2
Glu＝E	1	2	1	2	1	1	2	2	0	1	2	2	2	2	2	2	2	2	2	2	1	2	2
Asp＝D	1	2	1	2	2	1	2	2	1	0	1	2	2	2	2	1	2	1	2	2	2	1	2
Asn＝N	2	1	2	2	1	2	1	2	2	1	0	2	2	2	2	1	2	1	2	2	2	1	2
Ile＝I	2	1	2	1	1	1	1	2	2	2	2	0	2	1	1	2	2	2	1	2	2	2	2
Gln＝Q	2	2	2	1	1	2	1	1	1	2	2	2	0	1	2	2	2	1	2	2	1	2	2
Arg＝R	2	1	1	1	1	2	1	1	2	2	2	1	1	0	2	2	1	1	1	1	2	2	2
Phe＝F	2	1	2	1	2	1	2	2	2	2	2	1	2	2	0	1	1	2	2	2	2	2	2
Tyr＝Y	2	1	2	2	2	2	2	2	2	1	1	2	2	2	1	0	1	1	3	2	2	1	2
Cys＝C	2	1	1	2	2	2	2	2	2	2	2	2	1	1	1	1	0	2	2	1	2	2	2
His＝H	2	2	2	1	2	2	2	1	2	1	1	2	1	1	2	1	2	0	2	2	2	1	2
Met＝M	2	2	2	1	1	1	1	2	2	2	2	1	2	1	2	3	2	2	0	2	2	2	2
Trp＝W	2	1	1	1	2	2	2	2	2	2	2	2	2	1	2	2	1	2	2	0	2	2	2
Glx＝Z	2	2	2	2	1	2	2	2	1	2	2	2	1	2	2	2	2	2	2	2	0	1	2
Asx＝B	2	2	2	2	2	2	2	2	2	1	1	2	2	2	2	1	2	1	2	2	1	0	2
???　＝X	2	2	2	2	2	2	2	2	2	2	2	2	2	2	2	2	2	2	2	2	2	2	2

（3）疏水矩阵

该矩阵（表 5 - 5）是根据氨基酸残基替换前后疏水性的变化而得到的。若一次氨基酸替换疏水特性不发生太大的变化，则这种替换得分高，否则替换得分低。

表 5 - 5　疏水矩阵

	R	K	D	E	B	Z	S	N	Q	G	X	T	H	A	C	M	P	V	L	I	Y	F	W
Arg＝R	10	10	9	9	8	8	6	6	6	5	5	5	5	4	4	3	3	3	3	3	2	1	0
Lys＝K	10	10	9	9	8	8	6	6	6	5	5	5	5	4	4	3	3	3	3	3	2	1	0
Asp＝D	9	9	10	10	8	8	7	6	6	6	5	5	5	5	4	4	4	3	3	3	2	1	1
Glu＝E	9	9	10	10	8	8	7	6	6	6	5	5	5	5	4	4	4	3	3	3	2	1	1
Asx＝B	8	8	8	8	10	10	8	8	8	8	7	7	7	7	6	6	6	5	5	5	4	4	3

	R	K	D	E	B	Z	S	N	Q	G	X	T	H	A	C	M	P	V	L	I	Y	F	W
Glx=Z	8	8	8	8	10	10	8	8	8	8	7	7	7	6	6	6	5	5	5	4	4	3
Ser=S	6	6	7	7	8	8	10	10	10	10	9	9	9	9	8	7	7	7	6	6	4	
Asn=N	6	6	6	6	8	8	10	10	10	10	9	9	9	9	8	8	8	7	7	7	6	6	4
Gln=Q	6	6	6	6	8	8	10	10	10	10	9	9	9	9	8	8	8	7	7	7	6	6	4
Gly=G	5	5	6	6	8	8	10	10	10	10	9	9	9	9	8	8	8	7	7	6	6	5	
???=X	5	5	5	5	7	7	9	9	9	9	10	10	10	10	9	9	9	8	8	7	7	5	
Thr=T	5	5	5	5	7	7	9	9	9	9	10	10	9	9	9	9	8	8	8	8	7	7	5
His=H	5	5	5	5	7	7	9	9	9	9	10	9	10	9	9	9	8	8	7	7	8	7	5
Ala=A	5	5	5	5	7	7	9	9	9	9	10	9	9	10	9	9	9	8	7	7	7	7	5
Cys=C	4	4	5	5	6	6	8	8	8	8	9	9	9	9	10	10	8	9	8	8	8	8	5
Met=M	3	3	4	4	6	6	8	8	9	9	9	9	9	9	10	10	10	9	9	9	8	8	7
Pro=P	3	3	4	4	6	6	8	8	8	8	9	9	8	9	8	10	10	9	9	9	7	7	7
Val=V	3	3	4	4	5	5	7	7	7	7	8	8	8	8	9	9	9	10	10	10	9	8	7
Leu=L	3	3	3	3	5	5	6	6	7	7	7	8	7	7	8	10	9	10	10	10	9	9	8
Ile=I	3	3	3	3	5	5	7	7	7	7	8	8	7	7	8	9	9	10	10	10	9	9	8
Tyr=Y	2	2	3	3	4	4	6	6	6	6	7	7	8	7	8	8	7	9	9	9	10	10	8
Phe=F	1	1	2	2	4	4	6	6	6	6	7	7	7	7	8	8	8	9	9	9	10	10	9
Trp=W	0	0	1	1	3	3	4	4	4	5	5	5	6	5	7	7	7	8	8	8	9	10	

（4）PAM 矩阵

为了得到得分矩阵,更常用的方法是统计自然界中各种氨基酸残基的相互替换率。如果两种特定的氨基酸之间的替换发生得比较频繁,那么这一对氨基酸在得分矩阵中的互换得分就比较高。PAM 矩阵就是这样一种得分矩阵。PAM 矩阵是第一个广泛使用的最优矩阵,它是基于进化原理,建立在进化的点接受突变模型 PAM(point accepted mutation)基础上,通过统计相似序列比对中的各种氨基酸替换发生率而得到的。Dayhoff 和她的同事们研究了 71 个相关蛋白质家族的 1572 个突变,发现蛋白质家族中氨基酸的替换并不是随机的。由此断言,一些氨基酸的替换比其他替换更容易发生,其主要原因是这些替换不会对蛋白质的结构和功能产生太大的影响。如果氨基酸的替换是随机的,那么,每一种可能的取代频率仅仅取决于不同氨基酸出现的背景频率。然而,在相关蛋白中,存在取代频率大大地倾向于那些不影响蛋白质功能的取代,换句话说,这些点突变已经被进化所接受。这意味着,在进化历程上,相关的蛋白质在某些位置上可以出现不同的氨基酸。

一个 PAM 就是一个进化的变异单位,即 1% 的氨基酸改变。但是,这并不意味着经过 100 次 PAM 后,每个氨基酸都发生变化,因为其中一些位置可能会经过多次改变,甚至可能变回到原先的氨基酸。因此,另外一些氨基酸可能不发生改变。PAM 有一系列的替换矩阵,每个矩阵用于比较具有特定进化距离的两条序列。例如,PAM-120 矩阵用于比较相距 120 个 PAM 单位的序列。一个 PAM-N 矩阵元素 (i, j) 的值反映两条相距 N 个 PAM 单位的序列中第 i 种氨基酸替换第 j 种氨基酸的概率。从理论上讲,PAM-0 是一个单位矩阵,主对角线上的元素值为"1",其他矩阵元素的值为"0"。其他 PAM-N 矩阵可以通过统计计算而得到。

首先,针对那些确信是相距一个 PAM 单位的序列进行统计分析,得到 PAM-1 矩阵。PAM-1 矩阵对角线上的元素值接近于 1,而其他矩阵元素值接近于 0。例如,可以按下述方法构建 PAM-1 矩阵。首先,构建一个序列间相似度很高(通常大于 85%)的比对。接着,计算每个氨基酸 j 的相对突变率 m_j。相对突变率就是某种氨基酸被其他任意氨基酸替换的次数。比如,丙氨酸的相对突变率是通过计算丙氨酸与非丙氨酸残基比对的次数来得到。然后,针对每个氨基酸对 i 和 j,计算氨基酸 j 被氨基酸 i 替换的次数。最后,将以上替换次数除以对应的相对替换率,利用每个氨基酸出现的频度对其进行标准化,并将以上计算结果取常用对数,于是得到了 PAM-1 矩阵中的元素 $PAM-1(i, j)$。这种矩阵被称做对数几率矩阵(log odds matrix),因为其中的元素是根据每个氨基酸替换率的对数值来得到的。

　　将 PAM-1 自乘 N 次,可以得到矩阵 PAM-N。虽然 Dayhoff 等人只发表了 PAM-250,但潜在的突变数据可以外推至其他 PAM 值,产生一组矩阵。可以根据待比较序列的长度以及序列间的先验相似程度来选用特定的 PAM 矩阵,以发现最适合的序列比对。一般而言,在比较差异极大的序列时,通常在较高的 PAM 值处得到最佳结果,比如在 PAM-200 到 PAM-250之间;而较低值的 PAM 矩阵一般用于高度相似的序列。实践中用得最多的且比较折衷的矩阵是 PAM-250(图 5-3)。

C	12																			
S	0	2																		
T	−2	1	3																	
P	−3	1	0	6																
A	−2	1	1	1	2															
G	−3	1	0	−1	1	5														
N	−4	1	0	−1	0	0	2													
D	−5	0	0	−1	0	1	2	4												
E	−5	0	0	−1	0	0	1	3	4											
Q	−5	−1	−1	0	0	−1	1	2	2	4										
H	−3	−1	−1	0	−1	−2	2	1	1	3	6									
R	−4	0	−1	0	−2	−3	0	−1	−1	1	2	6								
K	−5	0	0	−1	−1	−2	1	0	0	1	0	3	5							
M	−5	−2	−1	−2	−1	−3	−2	−3	−2	−1	−2	0	0	6						
I	−2	−1	0	−2	−1	−3	−2	−2	−2	−2	−2	−2	−2	2	5					
L	−6	−3	−2	−3	−2	−4	−3	−4	−3	−2	−2	−3	−3	4	2	6				
V	−2	−1	0	−1	0	−1	−2	−2	−2	−2	−2	−2	−2	2	4	2	4			
F	−4	−3	−3	−5	−4	−5	−4	−6	−5	−5	−2	−4	−5	0	1	2	−1	9		
Y	0	−3	−3	−5	−3	−5	−2	−4	−4	−4	0	−4	−4	−2	−1	−1	−2	7	10	
W	−8	−2	−5	−6	−6	−7	−4	−7	−7	−5	−3	2	−3	−4	−5	−2	−6	0	0	17
	C	S	T	P	A	G	N	D	E	Q	H	R	K	M	I	L	V	F	Y	W

图 5-3　PAM-250 矩阵

（5）BLOSUM 矩阵

BLOSUM 矩阵是由 Henikoff 首先提出的另一种氨基酸替换矩阵，它也是通过统计相似蛋白质序列的替换率而得到的。PAM 矩阵是从蛋白质序列的全局比对结果推导出来的；而 BLOSUM 矩阵则是从蛋白质序列块（短序列）比对而推导出来的。两者在评估氨基酸替换频率时，应用了不同的策略。BLOSUM 矩阵的基本数据来源于 Blocks 数据库，其中包括了局部多重比对（包含较远的相关序列，与在 PAM 中使用较近的相关序列相反）。虽然在这种情况下没有用进化模型，但它的优点在于可以通过直接观察而不是通过外推获得数据。同 PAM 模型一样，BLOSUM 矩阵也有一系列，可以根据亲缘关系的不同来选择不同的 BLOSUM 矩阵进行序列比对。然而，BLOSUM 矩阵阶数的意义与 PAM 矩阵正好相反。低阶 PAM 矩阵适合用来比较亲缘较近的序列；而低阶 BLOSUM 矩阵更多是用来比较亲缘较远的序列。一般来说，BLOSUM - 62 矩阵（图 5 - 4）适于用来比较大约具有 62% 相似度的序列；而 BLOSUM - 80 矩阵更适合于相似度为 80% 左右的序列。

	C	S	T	P	A	G	N	D	E	Q	H	R	K	M	I	L	V	F	Y	W	
C	9																				C
S	−1	4																			S
T	−1	1	5																		T
P	−3	−1	−1	7																	P
A	0	1	0	−1	4																A
G	−3	0	−2	−2	0	6															G
N	−3	1	0	−2	−2	0	6														N
D	−3	0	−1	−1	−2	−1	1	6													D
E	−4	0	−1	−1	−1	−2	0	2	5												E
Q	−3	0	−1	−1	−1	−2	0	0	2	5											Q
H	−3	−1	−2	−2	−2	−2	1	−1	0	0	8										H
R	−3	−1	−1	−2	−1	−2	0	−2	0	1	0	5									R
K	−3	0	−1	−1	−1	−2	0	−1	1	1	−1	2	5								K
M	−1	−1	−1	−2	−1	−3	−2	−3	−2	0	−2	−1	−1	5							M
I	−1	−2	−1	−3	−1	−4	−3	−3	−3	−3	−3	−3	−3	1	4						I
L	−1	−2	−1	−3	−1	−4	−3	−4	−3	−2	−3	−2	−2	2	2	4					L
V	−1	−2	0	−2	0	−3	−3	−3	−2	−2	−3	−3	−2	1	3	1	4				V
F	−2	−2	−2	−4	−2	−3	−3	−3	−3	−3	−1	−3	−3	0	0	0	−1	6			F
Y	−2	−2	−2	−3	−2	−3	−2	−3	−2	−1	2	−2	−2	−1	−1	−1	−1	3	7		Y
W	−2	−3	−2	−4	−3	−2	−4	−4	−3	−2	−2	−3	−3	−1	−3	−2	−3	1	2	11	W
	C	S	T	P	A	G	N	D	E	Q	H	R	K	M	I	L	V	F	Y	W	

图 5 - 4　BLOSUM - 62 矩阵

5.3　两两比对

序列的两两比对(pairwise sequence alignment)就是对两条序列进行编辑操作,通过字符匹配和替换,或者插入和删除字符,使得两条序列达到一样的长度,并使两条序列中相同的字符尽可能的一一对应。

例如,对序列 X＝CGATCAG 和序列 Y＝CGATCG,因为两个序列的长度不同,只需在第二个序列的中间插入一个空格即可使两个序列长度相同。两个序列比对的结果如下:

X：CGATCAG

Y：CGATC-G

5.3.1　两两比对的基本算法

进行序列的两两比对最直接的方法就是生成两条序列所有可能的比对,分别计算得分(或代价)函数,然后挑选一个得分最高(或代价最小)的比对作为最终结果。但是,两条序列可能的比对数非常多,是序列长度的指数函数,随着序列长度的增长,计算量呈指数级增长。从算法时间复杂性的角度来看,这种比对方法显然不合适。也可使用点矩阵作图法,但在寻找斜线及斜线组合时,仍然需要较大的运算量。因此,必须设计高效的算法以找出最优的比对。著名的 Needleman - Wunsch 算法就是针对寻求最佳序列比对这一问题所设计的动态规划寻优策略。下面,首先介绍基本的序列比对算法,即动态规划(dynamic programming)算法。该算法把一个问题分解成计算量合理的子问题,逐级求每个小问题的最优答案,各级问题的最优答案加起来就是这个大问题的最优答案。

在进行比对时,首先我们限制在两个序列中空格对空格是禁止的。只是因为如果不限制空格加入,任两个序列的比对结果都会出现无限多个,因为只要加入不同的空格数目就可以。

动态规划算法将比对全过程分为若干步,每一步增加一个位置。因为空格对空格无效,所以增加一个位置时有三种情况:第一个序列增加一个字母而第二个序列增加一个空格;第一个序列增加一个空格而第二个序列增加一个字母;两个序列都增加一个字母。

令 $s(i, j)$ 为序列 s 与序列 t 的前 i 个与前 j 个字母比对的得分,则 $s(i, j)$ 可根据下列递归算式计算最大值:

$$s(i, j) = \max \begin{cases} s(i-1, j-1) + \delta(i, j) \\ s(i-1, j) + \delta(i, -) \\ s(i, j-1) + \delta(-, j) \end{cases} \qquad (5-2)$$

其初值为

$$s(0, 0) = 0$$

$$s(i, 0) = s(i-1, 0) + \delta(i, -) \qquad (5-3)$$

$$s(0, j) = s(0, j-1) + \delta(-, j)$$

　　按照这种方法,对于给定的得分函数 $\delta(i, j)$,两条序列所有前缀的比对得分值定义了一个 $(m+1) \times (n+1)$ 的得分矩阵 $\boldsymbol{D} = (d_{i, j})$,其中,$d_{i, j} = s(i, j)$。对于一个长度为 n 的序列,有 $n+1$ 个前缀(包括一个空序列),所以,得分矩阵的大小为 $(m+1) \times (n+1)$。其中,矩阵的纵轴方向自上而下对应于第一条序列(s);横轴方向从左到右对应于第二条序列(t)。矩阵横向移动表示在纵轴序列中加入一个空位;纵向的移动表示在横轴序列中加入一个空位;而斜对角方向的移动表示两序列各自相应的字符进行比对。注意,各轴第一个元素的索引下标为 0。

　　$d_{i, j}$ 的计算公式如下:

$$d_{i, j} = \max \begin{cases} d_{i-1, j-1} + \delta(i, j) \\ d_{i-1, j} + \delta(i, -) \\ d_{i, j-1} + \delta(-, j) \end{cases} \tag{5-4}$$

　　$d_{i, j}$ 最大值的三种选择决定了各矩阵元素之间的关系,用图 5-5 表示。

　　矩阵右下角元素即为期望的结果:$d_{m, n} = s(m, n)$。

　　首先初始化得分矩阵 $\boldsymbol{D}$,然后计算 $\boldsymbol{D}$ 的其他元素。计算过程从 $d_{0, 0}$ 开始,可以是按行计算,每行从左到右,也可以是按列计算,每列从上到下。当然,任何计算过程只要满足在计算 $d_{i, j}$ 时 $d_{i-1, j}$、$d_{i-1, j-1}$ 和 $d_{i, j-1}$ 都已经被计算这个条件即可。在计算 $d_{i, j}$ 后,需要

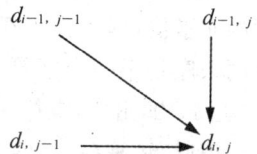

图 5-5　得分矩阵元素 $d_{i, j}$ 的计算

保存 $d_{i, j}$ 是从 $d_{i-1, j}$、$d_{i-1, j-1}$ 或 $d_{i, j-1}$ 中的哪一个推进的,或保存计算的路径,以便于后续处理。上述计算过程到 $d_{m, n}$ 结束。

　　与计算过程相反,求最优路径或最优比对时,从 $d_{m, n}$ 开始,反向前推。假设在反推时到达 $d_{i, j}$,现在要根据保存的计算路径判断 $d_{i, j}$ 究竟是根据 $d_{i-1, j}$、$d_{i-1, j-1}$ 和 $d_{i, j-1}$ 中的哪一个计算而得到的。找到这个点以后,再从此点出发,一直到 $d_{0, 0}$ 为止。走过的这条路径就是最优路径(即得分最大路径),其对应于两条序列的最优比对。

　　假设我们采用一种基本的得分(score)函数来评价,即序列字符匹配得分为“+1”,失配得分为“0”,空位罚分为“−1”,并且假设待比较的两条核苷酸序列分别是 s = AGCACACA 和 t = ACACACTA。从公式(5-2)或公式(5-4)来看,动态规划算法的执行过程实际上是逐步计算得分矩阵 $\boldsymbol{D}$ 每一个元素的过程。首先按照公式(5-3)对矩阵 $\boldsymbol{D}$ 进行初始化,即首先计算矩阵第 0 行和第 0 列的元素值。其中,$d_{0, 0}$ 代表序列 s 和 t 两个空前缀比对的得分,其值显然为 0;第 0 行的其他元素 $d_{0, j}$ 表示序列 s 空前缀与序列 t 前面连续 j 个字符组成的前缀比对的得分,相当于在序列 s 前面插入了 j 个空位,而每个空位的罚分为“−1”,所以 $d_{0, j} = -j$,即矩阵第 0 行元素值依次减“1”。同理,矩阵第 0 列元素值也应该依次减“1”。矩阵初始化的结果见表 5-6。

表 5 - 6　序列 AGCACACA 和 ACACACTA 比对的初始化得分矩阵

					t→				
			A	C	A	C	A	C	T	A
		0	−1	−2	−3	−4	−5	−6	−7	−8
s↓	A	−1								
	G	−2								
	C	−3								
	A	−4								
	C	−5								
	A	−6								
	C	−7								
	A	−8								

　　初始化以后,假设逐行计算得分矩阵 D 的其他元素值。假设现在计算矩阵第 1 行、第 1 列的元素值,即计算矩阵(1,1)的元素值,可以通过三种途径到达该位置:① 从(0,0)出发,经过两条序列第一个字符的比对(A,A);② 从(0,1)出发,在第二条序列加上的空位(A,−);③ 从(1,0)出发,在第一条序列加上的空位(−,A)。

　　因此,矩阵(1,1)的元素值来自于下列三个值中最大的一个:① 左上方(0,0)位置的值加上匹配(A,A)的得分"1",和为"1";② 上方(0,1)位置的值加上空位罚分"−1",和为"−2";③ 左边(1,0)位置的值加上空位罚分"−1",和为"−2"。

　　最终,矩阵(1,1)的元素值等于"1"。当所有元素值计算完以后,形成如图 5 - 6 所示的得分矩阵。

			A	C	A	C	A	C	T	A
		0	−1	−2	−3	−4	−5	−6	−7	−8
	A	−1	1	0	−1	−2	−3	−4	−5	−6
	G	−2	0	1	0	−1	−2	−3	−4	−5
	C	−3	−1	1	1	1	0	−1	−2	−3
s↓	A	−4	−2	0	2	1	2	1	0	−1
	C	−5	−3	−1	1	3	2	3	2	1
	A	−6	−4	−2	0	2	4	3	3	3
	C	−7	−5	−3	−1	1	3	5	4	3
	A	−8	−6	−4	−2	0	2	4	5	5

图 5 - 6　序列 AGCACACA 和 ACACACTA 比对的得分矩阵及最优路径

　　计算完得分矩阵 D 后,从元素(8,8)所在的位置反推最优路径。在图 5 - 6 中画出了一条穿越得分矩阵的路径,该路径表明如何通过合理的比对达到最大的得分。其中,斜线表示匹配或替换;垂直线表示删除;而水平线则表示插入。由该路径可以得到下面这种序列比对:

```
s: A G C A C A C - A
   |   | | | | |   |
t: A - C A C A C T A
```

　　从图 5 - 6 可知,总的比对得分为 5。值得注意的一点是,在有些情况下,最优比对并非唯一,即存在几条最优路径。

　　动态规划是一种常用的规划方法,往往用于在一个复杂的空间中寻找一条最优路径。对于一个具体的问题,如果该问题可以被抽象为一个对应的图论问题,并且问题的解对应于图中从起点到终点的最短距离,那么就可以通过动态规划算法解决这个问题。在运用动态规划时,有以下几个要求:① 首先,搜索问题能够划分成一系列相继的阶段;② 起始阶段包含基本子问题的解;③ 在后续阶段中,能够按递归方式逐步计算前面阶段的每个局部解;④ 最后阶段包含全局解。

5.3.2　两两比对的种类

上面介绍的方法是由 Needleman 和 Wunsch 在 1970 年引入的,这个算法是生物信息学的基本算法之一,适用于两个序列的全局比对。Needleman - Wunsch 算法总是把最佳的比对方法表达出来,而不在意它是否具有生物学意义。另一方面,有些同源序列虽然全序列的相似性很小,但是存在高度相似的局部区域。如果在进行序列比对时注重序列的局部相似性,则可能会发现重要的比对,因此,不能只关注全局最佳的那一个。Smith 和 Waterman 对 Needleman - Wunsch 算法进行改进,提出序列局部比对算法;后来其他人又进一步改进,形成改良 Smith - Waterman 算法,该算法将寻找多种最好的但不相互交叉的比对方式作为结果。

上面讨论的是两条序列比对的第一种变化形式,即从两条完整序列的比对演化为一条序列与另一条序列的一部分进行比对。第二种变化形式是对两条序列都进行部分比对。例如,假设 s 和 t 是两条蛋白质序列,并且已知 s 和 t 具有功能上相关的子序列,而 s 和 t 的其他部分与该功能无关。又如,假设一条很长的黑猩猩 DNA 序列,要求找出其中与人类基因组具有相似部分的任何一条子序列。对于这种情况,采用全局序列比对方法不可能找出高度相似的局部区域,需要设计序列局部相似性的比较算法。下面假设得分函数只奖励匹配,即匹配奖励分值为"+1",失配罚分为"−1",空位罚分为"−1"。

这里使用的数据结构依然是一个$(m+1)\times(n+1)$的矩阵 $\boldsymbol{D}$,但是,对数组元素含义解释与基本算法的有所不同,每个元素的值代表序列 s 某个后缀和序列 t 某个后缀的最佳比对。

同子序列与完整序列比对一样,这种局部比对不计前缀的得分,所以新的边界条件是

$$
\begin{aligned}
d_{0,j} &= 0 \qquad (0 \leqslant j \leqslant n) \\
d_{i,0} &= 0 \qquad (0 \leqslant i \leqslant m)
\end{aligned}
\tag{5-5}
$$

另外,由于 $_0:s:_i$ 和 $_0:t:_j$ 总有一个得分为"0"的空后缀比对(图 5-7),因此,矩阵 $\boldsymbol{D}$ 中的所有元素大于或等于"0"。于是,新的递归计算公式为

$$
d_{i,j} = \max \begin{cases}
d_{i-1,j-1} + \delta(i,j) \\
d_{i-1,j} + \delta(i,-) \\
d_{i,j-1} + \delta(-,j) \\
0
\end{cases}
\tag{5-6}
$$

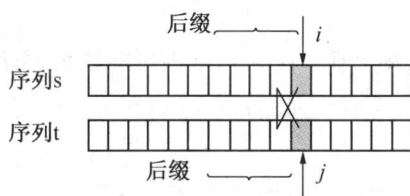

图 5-7　寻找最大相似子序列局部比对示意

　　阈值"0"意味着矩阵中的"0"元素分布区域对应于不相似的子序列,而正数区域则是局部相似的区域。最后,在矩阵中找最大值,该值就是最优的局部比对得分,它所对应的点为序列局部比对的末点;然后,反向推演前面的最优路径,直到局部比对的起点。

　　例如,用 Smith－Waterman 算法对序列 GCTCTGCGAATA 与序列 CGTTGAGATA 进行比对(表 5－7)。这里得分矩阵为 $s(a, a) = 2$,若 $a \neq b$, $s(a, b) = 1$, $g(k) = -2k$,k 表示连续空格的个数。

表 5－7　用 Smith－Waterman 算法对序列 GCTCTGCGAATA 与序列 CGTTGAGATACT 进行比对

	—	G	C	T	C	T	G	C	G	A	A	T	A
—	0	0	0	0	0	0	0	0	0	0	0	0	0
C	0	0	2	0	2	0	0	2	0	0	0	0	0
G	0	2	0	1	0	1	2	0	4	2	0	0	0
T	0	0	1	2	0	2	0	1	2	3	1	2	0
T	0	0	0	3	1	**2**	1	0	0	1	2	3	1
G	0	2	0	1	2	0	**4**	2	2	0	0	1	2
A	0	0	1	0	0	1	2	**3**	1	4	2	0	3
G	0	2	0	0	0	0	3	1	**5**	**3**	3	1	1
A	0	0	1	0	0	0	1	2	3	7	**5**	3	3
T	0	0	0	3	1	2	0	0	1	5	6	**7**	5
A	0	0	0	1	2	0	1	0	0	3	7	5	**9**
C	0	0	2	0	3	1	0	3	1	1	5	6	7
T	0	0	0	4	2	5	3	1	2	0	3	7	5

　　由上表给出的矩阵可以得出,序列 GCTCTGCGAATA 与序列 CGTTGAGATACT 局部比对结果最好的匹配片段是

```
T G A G - A T A
| | | |   | | |
T G C G A A T A
```

5.3.3　两两比对的其他问题

　　在序列比对中,引入空位是非常必要的。因为在序列比对时,空格的出现使得字母相同的位置数量增加,但这种增加是以切断序列作为代价的。空位罚分是为了补偿插入和缺失对序列相似性的影响,由于没有什么合适的理论模型能很好地描述空位问题,因此空位罚分缺乏理论依据,带有主观特色。一般的处理方法是用两个罚分值:一个对插入的第一个空位罚分,如 $10-15$;另一个对空位的延伸罚分,如 $1-2$。对于具体的比对问题,采用不同的罚分方法会取得不同的效果。

　　如果认为 k 个连续空位比 k 个孤立空位出现的可能性更大,则

$$p(k) \geqslant kp(1) \tag{5-7}$$

或更一般的,则

$$p(k_1 + k_2 + \cdots + k_n) \geqslant p(k_1) + p(k_2) + \cdots + p(k_n) \tag{5-8}$$

可以用下式重新计算连续"空位"的得分：

$$p(0) = 0 \tag{5-9}$$

$$p(k) = -h - g(k-1) \qquad (k \geqslant 1) \tag{5-10}$$

式中：h、g 为参数，"$-h$"代表第一个"空位"的得分，而"$-g$"则代表后续每个"空位"的得分，$h>0, g>0, h>g$。选用这样的函数作为连续空位的得分函数，其含义是对一段连续空位中的第一个罚分较大，而对其他后续空位的罚分较小。

比对中会出现匹配分值、非匹配分值和空位罚分。这些分值在比对中一般不会直接显示出来，但是它们之间是相互影响的，因此比对时应该权衡相互的影响。

5.3.4　比对的统计学显著性

对于任何序列比对，我们可以计算其相似性得分，但重要的是需要判定这个分值是否足够高，是否具有显著意义，是否能够提供进化同源性的证据。由于随机因素的影响，非同源的序列也可能具有较高的相似性得分。不幸的是，没有一种数学理论方法能描述全局序列比对的期望得分的分布，所以，无法直接分析统计显著性，还需进行间接分析。下面介绍几种显著性检验的方法。

方法一：将两条待比较的序列分别随机打乱，再使用相同的程序与得分矩阵进行比对，计算这些随机序列的相似性得分。重复这一过程（通常为 50～100 次），得到随机序列比对得分的正态分布曲线，用 $\bar{x}$ 和 s 分别表示其平均值与标准差。设原来两条序列的比对得分为 x，利用下式计算大于或等于 x 的比对得分概率：

$$z = (x - \bar{x})/s$$

可以根据 z 值判断两个序列相似得分的显著性。一般假定当 $z>5$ 时，两条被比对的序列在进化上是相关的；如果 $z<3$，则表示两条序列不同源；当 $z=3～5$ 时，如果两者有其他方面相似的证据（如功能相似），则两条序列也是同源的。

方法二：分析其中的一条序列（称为靶序列）对数据库检索的相似性得分的分布情况，即所检测出的其他类似序列的个数与得分大小，并根据结构域或功能的有无设立阳性对照和阴性对照。如果靶序列所检出序列的分布状态与阳性对照序列的检测结果相近，而阴性对照序列不能或仅检出很少有关的序列，则可以断定要比较的那两条序列的比对结果是有统计意义的。这种方法称为相似性得分分布分析方法，常用于数据库相似性检索的显著性评价，可以确定一些微弱的序列相似性的显著性。

方法三：Karlin 和 Altschul 提出一种基于概率论的显著性分析方法，他们推导出一个精确的公式，计算两条序列比对得分大于两条随机序列比对得分的概率。根据这一公式，比对得分是将第一条序列的任意一个片段与第二条序列的任意一个片段进行比对的最高得分（比较过程中不引入空位），称为最大片段得分，比对的片段称为高得分片段对（HSP）。HSP 通常用改进的 Smith - Waterman 算法或简单地使用大的空位罚分方法获得。

Karlin - Altschul 的计算公式如下：

$$P(S>x) = 1 - \exp(-Ke^{-\lambda x})$$

式中：$P(S>x)$ 是最大片段得分大于 x 的概率；K 和 λ 是两个参数，它们的值取决于得分函数和序列中各种字符出现的频率。

该方法只限于不引入空位的序列比对得分的显著性计算。把一个已知的比对得分值 S 同预期的分布相关联，可以计算出 P 值，从而给出这个分值的比对显著性。通常，P 值越趋近于零，分值越有意义。

序列比对实际上是根据特定的数学模型找出两个序列之间的最大匹配残基数。而序列比对的数学模型一般用来描述两个序列中每一个子字串之间匹配的情况。通过改变某些参数可以得到不同的比对结果，例如空位罚分值大小。此外，序列长度差异和字母表复杂度也会对比对结果产生影响。合理地调节参数会减少空位数目，得到较好的结果，而放宽对空位罚分的限制，理论上可以对任意两个序列进行比对而得到某个结果。因此，序列比对的结果并不能作为两者之间一定存在同源关系的依据。

常用序列比对程式通常给出一些统计值，用来表示结果的可信度。BLAST 程序中使用的统计值有概率 p 和期望值 E。p 值表示比对结果得到的分数值的可信度。一般说来，p 值越接近于 0，则比对结果的可信度越大；相反，p 值越大，则比对结果来自随机匹配的可能性越大。期望值 E 描述的是搜索某一特定资料库时，随机出现的匹配序列数目。例如，E 值为 1 可以解释为，当前搜索中由随机产生的相同分值的匹配的可能性为 1；而 E 值为 0 则表明搜索结果不大可能是随机产生的。E 值表示仅仅因为随机性造成获得这一 alignment 结果的可能次数。这一数值越接近 0，发生这一事件的可能性越小。从搜索的角度看，E 值越小，alignment 结果越显著。你可能会想为搜索设定一个期望值阀值（EXPECT），例如 Defaults 值设为 10 。这一设置则表示联配结果中将有 10 个匹配序列是随机产生，如果联配的统计显著性值（E 值）小于该值（10），则该 alignment 将被检出，换句话说，比较低的阀值将使搜索的匹配要求更严格，结果报告中随机产生的匹配序列减少。

也可根据经验进行判断。Doolitter 针对蛋白质序列提出如下的经验法则：

① 如果两个序列的长度都大于 100，在适当地加入空位之后，它们配对的相同率达到 25％以上，则两个序列相关；

② 如果配对的相同率小于 15％，则不管两个序列的长度如何，它们都不可能相关；

③ 如果两个序列的相同率为 15％～25％，它们可能是相关的。

5.4　多重比对

生物序列比对的目的是发现蛋白质间的"生物学的"（结构与功能）相似性。特别是对于蛋白质，生物学上的相似的蛋白质可能并不一定表现出很强的序列相似性，即使当序列间非常不同时，我们仍然希望能识别其结构/功能的相似之处。如果序列间的相似性是弱的，则两序列比对就不可能识别生物学上相关的序列。这时将许多序列同时进行比较常常能找到两两序列比对时得不到的相似性。如果说两两序列比对主要用于建立两条序列的同源关系和推测它们的结构、功能，那么，同时比对一组序列对于研究分子结构、功能及进化关系更为有用。

图 5-8 是从多条免疫球蛋白序列中提取的八个片段的多重比对。这八个片段的多重比对揭示了保守的残基（一个是来自二硫桥的半胱氨酸，另一个是色氨酸）、保守区域（特别是前四个片段末端的 Q-PG）和其他更复杂的模式，如 1 位和 3 位的疏水残基。实际上，多重序列

比对在蛋白质结构的预测中非常有用。

```
V T I S C T G S S S N I G A G - N H V K W Y Q Q L P G
V T I S C T G T S S N I G S - - I T V N W Y Q Q L P G
L R L S C S S S G F I F S S - - Y A M Y W V R Q A P G
L S L T C T V S G T S F D D - - Y Y S T W V R Q P P G
P E V T C V V D V S H E D P Q V K F N W Y V D G - -
A T L V C L I S D F Y P G A - - V T V A W K A D S - -
A A L G C L V K D Y F P E P - - V T V S W N S G - - -
V S L T C L V K G F Y P S D - - I A V E W E S N G - -
```

图 5 - 8　多重序列比对 1

　　多重比对也能用来推测各个序列的进化历史。从图 5 - 8 可以看出,前四条序列与后四条序列可能是从两个不同祖先演化而来的,而这两个祖先又是由一个最原始的祖先演化得到的。实际上,其中的四个片段是从免疫球蛋白的可变区域取出的,而另四个片段则从免疫球蛋白的恒定区域取出。当然,如果要详细研究进化关系,还必须取更长的序列进行比对分析。

　　多重比对就是把三条以上可能有系统进化关系的序列进行比对的方法,一般来说,是输入一组假定拥有演化关系的序列。从多重比对的结果可推导出序列的同源性,而种系发生关系也可引导出这些序列共同的演化始祖。例如点突变的单格变化,或是删除突变与插入突变,可使各个序列之间产生差异。多重比对常用来研究序列的保守性(conservation),或是蛋白质结构域的三级结构与二级结构,甚至是个别的氨基酸或核苷酸。

5.4.1　多重比对的 SP 模型

　　多重比对的 SP(sum-of-pairs)模型是应用最为广泛的计分方法,该函数将所有两两序列比对得分的和作为多序列比对的得分。对于两个序列比对的分值,传统的基于编辑距离的计算方法是将比对中所有列(即字符对)的得分之和作为两个序列比对的得分。其中对于非空位字符对的打分,通常我们可以根据得分矩阵得出,最常用到的得分矩阵有 PAM 矩阵以及BLOSUM 矩阵。另外,对于空位的罚分,最常用到的是仿射罚分函数模型,该模型的参数通常根据经验设定。

　　例如,对图 5 - 8 中的八条序列进行比对,可以得到另外两种结果,如图 5 - 9 所示。那么,这样的三个多重比对,哪一个更好呢? 这就需要有一种方法来评价一个多重比对。

```
V T I S C T G S S S N I G - A G N H V K W Y Q Q L P G
V T I S C T G T S S N I G - - S I T V N W Y Q Q L P G
L R L S C S S S G F I F S - - S Y A M Y W V R Q A P G
L S L T C T V S G T S F D - - D Y Y S T W V R Q P P G
P E V T C V V D V S H E D P Q V K F N W - - Y V D G
A T L V C L I S D F Y P G - A V T V A W - - K A D S
A A L G C L V K D Y F P E - P V T V S W - - N S - G
V S L T C L V K G F Y P S - - D I A V E W - - E S N G

V T I S C T G S S S N I G A G - N H V K W Y Q Q L P G
V T I S C T G T S S N I G S - - I T V N W Y Q Q L P G
L R L S C S - S S G F I F S S - - Y A M Y W V R Q A P G
L S L T C T V S G T S F D D - - Y Y S T W V R Q P P G
P E V T C V V D V S H E D P Q V K F N W Y V D G - -
A T L V C L I S D F Y P G A - - V T V A W K A D S - -
A A L G C L V K D Y F P E P - - V T V S W N S G - - -
V S L T C L V K G F Y P S D - - I A V E W E S N G - -
```

图 5 - 9　多重序列比对 2

对于上述比对,我们定义一个逐对加和 SP 函数。SP 函数定义为一列中所有字符对的得分之和:

$$SP - score(c_1, c_2, \cdots, c_k) = \sum_{i=1}^{k-1} \sum_{j=i+1}^{k} p(c_i, c_j) \tag{5-11}$$

式中:c_1, c_2, $\cdots$, c_k 是一列中的 k 个字符;p 是关于一对字符相似性的得分函数。对于 p 可采用不同的定义。例如,我们给定一个得分矩阵,若两个字母相同则"+1"分,字母不同则"-1"分,一个字母对一个空格则"-2"分,两个空格则"0"分,假如有一列中有四个位置分别是 A、-、G、-,则该列的 SP 分数为 $p(A, -) + p(A, G) + p(A, -) + p(-, G) + p(-, -) + p(G, -) = (-2) + (-1) + (-2) + (-2) + 0 + (-2) = -9$。

5.4.2 多重比对的动态规划算法

如同处理序列两两比对一样,多重比对依然可以用动态规划算法。两两比对的得分矩阵相当于二维平面,而对于三条序列,每一种可能的比对可类似地用三维晶格中的一条路径表示,而每一维对应于一条序列。因此,序列两两比对的动态规划算法经改进后可直接用于序列的多重比对。

随着待比对的序列数目的增加,计算量和所要求的计算空间猛增。对于 k 条序列的比对,动态规划算法需要处理 k 维空间里的每一个节点。因此,用动态规划算法计算多重比对的时间复杂度为 $O(2^k \Pi_{i=1,\cdots,k} |s_i|)$,这个计算量是巨大的。而动态规划算法对计算空间的要求也是很大的。

5.4.3 多重比对的 Clustal 算法

可以证明,利用 SP 模型寻找最优多重序列比对是一个 NP - 完全问题。而动态规划算法对计算空间的要求也是很大的。目前使用最广泛的多重序列比对方法是 Clustal 算法,其程序为 ClustalW。

ClustralW 是一个使用最广的渐进比对程序。它先将多个序列两两比对构建距离矩阵,反应各序列之间的两两关系;然后根据距离矩阵计算产生系统进化指导树,对关系密切的序列进行加权;然后从最紧密的两条序列开始,逐步引入临近的序列,并不断重新构建比对,直到所有序列都被加入为止。其具体算法为:① 对所有序列进行两两比对,并由此计算出距离矩阵;② 基于距离矩阵,利用 NJ 方法构建指导树;③ 依据指导树的分支顺序,由关系最近的两个序列开始进行比对,出现在比对中的空位保持固定不变,由近至远,逐步添加序列,直到所有序列全部加入为止。ClustalW 对于亲缘关系较近的序列比对效果较好;但是对于分歧较大的序列,比对的准确率明显降低。

5.4.4 Clustal 软件及其应用

ClustalW 的程序可以自由使用,在任何主要的计算机平台上都可以运行。在美国国家生物技术信息中心 NCBI 的 FTP 服务器上可以找到下载的软件包,在欧洲生物信息学研究所 EBI 的主页上还提供了基于 Web 的 ClustalW 服务,用户可以把序列和各种要求通过表单提交到服务器上,服务器把计算的结果用 E - mail 返回给用户。EBI 的 ClustalW 网址是 http://www. ebi. ac. uk/clustalw/。下载 ClustalW 的网址是 ftp://ftp. ebi. ac. uk/pub/software/。

　　ClustalW 对用户输入序列的格式和输出格式的选择比较灵活,可以是 FASTA 格式,也可以是其他格式。ClustalW 需要在 DOS 环境下使用,其图形化的版本为 clustalX,可在 Windows 的环境下使用。

　　下面我们以植物呼肠孤病毒属外层衣壳蛋白 P8(AA 序列)为例说明 ClustalX 的用法。流程如下:

　　(1) 载入序列

　　运行 ClustalX,主界面窗体如图 5 - 10 所示,依次在程序上方的菜单栏选择"File"中的"Load Sequence"载入待比对的序列,如图 5 - 11 所示,如果当前已载入序列,此时会提示是否替换现有序列(replace existing sequences),根据具体情形选择操作。

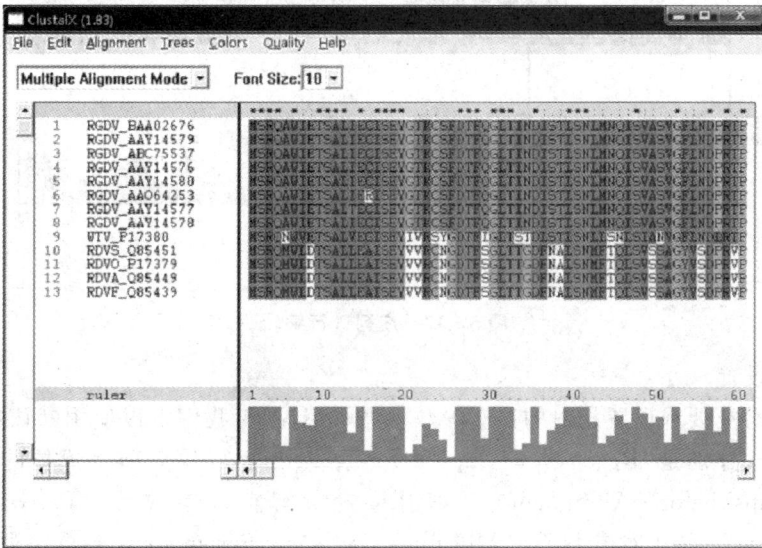

图 5 - 10　ClustalX 主界面窗体

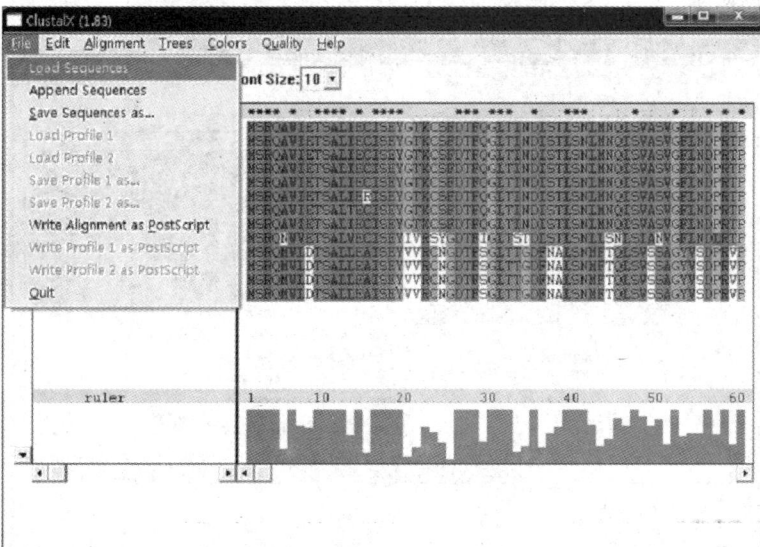

图 5 - 11　载入待比对的序列

（2）编辑序列

对标尺（ruler）上方的序列进行编辑操作，主要有"Cut Sequences（剪切序列）"、"Paste Sequences（粘贴）"、"Select All Sequences（选定所有序列）"、"Clear Sequence Selection（清除序列选定）"、"Search for String（搜索字串）"、"Remove All Gaps（移除序列空位）"、"Remove Gap - Only Columns（仅移除选定序列的空位）"，如图 5 - 12 所示。

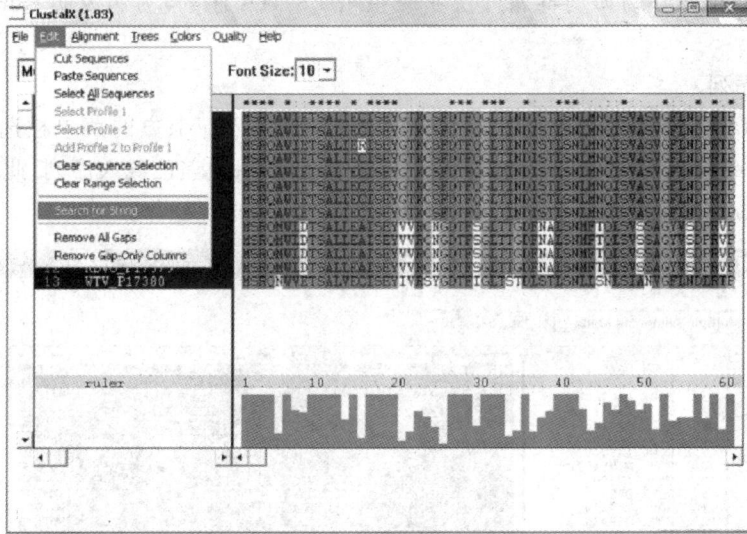

图 5 - 12　序列进行编辑

（3）参数设置

可以根据分析要求设置相对的比对参数。通常情况下，我们可以使用默认参数。比对参数主要有六个，分别是"Reset New Gaps before Alignment（比对前重置新的空位参数）"、"Reset All Gaps before Alignment（比对前重置所有空位参数）"、"Pairwise Alignment Parameters（两两序列比对参数）"、"Multiple Alignment Parameters（多重序列比对参数）"、"Protein Gap Parameters（蛋白空位参数）"、"Secondary Structure Parameters（二级结构参数）"，如图5 - 13所示。

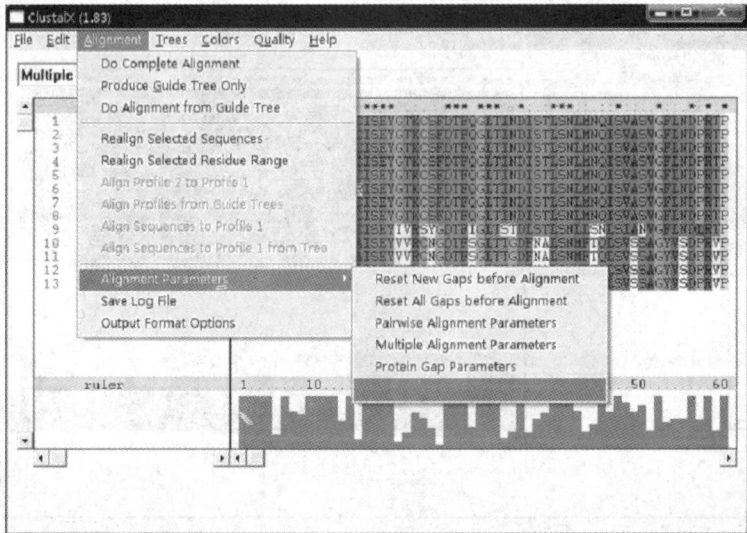

图 5 - 13　调用参数

修改参数只需点击相应标签,示例比对的是多重序列;故可选择"Multiple Alignment Parameters"弹出参数设置窗体,如图 5 - 14 所示。

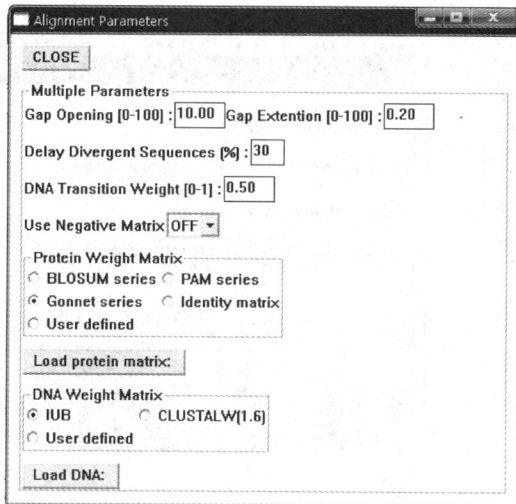

图 5 - 14　参数设计

（4）完全比对

返回菜单栏选择"Do Complete Alignment"标签(图 5 - 15),此时会弹出输出文件路径的设置窗体(图 5 - 16),设置 Guide Tree File(向导树或指导树文件)、Alignment File(比对文件)的保存位置(存放路径),点击"Align"按钮,程序自动开始序列的完全比对,比对所需时间因序列文件大小和长度、计算机性能而异,如图 5 - 17 所示。

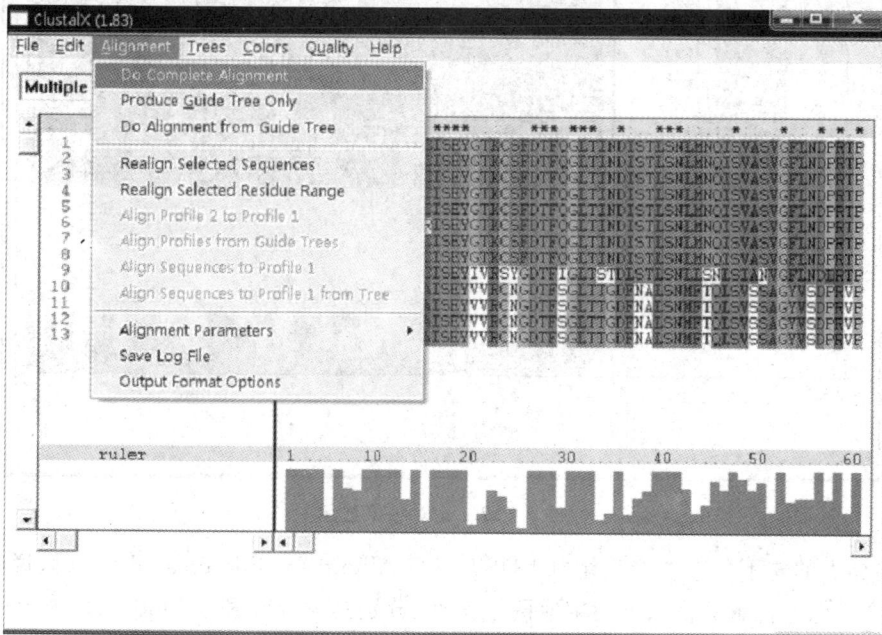

图 5 - 15　多重序列比对结果

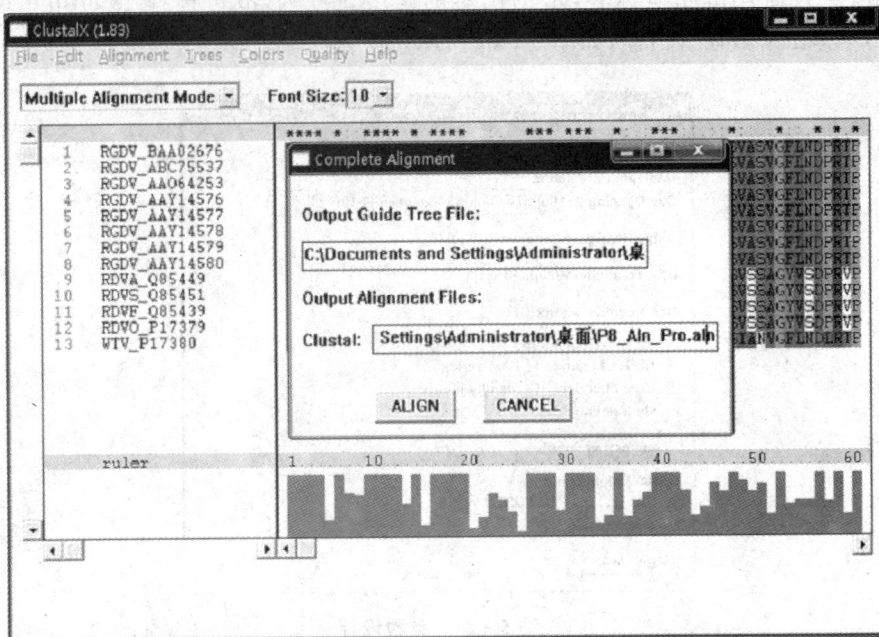

图 5 - 16 比对结果的保存路径

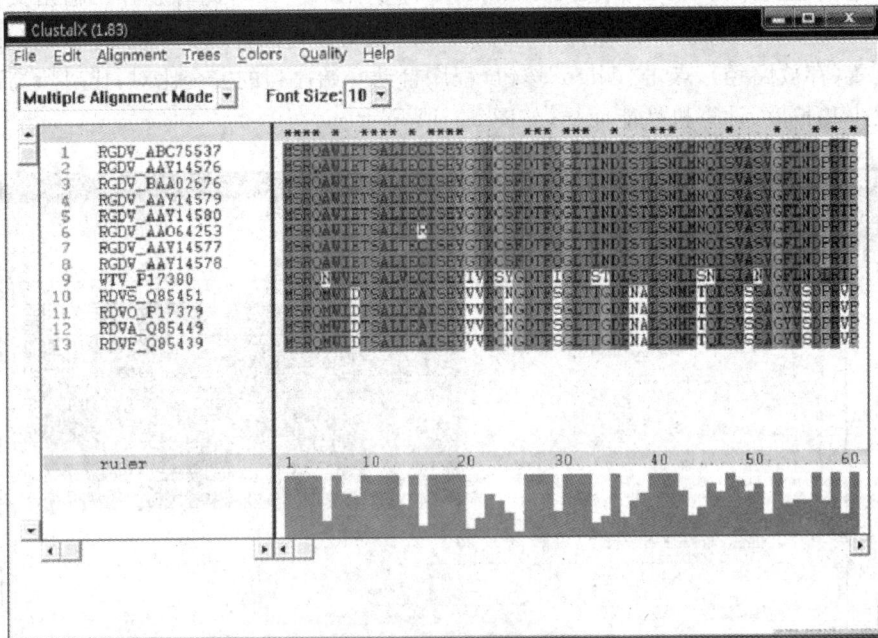

图 5 - 17 比对结果显示

当主界面的左下状态栏会提示"CLUSTAL - Alignment File created []"时,说明比对完毕,这时文件保存位置的目录下会生成两个文件,分别是 ＊. aln 和 ＊. dnd。aln 格式文件是序列比对的文件,可以进一步用于构建系统发生树,dnd 格式文件是向导树或指导树文件,这两个文件可以用Windows系统中的"记事本"或第三方程序"UltraEdit"等打开,如图 5 - 18 和图 5 - 19 所示。

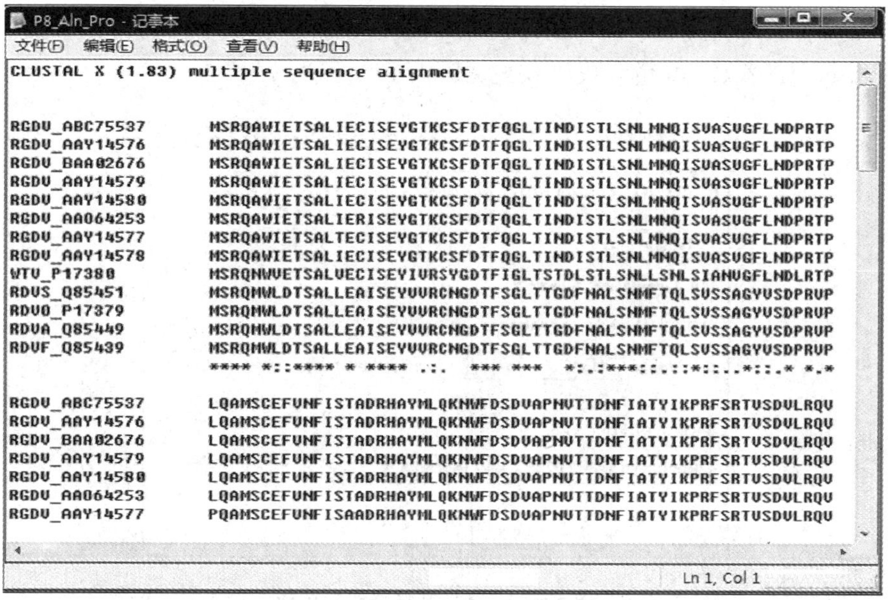

```
P8_Aln_Pro - 记事本
文件(F)  编辑(E)  格式(O)  查看(V)  帮助(H)
CLUSTAL X (1.83) multiple sequence alignment


RGDV_ABC75537      MSRQAWIETSALIECISEYGTKCSFDTFQGLTINDISTLSNLMNQISVASVGFLNDPRTP
RGDV_AAY14576      MSRQAWIETSALIECISEYGTKCSFDTFQGLTINDISTLSNLMNQISVASVGFLNDPRTP
RGDV_BAA02676      MSRQAWIETSALIECISEYGTKCSFDTFQGLTINDISTLSNLMNQISVASVGFLNDPRTP
RGDV_AAY14579      MSRQAWIETSALIECISEYGTKCSFDTFQGLTINDISTLSNLMNQISVASVGFLNDPRTP
RGDV_AAY14580      MSRQAWIETSALIECISEYGTKCSFDTFQGLTINDISTLSNLMNQISVASVGFLNDPRTP
RGDV_AA064253      MSRQAWIETSALIERISEYGTKCSFDTFQGLTINDISTLSNLMNQISVASVGFLNDPRTP
RGDV_AAY14577      MSRQAWIETSALTECISEYGTKCSFDTFQGLTINDISTLSNLMNQISVASVGFLNDPRTP
RGDV_AAY14578      MSRQAWIETSALIECISEYGTKCSFDTFQGLTINDISTLSNLMNQISVASVGFLNDPRTP
WTV_P17380         MSRQNWVETSALVECISEYIVRSYGDTFIGLTSTDLSTLSNLLSNLSIANVGFLNDLRTP
RDVS_Q85451        MSRQMWLDTSALLEAISEYVVRCNGDTFSGLTTGDFNALSNMFTQLSVSSAGYVSDPRVP
RDVO_P17379        MSRQMWLDTSALLEAISEYVVRCNGDTFSGLTTGDFNALSNMFTQLSVSSAGYVSDPRVP
RDVA_Q85449        MSRQMWLDTSALLEAISEYVVRCNGDTFSGLTTGDFNALSNMFTQLSVSSAGYVSDPRVP
RDVF_Q85439        MSRQMWLDTSALLEAISEYVVRCNGDTFSGLTTGDFNALSNMFTQLSVSSAGYVSDPRVP
                   **** *::**** * **** .:.  *** ***  *:.:***::.::*::..*::.* *.*

RGDV_ABC75537      LQAMSCEFVNFISTADRHAYMLQKNWFDSDVAPNVTTDNFIATYIKPRFSRTVSDVLRQV
RGDV_AAY14576      LQAMSCEFVNFISTADRHAYMLQKNWFDSDVAPNVTTDNFIATYIKPRFSRTVSDVLRQV
RGDV_BAA02676      LQAMSCEFVNFISTADRHAYMLQKNWFDSDVAPNVTTDNFIATYIKPRFSRTVSDVLRQV
RGDV_AAY14579      LQAMSCEFVNFISTADRHAYMLQKNWFDSDVAPNVTTDNFIATYIKPRFSRTVSDVLRQV
RGDV_AAY14580      LQAMSCEFVNFISTADRHAYMLQKNWFDSDVAPNVTTDNFIATYIKPRFSRTVSDVLRQV
RGDV_AA064253      LQAMSCEFVNFISTADRHAYMLQKNWFDSDVAPNVTTDNFIATYIKPRFSRTVSDVLRQV
RGDV_AAY14577      PQAMSCEFVNFISAADRHAYMLQKNWFDSDVAPNVTTDNFIATYIKPRFSRTVSDVLRQV
Ln 1, Col 1
```

图 5－18　比对结果的 aln 格式文件

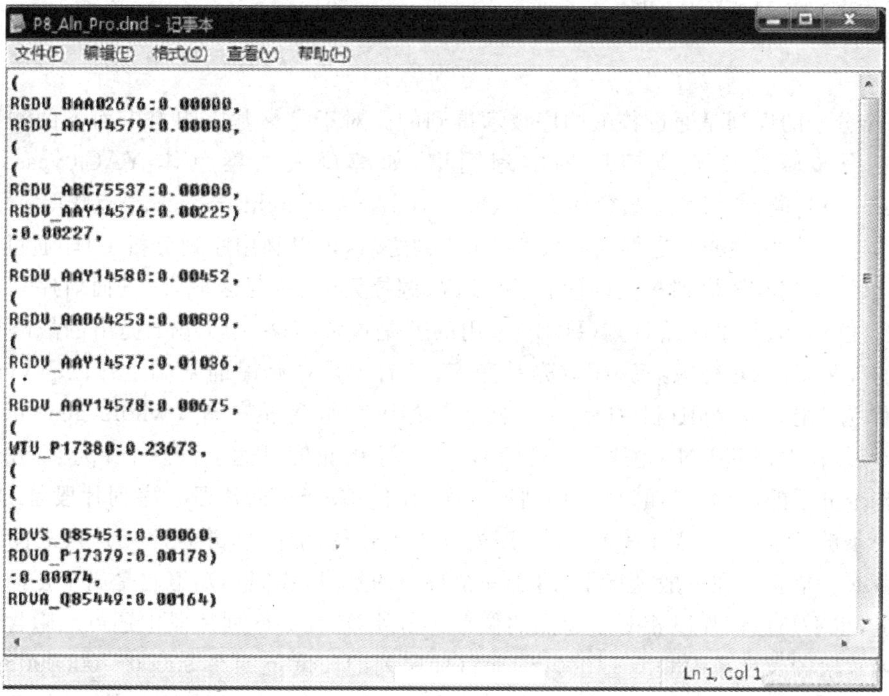

```
P8_Aln_Pro.dnd - 记事本
文件(F)  编辑(E)  格式(O)  查看(V)  帮助(H)
(
RGDV_BAA02676:0.00000,
RGDV_AAY14579:0.00000,
(
(
RGDV_ABC75537:0.00000,
RGDV_AAY14576:0.00225)
:0.00227,
(
RGDV_AAY14580:0.00452,
(
RGDV_AA064253:0.00899,
(
RGDV_AAY14577:0.01036,
(
RGDV_AAY14578:0.00675,
(
WTV_P17380:0.23673,
(
(
(
RDVS_Q85451:0.00060,
RDVO_P17379:0.00178)
:0.00074,
RDVA_Q85449:0.00164)
Ln 1, Col 1
```

图 5－19　比对结果的 dnd 格式文件

(5) 后续分析

① ClustalX 比对生成的结果可读性不是太好，一般需要专业的序列着色软件处理，如 Boxshade、ESPript，这两个工具都是在线进行的。Boxshade 在线网址为 http://www.ch.embnet.org/software/BOX_form.html。ESPript 在线网址为 http://espript.ibcp.fr/

ESPript/cgi-bin/ESPript.cgi。

② 转换 aln 格式文件,进一步构建系统发生树,转换格式依不同软件而有所不同,如在 PHYLIP 分析前需要将 aln 格式转换为 phy 格式方可(图 5－20)。

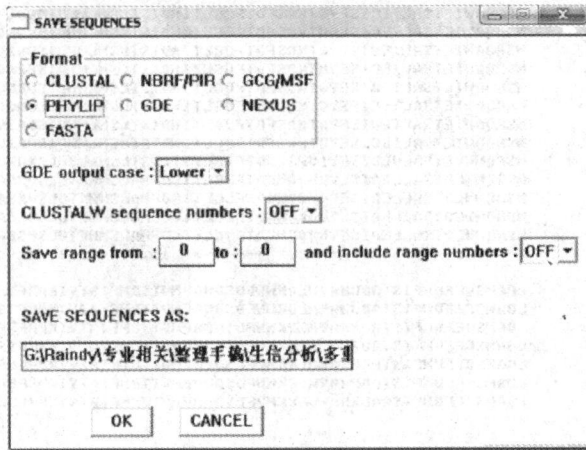

图 5 - 20　其他文件格式的选择

5.5　DNA 片段组装

DNA 分子的序列是通过核酸测序技术得到的。对于完整基因组自上而下的测序过程一般包括三个步骤:① 建立克隆的物理图谱,如酵母人工染色体 YAC(yeast artificial chromosome)克隆、细菌人工染色体 BAC(bacterial artificial chromosome)克隆等。② 测定每个克隆的序列。③ 注释。当得到一段 DNA 序列之后,可以利用序列分析工具,通过与数据库序列的比较,得到与该序列相关的信息,如基因、调控元件、重复区域等,进而对序列的生物学特性进行注释。人类基因组计划(HGP)采用的就是这种策略。Venter 提出的战略构想正好与目前的人类基因组计划相反,即首先是测序,然后才是在测序的基础上作图。Venter 把这种战略称为"全基因组随机测序",也称为"全基因组鸟枪战略(whole genome shotgun strategy)"。在大规模 DNA 测序中,目标 DNA 分子的长度可达上百万个 bp。现在还不能直接测定整个分子的序列,然而,可以得到待测序列的一系列序列片段。序列片段是 DNA 双螺旋中的一条链的子序列(或子串)。这些序列片段覆盖待测序列,并且序列片段之间也存在着相互覆盖或者重叠。在一般情况下,对于一个特定的片段,我们不知道它是属于正向链还是属于反向链,也不知道该片段相对于起点的位置。另外,这样的序列片段中还可能隐含错误的信息。序列片段的长度范围 300～1000bp,而目标序列的长度范围是 30000～000000bp,总的片段数目可达上千个。DNA 序列片段组装(sequence assembly,又称序列拼接)的任务就是根据这些序列片段,重建目标 DNA 序列。如果能够得到 DNA 一条链的序列,那么根据互补原则,另一条链的序列也就得到了。本节讨论 DNA 片段组装的基本问题。

5.5.1 鸟枪测序法

对某基因组文库全部克隆片段进行末端序列测定中未测到的碱基数,即缺口(gap),与已测定的总碱基数相关。随着已测定碱基数的增加,缺口的总碱基数目会按照泊松公式的一个推论($P=e^{-m}$)迅速减小。式中:P 为基因组中某个碱基未被测定的概率;m 为所测定的碱基数与基因组大小相比的倍数。m 越大,P 值越小。当 m 值达到 5(即随机测定的碱基数达到基因组的 5 倍)时,基因组中未测定的碱基数为基因组总碱基数的 0.67%($e^{-5}=0.0067$)。对流感嗜血杆菌这样大的基因组(1.83Mb),可能留有 128 个平均长度为 100bp 的缺口。

全基因组鸟枪法测序(图 5-21)的主要步骤是:

① 建立高度随机、插入片段大小为 2kb 左右的基因组文库。克隆数要达到一定数量,即经末端测序的克隆片段的碱基总数应达到基因组 5 倍以上。

② 进行高效、大规模的末端测序。对文库中每一个克隆进行两端测序。TIGR 在完成流感嗜血杆菌的基因组测序时,使用了 14 台测序仪,用 3 个月时间完成了必需的 28463 个测序反应,测序总长度达 6 倍基因组。

③ 序列集合。TIGR 发展了新的软件,修改了序列集合规则,以最大限度地排除错误的连锁匹配。

④ 填补缺口。有两种待填补的缺口:一是没有相应模板 DNA 的物理缺口;二是有模板 DNA 但未测序的序列缺口。他们建立了插入片段为 15~20kb 的 λ 文库以备缺口填补。

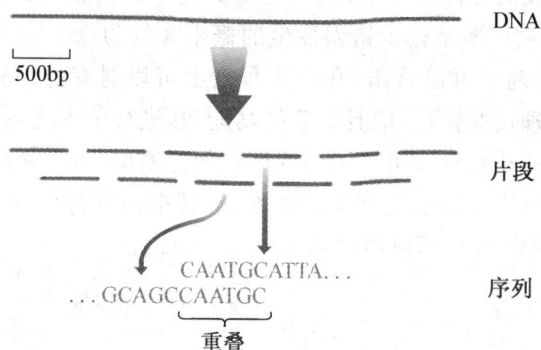

图 5-21 鸟枪测序法的序列拼装

5.5.2 序列片段组装模型

序列片段组装的定义如下:给定一组取自特定字母表的字符串集合 F,寻找一个最短的字符串 s,使得 F 中的每一个字符串都是 s 的一个连续子串。这里,集合 F 中的字符串相当于待组装的序列片段,而 s 则是序列片段组装的结果。

假设有下列 4 个 DNA 序列片段 ACCGT、CGTGC、TTAC 和 TACCGT,并且已知目标序列的长度约为 10bp,如图 5-22a 所示,则可以按图 5-22b 所示的方式组装这 4 个片段。

输　入	结　果
A C C G T	- - A C C G T - -
C G T G C	- - - - C G T G C
T T A C	T T A C - - - - -
T A C C G T	- T A C C G T - -
	T T A C C G T G C
a	b

图 5-22　序列片段的组装的模型

　　将输入的序列片段进行两两比对,但是,这里所指的序列比对的目标与基本的两两比对算法有所不同,现在的目标是寻找一个序列的尾端(后缀)与另一个序列的前端(前缀)相同(或者非常相似)的部分。这实际上是一种局部序列比对,也就是将一个序列的后缀与另一个序列的前缀进行比对,忽略两端的空白字符。指导片段组装的因素就是片段之间的覆盖。所谓片段之间的覆盖,是指一个片段的末端与另一个片段的前端相同(或相似)的部分。通过各个片段之间的覆盖,可以将所有片段连接起来。这实际上相当于将每个片段进行相对定位,得到各片段的布局,逐步确定目标序列。这也可以看成是序列片段的多重比对。图 5-22b 中横线下面的是组装的目标序列,也就是序列组装的结果。对于每一列,提取出现频率最高的一个字符。

　　上面的例子是一种理想的情况,而实际上,组装问题非常复杂。除了目标序列很长之外,还有四个主要问题。第一个问题是碱基标识错误,如在序列片段中出现的碱基替换、插入和删除。在图 5-23 中,待组装的片段有 4 个,而与上面的例子相比较,在第四个片段上有一个 A 到 G 的替换。在现实中,测序碱基标识错误发生的概率大约为 0.1%,发生在 $3'$-端的可能性比较大。从图 5-23 中的例子可以看出,在一定程度上可以对有标识错误的片段进行组装。但是,计算机必须能够处理这些错误,应具有容错功能,在进行子串比较时,不一定要求完全匹配,而只要子串达到一定的相似度即可。考虑到序列的检测误差,序列片段组装的一个更准确的定义为,给定一组取自特定字母表的字符串集合 F,其中的字符串具有一定的误差,寻找一个字符串 s,使得在 s 中观察到 F 的可能性最大。

输　入	结　果
A C C G T	- - A C C G T - -
C G T G C	- - - - C G T G C
T T A C	T T A C - - - - -
T G̲ C C G T	- T G̲ C C G T - -
	T T A C C G T G C
a	b

图 5-23　具有碱基标示错误的片段组装

　　除了碱基标识错误外,还有其他一些类型的错误,如两个不同区域中的片段连接成一个更长的片段,又如实验过程中引入与目标序列不相关的片段。序列片段组装算法应能够处理这些错误。

　　序列组装的第二个问题是不知道片段的方向。一个片段可能来自目标 DNA 的某一条链,但是我们不知道它究竟来自哪一条链。如果一个片段是一条链的子串(子序列),那么根据互补原则,该片段的反向互补片段是另一条链的子串。于是,对于一条输入的片段,在进行组装时,既可以用其本身,也可以用其反向互补片段,如图 5－24 所示。在进行片段组装时,应能够选择正确方向上的片段。

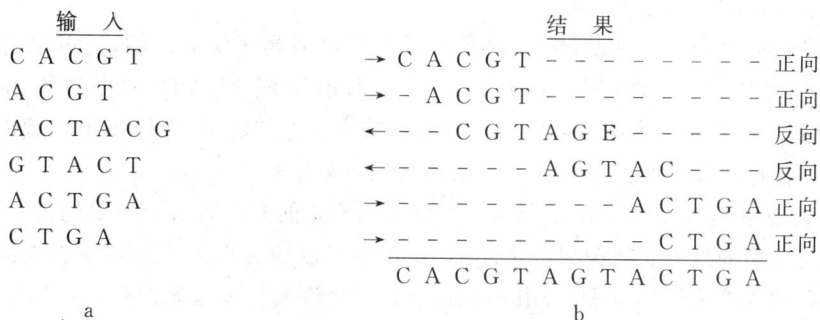

```
        输    入                        结    果
      C A C G T          → C A C G T - - - - - -   正向
      A C G T            → - A C G T - - - - - -   正向
      A C T A C G        ← - - C G T A G E - - - - 反向
      G T A C T          ← - - - - - A G T A C - - - 反向
      A C T G A          → - - - - - - A C T G A   正向
      C T G A            → - - - - - - - C T G A   正向
                          ─────────────────────────
                          C A C G T A G T A C T G A
          a                           b
```

图 5－24　利用不同方向的片段进行组装

第三个问题是存在重复区域。重复区域是目标序列中多次出现的子序列。短的重复,即包含于一个片段的重复,对于片段组装没有太大的问题。问题是有的重复区域太长,超过片段的边界,这会使片段组装变得不确定。如图 5－25 所示,被重复序列 X 所包围的两个区域 B 和 C,其位置可以互换,从而形成由重复序列 X 引起的两种不同的组装,而这两种组装都满足各片段之间的约束条件。

第四个问题是缺少覆盖。令目标序列上某个位点的覆盖强度为覆盖此位点的片段的个数。这个定义非常简单,但是无法计算,因为我们不知道每个片段的确切位置。当然,可以计算各个位点的平均覆盖强度,即加和所有片段的长度,再除以目标序列长度的估计值。如果对于目标序列上某个位点,覆盖该点的序列片段个数为 0,那么,就没有相关的序列信息来重建该点附近的目标序列,如图 5－26 所示。在这种情况下,所能做的就是对每段连续被覆盖区域分别进行重建。被分开的连续区域称为连续交叠群(contigs)。图 5－26 中有两个连续交叠群。

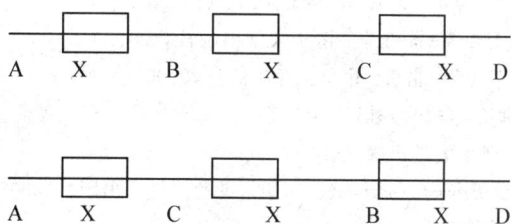

图 5－25　由于重复序列引起的组装不确定性

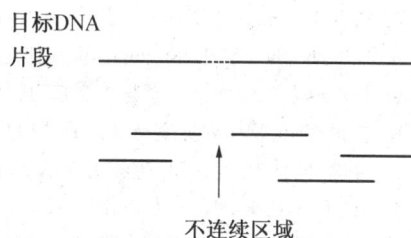

图 5－26　连续交叠群示意

5.5.3　DNA 片段组装软件

在大部分 DNA 序列分析软件中都有 DNA 序列片段组装程序。例如,常用的 DNAStar 软件包里的 SeqMan 就是一个简单实用的序列拼装软件;DNAMan 软件包中也有专门的序列组装软件。使用这些软件时,只需将你测到的 DNA 序列片段载入,选择相应的参数,软件就会自动生成组装好的序列。下面我们简单介绍一下 SeqMan Ⅱ。

SeqMan Ⅱ 不仅仅能够将成千上万个序列装配成 contigs,而且在装配前,可以修整质量差的序列以及从原始序列中清除污染数据,还提供完善的编辑和输出功能。SeqMan Ⅱ可以使用 DNAStar 独特的跟踪(trace)品质评价策略,通过对自动测序仪产生的跟踪数据进行评价,自动生成最精确的一致序列。

装配过程从序列输入开始,输入的序列可以是自动测序仪输出的,也可以是文本格式或 DNAStar 序列格式。另外,你可以从因特网的 Entrez 或 BLAST 服务器输入序列。使用 Preassembly Options 中的命令可以进行包括修整质量差的数据、除掉特定的载体或污染序列等操作。你甚至可以在装配过程中选择最后加入重复序列。

Contigs 装配完毕后,Strategy View 可以用图形化的方式展示 contig 的范围和质量,并提示需要补充序列的地方。在需要的情况下,操作者可以加入更多的序列或其他的 SeqMan Ⅱ 文件对现有的结果进行再装配。Alignment View 允许操作者编辑、修整连续的一致序列,找回以前修整过的数据,调整队列(alignments)结果。另外,操作者可以查看每一个或所有序列的质量评分。SeqMan Ⅱ为提供了自动或手动工具,帮助操作者选择是否加入多个 contigs。和其他 Lasergene 应用程序一样,SeqMan Ⅱ也提供整合的 BLAST 查找功能。

习　　题

1. 什么是序列比对?
2. PAM 得分矩阵与 BLOSUM 得分矩阵有哪些区别?
3. 用动态规划算法对以下序列进行全局比对:① ACGTG;② ACTG。
4. 用 ClustalW 软件对以下序列进行比对:① AGCT;② ACGCT;③ AGCGT。

参考文献

1. T. K. Attwood, D. J. ParrSmith. 生物信息学概论. 罗静初等译. 北京:北京大学出版社,2002.

2. 郝柏林,张淑誉. 生物信息学手册(第 2 版). 上海:上海科学技术出版社,2002.

3. J. Setubal,J. Meidanis. 计算分子生物学导论. 朱浩等译. 北京:科学出版社,2003.

4. D. W. Mount. 生物信息学:序列与基因组分析. 钟扬等译. 北京:高等教育出版社,2003.

5. P. A. Pevzner. 计算分子生物——算法逼近. 王翼飞等译. 北京:化学工业出版社,2004.

6. D. E. Krane, M. L. Raymer. 生物信息学概论. 孙啸等译. 北京:清华大学出版社,2004.

7. J. Pevsner. 生物信息学与功能基因组学. 孙之荣等译. 北京:化学工业出版社,2006.

8. 沈世镒. 生物序列突变与对比的结构分析. 北京:科学出版社,2004.

9. 孙啸,陆祖宏,谢建明. 生物信息学基础. 北京:清华大学出版社,2005.

10. D. R. Westhead, J. H. Parish, R. M. Twyman. *Bioinformatics*(影印版). 北京:科学出版社,2003.

11. 张革新. 简明生物信息学教程. 北京:化学工业出版社,2006.

12. 钟扬,张亮,赵琼. 简明生物信息学. 北京:高等教育出版社,2001.

13. 赵国屏等. 生物信息学. 北京:科学出版社,2002.

14. 蒋彦,王小行,曹毅,王喜忠等. 基础生物信息学及应用. 北京:清华大学出版社,2003.

15. 许忠能. 生物信息学. 北京:清华大学出版社,2008.

## 第 6 章

分子进化与系统发育分析

本章介绍了中性突变、遗传漂变、分子进化速率与分子钟、分子系统发育分析的概念,分子进化模型、算法,系统发生树构建方法、构建软件等内容,让学生在充分了解分子进化与系统发育基本概念的基础上,掌握相关异法与软件。

6.1　引言

DNA 双螺旋模型的提出打开了分子生物学研究的大门。随后,基因扩增和测序技术的出现使生物进化研究真正深入到了分子进化领域。分子进化包括两层含义:一是生命起源的化学进化,最初有机活性物质的合成,二是各种生物信息大分子(DNA、RNA 和蛋白质)的演变以及这些变化与生物进化的关系。现在的分子进化研究主要是根据信息大分子进行遗传变异和亲缘关系的研究。中性学说认为基因遗传的突变是随机的、不受自然选择作用的,但是越来越多的生物学家将选择作用的单位定位于基因,而非以前所说的群体或个体。比如"自私的基因"的假说越来越被人们所接受。因为 DNA 在时间尺度上通常表现出较恒定的变异,基于分子进化中性理论的"分子钟"假说在生物学各学科领域应用广泛。

DNA 是遗传信息的载体,所有 DNA 链都是由四种碱基组成的。由于遗传编码简单,我们可以直接通过碱基序列的比对分析来揭示遗传变异。同时,DNA 的进化演变是有规律的,能够用数学模型来描述其变化,并可以比较亲缘关系。通过 DNA 的进化分析往往可以获得比形态性状分析更丰富的进化信息。

生物的形态或生理性状归根结底都是受遗传信息所控制的。尽管环境、表现型和基因型之间的相互作用机制现在还不是很清楚,一般认为遗传密码的改变,特别是具有重要遗传信息的遗传编码的变化会改变对应基因表达产物的功能,以至于改变生物性状。DNA 进化突变有四种基本类型:替代(substitution)、缺失(deletion)、插入(insertion)和倒位(inversion)。多数序列比对的分子进化研究是基于 DNA 核苷酸替代。DNA 核苷酸替代分为两类:转换(transition)和颠换(transversion)。转换指的是嘌呤和嘌呤或嘧啶与嘧啶之间的核苷酸替换,而颠换是指嘌呤和嘧啶之间的替换。一般认为,DNA 转换发生的频率要比颠换高。

分子进化发育分析经常会出现两大问题,即序列排序和进化饱和问题。在序列的进化保守区,一般很容易排好,但是在一些高变区,特别是缺失和插入多发区则很难避免主观因素的介入,对人为确定不了的,一般要删除处理。此外,对具有二级结构的序列区域的排序还要考虑到二级结构所富含的遗传信息。序列的多重替代往往会导致序列饱和问题,为进化亲缘分析引入"噪音",这种情况在分类高阶元分析时尤为脱出。在碱基比对中是无法发现两个分类单元分化之后所产生的单一位点多重替代的。在重建系统树时还会出现平行演化产生的干扰。因此,很难将其与单一替代所产生的系统发育进化区分开来。用统计学检测信号强度,但是信噪比太低会导致无法区分各种系统发育假说,大量研究表明,不同基因之间或者同一基因内部的饱和效应是不同的,因此在基因内部仔细甄别系统发育信号对在遇到序列饱和的情况下进行系统进化分析非常必要。

Avise 认为理想的分子标记应该具有以下几大特点:① 分布广泛且有所区别,以便在不同群体之间进行同源比较;② 易于分离和分析;③ 结构简单,缺少复杂结构,如重复 DNA、转座子、拟基因(假基因)和内含子;④ 表现出直接的遗传传递模式,没有重组和重排;⑤ 能通过合理的简约性标准推导系统发生关系;⑥ 具有较高的进化速率。高等动物 mtDNA 刚好具有这些特点:简单稳定,进化速率快,无组织特异性,在多数脊椎动物中又具有高度均一性;自主遗传容易分离,复制遵守母性遗传,又没有遗传重组。因此,它比核基因更广泛地用于分子进化和系统发生研究。动物 mtDNA 一般包含 37 个基因,包括 2 个 rRNAs 基因,13 个蛋白基因和 22 个 tRNAs 基因。因此,mtDNA 遗传标记提供了一个较好的分子进化标记,特别是在对种下水平的研究中,由于其具有较快的进化速率被广泛应用。

近年来,随着研究的不断深入,在核 DNA 中不断发现线粒体假基因(nuclear mitochondrial-like sequences, Numts, 专指 mtDNA 起源的核序列)。这对 mtDNA 分子进化遗传标记的运用会产生影响,所以一般选用富含 mtDNA 的细胞组织(如肝脏和肌肉组织等)为材料进行 DNA 提取;也可以选用不同组织进行对照扩增研究,比如同时采用血液和肝脏组织进行对比实验比较容易判断是否有假基因扩增。虽然有许多手段来判断,目前仍没有很完善的可以完全避免扩增或鉴定出假基因的方法。例如线粒体 DNA 的分离仍然会混入核基因,如果引物的 3′-端和假基因优先结合,又很可能会扩增出假基因,使判断难度大增。

虽然中性理论认为,分子变异是中性的,无所谓好,也无所谓坏,它不受自然选择的作用。但是,分子突变的积累所产生的表型和功能的变异很显然会影响生物对环境的适合度,从而受到自然选择的作用以影响基因型频率。分子进化中性学说仍然是分子进化理论中的主流学说,但越来越多的研究表明,DNA 核苷酸的突变受到了自然选择的作用,很多突变能导致氨基酸的变异,具有功能上的意义,也有研究揭示了一些物种的 mtDNA 的突变位点受到强的自然选择的作用。

6.2　分子进化

6.2.1　中性突变

1968 年,日本人木村资生(M. Kimura)主要根据对核酸、蛋白质中的核苷酸及氨基酸的置换速率研究,以及这些置换所造成的核酸及蛋白质分子的改变并不影响生物大分子的功能等事实,提出了分子进化中性学说(neutral theory of molecular evolution)。1969 年,美国人金

(J. L. King)和朱克斯(T. H. Jukes)用大量的分子生物学资料进一步充实了这一学说。该学说认为多数或绝大多数突变都是中性的,即无所谓有利或不利,因此对于这些中性突变不会发生自然选择与适者生存的情况。生物的进化主要是中性突变在自然群体中进行随机的"遗传漂变"的结果,而与选择无关。这是中性学说和达尔文进化论的不同之处。

中性突变是可分为同义突变、非功能性突变和不改变功能的突变。同义突变(synonymous mutation)是一种中性突变,遗传密码是简并性的,决定一个氨基酸的密码子大多不止一个,三联体密码子中第三个核苷酸的置换往往不会改变氨基酸的组成。例如,UCU、UCC、UCA 与 UCG 都是丝氨酸的密码子,其编码具有一定的容错性。非功能性突变是 DNA 分子中有些不转录的序列(如内含子与重复序列等)的突变,这些突变对合成的蛋白质中的氨基酸没有影响。不改变功能的突变是结构基因的一些突变,虽然改变了由它编码的蛋白质分子的氨基酸组成,但不改变蛋白质原来的功能。例如,不同生物的细胞色素 b 的氨基酸组成是有一些置换的,但它们的生理功能却是相同的。有些氨基酸置换可以产生不良的后果,如人的镰状细胞血红蛋白,但是也有很多突变对生物体血红蛋白的生理功能并无影响。这样的突变显然也是中性突变。根据中性学说,同义突变的频率是很高的,加上非功能性的突变和不改变功能的突变,可以说绝大多数突变都是中性突变。

6.2.2　遗传漂变

由于某种随机因素,某一等位基因的频率在群体(尤其是在小群体)中出现世代传递的波动现象称为遗传漂变(genetic drift),也称为随机遗传漂变(random genetic drift)。遗传漂变是分子进化的基本动力。大种群如果发生了隔离与迁移而形成小种群时,遗传漂变就可能发生。综合进化论认为遗传漂变对生物进化是有作用的,但是比起选择来,它的作用要小得多。中性学说则认为自然选择对中性突变不可能起作用,真正起作用的是随机的遗传漂变。遗传漂变不只限于小种群,任何一个种群都能发生。突变大多在种群中随机地被固定或消失,而不是通过选择才被保留或淘汰的。如在一个种群中,某种基因的频率为 1%,如果这个种群有100 万个个体,含这种基因的个体就有成千上万个。

如果种群数量很小,那么就只有少数个体具有这种基因。在这种情况下,可能会由于这个个体的偶然死亡或没有交配,而使这种基因在种群中消失。这种现象就属于遗传漂变。一些异常基因频率在小隔离群体中特别高,可能是由于该群体中少数始祖所具有的基因由于遗传漂变而逐渐达到较高水平,这种现象称为建立者效应(founder effect)。例如,太平洋的东卡罗林岛中有 5% 的人患先天性色盲。据调查,在 18 世纪末,因台风侵袭,岛上只剩 30 人,由他们繁殖成今天 1600 余人的小群体,这 5% 的色盲,可能最初只有 30 个建立者中的某一个人是携带者,其基因频率 $q = 1/60 = 0.016$,经若干世代的隔离繁殖,q 能很快上升,这就是建立者效应。

6.2.3　分子进化速率与分子钟

祖卡坎德尔(Zuckerkandl)和鲍林(Pauling)在 1962 年对来自不同生物系统的同一血红蛋白分子的氨基酸排列顺序之后,发现氨基酸随着时间的推移几乎以一定的比例相互置换,即氨基酸在单位时间以同样的速度进行置换。后来,许多学者通过对若干代表性蛋白质的分析,以及近年来又通过直接对比基因的碱基排列顺序,证实了分子进化速率的恒定性大致成立,并有中立说奠定了理论基础。这便是"分子钟"名称的由来(图 6 - 1)。分子钟的发现对在分子水平分析生物系统进化具有极大意义。

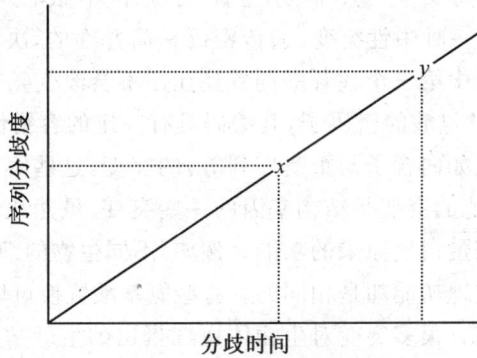

图 6 - 1　两序列遗传分歧与时间关系示意图

费奇(Fitch)和马戈利来希(Margoriash)通过采集和提取现存各种动植物和菌类的细胞色素 C,分析其氨基酸排列顺序,首次再现了这些生物所表达的进化历程。利用这种分子对比而绘制的生物系统树,与以往依据化石绘制的系统树拓扑性质非常一致。沙里奇(Sarih)和威尔逊(Wilson)用分子钟研究灵长类进化问题,否定了拉玛古猿是人类直接祖先,证明了人类的出现比原先人们一直相信的年代晚得多。这与古生物学的解释大相径庭。同样的,近期系统学的研究证明了亚洲人类的祖先来源于非洲,解决了人类起源这一考古难题。长期以来,古生物学家与分子进化学家一直对欧洲人类祖先的起源与迁移争论激烈,理里查德(M. Richard)等人对这一问题进行研究(图 6 - 2)。直到最近,他们才终于以大致符合分子钟研究结果的形式使争论告一段落。

分子进化速率的恒定性并不是在严格意义上成立的,而是在观察整个漫长的进化过程后平均得出的结论。就一种具体蛋白质来讲,在整个进化过程中,进化速率大体恒定;但不同蛋白质的种类,由于受作用于各种蛋白质的机能性制约,进化速率大不相同。例如,属于进化最快一类的纤维蛋白肽与进化非常缓慢的组蛋白,进化速率就有两位数的差异。此外,同义密码变化的部位同义部位的进化速率,往往超过蛋白质的速度。

尽管分子进化速率受到上述各种因素的干扰,例外的现象不断出现,但分子进化呈现下述一些趋势:

① 就 DNA 分子而言,非编码区的进化速率普遍要快于编码区的。

② 就某个基因而言,其进化速率与其功能重要性直接相关。一般地,具有重要功能的基因进化速率相对会慢一些;反之则较快。

③ 就同一基因的不同区段而言,重要密码子的进化速率要慢于相对不重要的密码子;在编码区发生的碱基替换未达到饱和前,同义突变的速率要快于异义突变的。

④ 就物种而言,一般来说,人们发现,进化速率由哺乳类—鸟类—两栖类—鱼类呈递减趋势。

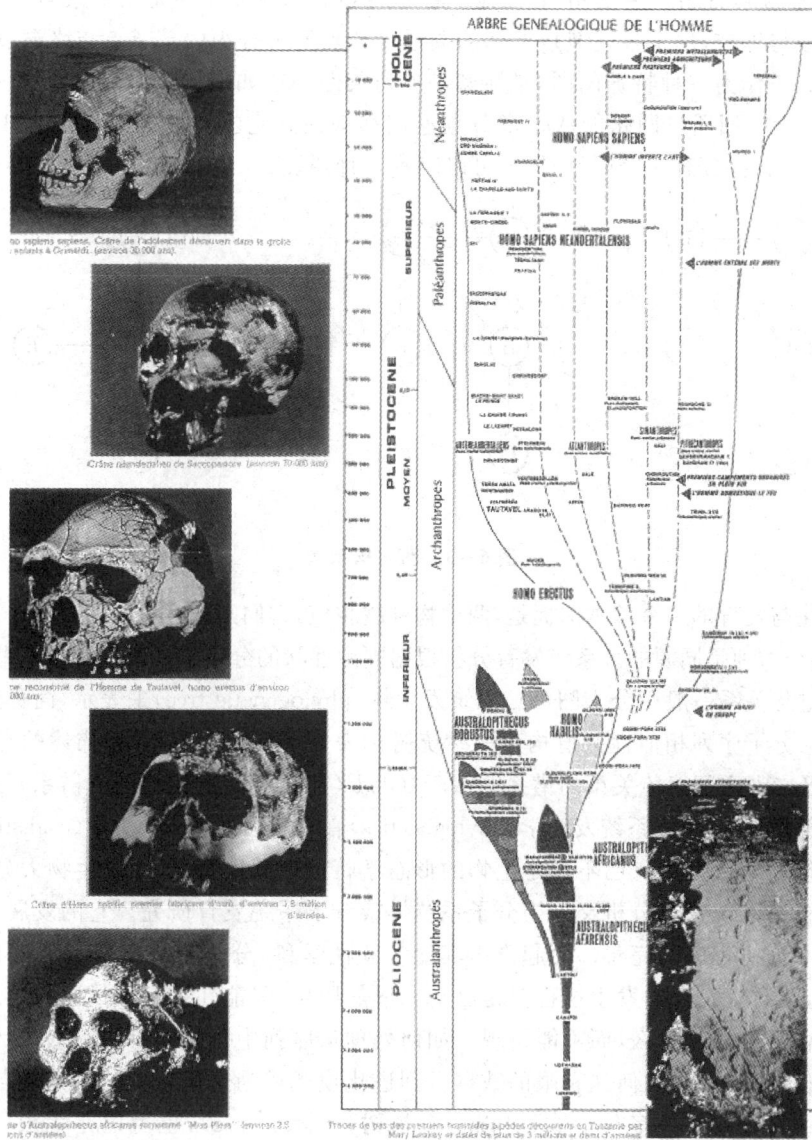

图 6 - 2　人类起源与进化图（Richards et al, 1996. *Am J Hum Genet*）

6.3　分子系统发育分析

　　分子进化是从生物大分子（蛋白质、核酸）的信息推断生物进化历史，或者说重建系统发育关系，并以系统树的形式表示出来。例如，通过对古代生物遗骸中 DNA 的分析，直接揭示当代生物极其重要的遗传信息，可使人们在分子水平上发现漫长年代中生物种群的系统发生和演变规律。尤其重要的是，应用分子钟假说，人们可以根据现代基因库的材料以及 DNA 证据在分子水平上讨论和推导不同生物门类的起源和进化。

　　数学中的图是用来表示实体间的关系。如果图中的连接具有方向性，则形成的图称为有向图,如图 6-3a 可代表某街道图,显示了一些单行道。系统发生树是由枝条与节点组成。枝条可分为内枝与外枝,用来描述节点之间的关系。节点又可分为内部节点与终端节点,代表进化分类单元。树作为一种特殊的图,必须满足下列条件:① 如果有 n 个节点,则连接数必须是 $n-1$;② 树中没有回路。回路能从一个节点连接移动回到它本身。因此,图 6-3a 与 b 所示不是系统树,它们各含有一个回路;图 c 可以表示一种树。

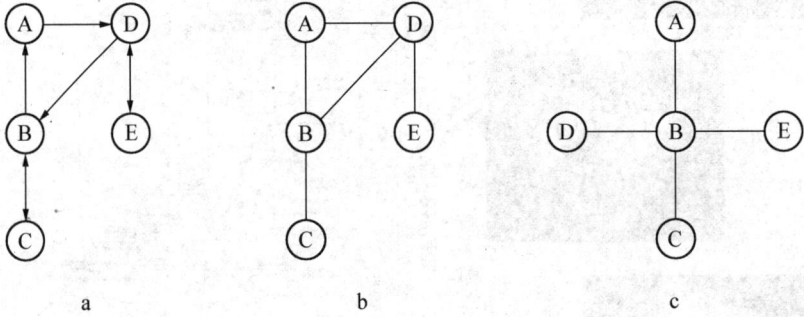

图 6-3 图与树示例

研究进化与发育的一个基本前提是,两个物种越相似,它们则越有可能拥有一个最近的共同祖先,即这两个物种是同源的。系统发育分析根据同源性状的分歧来推断或评估这些进化关系,推断出来的进化关系一般用分支图——系统发生树(phylogenetic tree)来表示,简称进化树。通常根据生物大分子序列相似性数值构建的系统树称为分子系统发生树,它描述的是分子(基因树)、物种以及二者之间遗传关系的谱系。由于"Glade(拥有共同祖先的同一谱系)"这个词在希腊文中的本意是分支,所以系统发育学(phylogenetics)有时被称为遗传分类学(cladistics)。

现代系统发育研究重点已不再是生物的形态学特征或其他特征,而是生物大分子,尤其是序列。对序列的系统发育分析又称为分子系统学或分子系统发育研究。它的发展得益于大量序列的测定和分析程序的完善。比起许多其他实验性学科,分子系统学与其他进化研究一样有其局限性,即系统发育的发生过程都是已经完成的历史,只能在拥有大量序列信息的基础上去推断过去曾经发生过什么,而不能再现。如何处理从序列中得到的有用信息、如何用计算的办法得到可信的系统树、如何从有限的数据得到进化模式成为这个领域的研究热点。

分子系统发生树有很多种形式,可以是有根树(rooted tree),也可以是无根树(unrooted tree)。图 6-4a 所示是有根树,b 所示是无根树。一般系统发生树都具有树根(root)、节点(nodes)、中间枝条(branches)与末端(tips)(图 6-4)。相同的一棵系统进化树可以用不同的类型来表示(图 6-5)。

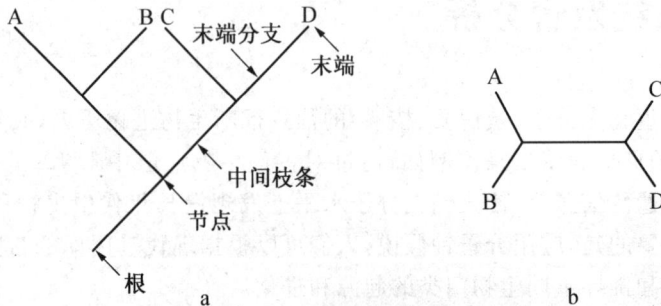

图 6-4 有根树与无根树结构示意图

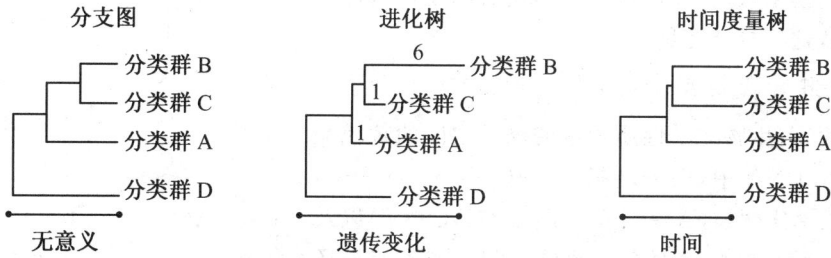

图 6-5　相同分歧的三种不同类型的系统进化树

6.3.1　分子进化模型与序列分歧计算

建立一个比对模型的基本步骤包括：选择合适的比对程序，然后从比对结果中提取系统发育的数据集。至于如何提取有效数据，取决于所选择的建树程序如何处理容易引起歧义的比对区域和插入/删除序列（即所谓的空位状态）。一个典型的比对过程包括：首先应用 ClustalW 程序（图 6-6）及类似程序，进行多序列比对，最后提交给一个建树程序。这个过程有如下特征选项：① 部分依赖于计算机；② 需要一个先验的系统发育标准（即需要一个前导树）；③ 使用先验评估方法和动态评估方法对比对参数进行评估；④ 对基本结构（序列）进行比对；⑤ 应用非统计数学优化。这些特征选项的取舍依赖于系统发育分析方法。

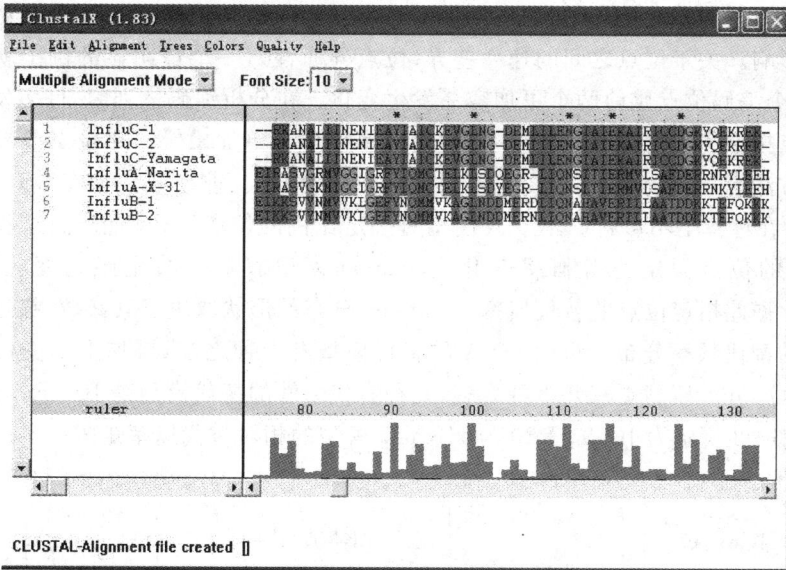

图 6-6　ClustalW 程序对同源氨基酸序列的对比图

1. 决定替代模型

替代模型既影响比对，也影响建树，因此需要采用递归方法。对于核酸数据而言，可以通过替代模型中的两个要素进行计算机评估。但是对于氨基酸和密码子数据而言，没有什么评估方案，其中一个要素是碱基之间相互替代的模型，另外一个要素是序列中不同位点的所有替代的相对速率。还没有一种简单的计算机程序可以对较复杂的变量（如位点特异性或者系统特异性替代模型)进行评估,同样的,现有的建树软件也不可能理解这些复杂变量。

2. 碱基替代模型

一般而言,生物化学性质相近的碱基之间的替代频率较高。在 DNA 中,四种转换(A→G,G→A,C→T,T→C)的频率比颠换(A→C,A→T,C→G,G→T)以及它们的反向替代的频率要高。此外,DNA 碱基变异还存在多重替代情况(图 6-7)。这些偏向会影响两个序列之间的预计分歧。各残基之间的相对替代速率一般用矩阵形式给出:对碱基而言,行和列都是 4;对于氨基酸,行和列都是 20(如 PAM 矩阵);对于密码子,行和列都是 61(除去终止密码子)。矩阵中对角元素代表不同序列拥有相同碱基的代价;非对角线元素对应于一个碱基变为另一个碱基的相对代价。固定的代价矩阵就是典型的静态权重矩阵,MP 法中使用的就是这种。又如在 ML 法中,代价值是由即时的速率矩阵得到,这个矩阵代表了各种替代可能会发生的概率的 ML 估计值。

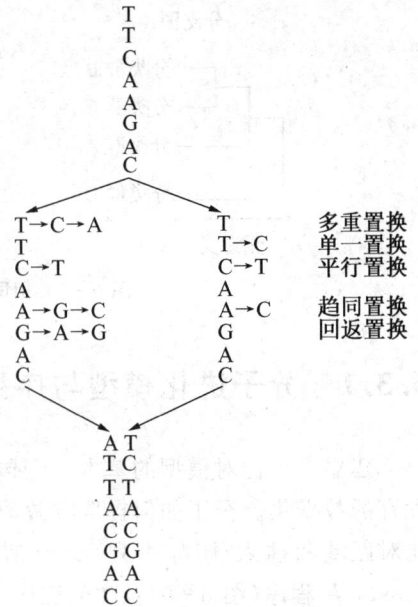

图 6-7　DNA 核酸序列的突变类型 (Yang et al. 2007)

3. 位点之间替代速率模型

除了替代模型的多元化外,序列中各个不同位点之间的替代速率差异也会对进化树的结果产生深远影响。关于位点之间的速率差异(位点异质性),一个最明显的例子就是在三联体编码中,第三个编码位点比前两个更加容易发生变化。在分析编码序列时,许多发育分析都会将第三个位点排除。然而在某些情况下,替代速率模型会更加敏锐。对位点差异的替代速率予以估值的方法有非参数模型、不变式模型和 Gamma 模型。非参数模型在 MP 法中使用,对 ML 法被认为在计算上不可行。不变式模型对一定比例的位点进行估值,而这些位点不能自由变化,其余的位点假定为等概率变化。Gamma 模型假定一给定序列变化的概率服从 Gamma 分布,据此指定位点的替代概率。Gamma 分布的形状取决于其参数,描述了一个序列中各个位点的替代频率分布。目前 DNA 的替代模型有十种之多,再加上不变位点参数和形状分布参数,Gamma 模型更有几十种之多,几种有代表性的替代模型是 JC、F81、K80、HKY 和 GTR。图 6-8 所示为 JC69、K80 与 HKY85 模型的相对替代速率矩阵。

$$JC69:Q=\begin{bmatrix} \cdot & 1 & 1 & 1 \\ 1 & \cdot & 1 & 1 \\ 1 & 1 & \cdot & 1 \\ 1 & 1 & 1 & \cdot \end{bmatrix} \qquad K80:Q=\begin{bmatrix} \cdot & K & 1 & 1 \\ K & \cdot & 1 & 1 \\ 1 & 1 & \cdot & K \\ 1 & 1 & K & \cdot \end{bmatrix}$$

$$HKY85:Q=\begin{bmatrix} \cdot & K\pi_C & \pi_A & \pi_G \\ K\pi_T & \cdot & \pi_A & \pi_G \\ \pi_T & \pi_C & \cdot & K\pi_G \\ \pi_T & \pi_C & K\pi_A & \cdot \end{bmatrix}$$

图 6-8　JC69、K80、HKY85 模型的相对替代速率矩阵

(注:π_j 表示密码子 j 的均衡频率,可被认为是自由参数)

最好的替代模型并不一定总是拥有最多参数的模型,因为对每一个参数进行估值都会引入一个相关变量,从而使整体的变数增加,有时甚至会对模型起到抑制作用。评估 DNA 序列的多个替代模型是否合适,可通过估算的替代参数,对较多参数和较少参数的替代模型分别评估,得到的似然值,根据似然值分析和判断适宜的模型。目前较好的选择模型方法是似然比检验(likelihood ratio test)。

6.3.2 系统发生树构建方法

分子系统发育分析一般先进行分子序列或特征数据分析,然后进行系统树的构造与结果的检验。距离与特征数据是分子系统树构建的重要依据。分子系统树的构建方法也可以分为依据距离数据与依据特征数据的两大类。目前,应用的三种主要的建树方法分别是距离法、最大简约和最大似然。距离法是依据距离的构树方法;后两者是依据特征数值的构建方法。

1. 距离法

距离法(distance method)是首先获得一组序列的两两间的差异,然后根据差异数值构建一个距离矩阵(表 6 - 1),再依据矩阵构建系统发生树。图 6 - 9 给出了用距离法构建系统树的一般流程。简单地计算两个序列的差异数量,这个数量被看作是进化距离,而其准确大小依赖于进化模型的选择。然后运行一个聚类算法,从最相似(也就是说,两者间的距离最短)的序列开始,通过距离值方阵计算出实际的进化树,或者通过将总的树枝长度最小化而优化出进化树。Fitch - Margoliash 法、邻接法(neighbor-joining,NJ)、非加权算术平均组对法和最小进化(minimum evolution)法是依据距离法矩阵构建系统发生树的主要方法。

表 6 - 1　八条核酸序列的距离矩阵

	1	2	3	4	5	6	7
2	0.0253						
3	0.0685	0.0549					
4	0.0450	0.0384	0.0549				
5	0.0619	0.0551	0.0651	0.0157			
6	0.0722	0.0654	0.0754	0.0317	0.0285		
7	0.1259	0.1185	0.1370	0.0820	0.0786	0.0927	
8	0.2228	0.2054	0.2309	0.1798	0.1795	0.1833	0.1860

注:这里的距离代表两条序列之间各位点核苷酸替换数的估计值

a. 序列

序列 A　　ACGCG TTGGG CGATG GCAAC

序列 B　　ACGCG TTGGG CGACG GTAAT

序列 C　　ACGCA TTGAA TGATG ATAAT

序列 D　　ACACA TTGAG TGATA ATAAT

b. 序列间距离是一个序列变到另一个序列所需的步骤

nAB 3

nAC 7

nAD 8

nBC 6
nBD 7
nCD 3

c. 距离表

	A	B	C	D
A	—	3	7	8
B	—	—	6	7
C	—	—	—	3
D	—	—	—	—

d. 序列 A～D 的系统发生树显示了枝长,树上任意两序列间的枝长之和与序列间的距离值相等

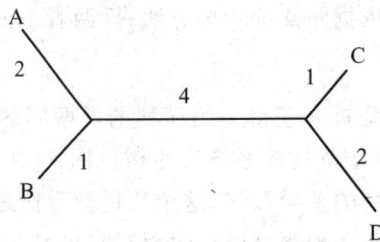

图 6 - 9　基于距离构建系统发生树的基本流程(引自 Mount, 2002)

(1) Fitch - Margoliash 法

Fitch - Margoliash (FM)法是根据距离矩阵推演系统发生树的方法之一。它推演的规则是首先找到最相关的两条序列,然后将剩余的序列看作一个序列。这样多个序列就可以被看作是具有共同起源祖先的三个分类单元,树的结构就简化为起源于同一个节点的三个树枝,随后计算出每个枝长。计算出每个枝长,枝长具备可累加性。

图 6 - 10a 所示是一个三序列距离表。可以绘出如图 6 - 10b 所示结构的树,三个序列起源于一个共同的内部节点,A、B、C 分别代表三个树枝长度。因此,根据距离矩阵可以算出:$A+B=22$;$B+C=41$;$A+C=39$。根据三个方程可以算出:$A=10$;$B=12$;$C=29$。这样一个节点就计算出来了。将一个节点确定后,如果有多个序列(图 6 - 11),则先将两个最相关的所有序列之外的序列看成一个分类单元(average ABC)。计算出矩阵表(图 6 - 11b),然后再根据和以上一样的方法分别计算出内部节点到三个分类单元 A、B 与 average ABC 的树枝长度。使原来的序列数目逐步减少,如此不断循环,最终可构建出基于一组序列距离矩阵的系统发生树。

	A	B	C
A	—	22	39
B	—	—	41
C	—	—	—

a

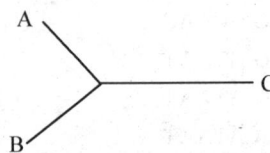

b

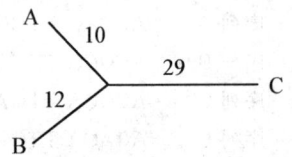

c

图 6 - 10　Fitch - Margoliash 法构建三序列系统发生树的基本流程

	A	B	C	D	E
A	—	22	39	39	41
B	—	—	41	41	43
C	—	—	—	18	20
D	—	—	—	—	10
E	—	—	—	—	—

a

	D	E	average ABC
D	—	10	32.7
E	—	—	34.7
average ABC	—	—	—

b

	A	B	C	(DE)
A	—	22	39	40
B	—	—	41	42
C	—	—	—	19
(DE)	—	—	—	—

c

	(DE)	C	average AB
(DE)	—	19	41
C	—	—	40
average AB	—	—	—

d

	(DE)	C	(CDE)
A	—	22	39.7
B	—	—	41.7
(CDE)	—	—	—

e

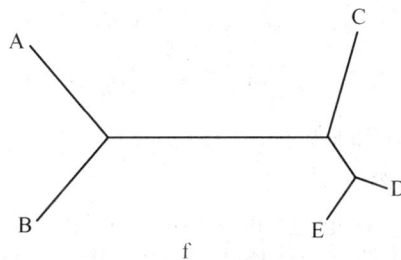

f

图 6 - 11　Fitch – Margoliash 法构建五序列系统发生树的基本流程

（2）邻接法

Saitou 和 Nei(1987)提出的邻接（neighbor-joining method，NJ)法与 Fitch - Margoliash
法非常相似。它们都是先确定距离最近（或相近）的分类单元对，然后为使系统树的总距离达
到最小，不断循序将最近分类单元合并为一个新的分类单元，最终建立完整的系统树。只是它
们在确定哪两个分类单元相邻时的算法不同：Fitch - Margoliash 法找出的是两两之间的距离
最小的分类单元组合成对；而邻接法找出哪两个分类单元组对后树的总枝长之和最小。

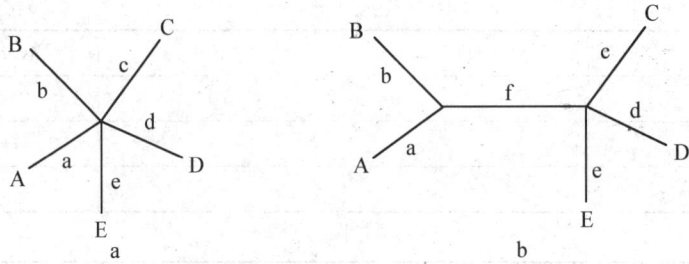

图 6 - 12　　邻接法构建系统发生树中间态树结构

邻接法中，每一种可能的序列对都将被选择，相应于每种树的枝长之和都会被计算。以图
6 - 12a 为例，五个序列 A、B、C、D、E 分类单元在没有进行邻接之前，相互之间的关系可以视为
起源于一个共同节点。此时树的总枝长可以用 S_0 表示，用方程公式(6 - 1)表示，公式(6 - 2)
计算。如果有 N 个分类单元，树的总枝长用公式(6 - 3)表示。如果用图 6 - 12b 中的数据来
表示这五个单元之间的距离。我们可以计算得出，公式(6 - 4)表示 AB 组合成对时树的总枝
长之和，用公式(6 - 5)计算得 $d_{AB} = 67.7$。同样，可以计算出其他两序列组合时候的距离，如
$d_{BC} = 81$，$d_{CD} = 76$，$d_{DE} = 70$，以及六种其他可能的组合。从结果可知，AB 组合成对时树的总
枝长最小。因而将 A 与 B 先邻接，再将 A 与 B 作为一个分类单元，参考 Fitch - Margoliash 法
形成减少一个分类单元的矩阵，再重复以上算法进一步寻找最小枝长组合，最终确定每一个分
类单元在系统发生树中的位置。当分类单元 m 与 n 邻接组对时，树的总枝长用公式(6 - 6)
表示。

$$S_0 = a + b + c + d + e \tag{6-1}$$

$$S_0 = (d_{AB} + d_{AC} + d_{AD} + d_{AE} + d_{BC} + d_{BD} + d_{BE} + d_{CD} + d_{CE} + d_{DE})/4 \tag{6-2}$$

$$S_0 = \sum d_{ij}/(N-1) \qquad (i < j) \tag{6-3}$$

$$S_0 = a + b + c + d + e + f \tag{6-4}$$

$$S_{AB} = (d_{AC} + d_{AD} + d_{AE} + d_{BC} + d_{BD} + d_{BE})/6 + d_{AB}/2 + (d_{CD} + d_{CE} + d_{DE})/3 \tag{6-5}$$

$$S_{mn} = (\sum d_{in} + d_{in})/[2(N-2)] + d_{in}/2 + \sum d_{ij}/(N-2) \quad (i < j) \tag{6-6}$$

式中：i 和 j 分别代表所有除 m 和 n 以外的序列。

（3）非加权算术平均组对法

非加权算术平均组对法（unweighted pair group method with arithmetic mean，UPGMA)
假定进化速率恒定，从同一节点分歧的外枝的长度是一样的。除了构建系统发生树之外，非加
权算术平均组对法也用于序列比对与聚类。该方法首先找出最相关的序列，然后认为它们到
共同分歧节点的距离相等，且等于它们之间距离的一半，再将这两条序列看作一条序列，使原

来的分类单元逐渐减少,依次循环,直到树中包含了所有序列。以图 6-13 为例,对 A、B、C、D、E 五个序列。仍然采用图 6-11a 所示的距离矩阵,比对后发现,D 与 E 间的距离最小,按照 UPGMA 规则,计算出距离平均值 $d=e=n_{DE}/2=5$。图 6-13a 中左右两张图所示为不同样式的树的结构,左侧的图中只有水平线代表距离,垂直线的长度不计,距离分歧点的树枝长度相等。然后将 D 与 E 组合成一条序列,再从序列中找出关系最近的序列对,发现 DE 与 C 是序列对中距离最小的序列。根据 DE 与 C 距离的半值为 9.5 计算,图 6-13b 中 c=9.5,g=4.5。然后依次类推,再将 CDE 作为一个新序列,计算出 f1 与 f2 的长度为 9.35 和 10.85。这样构建出来的系统树是无根树,在大多数时候,我们构建系统树是要添加树根(root),使无根树成为有根树。这就需要在建树过程中引入或选择外组群(outgroup)。如在图 6-13 中,假如 A 与 B 来自于不同于其他序列的物种,且有相关证据(如化石等)表明 A 和 B 来自于不同于其他序列的物种,且 A 和 B 来源的物种在进化过程中先于其他物种出现,这样 A 和 B 可以作为外组群,辅助系统树中根位置的确定。

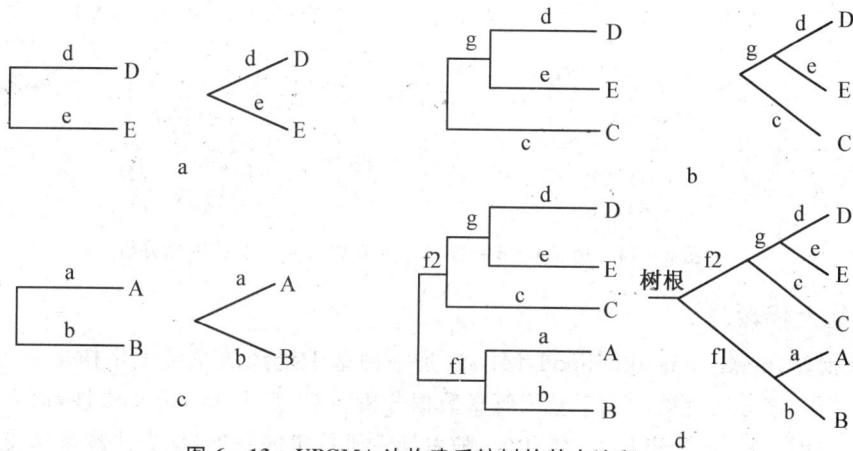

图 6-13　UPGMA 法构建系统树的基本流程

2. 最大简约法

简约(parsimony)法的概念是所有基于特征的系统发生树重建方法的核心。它基于两个简单假设:突变是罕见的事件;一个模型引发了越不合理的事件,这个模型就越不可能正确。用最大简约(maximum parsimony, MP)法搜索进化树的原理是要求用最小的改变来解释观察到的所要研究的分类群之间的差异。在构建系统发生树时,假设特征是相互独立的,即一个特征的变化不会影响另一个特征,还假设在进化过程中,两个物种分叉独立进化,互不影响。对于给定的条件,在很多可能的树中找一棵最佳的树。在实际应用中,不可能穷尽搜索所有可能的树,必须按照一定的方法与策略在短时间内得到比较好的结果。最大简约法的目标是构建分类单元之间最小变化的系统发生树。最大简约法利用的是对简约分析能提供信息的特征。对于核苷酸序列,理论上每个位点可以构建出三种可能的系统树。然后,并非所有位点均可用于重建系统发育关系。如表 6-2 中,对于四条 DNA 序列的比对结果是,位点 1 序列完全一致,不能提供任何分类信息。最大简约分析时,只有当某一位点两种类型的核苷酸在两个以上序列中出现时,该位点才被看作是有效的信息位点。因而,位点 2、3、4 也不能作为有效的信息位点。只有 5、6 才能作为信息位点。四个序列理论上只会形成三种拓扑结构的无根树,如图 6-14 所示。

表 6 - 2　四条 DNA 序列的多序列比对结果

	1	2	3	4	5*	6*
1	G	G	G	G	G	G
2	G	G	G	A	G	T
3	G	G	G	T	A	G
4	G	A	T	C	A	T

注：* 表示简约信息位点,其余四列是非信息位点

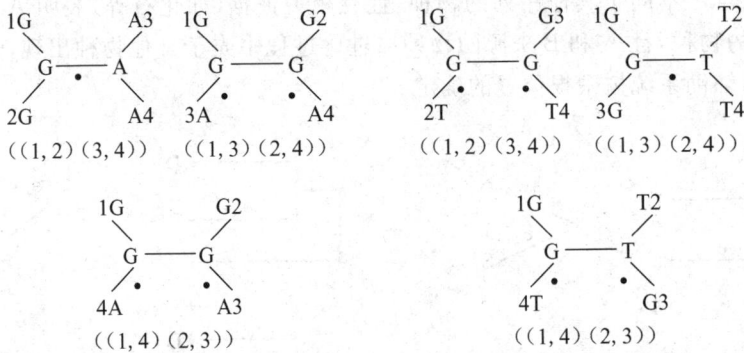

图 6 - 14　用表 6 - 2 中序列第 5、6 位位点的系统进化分析

3. 最大似然法

最大似然(maximum likelihood,ML)法是一种基于统计的系统发生树重建方法的代表。早在 1967 年,该方法就被应用于基因频率数据分析。然后,由于计算负责性,该方法并没有得到广泛的应用。直到 20 世纪 80 年代后,随着计算机技术的发展,该方法越来越受到分子进化学研究工作者的重视。目前,它已成为分子系统树构建的核心方法之一。

该方法最早应用于系统发育分析是在对基因频率数据的分析上,后来在基于分子序列的分析中也有应用。最大似然法分析中,选取一个特定的替代模型来分析给定的一组序列数据,使得获得的每一个拓扑结构的似然率都为最大值,然后再挑出其中似然率最大的拓扑结构作为最优树。在最大似然法的分析中,所考虑的参数并不是拓扑结构而是每个拓扑结构的枝长,并对似然率求最大值来估计枝长 。

进化模型可能只是简单地假定所有核苷酸(或者氨基酸)之间相互转变的概率一样。程序会把所有可能的核苷酸轮流置于进化树的内部节点上,并且计算每一个这样的序列产生实际数据的可能性(如果两个姐妹分类群都有核苷酸 A,那么,如果假定原先的核苷酸是 C,得到现在的 A 的可能性比起假定原先就是 A 的可能性要小得多)。由于被研究序列的共同祖先序列是未知的,概率的计算变得复杂;又由于可能在一个位点或多个位点发生多次替换,并且不是所有的位点都是相互独立的,概率统计的复杂度进一步加大。尽管如此,我们还是能用比较客观的标准来计算每个位点的概率,计算表示序列关系的每棵可能的树的概率。当所有可能的再现的几率被加和,产生一个特定位点的似然值,然后这个数据集的所有比对位点的似然值的加和就是整个进化树的似然值。

最大似然法的建树过程是个很费时的过程,因为在分析过程中有很大的计算量,每个步骤

都要考虑内部节点的所有可能性。最大似然法是一个比较成熟的参数估计的统计学方法,具有很好的统计学理论基础,在当样本量很大的时候,似然法可以获得参数统计的最小方差。只要使用了一个合理的、正确的替代模型,最大似然法可以推导出一个很好的进化树结果。由于最大似然法的分析过程需要耗费较多的时间,针对这种情况,发展出了许多优化的可以加快最大似然法寻找最优树的搜索方法,如启发式搜索、分支交换搜索等。最大似然法具有坚实的统计学理论基础,充分地使用了分析序列中的信息资源,只要采用了合理的替代模型,可以得出很好的进化树分析结果。

6.3.3　系统发生树的可靠性

对于某个数据集,用一种方法能推断出正确的系统发生关系,一般其他流行的方法也能得到较好的结果。如果模拟数据集中序列的变化很大,或不同的分支变化速率不同,则没有一种方法是十分可靠的,但用截然不同的距离矩阵法和简约法分析一个数据集,如果能够产生相似的系统发生树,那么,这样的树可以被认为是相当可靠的。在实际应用中,我们需要评价一棵系统发生树的可靠性。这涉及两个问题,即整棵树和它的组成部分(分支)的置信度是多少?这样得到正确的树的可能性比随机选出一棵是正确的树的可能性大多少? 有很多方法解决这两个问题:一种叫做自举(bootstrapping)法的有效的重采样技术已成为解决第一个问题的主要方法(如 PAUP * 软件进行的 bootstrapping 示意图,图 6-15);而对两棵树进行简单的参数比较则是解决第二个问题的典型方法。

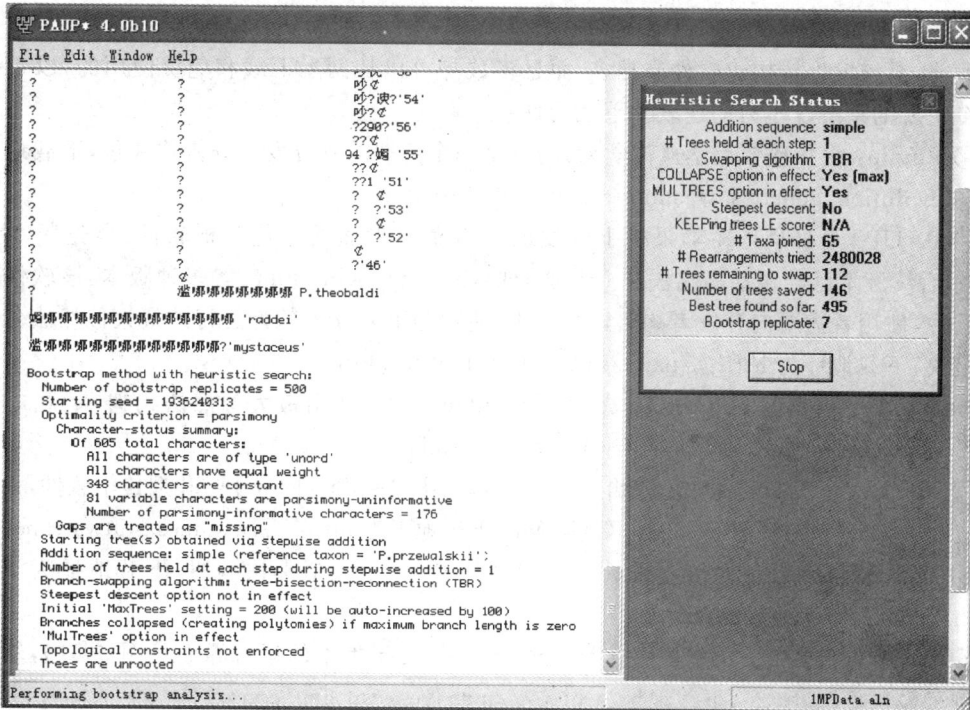

图 6-15　PAUP * 软件构建分子进化系统树自举法(bootstrap)进行示意图

6.3.4　系统发生树构建软件应用

系统发生树的构建通常选用三种方法：距离法、最大简约法与最大似然法。相同的数据用不同的方法有时候结果会不一致，因而，采用哪种方法，就需要具体问题具体分析。图6－16给出了系统树构建的一般流程。但对大多数富含系统发育信息的数据构建系统发生树，不同的建树方法的结果应该一致。

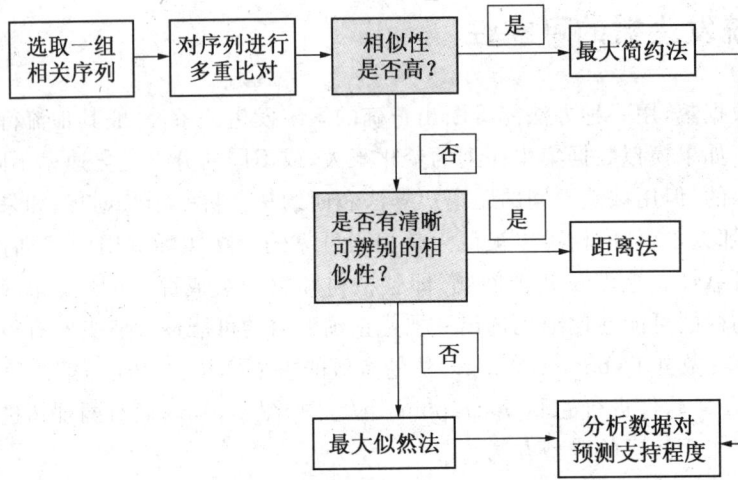

图 6－16　系统发生树构建方法流程图

目前，系统发生树构建软件非常多，而且多数是可以从网上下载和免费使用的，以下列出了几个主要的系统发生树构建软件下载网址：

① Phylip：由华盛顿大学遗传学系开发，是一个免费的系统发育分析软件包，下载地址为 http://evolution. genetics. washington. edu/phylip. html。

② PAUP＊：最早是在苹果机上开发的具有菜单界面的进化分析软件，早先版本只有MP 法，后续版本已经包括距离法和 ML 法，现今有 mac、win、linux 等多种版本，该软件不是免费软件，使用者需要向开发者购买，图 6－17 所示为 PAUP＊软件运行的最大似然法分析的数据模块，下载地址为 http://paup. csit. fsu. edu/nfiles. html。

③ PAML：由英国 University college London 开发，采用最大似然法构树，下载地址为 http://abacus. gene. ucl. ac. uk/software/paml. html。

④ MEGA：由美国宾夕法尼亚州立大学 Masatoshi Nei 开发的分子进化遗传学软件，是图形化集成的进化分析工具(图 6－18)，不包括 ML，下载地下为 http://www. megasoftware. net/。

⑤ MOLPHY：由日本国立统计数理研究所开发，最大似然法构树，下载地址为 ftp://sunmh. ism. ac. jp/pub/molphy。

⑥ Bayes 软件：由美国佛罗里达州大学开发，其最新版本的运行界面见图 6－19，软件自带的例子模块见图 6－20，下载地址为 http://mrbayes. csit. fsu. edu/。

这些软件除了 PAUP＊软件是商业软件之外，其他软件都可以在线免费下载使用。

\# NEXUS
[This file contains a simulated DNA data set followed by a PAUP
block with instructions to conduct a likelihood analysis. The following
numbered list corresponds with the numbered lines in the PAUP block.
(1) Construct a Neighbor Joining tree.
(2) Compute the likelihood of the NJ tree assuming the HKY85 model of sequence
　　evolution (Hasegawa, M., Kishino, H., and Yano, T., 1985_) with gamma
　　distributed rates (Yang, 1994), where the transition/transversion rate ratio
　　and the shape parameter of the gamma distribution are estimated from the data
　　and empirical base frequencies are used.
(3) Change the optimality criterion to maximum likelihood.
(4) Set the parameter values to those that were estimated on the neighbor joining tree.
(5) Conduct a heuristic search with five random addition sequences and TBR branch swapping.
]

Begin taxa;
　　Dimensions ntax=8;
　　taxlabels
A
B
C
D
E
F
G
H
;
end;

Begin characters;
　　Dimensions nchar=200;
　　Format datatype=dna interleave;
　　Matrix
A CGAATATAACGGAGCCAGTACTCAGACGCACTGCCAACCCAGCGAAGCCCGATACGCCGT
B CGAATATAACGAAGCCAGTATTCAGACGCACTGCTAACCCAGCGGAGCCCGGTACGCCGT
C CGAATATAACAAAGCCAGTACTCGGACGCACTACCAACCCAGCGGAGCCCGATACGCCAT
D CGAATCAACAAAGCCAGTACGACGCACTGCCAACCCAACAGAGACCGGCGTGCTAT
E CGAATACAACAAAGCCAGTATTCAGACGCACTGCCAACCCAGCAGAGACCCCCACGCTAT
F CGAATACAACAAAGCCAGTATTCAGACGCACTGCCAACCCAGCAGAGACCCACACGCTAT
G CGAATACAACAAAGCCAATATTCAGACGGACTGCCAACCCAGCAGAGACCGACACGTCAT
H CGAATACAACAAAGCCAATATTCAGACGGACTGCCAACCCGGCAGAGACCGACGCGTCAT

A CGCATGAACGCTCTCCGCATGCAAAGTCCAACAAGTCAAACGGGATTCGGATCGTGCACG
B TGCGTGGACGTTCCTCGCTCACAAGGTCGAGCAGTTCAAACGAGGATTGGAGCGTACAAC
C AAGATGCACATTTTCCGTAGATAAAACCGAAACATTCAAGCGAATGCTACACCTAACGGC
D AAAATGTATAACTTCCGTGCACAAAACCAAAAAACCCAAGCGGACAATAAGATACGCGGC
E AACACACACGACGCCCGTAAACAAAACTAAAAAAGCCGACCAGGCGTACGAGGACAGAAT
F AAGATACATGATACCCGGGCACAAAACCAGAAAAGCCGAATGTTGTAAGCGCCAAGT
G AAAACACATTAATGCCGTACACAGGACCAAAACATTCAAAAGGAACGGTAGCTATAACAA
H AAAATACATGATTCCCGTACACAAAATCACAAAATCCAAACGAAGGAGTTAATACGGAAC

A AATGGTGATTGCGAACTCAAGTCAAGCACAACTCTGAGCATTCCTGAAACTACTGGAGAC
B AATGCCCAACATCACTTCCACTAAAACCCCGCTCTGCACCGCACGACAGAACGACACTGA
C GGGGTTAGTCGAAAGACTATCCAGAACGGAATTACCTGGATCGCTAGGACAAAACAGAGG
D GAATGATACCTAAGAACCGCGCGGACTAATAAGACACGCTCTGATGCAGGCCTGCCGAAA
E ACACTATGCGTCATGAAAGTCTGCTCCGACAGGATTTGTCTTACGCGTTCTCACCTATAG
F GAAGACTGCGCCACCGACATCTGATGCACCACTGTCTGTACAGCGCCAGCGGAATACGGC
G AGCCATCGCCTAAGTAAAGCCCAGCACAGTATGTGCCGTCCTTCTCATATAACTCTCACG
H AGGCAGCACTTGGGCCTGGCTTAGAATGTCGCGCACAACAATACCAATGAACATCGACCC

A CATTTGAAGACGATCAAAAT
B CACGGCCAACAACGTAAAGC
C ACTAGGATCTCTAGTATTAG
D ATGCAAGCCAAAAGTGTGAT
E GATAGAATTGAGAATAACTC
F CGCGCAGCAAATGCCCGATC
G AACATCTCAGACTCGACAGA
H AAGCAACTCCCCACAGAAAC
;
End;

BEGIN PAUP;
[1] NJ;
[2] LSCORE 1/ BASEFREQ=empirical TRATIO=estimate RATES=gamma SHAPE=estimate;
[3] SET CRITERION=like;
[4] LSET BASEFREQ=empirical TRATIO=previous RATES=gamma SHAPE=previous;
[5] HSEARCH ADDSEQ=random NREPS=5 SWAP=TBR;
END;

图 6 - 17　PAUP ∗ 软件最大似然模型构建系统进化树模块

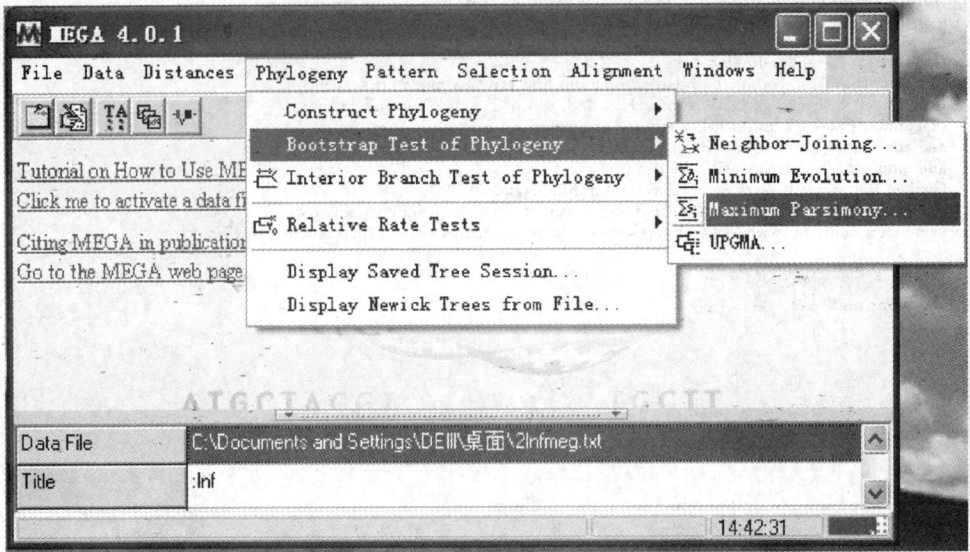

图 6 - 18　MEGA 4.0.1 软件构建分子进化系统树可视化菜单示意图

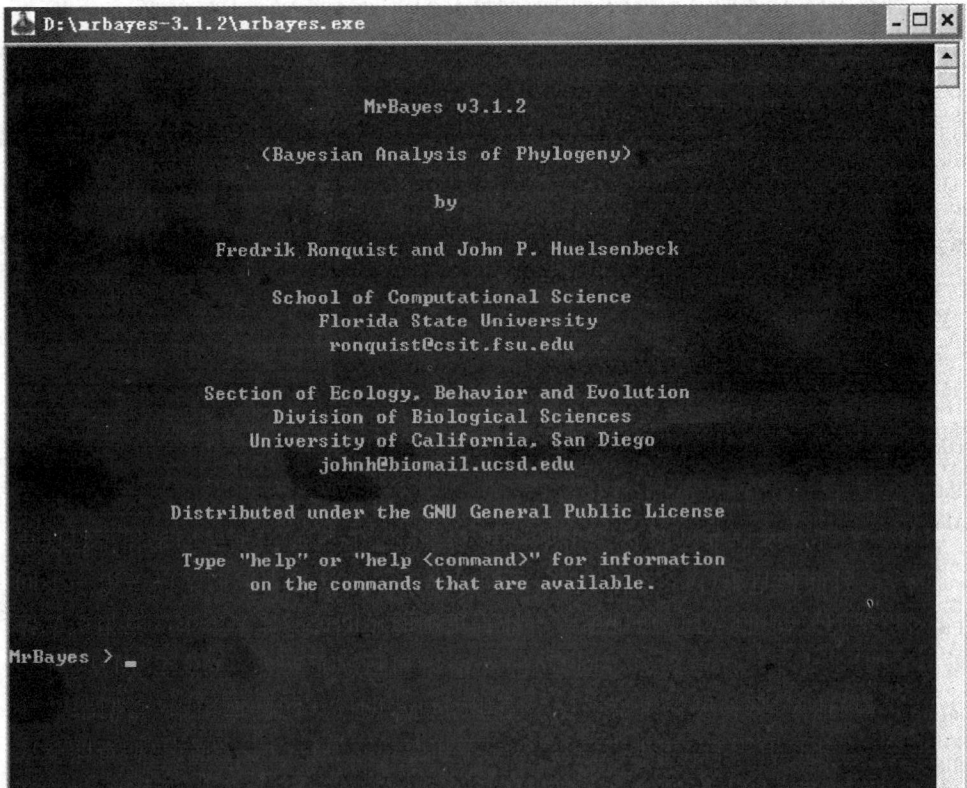

图 6 - 19　Mrbayes3.1.2 软件打开运行界面

```
#NEXUS
begin data;
    dimensions ntax=17 nchar=432;
    format datatype=dna missing=?;
    matrix
    human
    ctgactcctgaggagaagtctgccgttactgccctgtggggcaaggtgaacgtggatgaagttggtggtgaggccctgggcaggctgctggtggtctaccc
ttggacccagaggttctttgagtccttggggatctgtccactcctgatgctgttatgggcaaccctaaggtgaaggctcatggcaagaaagtgctcggtgcctttagt
gatggcctggctcacctggacaacctcaagggcacctttgccacactgagtgagctgcactgtgacaagctgcacgtggatcctgagaacttcaggctcctgggcaa
cgtgctggtctgtgtgctggcccatcactttggcaaagaattcaccccaccagtgcaggctgcctatcagaaagtggtggctggtgtgtggctaatgccctggcccaca
agtatcac
    tarsier
    ctgactgctgaagagaaggccgccgtcactgccctgtggggcaaggtagacgtggaagatgttggtggtgaggccctgggcaggctgctggtcgtctacc
catggacccagaggttctttgactcctttgggggacctgtccactcctgccgctgttatgagcaatgctaaggtcaaggcccatggcaaaaaggtgctgaacgccttt
agtgacggcatggctcatctggacaacctcaagggcacctttgctaagctgagtgagctgcactgtgacaaattgcacgtggatcctgagaatttcaggctcttgg
gcaatgtgctggtgtgtgtgctggcccaccactttggcaaagaattcacccgcaggttcaggctgcctatcagaaggtggtggctggtgtgtggctactgccttggct
cacaagtaccac
    bushbaby
    ctgactcctgatgagaagaatgccgtttgtgccctgtggggcaaggtgaatgtggaagaagttggtggtgaggccctgggcaggctgctggttgtctaccca
tggacccagaggttctttgactcctttgggggacctgtcctctccttctgctgttatgggcaaccctaaagtgaaggcccacgtgcaagaaggtgctgagtgcctttagcg
agggcctgaatcacctggacaacctcaagggcacctttgctaagctgagtgagctgcattgtgacaagctgcacgtggaccctgagaacttcaggctcctgggcaa
cgtgctggtggttgtcctggctcaccactttggcaaggatttcaccccacaggtgcaggctgcctatcagaaggtggtggctggtgtgtggctactgccctggctcacaaataccac
    ……
    ;
end;
begin mrbayes;
    [The following block illustrates how to set up two data partitions
    and use different models for the different partitions.]
    charset non_coding = 1-90 358-432;
    charset coding = 91-357;
    partition region = 2: non_coding,coding;
    set partition = region;

    [The following lines set a codon model for the second data partition (coding) and
     allows the non_coding and coding partitions to have different overall rates.]
    lset applyto=(2) nucmodel=codon;
    prset ratepr=variable;

    [Codon models are computationally complex so the following lines set the parameters
     of the MCMC such that only 1 chain is run for 100 generations and results are printed
     to screen and to file every tenth generation. To start this chain, you need to type
     'mcmc' after executing this block. You need to run the chain longer to get adequate
     convergence.]
    mcmcp ngen=100 nchains=1 printfreq=10 samplefreq=10;
end;
```

图 6-20　Mrbayes3.1.2 软件自带的运行数据例子模块

系统发生树构建完成后,会生成结果文件。获得的结果文件中,outtree 文件是一个树文件,可以用 TreeView 等软件打开(图 6 - 21);outfile 是一个分析结果的输出报告,包括了树和其他一些分析报告,可以用记事本直接打开(图 6 - 22)。

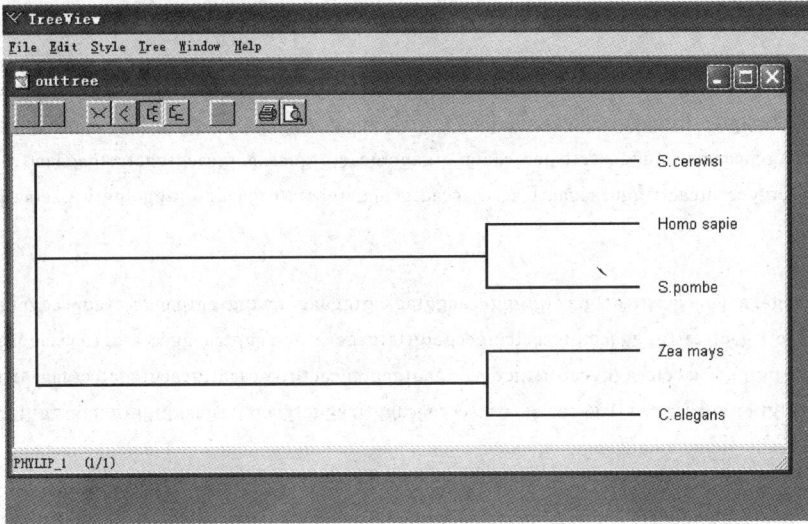

图 6 - 21　TreeView 软件打开界面

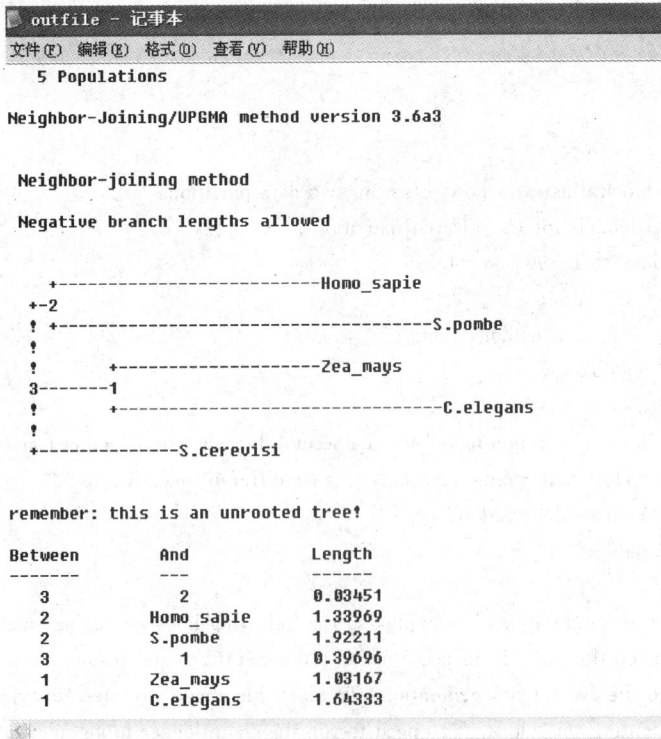

图 6 - 22　打开记事本 outfile 分析结果

习　题

1. 根据分子数据进行系统发育分析有什么优势？
2. 说明距离法与最大简约法的本质区别。
3. 对下列矩阵，用邻接法构建系统发生树。

	A	B	C	D	E	F
A	0	5	4	7	6	8
B		0	7	10	9	11
C			0	7	6	8
D				0	5	9
E					0	8
F						0

4. 利用最大简约法构建系统发生树的本质是什么？
5. 从分子数据库下载 10 条基因序列构建禽流感病毒的系统发生树。

参考文献

1. J. C. Avise，J. Arnold，R. M. Ball，E. Bermingham，T. Lamb，J. E. Niegel，C. A. Reeb，N. C. Saunders. Intraspecific phylogeography：the mitochondrial DNA bridge between population genetics and systematics. *Annual Review of Ecology and System*，1987，18：489 - 622.

2. D. Bensasson，D. X. Zhang，D. L. Hartl，G. M. Hewitt. Mitochondrial pseudogenes：evolution's misplaced witnesses. *Trends in Ecology and Evolution*，2001，16：314 - 321.

3. J. L. Boore. Survey and summary，animal mitochondrial genomes. *Nucleic Acids Research*，1999，27：1767 - 1780.

4. J. C. Briggs. Operations of zoogeographic barriers. *Systematic Zoology*，1974，23：248 - 266.

5. W. M. Brown，M. George，A. C. Wilson. Rapid evolution of animal mitochondrial DNA. *Proceedings of the National Academy of Sciences of the United States of America*，1979，76：1967 - 1971.

6. W. M. Brown. Evolution of mitochondrial DNA. In：M. Nei，R. K. Keohn，ed. *Evolution of genes and Sunderland mass：proteins*. Sunderland：Sinaver，1983.

7. R. L. Cann，M. Stoneking，A. C. Wilson. Mitochondrial DNA and human evolution. *Nature*，1987，326：31 - 36.

8. R. V. Collura，C. B. Stewart. Insertions and duplications of mtDNA in the nuclear genomes of Old World monkeys and hominoids. *Nature*，1996，373：486 - 489.

9. R. Dawkins. *The selfish gene*. New York：Oxford University Press，1976.

10. U. Gyllensten，D. Wharton，A. C. Wilson. Maternal inheritance of mitochondrial DNA during backcrossing of two species of mice. *The Journal of Heretidy*，1986，76：321 - 324.

11. D. E. Krane，M. L. Raymer. 生物信息学概论. 孙啸等译. 北京：清华大学出版社，2004.

12. S. Kumar，K. Tamura，M. Nei. MEGA 3：Integrated softwarefor molecular evolutionary genetics analysis and sequence alignment. *Brief Bioinform*，2004，5，150 - 163.

13. D. W. Mount. *Bioformatics：sequence and genome analysis*. 钟扬等译. 北京：高等教育出版社，2002.

14. M. Nei，S. Kumar. *Molecular evolution and phylogenetics*. London：Oxford University Press，2000.

15. D. L. Swofford. *PAUP* * . *Phylogenetic Analysis using parsimony (* and other methods) Version 40b10*. Sunderland：Sinauer，2002.

16. J. Watson，F. Crick. Molecular structure of nucleic acids：a structure for deoxyribose nucleic acid. *Nature*，1963，171：737 - 738.

17. D. R. Westhead，J. H. Parish，R. M. Twyman. *Instant notes in bioinformatics*. London：BIOS Scientific Publishers Ltd，2002.

18. E. O. Wiley，D. Siegel - Causey，D. R. Brooks，V. A. Funk. *The compleat cladist：a primer of phylogenetic procedures*. Museum of Natural History，The University of Kansas，1991.

19. Z. H. Yang. Computational molecular evolution. In：*Oxford series in ecology and evolution*. H. Paul，M. M. Robert，ed. London：Oxford University Press，2006.

20. D. X. Zhang，G. M. Hewitt. Nuclear integrations：challenges for mitochondrial DNA markers. *Trends in Ecology and Evolution*，1996，11：247 - 261.

21. 李庆伟，马飞. 鸟类分子进化与分子系统学. 北京：科学出版社，2007.

22. 吕雪梅，王应祥，张亚平. 蜂猴线粒体细胞色素 b 基因变异特点及系统发育分析. 动物学研究，2001，22：93 - 98.

23. 王继文. 动物线粒体假基因的识别及其在进化生物学中的应用. 动物学杂志，2004，39：103 - 108.

24. 张亚平，施立明. 动物线粒体 DNA 多态性的研究概况. 动物学研究，1992，13：289 - 298.

## 第 7 章

基因预测与引物设计

如今,生命科学研究已经进入了基因组时代,许多生物的基因组序列已经相继全部或部分被测出。但这些测出的基因组序列就像一部部由 A、T、C 和 G 四种碱基组成的"天书",这些天书中蕴含了生物生长发育的真谛。如何读懂这些"天书"则是我们目前面临的最大挑战。对于基因组序列,人们最关心的就是从序列中找到基因,尤其是那些能够编码蛋白的基因更能引起人们的兴趣,因为它们决定了所有生物物种的大部分表型,占到了基因的大多数。基因并非是核苷酸的随机排列,而具有明显特征。这些特征决定了一段序列是否是一个基因,而非编码DNA 则不具备这些特征。

7.1 基因特征

7.1.1 原核生物的基因特征

原核生物基因组较小,一般只由一个染色体,即一个核酸分子(DNA 或 RNA)组成,大多数为双螺旋结构,少数以单链形式存在。这些核酸分子大多数为环状,少数为线状。原核生物的基因组及基因有着自己的特征,了解这些特征有助于我们从原核生物的基因组序列中识别基因。

1. 较长的开放阅读框

能够编码蛋白的 DNA 区域存在着开放阅读框(open reading frame,ORF),由决定所编码蛋白的氨基酸序列对应的一系列密码子组成。ORF 以起始密码子(通常为 ATG)开始,最后以终止密码子(TAA、TGA 或 TAG)结束。一个 ORF 就是一个潜在的蛋白质编码区,因此要确定 DNA 序列的编码区,就需要检测出这段序列中有多少个 ORF。绝大多数原核生物蛋白质的长度大于 60 个氨基酸,比如,在大肠杆菌中,蛋白质编码区域平均长度为 316.8 个密码子,不到 1.8% 的基因的长度小于 60 个密码子,也就是说原核生物一般具有长于 60 个密码子的开放阅读框。

成功寻找 ORF 的关键在于终止子在 DNA 序列中出现的频率。从统计学的角度来看,如果所有密码子(共 $4^3 = 64$ 种)在随机核酸序列中以相同频率出现的话,那么终止密码子(TAA、TGA 和 TAG)出现的概率为 3/64(每 21 个密码子出现 1 次),非终止密码子出现的概率则为 61/64。这样,不含终止密码子且长度为 N 个密码子的 DNA 序列出现的概率为 $(61/64)^N$。假设当 $N=60$ 时,$(61/64)^N \approx 0.05$。由此可见,在随机核酸序列中,长于 60 个密码子且不含终止密码子的序列出现的概率是相当低的。

因此,原核生物中的 ORF 是与随机核酸序列(或非编码区核酸序列)有着明显的区别的。根据 ORF 的这一特征,我们可以在原核生物的核酸序列中通过识别 ORF 来寻找对应的编码蛋白质的基因。

在起始密码子的附近有结合核糖体的一致序列存在。有些情况下,可能在同一个阅读框中找到了两个 ATG,每一个都有可能作为起始密码子。是否具有核糖体结合位点(有时称为 Shine-Delgarno 序列)则可以用来判断哪个 ATG 为真正起始密码。核糖体结合位点是一段和 16S rRNA 的 $3'$-端互补的多嘌呤核苷酸片段,一般位于转录起始位点的下游和起始密码子的上游区域,即从 -20(起始密码子的 $5'$-端)到 +13(起始密码子 $3'$-端下游 13 个核苷酸),几乎其中都存在着一致的序列 $5'$-AGGAGGT-$3'$。如果 Shine-Delgarno 序列上发生点突变,能阻止 mRNA 的翻译。因此,找到 Shine-Delgarno 序列则为我们区分真正起始密码子提供了依据。

2. 简单的基因结构

相对于真核生物来说,原核生物的基因结构非常简单。其典型结构见图 2-7。

原核基因一般由编码区与非编码区两部分组成,其编码区是连续的、完整的一段 DNA 序列,其中间不含有像真核基因中的内含子(intron)。

启动子是基因的重要组成之一。启动子位于基因 $5'$-端上游外侧,为紧挨转录起点的一段非编码的核苷酸序列,其功能是引导 RNA 聚合酶同基因的正确部位结合。一般说来,原核基因的启动子比较简单,只有数十个碱基对大小,而真核基因启动子的相对分子质量则比较大,即使是相距数千个碱基对之遥,它也能对基因的转录效率产生深刻的影响。在基因 $3'$-端下游外侧、与终止密码子相邻的一段非编码的核苷酸短序列叫做终止子(terminator),它具有转录终止信号的功能,也就是说,一旦 RNA 聚合酶完全通过了基因的转录单位,它就会阻断酶分子,使之不再继续向前移动,从而使 RNA 分子的合成活动终止下来。

3. 高基因密度

原核生物的基因组比较小,基因数目也很少,但其基因的密度却非常高,大概平均每 1000 个碱基 1 个基因。原核生物的基因组十分紧凑,基因间很少间隔,甚至有时出现基因交叠的现象。原核生物在进化中选择了经济而有效的结构形式,基因组中所包含的基因大多是为了维持细胞的基本功能。原核生物基因组中编码序列一般达到了 80% 以上,非编码序列所占比例却很小。例如,在大肠杆菌中总共有 4288 个基因,平均编码长度为 950bp,而基因之间的平均间隔长度只有 118bp。原核生物基因组缺少间隔序列可能有利于基因组的快速复制与繁殖。

4. 基因组中 GC 含量

不同原核生物基因组中的 GC 含量是不同的,为 25%～75%,变化非常大。但是同一种原核生物的基因组 GC 含量又趋于一致。因此,可以根据基因组中的 GC 含量来识别细菌种类。

5. 具有操纵子结构

操纵子是原核生物基因组的重要特征。原核生物基因组中功能上相关的几个结构基因前后相连,串联在一起,再加上一个共同的调节基因和一组共同的控制位点(即启动子),形成一个转录单元,这种结构就是一个操纵子(operon)。操纵子中所有的基因都作为一个单位表达。这种排列在原核生物基因组中很常见。大肠杆菌中典型的例子是最早发现的乳糖操纵子。在基因预测中,找到一个操纵子结构,就可能找出一串基因。

7.1.2　真核生物的基因特征

真核生物细胞核基因组是一组线性的 DNA 分子,每一个都包含在一条染色体中。就已知情况来看,这毫无例外。已经研究过的所有真核生物都至少有两条染色体,DNA 分子也总是线性的。真核生物与原核生物在基因组及基因结构上也存在很大的不同。

1. 基因组规模大

真核生物的基因组一般要比原核生物的基因组大得多。比如,大肠杆菌的基因组大小为 4.64Mb,而人的基因组大小却达到了 3289Mb。不同的真核生物之间的基因组大小差异也很大,跨越了 5 个不同的数量级,即使是最小的真核基因组也拥有庞大的基因组。真核生物的基因组是如此之大,大多数人都无法想象,更不要说对其进行分析和注释了。

2. 巨大的非编码区

真核基因组要远比原核基因组复杂得多,除了包含编码 DNA 序列外,还存在大量的非编码序列,而且这些非编码序列中存在着相当多的重复序列。在庞大的真核基因组中,基因的密度却很低。例如人类基因组约有 33 亿个碱基,编码序列仅占其基因组的 1.3% 左右,而非编码区则高达 98.7% 左右,所含基因数目大致为 3 万~4 万个,基因密度为 27kb/基因;相比之下,属于原核生物的大肠杆菌基因组只有 4.64Mb,而其编码区序列却占到 87.8% 左右,所含基因数目为 4288 个,基因密度为 0.97kb/基因。

3. 复杂的基因结构

真核基因的结构要比原核基因复杂得多。虽然真核基因与原核基因同样具有启动区、转录起始位点、5′UTR 区、起始密码子、编码区、终止密码子、3′UTR 区和终止区,但是真核基因的编码区却是断裂的、不连续的,被非编码的序列所分隔。这些分隔编码区的非编码序列被称为内含子(intron),而在内含子两翼的序列被称为外显子(exon),呈现外显子与内含子交替排列的结构。我们知道,原核基因的编码区是连续的,是不存在内含子的。

在真核基因的初始转录产物中,外显子与内含子均能被转录。但是真核生物中存在剪切拼接机制,内含子将被切除,而外显子则通过特定的拼接方式连接起来,最后形成成熟的 mRNA。因此,成熟的 mRNA 分子中只有外显子,而没有内含子,内含子虽然转录了,但却不参与蛋白质的编码。

在真核基因中,外显子属于功能区,在进化中表现出一定的保守性;而内含子则容易变异,其长度与核酸序列几乎不受选择性的限制。内含子的数目和长度以及变异速度在很大程度上决定着真核基因的大小。比如人类基因组中含有约 3 万~4 万个基因,其内含子的数目却达到了 5 万多个,而且有许多内含子长度高达几万个碱基对。因内含子的存在,同一基因家族的真核基因在进化过程中也呈现出不同的长度。

虽然真核基因中存在着开放阅读框,但却没有像原核基因一样具有显著长度的开放阅读框的标志,再加上内含子的存在以及基因间大量非编码区的存在,使得真核基因的识别变得比原核基因困难得多。真核基因中外显子-内含子连接区序列虽然很短,但却是高度保守的,而且遵循 GT - AG 规则(GT - AG rule)。研究发现,编码蛋白基因中的内含子总是以双核苷酸 GT 起始,并以 AG 终止。这两个双核苷酸提供了正确的内含子剪切信号。根据剪切加工过程沿内含子自左向右进行的原则,一般将内含子 5′-端接头序列称为供体位点(donor site),3′-端接头序列称为受体位点(acceptor site),有时也将前者称为左剪切位点,后者称为右剪切位点。编码蛋白质的外显子与内含子之间的连接绝大部分满足 GT - AG 规则,这有助于剪接位点与编码区的识别。

4. CpG 岛

在对真核生物基因组序列分析中发现,GC 两联核苷酸出现的平均频率比较低,远低于随机核酸序列中 GC 两联核苷酸出现的频率,仅为随机核酸中出现频率的 20%。但是在某些小区域中 GC 两联核苷酸出现的频率却又异常地高,远大于基因组中其他区域出现的频率。这些小区域在基因组中分布很不均一,呈现出孤岛的特征,因此,我们将这些富含二核苷酸 GC 的小区域称为 CpG 岛(CpG island),其中 p 表示 G 与 C 之间通过磷酸二酯键连接。对于别的两联核苷酸(如 AT、GA、CT 等)来说,却不存在这样的情况。

大量的研究发现,这些 CpG 岛通常为几百到几千 bp 的 DNA 片段,而且大多位于基因启动子区域,甚至延伸至第一外显子的区域。进一步研究发现,CpG 岛经常出现在真核生物的管家基因(house-keeping gene)的调控区,在其他地方出现时会由于 CpG 中的 C 易被甲基化而形成 5′-甲基胞嘧啶,脱氨基后形成胸腺嘧啶,由于 T 本身就会存在于 DNA 中,因此不易被修复,所以被淘汰。故 CpG 在基因组中是以岛的形式分布的。因此,根据真核基因组的这一特征,我们可以通过识别基因组中的 CpG 岛来寻找真核生物的基因。

5. 等值区

对真核生物基因组 DNA 序列组成的研究发现,在各个基因组区段,碱基组成是不均匀的,但是在某些较大尺度区域内 GC 含量相对均匀一致,不同区域 GC 含量差异显著,基因组的这一组织方式称为等值区(isochore)。大部分真核基因组具有等值区的组织形式。一个等值区就是指一段具有一致碱基组成的基因组 DNA。它有如下特征:① 同一等值区内 GC 含量相对一致;② 不同的等值区其 GC 含量有显著的差异,相邻的等值区之间的 GC 含量具有跃变的特点;③ 等值区一般由较长的 DNA 大片段组成,其长度从几百个 kb 到几个 Mb 不等。

在 20 世纪 70 年代中期,Bernardi 等在对牛的基因组做密度梯度离心试验时,发现了等值区的存在。通过分析各序列的 GC 含量,Bernardi 将等值区划分为五种不同的类型:L1(GC 含量<38%)、L2(38%≤GC 含量<44%)、H1(44%≤GC 含量<48%)、H2(48%≤GC 含量<52%)和 H3(GC 含量≥52%)。L 表示 GC 含量较低,H 表示 GC 含量较高。

基因在不同的等值区中分布是极不均匀的,GC 含量最高的等值区往往就是基因密度最高的区域,而且不同的等值区中所分布的基因类型也有很大的差别。如在人类基因组中,H3 等值区仅占整个基因组的很小一部分(3%～5%),但其包含的基因数目却占到了人类基因总数的 25%,其基因密度则是等值区 L(指 L1 和 L2)(共占人类基因组的 66%)中基因密度的 20 倍;等值区 H3 包含了人类近 80% 的管家基因;而等值区 L1 和 L2 包含了 85% 的人类组织特异性基因。研究发现,许多重要的生物特性与基因组的等值区结构密切相关。对基因组中等值区的分析有助于我们了解基因组结构,进而为基因识别提供有价值的参考。

6. 可变剪接

通常,一个真核基因经转录得到的 mRNA 前体按照一种方式剪接产生一种成熟 mRNA,最后翻译成一种蛋白质。但是,有些真核基因转录产生的 mRNA 前体可按照不同的方式剪接,形成两种或更多种 mRNA,最后翻译成多种不同蛋白质,这种剪接机制称为可变剪接(alternative splicing)。这种剪接方式最早在 1977 年由吉尔伯特(W. Gilbert)首先描述,1980 年巴尔的摩(D. Baltimore)在小鼠 IgM 基因中发现第一个可变剪接产生模型——分泌型 IgM。近年来已经发现了许多真核基因存在可变剪接的现象。作为可变剪接的一个极端例子,有一个人类基因已经被证明,相同的原始转录物可以产生 64 种不同的 mRNA。

基于可变剪接机制,从一个基因可以产生多种蛋白,从而使蛋白质组中蛋白质的数量超过基因组中基因的数量。这就解释了为什么人类的基因数目与一些较为低等生物的基因数目差别不大,但人类却是世界上最为复杂的生命体。可变剪接是控制基因表达和扩大蛋白质多样性的重要机制,是功能基因组时代的研究重点之一。

7. 密码子偏好性

由于存在密码子的兼并性(degenerate),一种氨基酸至少对应一种密码子,最多的有六种密码子决定一种氨基酸。编码同一种氨基酸的不同密码子称为同义密码子(synonymous codon)。生物体内究竟使用同义密码子中的哪种密码子来决定一种氨基酸并不是随机的,而是普遍存在着同义密码子非均衡使用的现象。某种生物或基因在编码同一个氨基酸时通常倾向使用同义密码子中的一种或几种特定的密码子,这就是密码子偏好性(codon bias)。同义密码子中被使用频率最高的密码子叫做最优密码子(optimal codon)。比如,精氨酸是由 6 种同义密码子(AGA、AGG、CGT、CGC、CGA、CGG)决定的,在酵母中,48% 的精氨酸是由密码子 AGA 决定的,其余 5 种编码精氨酸的同义密码子则以较低的、大致相等的频率被使用(每种 10% 左右)。又如亮氨酸可由 6 种密码子(TTA、TTG、CTT、CTC、CTA 和 CTG)编码,但在人类基因中,亮氨酸大多被 CTG 编码,而且几乎不被 TTA 和 CTA 编码。同样,缬氨酸由 4 种密码子(GTT、GTC、GTA 和 GTG)编码,其中人类基因利用 GTG 是 GTA 的 4 倍。

同义密码子的偏好性普遍存在于生物中,而且随物种、细胞器、基因的不同而不同。密码子偏好性的原因何在? 可能的因素主要有: ① 选择哪种密码子来决定氨基酸的倾向可能与这些密码子对应的 tRNA 的相对丰度有关。高表达基因的密码子往往采用对应高丰度 tRNA 的密码子,也就是说,与频繁使用密码子相配的 tRNA 比很少使用密码子相配的 tRNA 更丰富;对于中度表达的基因来说,编码同一氨基酸的所有密码子有平均使用的倾向,这似乎是由于翻译速度不快,因而稀有的同功 tRNA 也能被用上。② 密码子使用受到突变压和净化选择两者双重控制。

在生物基因组中编码基因普遍存在着密码子偏好性的特点,而随机核酸序列或非编码区则不具备这样的特点。因此,我们可以根据密码子偏好性的存在与否来识别基因组中的编码基因。

7.2 基因预测

7.2.1 基因预测策略及方法

　　基因预测就是从给定的一段基因组 DNA 序列中预测出基因所在的精确位置。虽然基因有很多类型,但目前基因预测主要还是针对那些编码蛋白质的基因。早期的基因预测研究开始于 20 世纪 80 年代中期,当时预测的方法比较简单,主要都是针对蛋白质编码区的识别,后来基因预测的主要研究方向转移到了识别完整基因上来。随着基因预测研究的不断深入与发展,基因预测的准确性也不断提高,如今已经发展出了几十种重要的基因预测的方法。

　　根据预测对象的不同,基因预测方法可分为原核基因的预测方法与真核基因的预测方法。根据基因识别原理的不同,基因预测方法又可分为同源性预测法(homology-based methods)和基于序列组成的统计特征预测法(statistics-based methods)。同源性预测法也称为"外在方法",主要是基于基因具有同源性的特点,利用数据库中现有的与基因有关的信息,通过同源比较来发现基因。基于序列组成的统计特征预测法又称从头预测(ab initio)方法或"内在方法",就是根据蛋白质编码基因的一般性质和特征进行识别,通过统计值区分外显子、内含子及基因间隔区域。一般意义上,编码基因具有两种类型的特征:一类特征是"信号",由一些特殊的序列构成,通常预示着其周围存在着一个基因;另一类特征是"内容",即蛋白质编码基因所具有的某些统计学特征。因此,基于序列组成的统计特征预测法又可分为基于内容识别的基因预测法和基于信号识别的预测法。

　　这些基因的预测方法各具优缺点,最理想的方法是综合这些方法的优点而开发的混合预测方法,目前一些基因预测方法已经具有了混合预测方法的特点。下面将对一些常用的基因预测的方法进行简要介绍。

　　1. 同源性预测法

　　同源性预测法可能是应用最早和最广泛的基因识别方法。这种方法主要是根据相同起源的序列在碱基组成上具有相似性的特点,通过对数据库中已知基因相关序列的相似性搜索比对来发现待分析序列中的基因。当我们想知道自己手中的一段 DNA 序列中究竟包含何种基因时,同源性预测法通常是大家首先会想到的方法。研究表明,有将近一半的脊椎动物基因可以通过 BLAST 在酵母、细菌和线虫等已测序的模式生物中找到相似性相当高的序列。这就为同源性预测法用于预测基因提供了可能。随着数据库中与基因相关信息(比如基因序列、EST 序列和蛋白质序列等)的不断增长,这就为同源性预测法提供了更多的资源。

　　运用同源性预测法来识别基因的一个明显的好处是,一旦确定一个待分析的基因组 DNA 序列与数据库中的某已知基因同源,那么我们很快就能弄明白这个待分析的 DNA 序列中这个刚识别出来的基因的结构、产物及一些生物学性质。但是,由于同源性预测法过度依赖于生物序列的同源性,所以一个基因能否通过用这种方法识别出来,主要还取决于数据库中是否已包含了与该基因同源的序列信息。因此,一个全新的基因是难以通过同源性预测法来识别的。除非完整的 cDNA 或同源蛋白质等序列早已在数据库中,否则,相似性搜索也往往难以识别出完整的基因。另外,即使相似性很高的序列也未必一定是同源的,所以单纯依靠同源性预测法识别基因时偶尔也会出现误导。因此,同源性预测法与其他预测方法相结合可以提高预测的有效性与准确性。

在运用同源性预测法预测基因时,我们可以使用序列比对工具 BLAST 或 FASTA 来搜索数据库中的已知序列。目前已经发展出许多基于同源性比对来进行基因预测的软件,比如 ORPHEUS、AAT、SIM4 等软件。

2. 长 ORF 识别法

搜寻大尺度开放阅读框是识别原核基因的一种简单且有效的方法。密码子是由三个碱基组成的三联体,所以,任何一段 DNA 序列上的密码子有三种可能的阅读方式,如果加上其互补链的话,就有六种可能的阅读方式,也就是有六个可读框。利用计算机扫描一段 DNA 序列,从每个可读框中寻找终止密码子,当找到一个终止密码子(TAA、TGA 或 TAG)后,马上返回来寻找上游的起始密码子(ATG),以确定完整的编码区域。有时,一个终止密码子上游有多个 ATG,但是密码子 ATG 并不等同于起始密码子,有时 ATG 只是肽链上甲硫氨酸对应的一个密码子,并不作为起始密码子。由前面的内容知道,几乎所有的起始密码子附近都存在着 Shine - Delgarno 序列。根据这个序列特征,就可以判断出哪个 ATG 为起始密码子。最后计算出每个起始密码子至终止密码子之间的长度,并设定一个长度阈值(例如 300bp)作为假定基因长度的下限,记录下所有大于此值的 ORF。当给定的 DNA 序列按所有可读方式扫描完后,我们就可以知道该 DNA 序列中有哪些是可能的 ORF。每找到一个 ORF,就意味可能对应着一个编码蛋白的基因。

长 ORF 识别法在原核基因预测中是比较有效的。简单的 ORF 扫描就可以有效地定位大多数原核基因。原核生物基因组相对比较简单,基因密度大,基因之间间隔序列较短,而且基因内的编码区也是连续的,这些特点都非常有利于 ORF 识别。但是这种方法在识别短的 ORF 或重叠的 ORF 时,出现错误的几率会大大增加。

虽然这种方法也可用来预测真核基因,但效果不太理想。这主要是由于真核生物基因组中存在大量的非编码序列,而且基因内存在内含子,编码区是不连续的,很难根据长度来确定 ORF。因此,长 ORF 识别法很少用于真核基因的预测。

现在已经发展出了许多自动识别 ORF 的软件,如 ORF Finder、GetOrf 和 Plotorf 等。

3. 密码子偏好预测法

基因组中的编码区存在着密码子偏好性,而非编码区则不具有这样的特性,而且不同生物具有不同的密码子偏好性。因此,我们可以将这种密码子偏好性的序列特征作为确定编码区的重要依据。密码子偏好性预测法就是基于这种原理来识别基因编码区的一种预测方法。

分析密码子偏好性,一般首先要构建密码子偏好性表,也就是要统计分析编码同一氨基酸的不同密码子各自的使用频率,确定密码子偏好性特征。一段具有与偏好性表相似的特征的 ORF,比不具有这种特征的 ORF 更可能是真正的编码序列。

对于一个分析工具而言,一般采用滑动窗体技术分析密码子偏好性,比较每一个阅读框中密码子的使用频率与该生物的密码子偏好性使用频率,若两者的使用频率的偏好性相似,则对应的 ORF 就是一个潜在的编码区。不同 ORF 的偏好性表可由"CUSP"计算得到,它的网址是 ftp://ftp. kazusa. or. jp/pub/codon/current/。不同物种密码子使用频率可由"Codon Usage Database"得到,该数据库中给出了 35799 种生物的密码子使用频率,包含了 3027973

个编码蛋白的基因,这个数据库的网址是 www. kazusa. or. jp/codon。该数据库中还提供了 Countcodon 网络软件(http://www. kazusa. or. jp/codon/countcodon. html),可以给出待分析序列的密码子使用表。GCUA 程序(http://gcua. schoedl. de/)则能够以图形的方式表现密码子偏好性。

4. CpG 岛识别

许多基因的 5′-端启动子附近往往存在着 CpG 岛,因此,CpG 岛可以作为发现基因的线索。近年来,识别 CpG 岛已经成为基因预测的一种常用方法。最初的 CpG 岛识别研究是由 Gardiner – Garden 和 Formmer(1987)利用 GenBank 中脊椎动物的 DNA 序列进行的,他们认为长度在 200bp 以上、GC 含量大于 50%、实际 CpG 含量与期望 CpG 含量的比值(Obs_{CpG}/Exp_{CpG})大于 0.6 的区域即为 CpG 岛。现在已经发展出了许多用于 CpG 岛预测的工具,如常用的预测工具 CpGPlot、CpGProD、CpGIS、CpGIE、CpGcluster 和 CpGIF 等。目前,这些预测工具大多是基于序列标准的策略(sequence criteria-based approaches),并结合了滑动窗体的技术(the sliding window approach),用一个窗体移过序列,每次移一个碱基对,进行计算,然后根据 CpG 岛的判断标准来确定其是否存在 CpG 岛。目前,CpG 岛的判断标准基本上都是在 Gardiner – Garden 和 Formmer 提出的标准的基础上改进而来的,判断的标准虽然因软件的不同而有差异,但基本上是大同小异的。

5. 神经网络法

神经网络(neural network,NN)属于信息科学理论范畴,它的提出源于模拟大脑的信息处理和学习过程,是随着信息科学的开创而发展起来的。神经网络是由大量的简单处理单元(也称神经元)按照不同方式相互连接构成的非线性动力系统,是对人脑或自然神经若干基本特征的抽象和模拟,不仅具有大规模的并行性和高速的信息处理能力,而且具有很强的自学习、自适应、自组织和自容错等能力。它能解决常规信息处理方法难以解决或无法解决的问题,尤其是那些属于思维(形象思维)和推理方面的问题,特别适用于同时考虑多因素和条件的、不精确和模糊的信息处理问题。正因如此,它引起了科学家们的广泛关注,成为目前国际上非常活跃的前沿领域之一。随着神经网络的不断发展,它在各个领域(包括计算分析生物学领域)都获得了大量的实际应用,神经网络技术已日益成为解决序列分析和模式识别问题的机器学习技术的一项重要工具。

一些基于神经网络结构的整合算法在基因预测中发挥了重要的作用,如最早的基因预测软件 GRAIL 和 GeneParser。GRAIL 程序是基于神经网络的信号特征整合系统,用以识别基因编码区域。首先要利用已知的外显子进行训练,通过训练学习外显子的组成规律,然后利用学习所掌握的规律来预测外显子。GRAIL 还可以用于基因建模(外显子组装)、CpG 岛检测及启动子识别等。GeneParser 程序也是基于神经网络并结合动态规划算法来预测基因的编码区。

6. 隐马尔可夫模型

隐马尔科夫模型(hidden Markov model,HMM)是由马尔科夫链扩展而来的一种随机过程。作为一种统计分析模型,HMM 创立于 20 世纪 70 年代,80 年代得到了传播和发展,成为信号处理的一个重要方向。近年来,HMM 被引入了生物信息学领域,并在 DNA 序列分析、基因识别、蛋白质结构预测等方面得到了广泛的应用。

在基因预测中,HMM 方法可以应用于编码序列、剪接位点、CpG 岛、启动子等的识别。

HMM 与神经网络在某些方面相似,也具有自学习的能力。因此,在进行预测前先需要建立训练数据集,然后通过对其进行训练与学习,建立拥有经验值的 HMM。最后用其来进行分析待检测的序列,从中识别出基因。

目前已经有许多由 HMM 方法发展出的基因预测软件,比如常见的有 GeneMark、Genie、VEIL 和 HMMGene 等基因预测软件。其中,GeneMark 与 Genie 软件主要根据基因编码区的内容特征来识别基因;而 VEIL 和 HMMGene 软件是通过编码区周围的特征信号(如启动子、剪接位点等)来寻找基因编码区。另外,GenScan 软件是基于半隐马尔可夫模型的一种基因预测软件,它被认为是最经典的基因预测软件之一。ECOPARSE 软件是使用 HMM 寻找大肠杆菌 DNA 中的基因。

7.2.2　基因预测常用软件

目前,用于基因预测的软件已经有很多,这里将介绍一些比较常用的、知名的基因预测软件。

1. ORF Finder 程序

ORF Finder(open reading frame finder)程序是美国 NCBI 提供的帮助用户寻找开放阅读框的网上服务,这个程序是基于基因具有大尺度 ORF 的特点设计的一种识别所有 ORF 的图形分析工具。用户可以把待分析的核酸序列以 FASTA 格式直接粘贴到网页上,也可以按序列的登录号从数据库中指定序列,并指定标准或特殊的密码子表。根据用户需要,可以设定最小 ORF 的长度,如 50、100 和 300bp,另外,也可以设定是否包括寻找反义链上的 ORF。最后的输出结果以图形的方式直观地展现出来,不仅能给出大于设定的最小长度的所有 ORF 的位置与序列,并给出了其对应的氨基酸。其网址为 http://www.ncbi.nlm.nih.gov/gorf/gorf.html。

2. CodonW 程序

CodonW 是一个常用的密码子分析软件。这是由英国诺丁汉大学遗传学系 Paul Sharp 实验室的 John Peden 在 1997 年发展的。该软件简化了密码子使用的多变量分析,采用了多变量分析中的对应分析(COA)方法,可进行密码子、同义密码子相对使用度和氨基酸的相关性分析,另外还可以分析最优密码子、密码子和(或)双核苷酸偏好性、碱基组成等。该软件既有菜单界面,也有命令行界面。下载 CodonW 的网址为 http://codonw.sourceforge.net/。

3. AAT 程序

AAT(analysis and annotation tool,分析和注释工具)是美国密歇根理工大学计算机系 Huang 等人于 1997 年发展的一种基于同源性预测法来识别基因的工具,主要是通过与 cDNA 数据库和蛋白质数据库中的序列进行比较来识别基因的编码区。该工具包括两个程序:第一个程序主要是将待分析的序列在蛋白质序列数据库中进行搜索比对;另一个程序则是将待分析的序列在 cDNA 数据库中搜索比对。每个程序包含一个数据库搜索程序(database search program)和一个序列比对程序(alignment program)。数据库搜索程序能很快地从待分析序列中识别出与数据库中序列相似的区域。而序列比对程序则能搜索数据库中所有序列的共有序列,且将它们排列成一个多序列的比对方式来比较,来增强剪接位点的预见性。序列间相似之处较低的比对将被滤过,最终的蛋白质和对应 DNA 排列在一起反馈给用户。其网址为

http://genome.cs.mtu.edu/aat.html。

4. GenScan 程序

GenScan 程序是 Burge 于 1997 年在斯坦福大学攻读博士期间发展出的一种真核基因综合预测软件。目前 GenScan 被认为是最好的基因识别工具之一。它最初是针对人类基因组设计的,在国际人类基因组计划中发挥了重要作用。GenScan 程序基于 GHMM(generalized hidden Markov model)建立了基因的概率模型。基因的概率模型包括了真核基因特殊的组成性和功能性单位,如外显子、内含子、剪接位点、启动子和 poly A 加尾信号等。GenScan 可在一条序列中预测多个基因,既可以识别完整的基因,也可以识别基因的一部分,既可以识别一条链上的基因,也可以识别两条链上的基因。另外,该程序也能给出每个预测出的外显子的可靠性程度。在人类与脊椎动物基因组 DNA 中,GenScan 能将 75%~80% 的外显子正确地识别出来。其网址为 http://genes.mit.edu/GENSCAN.html。

5. GRAIL

GRAIL 是基因识别组装互联网连接(gene recognition assembly internet link)的缩写。这是美国橡树岭国家实验室(Oak Ridge National Lab,USA)在美国能源部人类基因组计划支持下编写的程序。它使用神经网络方法来发现核酸序列中的编码外显子。GRAIL 已经过多次改进,近年来出现了多个改进版本。这些版本除预测方法有改进外,所用的训练序列也不同。GRAIL1 为人、小鼠和大肠杆菌;GRAIL1a 为人和小鼠;GRAIL2 为人、小鼠、拟南芥和果蝇。现在各版本并存以供选择。如今又在 GRAIL 的基础上发展出了 GrailEXP,而且最新的 GrailEXP 已为 GrailEXP 6.2 版本。GrailEXP 是一个能够预测外显子、基因、启动子、CpG 岛、EST 相似性和 DNA 重复序列的软件包。有关 GRAIL 和 GrailEXP 软件可以在网站 http://compbio.ornl.gov/Grail-1.3 上获得。

6. Genie

Genie 程序是基于 GHMM 模型和神经网络分类器的一种基因预测工具。该程序是由美国加利福尼亚大学圣克鲁兹分校的计算生物研究组、劳伦兹伯克利国家实验室的人类基因组信息研究组和伯克利果蝇基因组计划研究组协作完成的,其中最主要的完成人为 David Kulp 和 Martin Reese。果蝇与人的基因数据是 Genie 的主要训练数据,因此在预测果蝇与人的基因时,准确率比较高。其网址为 http://www.fruitfly.org/seq_tools/genie.html。

7. GeneID

GeneID 是基于层次结构(hierarchical structure)设计的软件,可用于预测基因组中的基因、外显子、剪接位点和别的信号位点。GeneID 软件的一个重要的特点就是运算速度非常快,即使在分析 1Gb 以上大片段基因组 DNA 时,也能在短时间内完成。另外,GeneID 可以融合 EST 等信息来进行混合预测。其网址为 http://genome.imim.es/geneid.html。

8. VEIL

VEIL(viterbi exon-intron local)程序是 John Henderson 等人于 1997 年发展出的基于 HMM 的识别外显子和内含子的基因预测程序。该程序分别使用不同的 HMM 模块来描述内含子、外显子、基因间隔区域等各种不同的序列片段,并分别用内含子、外显子、基因间隔序列数据对其相应的模块进行训练和检测。然后借助动态规划的 Viterbi 算法来分析询问序列,以确定编码区。其网址为 www.cs.jhu.edu/labs/compbio/veil.html。

9. Glimmer

Glimmer(gene locator and interpolated Markov model)是一个在微生物 DNA 中识别基因的工具,尤其是在细菌、古细菌和病毒的基因组中。Glimmer 使用内插的马尔可夫模型(interpolated Markov models,IMMs)来鉴定基因编码区,使其与非编码 DNA 分开来。Glimmer是一个广泛应用的基因识别程序,它对原核生物基因的预测已非常精确,相比之下,对真核生物的预测则效果有限。现在该程序的最新版本为 Glimmer 3.02,可以在网上自由下载,也可直接利用 NCBI 维护的网络版进行基因预测。其网址分别为 http://www. cbcb. umd. edu/software/glimmer/和 http://www. ncbi. nlm. nih. gov/genomes/MICROBES/glimmer_3. cgi。

10. GeneParser

GeneParser 是由美国科罗拉多大学的 Snyder 和 Stormo 于 1992 年发展出的一种基于动态规划(dynamic programming,DP)算法并结合神经网络来识别外显子和内含子的程序。该程序首先根据剪接位点、外显子和内含子的内容特征(密码子使用频率、六元组频率、周期不对称性、长度分布等)进行评分,并运用动态规划将其组合起来,根据分值的大小得到最可能的外显子和内含子的组合。然后将这些统计学上的赋值反馈给一个神经网络,神经网络可以对已知的外显子和内含子区域的顺序指标权重进行调整。最后,确定出外显子和内含子等的最优组合。其网址为http://cbil. humgen. upenn. edu/~sdong/。

11. FGENESH

FGENESH 是由 Solovyev 等人研发的适用于真核生物的基因识别分析软件。这是目前实际预测效果最好的程序之一,已经成为商品。但在 Sanger 中心和下面的公司的网址,还为学术性用户留下有限的网页服务。其网址为 http://www. softberry. com/。

12. GeneMark

GeneMark 程序使用 5 阶隐马尔可夫模型来同时识别 DNA 两条链上的外显子和内含子,寻找编码区。它最初是针对原核生物设计的,后来扩大到真核生物,并发展出多种版本。其网址为 http://exon. biology. gatech. edu/。

13. GenomeScan

GenomeScan 是 Burge 在发展出 GenScan 之后又推出的另一个预测基因的程序。它是在 GenScan 的基础上,辅以由 BLAST 搜索到的同源信息来确定内含子和外显子结构,目前只提供网页服务。其网址为 http://genes. mit. edu/genomescan. html。

14. GeneLang

GeneLang 是一个基于语法规则的基因结构识别程序,它使用计算机语言的工具和技巧来寻找基因和其他高度有序的特征序列。在语言(如英语)中,26 个字母按照一定的规则组合单词,单词又根据一定的语法形成具有一定意义的句子。类似地,基因组 DNA 就是由四个字母(A、T、C 和 G)按照一定的规则组成的,基因组中的外显子、内含子、起始密码子、终止密码子、启动子等都是由这四个字母按照各自特定的"语法"规则来表述的,基因就像由 ATCG 组成的句子,在 DNA 序列中的基因可以如英语语法上的正确句子一样来阅读识别。其网址为 http://www. cbil. upenn. edu/genlang_home. html。

15. CpGPlot/CpGReport/Isochore

CpGPlot/CpGReport/Isochore 是由 EMBL 提供的 CpG 岛计算工具,可以从一条或多条

核酸序列中识别 CpG 岛。该程序包括三个子程序，即 CpGPlot、CpGReport 和 Isochore，可以通过程序的下拉菜单来对这三个程序进行选择。CpGPlot 以图形的方式显示序列经过计算后的 Obs/Exp 值、GC 含量以及推测的 CpG 岛的位置；CpGReport 以报表的形式给出在序列中所发现的 CpG 岛的位置、大小、G＋C 总量和 GC 含量；Isochore 则是在大片段 DNA 序列上以图形的方式标出不同的等值区的 GC 含量。其网址为 http://www.ebi.ac.uk/Tools/emboss/cpgplot/index.html。

16. HMMgene

HMMgene 是基于 HMM 发展的一种用于人、线虫和其他脊椎动物的基因预测程序。该程序能够在一条 DNA 序列中预测整个基因或基因的一部分，也可以来预测基因的结构。HMMgene 能以 FASTA 格式输入一条或多条序列，运行前可根据需要设置一些运行参数。HMMgene 输出结果给出了所有被预测基因和编码区的位置，同时也给出了外显子的得分与整个基因的得分。其网址为 http://www.cbs.dtu.dk/services/HMMgene/。

17. MZEF

MZEF(Michael Zhang's exon finder)是冷泉港实验室张奇伟(Michael Zhang)发展的从基因组 DNA 序列中预测内部编码外显子的软件，用户可以校正先验概率，输出可供选择的重叠外显子。该程序使用二次方程判别分析(quadratic discriminant analysis，QDA)的方法来达到判断外显子和假外显子(pseudoexon)。这种方法是 HEXON(GeneFinder 中的 FGENEH 是 HEXON 的改进)中使用的，是早期的线性判别分析(linear discriminant analysis，LDA)中的统计学模式识别概念的延伸。在 QDA 的模式下，可以更精确地判断外显子和假外显子的分割界限。其网址为 http://rulai.cshl.org/tools/genefinder/。

18. MORGAN

MORGAN(multiframe optimal rule-based gene analyzer)程序使用统计学中的决策树方法来预测基因。MORGAN 以 19 种特性的集合来区分 DNA 的不同片段，并以大量实际序列来训练程序，确定参数。其网址为 http://www.cs.jhu.edu/labs/compbio/morgan.html。

19. NNPP

NNPP(neural network promoter prediction)程序是采用模拟核心启动子区域结构和组成特性的延迟神经网络(time-delay network)模型来预测启动子的。这个延迟神经网络种主要由两个特征层构成：一个用于识别 TATA 框；另一个用于识别横跨转录起始位点的保守区域。两个特征层结合成一个输出单元，输出分值(0～1)。因此，NNPP 不仅能够较好地区分启动子位点，而且能显示转录起始信号的模糊特性。该程序主要是用果蝇和人的数据训练的，所以 NNPP 在果蝇和人中预测启动子的效果非常好。其网址为 http://www.fruitfly.org/seq_tools/promoter.html。

20. PromFD

PromFD 是由科罗拉多大学的 Chen Q. 和 Hertz G. 等在 1996 年发展的一种预测真核生物 pol Ⅱ启动子的程序。该程序是用 C＋＋语言编写的，其源程序可通过 FTP 下载：ftp://ftp.genetics.wustl.edu/pub/stormo/PromFD/。

7.3　引物设计

PCR 技术已经成为分子生物学领域最基本、最广泛的技术手段之一。然而,引物是 PCR 扩增的必要条件,能否找到一对合适的引物决定着 PCR 扩增的成败。因此,引物设计则成为 PCR 技术中至关重要的一环。

7.3.1　引物设计原则

引物设计需要遵循三条最基本的原则:① 引物与模板的特定序列之间存在紧密的互补;② 引物内部及引物之间避免形成稳定的二聚体或发夹结构;③ 避免引物与模板的非目标区序列互补结合,即避免非特异性扩增。无论如何,设计引物都需遵守上面这三条最基本的原则。

在实际的引物设计中,如果要使这三条基本引物设计原则得以实现,则需要考虑许多影响因素,比如引物长度、产物长度、引物与模板之间形成双链的稳定性、引物序列的 T_m 值、引物的 GC 含量、产物的 GC 含量、引物二聚体与发夹结构、引物碱基组成、错配位点的引发效率等因素。

如果将上面三条最基本的原则细化的话,在引物设计时需注意如下问题:

① 引物长度一般在 15～30bp,最好在 18～27bp,最长不要超过 38bp。如引物过短,易与模板发生错配,降低 PCR 的特异性;如引物过长,又会使 PCR 效率降低,影响产率。

② 引物序列的 GC 含量最好在 40%～60%。GC 含量太低会导致引物 T_m 值较低,使用较低的退火温度不利于提高 PCR 的特异性;GC 含量过高也易引发非特异性扩增。而且上下游引物序列 GC 含量的差异不要太大,3′-端最后 5 个碱基最好不要富含 G、C,特别是连续 3 个 G 或 C,否则错误引发几率会增加。

③ T_m 值是寡核苷酸的解链温度,即在一定盐浓度条件下,50% 寡核苷酸双链解链的温度。设计引物时,一般要求引物的 T_m 值为 55～65℃,而且要尽可能保证上下游引物的 T_m 值一致,二者差异最好不要超过 2℃。对于短于 20bp 的引物,T_m 值可根据 $T_m = 4(G+C) + 2(A+T)$ 来粗略估;对于较长引物,T_m 值则需要考虑热动力学参数,从"最近邻位"的计算方式得到,这也是现有的引物设计软件最常用的计算方式。$T_m = 0.41 \times (\%GC) - 675/size + 81.5$(size 为引物碱基;%GC 为 GC 含量)。

④ 引物序列与模板内的非目标区序列应当没有较高的互补性,否则容易出现错配。尤其是引物 3′-端序列,一定要避免四个以上的碱基互补错配。

⑤ 在 PCR 扩增时,在 DNA 聚合酶的作用下,将沿着引物 3′-端进行延伸,因此,引物 3′-端的末位几个碱基对 PCR 反应成功与否有较大的影响。它们应当与模板严格配对。不同的末位碱基在错配位置导致不同的扩增效率,末位碱基为 A 的错配效率明显高于其他 3 个碱基,因此应当避免在引物的 3′-端使用碱基 A。另外,引物 3′-端最末的一个碱基最好不要落在密码子的第三位碱基上,因为第三位碱基易发生兼并,较其他位点具有更高的变异性,会影响扩增特异性与效率。

⑥ 引物 5′-端序列对 PCR 影响不太大,因此常用来引进修饰位点或标记物。引物 5′-端修饰包括:加酶切位点;标记生物素、荧光、地高辛等;引入蛋白质结合 DNA 序列;引入突变位

点、插入与缺失突变序列和引入一启动子序列等。

⑦ 自由能(ΔG)值反映了引物与模板结合的强弱程度，也是一个重要的引物评价指标。一般情况下，应当选用 $3'$-端 ΔG 值较低，最好不要超过 9kcal/mol（ΔG 值一般为负值，这里所说的 ΔG 值的大小均是指其绝对值），而 $5'$-端和中间 ΔG 值相对较高的引物。引物的 $3'$-端的 ΔG 值过高，容易在错配位点形成双链结构并引发 DNA 聚合反应。总的来看，从引物 $5'$-端到 $3'$-端的 ΔG 绝对值大小存在递减的趋势。

⑧ 引物自身不应存在互补序列，否则引物自身会折叠成发夹结构，使引物本身复性。这种二级结构会因空间位阻而影响引物与模板的复性结合。若用人工判断，引物自身连续互补碱基不能大于 3bp。从自由能的角度来看，引物自身形成的发夹结构的 ΔG 值一半不应超过 4.5kcal/mol（指绝对值）。

⑨ 两引物之间不应存在互补性，特别要避免 $3'$-端的互补重叠，以防引物二聚体的形成。引物自身不能有连续 4 个碱基的互补。从自由能的角度来看，上下游引物形成的二聚体的自由能 ΔG 值也应小于 4.5kcal/mol（绝对值）。

⑩ 在设计引物时，要考虑产物的长度。如产物太长，容易导致 PCR 失败。

在实际的引物设计中，将面对各种各样的模板，同时引物设计的目的也不尽相同。模板不同，引物设计的难度可能也不相同。有的模板本身条件比较差，例如 GC 含量偏高或偏低，导致找不到各种指标都十分合适的引物。引物设计目的不同也会使引物设计的难度有所差异。比如用作克隆目的的 PCR 因为产物序列相对固定，引物设计的选择自由度较低，也很难设计出符合各种指标的引物。另外，在实际中经常会遇到并不知道需要 PCR 扩增的模板本身的序列信息，需借助与其同源性较高的已知序列来设计引物情况，这会增加引物设计的难度。在这些情况下，只能退而求其次，尽量去满足条件。

7.3.2　引物设计常用软件

目前，用于引物设计的软件相当多。在这些软件中，既有网络版引物设计软件，也有在本地计算机上运行的引物设计软件；既有商业版的引物设计软件，也有免费共享的引物设计软件；既有包含引物设计功能的综合分析软件，也有专门用于引物设计的软件。总之，关于引物设计的软件形形色色，各具特色。一般来说，那些专门用于引物设计且进入商业化运行的软件往往功能比较强大，设计出的引物进行 PCR 的效果比较好。近年来用于引物设计的最常用的最知名的软件主要有 Primer Premier 5.0、Oligo 6 与 Primer3 等。

Primer Premier 5.0 和 Oligo 6 是商业化开发的最知名的引物设计软件，在引物设计方面具有强大的功能，是引物设计软件中的佼佼者。其中，Primer Premier 5.0 具有最强的引物自动搜索功能；而 Oligo 6 的引物评价功能则处于领先地位。因此，要想得到最理想的引物，将 Primer Premier 5.0 和 Oligo 6 软件搭配使用无疑是最佳的选择，以 Primer Premier 5.0 进行引物自动搜索，以 Oligo 6 进行引物评价分析，如此搭配设计出的引物将具有很高的成功率。Primer 3 则是最知名的网络版免费共享引物设计软件，将 DNA 模板序列提交到网上来获得引物，其因是免费使用且操作简单，所以很受大家青睐。

1. Primer Premier 5.0

Primer Premier 5.0 是由加拿大的 Premier 公司开发的专业用于 PCR 或测序引物以及杂

交探针的设计、评估的软件。其主要界面分为序列编辑(GeneTank)窗体、引物设计(Primer Design)窗体、酶切分析(Restriction Sites)窗体和基元分析(Motif)窗体。这里我们主要简单介绍其引物设计功能。

　　打开程序,首先进入的是序列编辑窗体。通过文件上传或直接粘贴、键盘输入的方式将DNA 序列提交给软件,如图 7-1 所示。该窗体有一个语音校正的功能,具有序列"朗读"的功能,以便用户进行校正。另外,它还有可以将键盘输入的序列自动读出来的功能,保证输入的正确和快速。

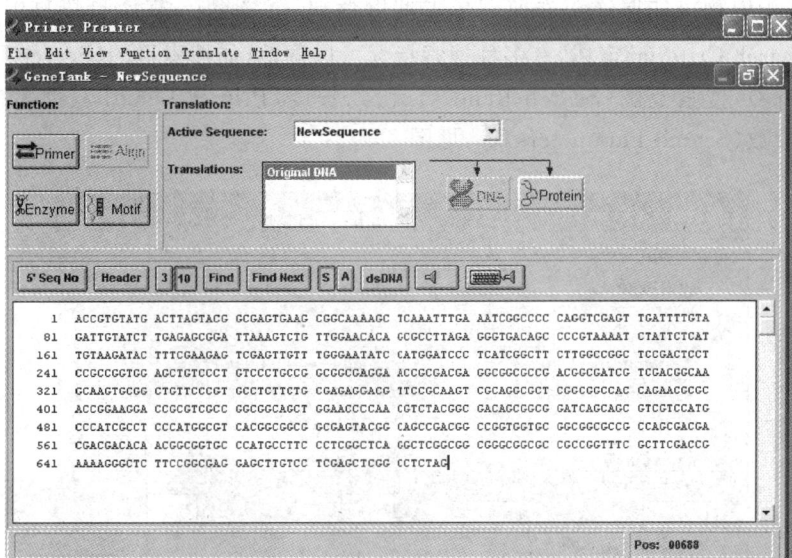

图 7-1　序列编辑窗体

　　在序列编辑窗体界面上,点击按钮"⇌Primer"就可以进入引物设计窗体,如图 7-2 所示。

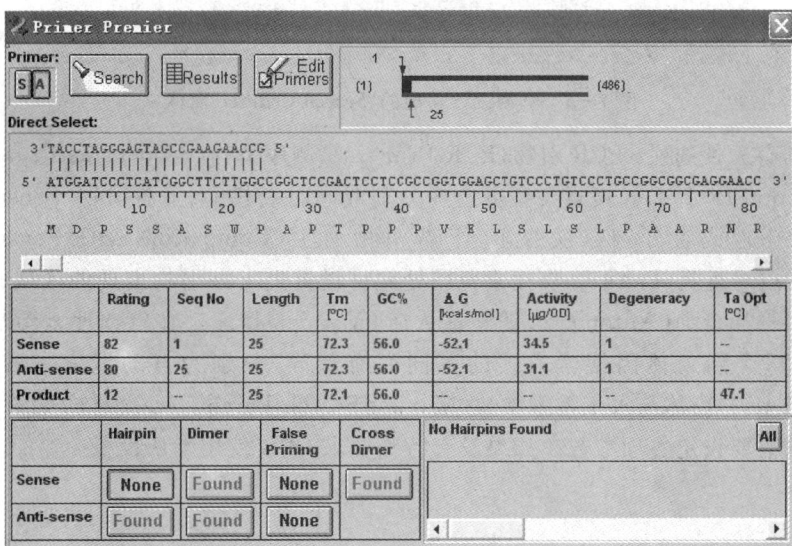

图 7-2　引物设计窗体的主界面

　　该界面共分为四层：最上面一层的左边是五个按钮，包括了引物的正反义链的选择、引物搜索功能、结果查看与引物编辑；右边是显示引物与模板结合位置的直观图。第二层显示了引物与模板二者间的具体配对情况。第三层则给出了引物的各种参数指标，比如引物评分、引物起始、引物长度、T_m 值、GC 含量、ΔG 值、消光系数、兼并性、可供参考的退火温度。最下一层显示了有关于引物的发卡结构、二聚体结构、错配情况等的预测，其中左边以"None"或"Found"的方式显示了是否存在以上各种对 PCR 扩增有影响的结构，右边显示的是这些结构的位置、结构细节和稳定能，利用这些参数可以对引物做出可靠的评价。

　　进一步点击引物设计窗体主界面的最上面的按钮" Search "，程序将执行引物的搜索功能，出现了"Search Criteria"窗体，有多种搜索指标可以调整，如搜索目的（Search For）、搜索类型（Search Type）、搜索范围（Search Ranges）、引物长度（Primer Length）、搜索模式（Search Mode）、搜索参数（Search Parameters）等，见图 7-3。

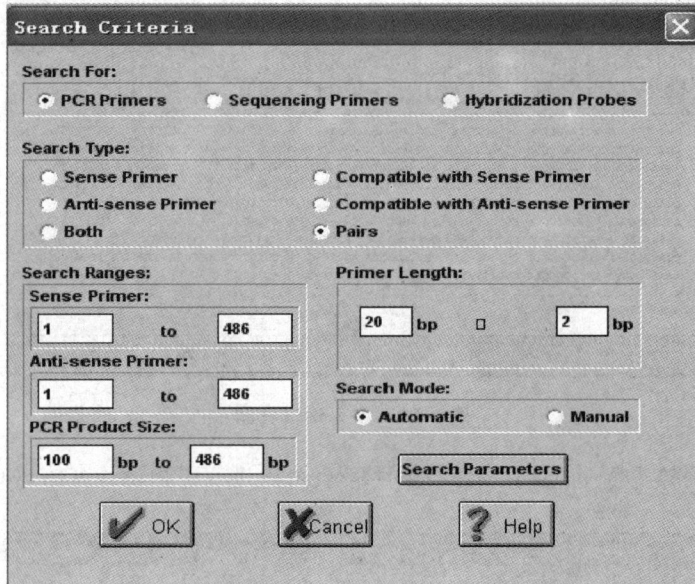

图 7-3　引物设计功能的"Search Criteria"窗体

　　搜索目的有三种选项：PCR 引物（PCR Primers）、测序引物（Sequencing Primers）、杂交探针（Hybridization Probes）。搜索类型可选择分别或同时查找上、下游引物（Sense/Anti-sense Primer，或 Both），或者分别以适合上、下游引物为主（Compatible with Sense/Anti-sense Primer），或者成对查找（Pairs）。在搜索范围处允许设置上下游引物出现的区域和产物长度。搜索方式可以选择自动（Automatic）搜索或人工（Manual）搜索。在点选搜索参数时，会出弹出新的窗体，这个新窗体因搜索方式的不同而有差异，分别为自动搜索参数（Automatic Search Parameters）窗体与人工搜索参数（Manual Search Parameters）窗体，见图 7-4。用户可根据自己的需要设定各项参数。如果没有特殊要求，建议使用默认设置。

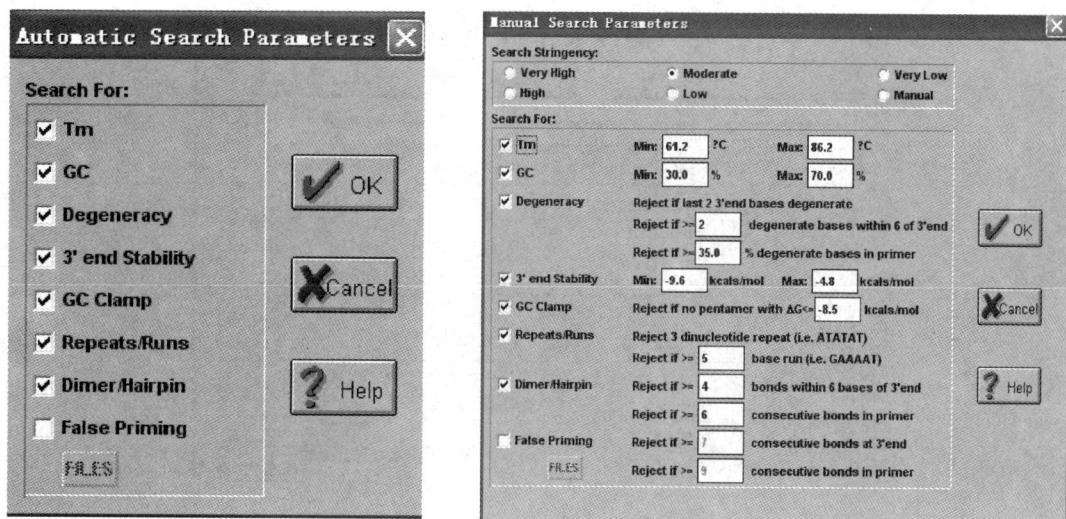

图 7 - 4 在两种搜索方式下的搜索参数窗体

完成有关搜索的各项设置后,点击"Search Criteria"窗体最下方的按钮"✔ OK",接着会弹出"Search Progress"窗体,当显示"Search Completed"时,再点击按钮"✔ OK",接着在一个新的"Search Results"窗体中以列表的形式给出了引物的搜索结果,见图 7 - 5。

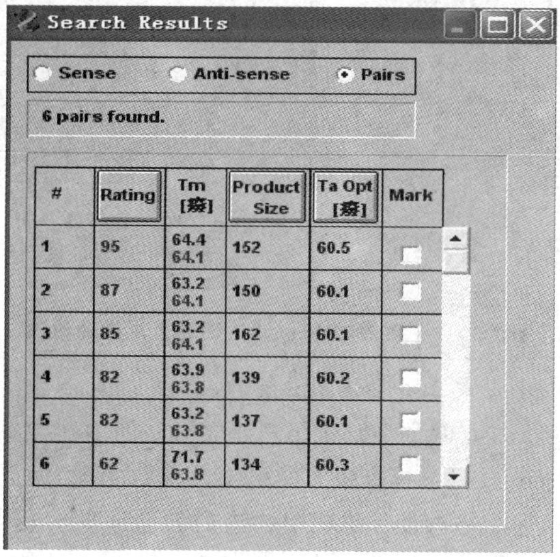

图 7 - 5 引物搜索结果

在引物搜索结果窗体中,给出了各引物的分值(Rating),并按优劣次序排列,同时给出了各引物的 T_m 值、产物大小和退火温度。通过直接点击各对引物,并把上述窗体挪开或退出,显示"引物设计"主窗体,该引物的详细信息将显示在这里,与图 7 - 2 类似。

然后根据其引物是否存在二级结构及各项指标在"Direct Select"下对引物进行手工调整。同时也可点击按钮"✔ Edit Primers"进入"Edit Primer"窗体,对引物进行编辑,见图 7 - 6。在这里可以给引物增加酶切位点,或找出更稳定的引物。

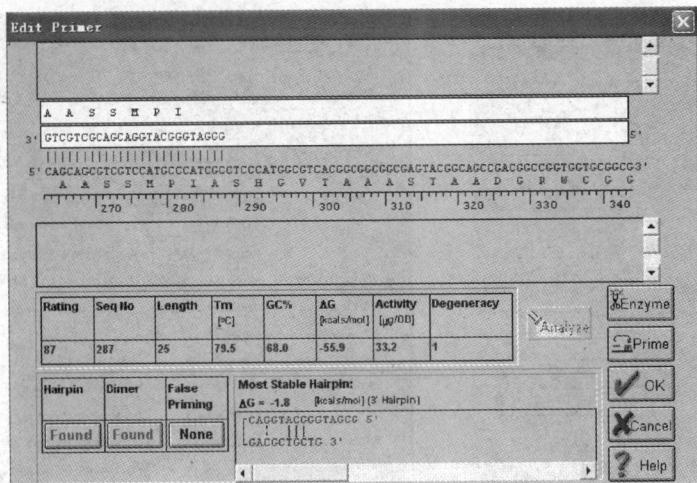

图 7 - 6　"Edit Primer"窗体

除了以上的直观地对引物进行基本的设计和评估功能外,该程序还提供了多种数据报告,主要通过 Report 菜单和 Graph 菜单中命令来实现,见图 7 - 7。

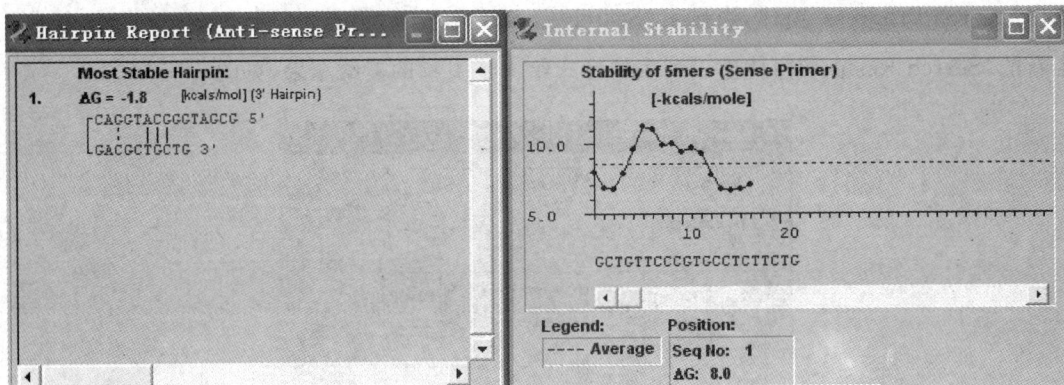

图 7 - 7　主菜单中 Report 给出的直观的评价图

Premier 可通过 Function 菜单中 Multiplex/Nested Primer 命令进入巢式 PCR 引物设计。另外,该菜单中的 Database 命令可以让用户建立自己的引物数据库,方便查找和对照。

总体看来,Primer Premier 5.0 具有强大的引物设计的功能,尤其在引物自动搜索功能方面具有明显的优势,另外,它能够对设计出的引物进行较全面的分析与评价,而且操作起来也相对简单。因此,Primer Premier 5.0 是一个比较优秀的引物设计软件。

2. Oligo 6

在众多引物设计软件中,Oligo 是最专业、最著名的引物设计软件。Oligo 软件的功能比 Primer Premier 软件更单一,仅专注于引物的设计。Oligo 软件的引物分析评价功能是所有引物设计软件中最优秀的,这也使得 Oligo 风靡全球。Oligo 软件已经开发出多个版本,在这里主要简单介绍一下 Oligo 6.22。

启动 Oligo 6.22 后,出现的主界面见图 7 - 8。

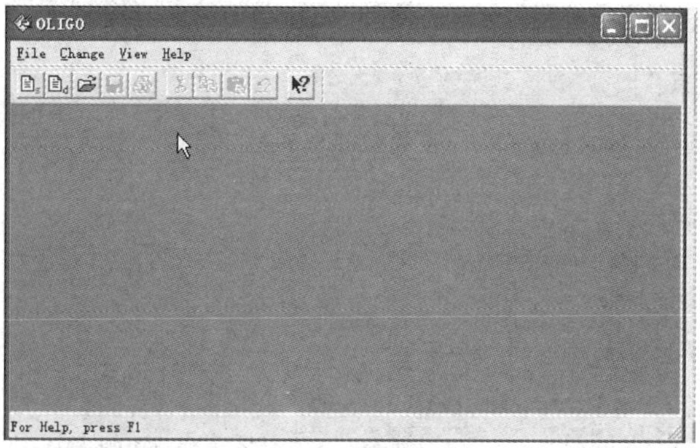

图 7 - 8　Oligo 6.22 的主界面

当将序列数据上传或输入到软件中后,则在主界面内弹出三个子窗体,这三个子窗体分别是三张图:T_m 图、ΔG 图和 Frq 图,如图 7 - 9a 所示。因为分析要涉及多个指标,启动窗体的 cascade 排列方式不太方便,可从 Windows 菜单改为 tile 方式,见图 7 - 9b。

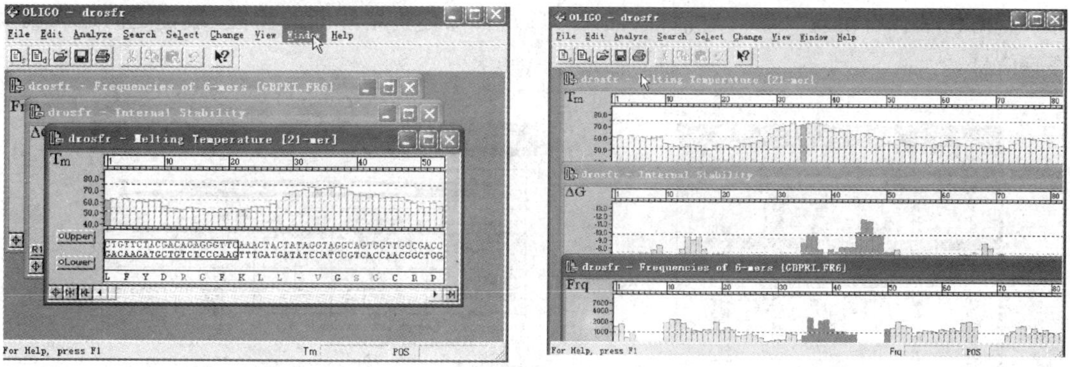

a

b

图 7 - 9　T_m 图、ΔG 图和 Frq 图

根据上面提供的信息,可以滑动鼠标来手动选取上、下游引物。在选取引物时,最好使选出的引物的 ΔG 值在 $5'$-端和中间比较高,而在 $3'$-端相对低;T_m 值曲线以选取 72℃ 附近为佳,$5'$-端到 $3'$-端的呈递减趋势也有利于引物引发聚合反应;同时,宜选用 $3'$-端 Frq 值相对较低的区域作为引物。如果选好上游引物,可以点击 T_m 子窗体的"Upper"按钮;如果选好下游引物,可以点击"Lower"按钮确定。

通过软件自身的搜索功能也可以得到引物。首先点击主菜单中的"Search",再选其下的"for Primers and Probes"项,此时则会弹出一个对话框(图 7 - 10),在这个对话框中可根据实际需要设置各种参数,如果没有特殊要求,可采用默认值。设置完成后点击"OK",将会弹出"Search Status"对话框,当其显示"Search Completed"时,再点击"OK"。

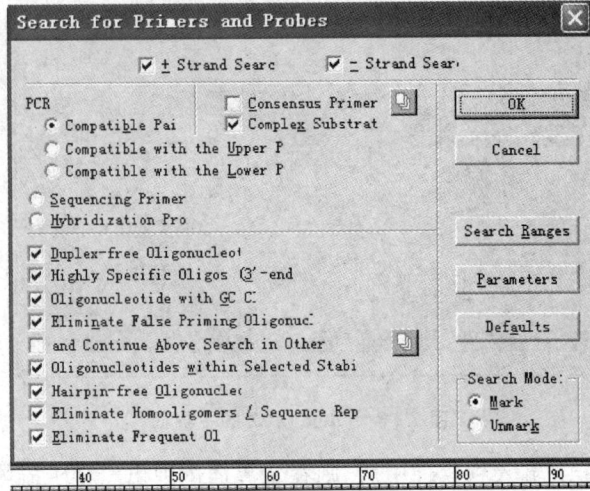

图 7 - 10　引物与探针搜索参数设置对话框

　　之后,弹出的对话框"Primer Pairs"(图 7 - 11)将以列表的形式给出搜索得到引物对的结果。点击任一行将出现"PCR"对话框(图 7 - 12),告知你扩增片断的位置、最合适的退火温度等等信息。

图 7 - 11　"Primer Pairs"对话框

图 7 - 12　"PCR"对话框

　　关掉上面两个对话框,回到原来的主窗体界面,将能看到引物的序列和位置。

　　得到上、下游引物后,最重要的工作就是利用 Oligo 软件中的强大引物评价分析功能来对找到的引物进行评估和修正。点选主界面顶端的"Analyze",弹出下拉菜单,然后点选下拉菜单中的各项评估指标来进行评估(图 7 - 13)。

　　利用 Oligo 给出的各种评价结果,并结合引物设计的原则,最后设计出最理想的引物。

　　总的来说,Oligo 软件是当今最好的专业引物设计软件,是专业设计引物人员的必备工具。

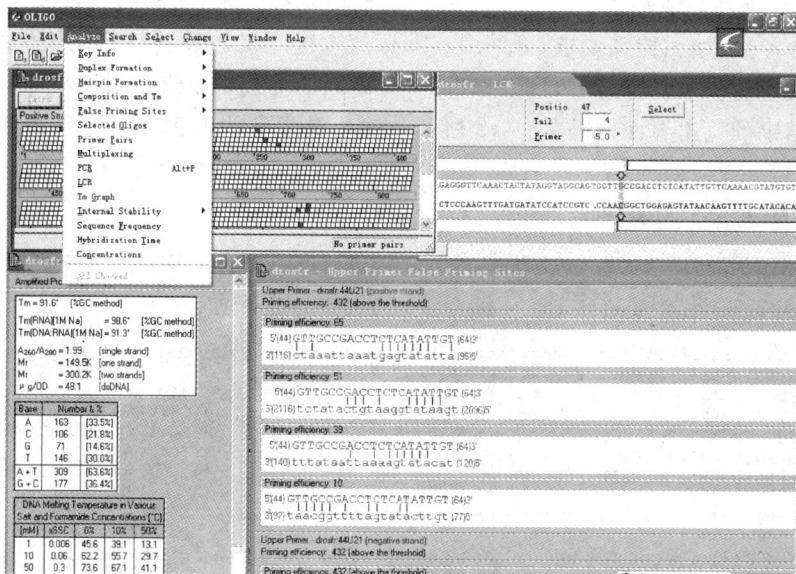

图 7 - 13　引物分析评价

3. Primer3

Primer3 是一个最知名的网络版免费共享的引物设计软件,由麻省理工学院 Whitehead 研究所的 Steve Rozen 与 Henlen Skaletsky 于 1996 年开发并一直维护至今。该软件不仅免费使用,而且还在网上公开了其源代码,供人们下载使用。因此,许多人利用 Primer3 的源代码又编写出了一些与引物设计相关的工具。比如有人在 Primer3 的源代码的基础上,发展出能够进行引物批量设计的软件,即实现了 Primer3 批量设计引物的功能。Primer3 使用起来非常方便,在这里简单介绍一下该软件的使用方法。

首先打开 Primer3 的主页(http://frodo. wi. mit. edu/primer3/),如图 7 - 14 所示。在主页的上部是模板序列框,下面的部分是各种引物设计参数设置。

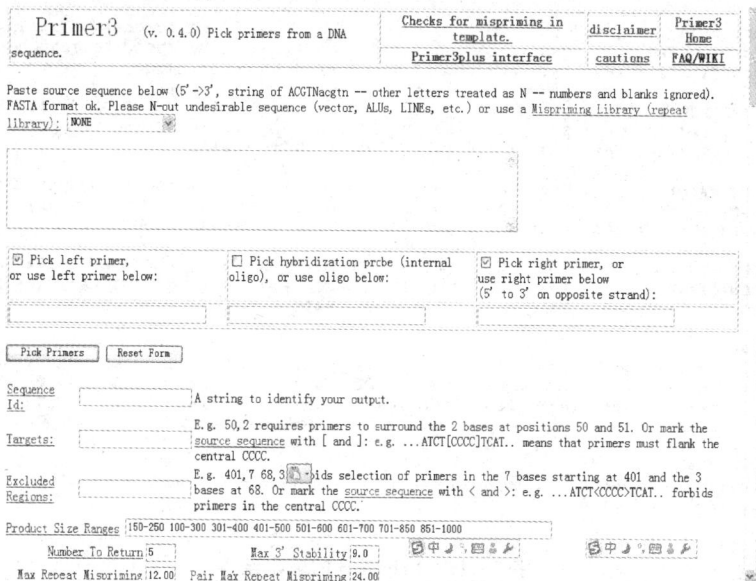

图 7 - 14　Primer 3 的主页

　　把 DNA 序列粘贴或输入到主页上模板序列框中。接下来，根据自己的实际需要来设置各种引物设计参数，如无特殊要求，可采用其默认值。这些参数设置与其他软件大同小异，在这里不再详细说明。设置完成后，可以点击"Pick Primers"按钮来进行引物设计。很快就返回到引物设计结果的输出界面，如图 7－15 所示。输出结果分为两部分：一部分给出了得分最

Primer3 Output

```
PRIMER PICKING RESULTS FOR seq1

No mispriming library specified
Using 1-based sequence positions
OLIGO          start   len       tm      gc%     any      3'  seq
LEFT PRIMER       95    20    60.00    50.00    4.00    2.00  CTCCAGAGGGGAAATGATGA
RIGHT PRIMER     276    20    59.87    50.00    3.00    2.00  ACTTGCCTCTGCCTGACAAT
SEQUENCE SIZE: 360
INCLUDED REGION SIZE: 360

PRODUCT SIZE: 182, PAIR ANY COMPL: 6.00, PAIR 3' COMPL: 1.00

    1 GCACGAGGCCTCGTGCCGAATTCGGCACGAGGCTTTCACTGACACTGAAGATCCTGCCAA

   61 ATTCAAGATGAAATACTGGGGAGTGGCTGCATACCTCCAGAGGGGAAATGATGACCACTG
                                       >>>>>>>>>>>>>>>>>>>>

  121 GATAGTGGACACAGATTATGACACTTATGCAATTCATTACTCCTGCCGGGAACTAAATGA

  181 TGACGGCACCTGTGCTGATAGCTACTCATTCGTGTTCTCCCGGGACATTAATGGATTATC

  241 CCCAGAGGCACAGAGAATTGTCAGGCAGAGGCAAGTTGAGCTTTGCTTGGACAGAAAATA
                    <<<<<<<<<<<<<<<<<<<<

  301 CAGACTTATTGTTCATAACGGATACTGCTCTTAAGGAGATCCTAAAGTATTGGGAGCAAA


KEYS (in order of precedence):
>>>>>> left primer
<<<<<< right primer


ADDITIONAL OLIGOS
               start   len       tm      gc%     any      3'  seq

 1 LEFT PRIMER      95    20    60.00    50.00    4.00    2.00  CTCCAGAGGGGAAATGATGA
   RIGHT PRIMER    255    20    60.21    55.00    3.00    1.00  CTCTGTGCCTCTGGGGATAA
   PRODUCT SIZE: 161, PAIR ANY COMPL: 7.00, PAIR 3' COMPL: 1.00

 2 LEFT PRIMER      96    20    59.86    50.00    3.00    1.00  TCCAGAGGGGAAATGATGAC
   RIGHT PRIMER    276    20    59.87    50.00    3.00    2.00  ACTTGCCTCTGCCTGACAAT
   PRODUCT SIZE: 181, PAIR ANY COMPL: 6.00, PAIR 3' COMPL: 1.00

 3 LEFT PRIMER      95    20    60.00    50.00    4.00    2.00  CTCCAGAGGGGAAATGATGA
   RIGHT PRIMER    295    20    59.72    45.00    4.00    0.00  TCTGTCCAAGCAAAGCTCAA
   PRODUCT SIZE: 301, PAIR ANY COMPL: 4.00, PAIR 3' COMPL: 2.00

 4 LEFT PRIMER      95    20    60.00    50.00    4.00    2.00  CTCCAGAGGGGAAATGATGA
   RIGHT PRIMER    296    20    59.72    45.00    4.00    1.00  TTCTGTCCAAGCAAAGCTCA
   PRODUCT SIZE: 202, PAIR ANY COMPL: 4.00, PAIR 3' COMPL: 3.00

Statistics
         con    too    in     in             no     tm     tm    high   high          high
         sid   many   tar    excl   bad      GC    too    too    any    3'    poly   end
         ered   Ns    get    reg    GC%  clamp   low   high  compl compl     X    stab    ok
Left    2245    0     0      0      0      0    608   1047     0     3      0    49    538
Right   2276    0     0      0      0      0    903    719     0     3      0    43    608
Pair Stats:
considered 758, unacceptable product size 743, high end compl 2, ok 13
primer3 release 1.1.4
```

图 7－15　Primer 3 的输出结果

高的一对引物的序列、长度、起始位点、T_m 值与 GC 含量等信息,并以直观的图像形式给出了这对引物在模板 DNA 上的结合位置;另一部分则又给出了多对备选引物以供参考,一般会给出四对备选引物(备选引物的多少由用户设定的参数决定,如采用默认参数的话,将自动给出四对备选引物)。

　　总的来说,Primer3 软件是一个易于操作的网络版免费引物设计软件,而且设计出的引物的 PCR 效果也不错。因此,Primer3 软件是人们最常用的引物设计软件之一。

■■■ 知识拓展

关于基因预测的网站

http://linkage. rockefeller. edu/wli/gene

http://www. genefinding. org/

http://www. geneprediction. org/

http://www. ebi. ac. uk/Tools/Wise2/

http://www. ncbi. nlm. nih. gov/gorf/gorf. html

用于引物设计的网站

http://frodo. wi. mit. edu/primer3/

http://www. med. jhu. edu/medcenter/primer/primer. cgi

■■■ 习　　题

1. 原核生物与真核生物的基因结构何有异同?

2. 基因的预测方法主要分为哪几大类?

3. 什么是 CpG 岛? 为什么能够通过寻找 CpG 岛来预测基因?

4. 如何寻找基因的开放阅读框?

5. 什么是密码子偏好性? 为什么能根据密码子偏好性进行基因预测?

6. 除了书中介绍的基因预测软件外,你还知道哪些基因预测软件?

7. 请下载一段人类的基因组序列,并试着用 GenScan 预测软件预测其中的基因。

8. 引物设计的原则有哪些?

9. 从 GenBank 中下载一段 DNA 序列,并试着分别用 Oligo 6.54、Primer Premier 5.0 和 Primer3 软件进行引物设计。

参考文献

　　1. 杜志敏.双窗口模型结合小波多尺度分析识别人类基因组 Isochore 的边界[D].石家庄:河北工业大学,1997.

　　2. 郝柏林,张淑誉.生物信息学手册(第 2 版).上海:上海科技出版社,2002.

　　3. 蒋彦,王小行,曹毅等.基础生物信息学及应用.北京:清华大学出版社,2003.

　　4. A. D. Bavevanis,B. F. F. Ouellette. 生物信息学:基因和蛋白质分析的实用指南.李衍达,孙之荣等译.北京:清华大学出版社,2000.

　　5. 李稚锋,王正志,张成岗.真核基因可变剪接研究现状与展望.生物信息学,2004,2:35 - 38.

　　6. 刘清坡.水稻的密码子用法及起始和终止密码子侧翼序列对基因表达的影响[D].杭州:浙江大学,2005.

　　7. M. Nei,S. Kumar. 分子进化与系统发育. 吕宝忠,钟扬,高莉萍等译.北京:高等教育出版社,2004.

　　8. 米湘成.小波分析和人工神经网络在生态学研究中的应用.北京:中国科学院植物研究所博士后研究

工作报告,2002.

9. S. 米赛诺,S. A. 克拉维茨. 生物信息学方法指南. 欧阳红生,阮承迈,李慎涛等译. 北京：科学出版社,2005.

10. 邵红梅. 带惩罚项的 BP 神经网络训练算法的收敛性[D]. 大连：大连理工大学,2006.

11. 石鸥燕,杨晶,田心. 基于 MATLAB 的隐马尔科夫模型识别 CpG 岛. 计算机应用于软件,2008,25(11)：214 - 215.

12. 孙啸,陆祖红,谢建明. 生物信息学基础. 北京：清华大学出版社,2005.

13. D. E. Krane, M. L. Raymer. 生物信息学概论. 孙啸等译. 北京：清华大学出版社,2004.

14. J. Pevsner. 生物信息学与功能基因组学. 孙之荣等译. 北京：化学工业出版社,2006.

15. 吴乃虎. 基因工程原理(第 2 版). 北京：科学出版社,2005.

16. 吴宪明,吴松锋,任大明等. 密码子偏性的分析方法及相关研究进展. 遗传,2007,29(4)：420 - 429.

17. 熊清. 真核启动子预测博士学位论文[D]. 重庆：重庆大学,2004.

18. 许忠能. 生物信息学. 北京：清华大学出版社,2008.

19. P. Baldi,S. Brunak. 生物信息学——机器学习方法. 张东辉等译. 北京：中信出版社,2003.

20. 张新宇,高燕宁. PCR 引物设计及软件使用技巧. 生物信息学,2004,4：15 - 18.

21. C. Burge. *Identification of genes in human genomic DNA*[D]. Stanford：Stanford University, 1997.

22. J. Henderson, S. Salzberg, K. H. Fasman. Finding genes in DNA with a hidden Markov model. *Journal of Computational Biology*, 1997, 4(2)：127 - 141.

23. A. Delcher, D. Harmon, S. Kasif, O. White, S. Salzberg. Improved microbial gene identification with GLIMMER. *Nucleic Acids Research*,1999, 27(23)：4636 - 4641.

24. S. Salzberg, A. Delcher, S. Kasif, O. White. Microbial gene identification using interpolated Markov models. *Nucleic Acids Research*, 1998, 26(2)：544 - 548.

25. A. C. Mathe, M. F. Sagot, T. Schiex, P. Rouze. Current methods of gene prediction, their strengths and weaknesses. *Nucleic Acids Research*, 2002, 30 (19)：4103 - 4117.

第 8 章

蛋白质结构与预测

蛋白质是生命体五种主要物资之一,在细胞和生物体的生命活动过程中起着十分重要的作用,生物的结构和性状都与蛋白质有关。许多生物功能都要依赖蛋白质,如分子的运输、信号的传导、结构的组成、生化反应等等。蛋白质还参与基因表达的调节,以及细胞中氧化还原、电子传递、神经传递乃至学习和记忆等多种生命活动过程。在细胞和生物体内各种生物化学反应中起催化作用的酶主要也是蛋白质。许多重要的激素,如胰岛素和胸腺激素等也都是蛋白质。此外,多种蛋白质,如植物种子(豆、花生、小麦等)中的蛋白质和动物蛋白、奶酪等都是供生物营养生长之用的蛋白质。有些蛋白质,如蛇毒、蜂毒等是动物攻防的武器。

一种生物体的基因组序列决定了组成蛋白质的氨基酸序列,氨基酸的线性序列只有折叠成特定的空间构象才能具有相应的活性和相应的生物学功能。了解蛋白质的空间结构不仅有利于认识蛋白质的功能,也有利于认识蛋白质是如何执行其功能的。确定蛋白质的结构对于生物学研究是非常重要的。

8.1 蛋白质的结构及其实验测定方法

8.1.1 蛋白质结构分析的意义

蛋白质是一种生物大分子,基本上是由 20 种氨基酸以肽键连接成肽链。肽键连接成肽链称为蛋白质的一级结构。不同蛋白质其肽链的长度不同,肽链中不同氨基酸的组成和排列顺序也各不相同。肽链在空间卷曲折叠成特定的三维空间结构,包括二级结构和三级结构二个主要层次。有的蛋白质由多条肽链组成,每条肽链称为亚基,亚基之间又有特定的空间关系,称为蛋白质的四级结构。因此,蛋白质分子有非常特定的、复杂的空间结构。一般认为,蛋白质的一级结构决定二级结构,二级结构决定三级结构。

目前,蛋白质序列数据库的数据积累的速度非常快,但是,已知结构的蛋白质相对比较少。尽管蛋白质结构测定技术有了较为显著的进展,但是,通过实验方法确定蛋白质结构的过程仍然非常复杂,代价较高。因此,实验测定的蛋白质结构比已知的蛋白质序列要少得多。

蛋白质结构与功能关系研究是进行蛋白质功能预测及蛋白质设计的基础。蛋白质分子只有处于自己特定的三维空间结构情况下,才能获得特定的生物活性,三维空间结构稍有破坏,就很可能会导致蛋白质生物活性降低甚至丧失。因为它们的特定的结构允许它们结合特定的配体分子,例如,血红蛋白和肌红蛋白与氧结合、酶和它的底物分子结合、激素与受体结合以及抗体与抗原结合等。知道了基因密码,科学家们可以推演出组成某种蛋白质的氨基酸序列,却无法绘制蛋白质空间结构。因而,揭示人类每一种蛋白质的空间结构,已成为后基因组时代的研究重点,这也就是结构基因组学的基本任务。对于蛋白质空间结构的了解,将有助于对蛋白质功能的确定。同时,蛋白质是药物作用的靶标,联合运用基因密码知识和蛋白质结构信息,药物设计者可以设计出小分子化合物,抑制与疾病相关的蛋白质,进而达到治疗疾病的目的。因此,后基因研究有非常重大的应用价值和广阔前景。

蛋白质的生物学功能在很大程度上取决于其空间结构,蛋白质结构构象多样性导致了不同的生物学功能。线性多肽链在空间折叠成特定的三维空间结构,称为蛋白质的空间结构或构象。蛋白质的空间结构具体包括一级结构、二级结构、三级结构和四级结构。详细介绍见 2.3.3。

8.1.2 蛋白质空间结构的实验测定方法

现阶段测定蛋白质三维结构的方法主要有 X 射线晶体衍射分析、电镜三维重构技术以及核磁共振技术。这三种方法因其各自的优缺点适用于测定不同生物分子的结构。此外应用较多的还有圆二色谱和电子顺磁共振技术,但是这两种技术不能直接测定蛋白质结构,所以主要应用于测定蛋白是否发生构像变化。

1. X 射线晶体衍射分析

X 射线晶体衍射(X-ray crystallography)分析主要包括以下几个步骤:

① 晶体培养。结构测定的精度依赖于晶体所能达到的衍射分辨率,所以获得具有强衍射能力的晶体是蛋白质晶体结构测定分析的关键步骤,是蛋白质晶体结构分析的瓶颈。

② 数据收集和处理。一般来讲,要获得中等大小晶胞的一套高分辨率数据,至少要收集几万个衍射强度数据,再经过专门的数据处理程序包处理,给出这一套数据的各种统计结果,以判断数据质量的好坏。

③ 测定相位。用 X 射线衍射方法测定晶体结构,其核心问题是如何解决每个衍射点的相位。对小分子可以利用 Patterson 函数计算出晶胞中原子的位置;但是大分子不可能利用这种方法,只能利用其他方法,如同晶置换法才能确定相位。

④ 相位的改进。电子密度图的质量及其后的可解释性主要取决于相角的准确性。在某些情况下,通过对晶胞不对称单元中等同部分的电子密度进行平均,有可能大大改善误差较大的起始相角。

⑤ 电子密度图的计算和解释。有了每个衍射点的相位,加上已经收集到的每个衍射点的结构振幅,就可计算电子密度图。由于蛋白质分子结构的复杂性,随着分辨率的不同,从图上能识别出的结构层次也不同。

⑥ 结构模型修正。从电子密度图上最初建立的蛋白质分子结构模型是比较粗糙的,需要进一步细化。

现在 X 射线晶体衍射分析的方法已经很成熟,其中有两个难点:一个就是获得高质量的晶体;另一个是确定相位。现在最常用的方法是单对或多对同晶置换法。这个方法的基础是测量重原子(常为金属)结合到蛋白质分子上有限的几个特异位点时而导致的衍射强度变化。一般是将母体晶体浸在重原子溶液中,必须保证浸泡于重原子溶液中的晶体不出现裂痕,但是所得晶体是否合适最终仍要经过 X 射线数据收集及与母体晶体比较之后才能知道。

2. 核磁共振

核磁共振(nuclear magnetic resonance)是指原子核在外加恒定磁场作用下产生能级分裂,从而对特定频率的电磁波发生共振吸收的现象。和光学吸收相比,相同之处是两者都是物质对外来电磁波的共振吸收的现象;不同之处是光学吸收涉及原子或分子的固有能级之差,而核磁共振中所涉及原子核的能级差只有在外加磁场作用下才能产生。

原子核都在不断地做自旋运动,正电的原子核在自旋时可以产生磁场,就像一个小型的磁铁,从而可以在磁场中受力产生转动。按照量子力学原理,可能产生的自旋态是量子化的,如 ^1H 有两个自旋态,不同取向的自旋核所具有的能量不同产生分裂,当入射电磁波能量等于能级间能量差即引起原子核两个能级间的跃迁,这时就发生了核磁共振。处于低能级的自旋核吸收能量跃迁到高能级,而处于高能级者则发射能量回到低能级,这两种跃迁的几率是相同的。由于任意稳定状态下处于低能级的核总是多于高能级的核,所以总体来说仍表现为对电磁波的净吸收现象。

满足共振条件可以有两种方法:一是固定电磁波的频率而逐渐改变外加磁场,称为扫场;另一种是固定磁场而改变电磁波的频率,称为扫频。目前应用最广的是脉冲傅立叶变换的核磁共振技术。即应用一个短时间方波脉冲激发样品,这种方波中包含各种不同的频率,因此样品中不同的核可在同一时间内都得到激发。但是脉冲过后得到的是指数衰减的时域函数,借助傅立叶变换的数学方法把时域函数转换成频域函数,这时就能见到已经产生的若干共振峰,这种变化过程可以由计算机自动完成。一维核磁共振只能测定小分子(如氨基酸)的结构,要测定大分子物质就需要利用二维核磁共振以及多维核磁共振。一维核磁共振是在一个脉冲之后的 t_1 时间进行数据收集,二维核磁共振在 t_1 时间后再加一个脉冲后在 t_2 时间内收集数据 $S(t_1, t_2)$,然后分别以 t_2 和 t_1 为变量进行傅立叶变换就得到二维谱 $S(w_1, w_2)$。二维谱就是把作为对角线的一维谱的峰进一步分开。

在生物学研究中最常用的是两种谱——相关谱(correlated spectroscopy,COSY)和增强谱(nuclear overhauser enhancement spectroscopy,NOESY)。COSY 也有显示 J 偶合的同核位移相关谱和异核自旋-自旋偶合。如果已知蛋白质的一级结构中氨基酸残基的连接顺序,则通过 COSY 谱可以很容易地辨认出每个峰的归属。而 NOESY 谱是指两个没有自旋-自旋偶合的核,若在空间距离上小于 0.5nm,辐射其中一个核使之饱和,另一个核的信号强度会增强而产生交叉峰。这种交叉峰的面积大小与两核间距的六次方成反比。因此可以利用这两种谱,第一步 COSY 谱指认出产生共振峰的核,第二步是从 J 偶合和 NOESY 谱确定的 NOE 值确定二级结构的类型以及核间距离,根据核间距离构建出三级结构的模型。

核磁共振主要步骤如下:先准备样品,浓缩蛋白质的水溶液(0.21～1mmol/L),如果测 ^1H 谱需用氘代试剂,将样品置于外加磁场中,测量共振频率,计算机通过频率得出每一对原子核的偶合常数和 NOE 值,计算对应的原子间距离。最后构建模型。

8.2　蛋白质分类

8.2.1　结构域和模体

1. 结构域

结构域是在蛋白质三级结构内的独立折叠单元。结构域通常都是几个超二级结构单元的组合(图 8 - 1)。

图 8 - 1　结构域

结构域(structural domain)是介于二级和三级结构之间的另一种结构层次。所谓结构域是指蛋白质亚基结构中明显分开的紧密球状结构区域,又称为辖区。多肽链首先是在某些区域相邻的氨基酸残基形成有规则的二级结构,然后,又由相邻的二级结构片段集合在一起形成超二级结构,在此基础上多肽链折叠成近似于球状的三级结构。对于较大的蛋白质分子或亚基,多肽链往往由两个或多个在空间上可明显区分的、相对独立的区域性结构缔合而成三级结构,这种相对独立的区域性结构就称为结构域。对于较小的蛋白质分子或亚基来说,结构域和它的三级结构往往是一个意思,也就是说,这些蛋白质或亚基是单结构域。结构域自身是紧密装配的,但结构域与结构域之间关系松懈。结构域与结构域之间常常由一段长短不等的肽链相连,形成所谓铰链区。不同蛋白质分子中结构域的数目不同,同一蛋白质分子中的几个结构域彼此相似或很不相同。常见结构域的氨基酸残基数在 100～400 个,最小的结构域只有40～50 个氨基酸残基,大的结构域可超过 400 个氨基酸残基。结构域是蛋白质中的一类结构单元,是构成蛋白质三级结构的基本单元。

有些球形蛋白的一条肽链,或以共价键相连的两条或多条肽链在空间结构上可以区分为若干个球状的子结构,其中的每一个球状子结构就被称为一个结构域。

同一个蛋白的各个结构域之间是以肽链相互连接的,而连接两个结构域的绝大多数都是单股肽链,只有在极个别的情况下会有少数的双股肽链联系不同的结构域。在 X 射线衍射实验绘制的电子密度图中,可以清楚地看到有些球状蛋白的底部存在一些裂隙,这些裂隙就是各个结构域之间的连接部分,结构域之间的连接虽然是松散的,但他们仍然属于同一条肽连,靠肽链连接这一点与蛋白质的各个亚基之间依靠非键相互作用维系结构有着本质的区别。

结构域在空间上具有临近相关性。即在一级结构上相互临近的氨基酸残基,在结构域的三维空间结构上也相互临近;在一级结构上相互远离的氨基酸残基,在结构域的空间结构上也相互远离,甚至分别属于不同的结构域。

结构域与蛋白质完成生理功能有着密切的关系。有时几个结构域共同完成一项生理功能,有时一个结构域就可以独立完成一项生理功能,但是一个结构不完整的结构域是不可能产生生理功能的。因此结构域是蛋白质生理功能的结构基础,但必须指出的是,虽然结构域与蛋白质的功能关系密切,但是结构域和功能域的概念并不相同。

对于较小的蛋白质分子或亚基来说,结构域和三级结构往往是同一个意思。它们属单结构域的蛋白质或亚基。

2. 模体

与结构域概念相似的另一个名词叫模体(motif)。模体指功能可能不同,但序列结构却一致的一段氨基酸或核苷酸序列。模体是结构域的亚单元,表现结构域的各种生物学功能。比如转录因子包括 DNA 结合结构域和转录激活结构域,其中结合结构域就是由单个模体或多个模体构成。

在对核酸或蛋白质进行同源性比较研究时,发现很多核酸或蛋白质(包括一些功能不同的核酸或蛋白质)都可能含相似的结构模式。

3. 模体和结构域的区别

模体即超二级结构,简言之,就是二级结构有规律的组合。例如螺旋-环-螺旋,贝塔折叠的组合、阿尔法螺旋组合等。再比如亮氨酸拉链、锌指结构都是典型的模体,它们执行一定的功能,即模体即是结构的单位,又是功能单位,他们可直接作为结构域和三级结构的建筑块。某些蛋白质因子与 DNA 大沟结合的部位靠的就是某些特异的模体。

结构域是指在较大的蛋白质分子中形成的某些在空间上可以辨别的结构,往往是球状压缩区或纤维状压缩区。它们也既是结构单位,又是功能单位。例如免疫球蛋白的功能区就是结构域。

显然,模体与结构域是不同的概念。

目前,已有很多有关蛋白质家族的数据库,如 Pfam 和 SMART。表 8-1 及 8-2 分别列出了 InterPro 和 SMART 数据库对家族、结构域、模体以及相关术语的定义。表 8-3 列出了人类蛋白质中最常见的结构域。

表 8-1　InterPro 数据库对蛋白质家族及其相关术语的定义

术　语	定　义
家族(family)	InterPro 数据库定义一组进化上相关的共享一个或多个结构域/重复区的蛋白为一个家族。InterPro 数据库中"type＝family"的登录条目也包括了那些代表一个家族的短的保守区,并不要求保守区域要覆盖整个蛋白质
结构域(domain)	InterPro 数据库中的结构域是指一个独立的结构单元,它们可能单独存在,也可能与其他结构域或重复区相连。结构域也是进化上相关的序列。InterPro 数据库中"type＝domain"可以确定一段序列是否属于一种结构域,并没有精确地定义结构域的边界

表 8 - 2 SMART 数据库对蛋白质结构域和模体的定义

术　语	定　义
结构域（domain）	保守的结构单元，包含独特的二级结构组合和疏水内核。在小的富含二硫键与 Zn^{2+} 和 Ca^{2+} 结合的结构域中，疏水内核往往分别由形成二硫键的两个半胱氨酸和金属离子提供。具有相同功能的同源结构域往往具有序列上的相似性
结构域成分（domain composition）	具有相同结构域成分的蛋白质是指至少含有一个拷贝的我们提交的查询结构域的蛋白质
结构域组织形式（domain composition）	具有相同结构域组织形式的蛋白质是指含有我们提交查询的结构域（也可以包含其他结构域），且这些结构域在蛋白质中的排列顺序与我们提交的顺序一致
模体（motif）	序列模体是指短的保守的多肽片段。含有相同模体的蛋白质并不一定是同源的
轮廓（profile）	一个轮廓就是一张打分的表。表中包含对每个氨基酸残基位置的打分，还有对空格的罚分。它表示一个蛋白质家族，可以用来搜索序列数据库

表 8 - 3　人类蛋白质中 15 个最常见的结构域

InterPro ID	基因组中的拷贝数	蛋白质数目	名　字
IPR000822	30034	1093	锌指，C_2H_2 类型
IPR003006	2631	1032	免疫球蛋白/主要组织相容性复合物
IPR0005612	4985	471	EGF 类似结构域
IPR001841	1356	458	锌指，RING
IPR001356	2542	417	同源异型框
IPR001849	1236	405	Pleckstrin 类似结构域
IPR000504	2046	400	RNA 结合区 RNP - 1（RNA 识别模体）
IPR001452	2562	394	SH_3 结构域
IPR002048	2518	392	钙结合 EF - hand
IPR003961	2199	300	纤黏连蛋白，类型Ⅲ
IPR001478	1398	280	PDZ/DHR/GLGF 结构域
IPR005225	261	261	小 GTP 结合蛋白结构域
IPR000210	583	236	BTB/POZ 结构域
IPR001092	713	226	碱性螺旋-环-螺旋（bHLH）二聚结构域
IPR002126	5168	226	钙黏着蛋白

8.2.2　蛋白质折叠类型分类

　　为了分析蛋白质序列与结构之间的关系，认识不同折叠结构的进化过程，需要研究蛋白质结构分类的方法，并建立结构分类数据库。

可以按结构和进化关系对蛋白质分类,分类结果是一个具有层次结构的树,其主要的层次是家族、超家族和折叠,这些层次之间的界限在一定程度上是人为的。进化分类是保守的,只要对进化关系存在疑问,就在家族或超家族层次上建立一个新的分类。这样,有些研究人员倾向于着重研究分类树的高层,在这些层次上,结构相似的蛋白质聚集在一起。

具有明显进化关系的蛋白质聚集到一个家族中,这意味着两个蛋白质之间的等同氨基酸残基数超过 30%。然而,在某些情况下,虽然两个蛋白质序列不相似,但它们具有相似的结构和相似的功能,表明属于同一个家族。例如,许多球蛋白虽然序列相同部分只达到 15%,但确实形成一个家族。

超家族中的成员具有远源进化关系,具有共同的进化源。有些蛋白质的序列之间的相似性较低,序列等同部分短,但是结构和功能特征显示可能有一个共同的进化源,对于这些蛋白质,可将它们放入一个超家族中。

属于同一个折叠类的蛋白质具有相似的折叠结构。如果两个蛋白质具有相同的主要二级结构,并具有相同的拓扑连接,那么,这些蛋白质就具有共同的折叠。具有相同折叠的不同蛋白质,通常有不同大小和不同构象的外周二级结构元素及转向区域。在某些情况下,这些不同的外周区域可能构成完整结构的一半。按照相同折叠放入同一个折叠分类中的蛋白质可能没有共同的进化源,结构相似性可能是因为蛋白质倾向于形成一定堆积和一定拓扑结构的物理和化学特性。目前,最常用的蛋白质分类是 SCOP 分类和 CATH 分类。

1. SCOP 分类

蛋白质结构(SCOP)分类数据库详细描述了已知的蛋白质结构之间的关系。分类基于若干层次:家族,描述相近的进化关系;超家族,描述远源的进化关系;折叠子(fold),描述空间几何结构的关系;折叠类,所有折叠子被归于全 α、全 β、α/β、α+β 和多结构域等几个大类。

SCOP 首先从总体上将蛋白质进行分类,例如全 α 型、全 β 型、以平行折叠为主的 α/β 型、以反平行折叠为主的 α+β 型,见图 8-2。然后,再将属于同一结构类型的蛋白质按照折叠、超家族、家族层次组织起来。例如,SCOP 1.65 版本有 46456 个全 型蛋白质,该结构类型下有 179 个折叠类(图 8-2)。这 179 个折叠类中的第一个超家族是类球蛋白;类球蛋白又包含 4 个家族,其中第 1 个家族又包含 5 个结构域;每个结构域下面有很多蛋白质成员。

1. 全 α 型蛋白[46456]（179）
2. 全 β 型蛋白[48724]（126）
3. α+β 型蛋白[51349]（121）　　以平行 β-折叠为主（β-α-β 单元）
4. α+β 型蛋白[53931]（234）　　以反平行 β-折叠为主（α、β 区相分离）
5. 多结构域蛋白(α 和 β)[56572]（38）　　包含两个及以上不同类型的结构域
6. 膜和细胞表面蛋白和多肽[56834]（36）　　不包括免疫系统蛋白
7. 小蛋白[56992]（66）　　通常有金属配位体、血红素和/或二硫键
8. 卷曲螺旋蛋白[57942]（6）　　非真实类群
9. 低分辨蛋白结构[58117]（18）　　非真实类群
10. 多肽[58231]（105）　　多肽和肽段　　非真实类群
11. 设计蛋白[58788]（39）　　基于非自然序列的实验蛋白结构　　非真实类群

图 8-2　SCOP 的结构分类

2. CATH 分类

与 SCOP 不同的是，CATH 把蛋白质按照下列层次进行分类：这些层次包括类型（C，二级结构组成）、构架（A，全部结构域的构成）、拓扑结构（T，折叠模式家族）、同源性（H，具有共同祖先的蛋白质结构域）和序列家族（序列同一性关系）五种层次。根据这些，CATH 把蛋白质分为四类，即 α 主类、β 主类、α/β 类（α/β 型和 α＋β 型）和低二级结构类。低二级结构类是指二级结构成分含量很低的蛋白质分子。CATH 数据库的第二个分类依据为由 α -螺旋和β-折叠形成的超二级结构排列方式，而不考虑它们之间的连接关系。形象地说来，就是蛋白质分子的构架，如同建筑物的立柱、横梁等主要部件，这一层次的分类主要依靠人工方法。第三个层次为拓扑结构，即二级结构的形状和二级结构间的联系。第四个层次为结构的同源性，它是先通过序列比对然后再用结构比较来确定的。CATH 数据库的最后一个层次为序列（sequence）层次，在这一层次上，只要结构域中的序列同源性大于 35％，就认为具有高度的结构和功能的相似性。对于较大的结构域，则至少要有 60％与小的结构域相同。

8.3 　蛋白质结构预测算法

8.3.1 　蛋白质的理化性质

在蛋白质研究领域中，蛋白质性质的研究是十分必要的，而且是非常基础的。蛋白质的基本性质包括蛋白质的相对分子质量、氨基酸的组成、等电点、消光系数等。

蛋白质有很多固有的理化性质，这些性质可能是由蛋白本身的氨基酸序列造成的，也可能是大量的翻译后的修饰造成的（表 8-4）。有些修饰可以让疏水基团与蛋白质共价结合，以使蛋白质能插入脂质双分子层，例如棕榈酰化（palmitoylation）、法尼基化（farnesylation）、豆蔻酰化（myristoylation）、肌醇糖脂修饰（inositol glycolipid attachment）等等。

表 8-4　蛋白质的一些理化性质

性　　质	经典方法	例　　子
氨基酸模体	—	PDZ 结构域、螺旋卷曲结构域
等电点	通过等电聚焦试验得到	—
相对分子质量	通过分子半径和沉降系数得到	—
翻译后修饰：磷酸化	酶分析	突触蛋白
翻译后修饰：糖基化	酶分析	神经生长因子、神经细胞附着分子
翻译后修饰：异戊二烯化	—	G 蛋白 γ 亚基、rab3A
翻译后修饰：棕榈酰化	—	β 肾上腺素受体、胰岛素受体
翻译后修饰：豆蔻酰化	—	PKA、MARCKS 蛋白、钙调神经磷酸酶

性　　质	经典方法	例　　子
翻译后修饰：GPI 锚定蛋白	酶分析	碱性磷酸酶、thy-1、朊蛋白
沉降系数	通过蔗糖梯度离心试验得到	—
分子半径	通过凝胶电泳试验得到	—
跨膜区结构	通过亚细胞成分分离试验得到	—

在蛋白质中，氨基酸的理化性质对蛋白质的二级结构影响较大，因此在进行结构预测时要考虑氨基酸残基的物理化学性质，如疏水性、极性、侧链基团的大小等，根据氨基酸残基各方面的性质及残基之间的组合预测可能形成的二级结构。蛋白的理化性质在蛋白折叠预测时起着非常重要的作用，因此在预测蛋白质的高级结构时分析其理化性质是非常重要的一环。

8.3.2　蛋白质二级结构预测

蛋白质结构是定义在不同层次上的。一级结构指的是多肽链中线性的氨基酸残基序列，每两个氨基酸的碳原子是通过由前一个氨基酸的羧基与后一个氨基酸的氨基形成肽键连接起来的。二级结构 α-螺旋、β-折叠和无规则卷曲等是由一级结构按一定的规律折叠组装而成的。例如，标准的 α-螺旋为每圈 3.6 个残基，第 n 个残基的 $C=O$ 和第 $n+4$ 个残基的 NH 之间形成氢键；而形成 β-折叠的多肽链充分伸展，各肽键平面折叠成锯齿状结构，侧链 R 基团交错位于锯齿状结构上下方，依靠链间肽键 $C=O$ 和 NH 形成氢键，维系构象稳定。

与蛋白质三级结构预测相比，蛋白质二级结构的预测要容易一些。蛋白质的二级结构预测的基本依据是，每一段相邻的氨基酸残基具有形成一定二级结构的倾向。因此，进行二级结构预测需要通过统计和分析发现这些倾向或者规律，二级结构预测问题自然就成为模式分类和识别问题。蛋白质二级结构的组成规律性比较强，所有蛋白质中约 85% 的氨基酸残基处于三种基本二级结构状态（α-螺旋、β-折叠和转角），并且各种二级结构非均匀地分布在蛋白质中。有些蛋白质中含有大量的 α-螺旋，如血红蛋白和肌红蛋白；而另外一些蛋白质中则不含或者仅含很少的 α-螺旋，如铁氧蛋白；有些蛋白质的二级结构以 β-折叠为主，如免疫球蛋白。二级结构预测的目标是判断每一个氨基酸残基是否处于 α-螺旋、β-折叠、转角（或其他状态）之一的二级结构态，即三态。至今人们已经发展了几十种预测方法。

蛋白质二级结构的预测开始于 20 世纪 60 年代中期。二级结构预测的方法大体分为三代：第一代是基于单个氨基酸残基统计分析，从有限的数据集中提取各种残基形成特定二级结构的倾向，以此作为二级结构预测的依据。第二代预测方法是基于氨基酸片段的统计分析，使用大量的数据作为统计基础，统计的对象不再是单个氨基酸残基，而是氨基酸片段，片段的长度通常为 11～21。片段体现了中心残基所处的环境。在预测中心残基的二级结构时，以残基在特定环境中形成特定二级结构的倾向作为预测依据。这些算法可以归为几类：① 基于统计信息；② 基于物理化学性质；③ 基于序列模式；④ 基于多层神经网络；⑤ 基于图论；⑥ 基于多元统计；⑦ 基于机器学习的专家规则；⑧ 最邻近算法。第一代和第二代预测方法有共同的缺陷，它们对三态预测的准确率都低于 70%，而对 β-折叠预测的准确率仅为 28%～48%，其主要原因是这些方法在进行二级结构预测时只利用局部信息,最多只用局部的 20 个残基的信息进行预测。二级结构预测的实验结果和晶体结构统计分析都表明,二级结构的形成并非完全由局部的序列片段决定,长程相互作用不容忽视。蛋白质的二级结构在一定程度上受远程残基的影响,尤其是 β-折叠。从理论上来说,局部信息仅包含二级结构信息的 65% 左右,因此,可以想象,只用局部信息的二级结构预测方法,其准确率不会有太大的提高。二级结构预测的第三代方法运用蛋白质序列的长程信息和蛋白质序列的进化信息,使二级结构预测的准确程度有了比较大的提高,特别是对 β-折叠的预测准确率有较大的提高,预测结果与实验观察趋于一致。

一般 75% 的氨基酸残基可以被置换而不改变蛋白质的结构,然而,有时改变几个关键的残基则可能破坏蛋白质的结构。这好像是两个矛盾的结论,但解释又非常简单。一个蛋白质在其进化过程中探查了每个位置上氨基酸可能的与不可能的变化,不可能变化的部分是进化保守区域。可变部分的变化不改变结构,而不可变部分的变化则改变蛋白质的结构,由此失去蛋白质原有的功能,因而也就难以延续下去。这些不可变部分体现了蛋白质功能对结构的特定要求。这样,从一个蛋白质家族中提取的残基替换模式高度反映了该家族特异的结构。通过序列的比对可以得到蛋白质序列的进化信息,得到蛋白质家族中的特定残基替换模式,此外,通过序列的比对也可以得到长程信息。目前,许多二级结构预测的算法是基于序列比对的,通过序列比对可以计算出目标序列(待预测其二级结构的序列)中每个氨基酸的保守程度。对于二级结构三态,预测准确率首先达到 70% 的方法是基于统计的神经网络方法 PHDsec。PHDsec 利用通过多重序列比对得到的进化信息作为神经网络的输入,另外采用了一个全局的描述子,即所有氨基酸组成(20 种氨基酸中每个所占的比例)作为蛋白质序列的全局信息。这类算法预测的准确率能达到 70%~75%。

各种方法预测的准确率随蛋白质类型的不同而变化。例如,一种预测方法在某些情况下预测的准确率能够达到 90%,而在最差的情况下仅达到 50%,甚至更低。在实际应用中究竟使用哪一种方法,还需根据具体的情况决定。虽然二级结构预测的准确性有待提高,其预测结果仍然能提供许多结构信息,尤其是当一个蛋白质的真实结构尚未解出时更是如此。通过对多种方法预测结果的综合分析,再结合实验数据,往往可以提高预测的准确度。二级结构预测通常作为蛋白质空间结构预测的第一步。例如,二级结构预测是内部折叠、内部残基距离预测的基础。更进一步,二级结构预测可以作为其他工作的基础。例如,用于推测蛋白质的功能,预测蛋白质的结合位点等。

1. Chou-Fasman 方法

Chou-Fasman 方法是现在应用最普遍的方法之一,是从氨基酸序列预测二级结构,简单而且精度比较高。Chou-Fasman 方法是一种基于单个氨基酸残基统计的经验参数方法,由 Chou 和 Fasman 在 20 世纪 70 年代提出。通过统计分析,获得每个残基出现于特定二级结构构象的倾向性因子,进而利用这些倾向性因子预测蛋白质的二级结构。

每种氨基酸残基出现在各种二级结构中的倾向或者频率是不同的。例如,Glu 主要出现在 α-螺旋中;Asp 和 Gly 主要分布在转角中;Pro 也常出现在转角中,但是绝不会出现在 α-螺旋中。因此,可以根据每种氨基酸残基形成二级结构的倾向性或者统计规律进行二级结构预测。另外,不同的多肽片段有形成不同二级结构的倾向。例如,肽链 Ala(A)-Glu(E)-Leu(L)-Met(M) 倾向于形成 α-螺旋,而肽链 Pro(P)-Gly(G)-Tyr(Y)-Ser(S) 则不会形成 α-螺旋。

一个氨基酸残基的二级结构倾向性因子定义为

$$P_i = \frac{A_i}{T_I} \ (i = \alpha, \ \beta, \ t, \ c)$$

式中：下标 i 表示二级结构态，如 α-螺旋、β-折叠、转角、无规卷曲等；T_i 是所有被统计残基处于二级结构态 i 的比例；A_i 是第 A 种残基处于结构态 i 的比例；P_i 大于 1.0 表示该残基倾向于形成二级结构 i，小于 1.0 则表示倾向于形成其他二级结构。

通过对大量已知结构的蛋白质进行统计，为每个氨基酸残基确定其二级结构倾向性因子。在 Chou-Fasman 方法中，这几个因子是 P_α、P_β 和 P_t，它们分别表示相应的残基形成 α-螺旋、β-折叠和转角的倾向性。另外，每个氨基酸残基同时也有四个转角参数：$f(i)$、$f(i+1)$、$f(i+2)$ 和 $f(i+3)$。这四个参数分别对应于每种残基出现在转角第一、第二、第三和第四位的频率。例如，脯氨酸约有 30% 出现在转角的第二位，然而出现在第三位的几率不足 4%。表 8-5 中显示了 Chou-Fasman 预测方法中所用到的各种参数，其中参数值 P_α、P_β 和 P_t 是分别在原有相应倾向性因子的基础上乘以 100 而得到的。

表 8-5　20 种常见氨基酸的 Chou-Fasman 参数

氨基酸	P_α	P_β	P_t	$f(i)$	$f(i+1)$	$f(i+2)$	$f(i+3)$
丙氨酸(A)	142	83	66	0.06	0.076	0.035	0.058
精氨酸(R)	98	93	95	0.070	0.106	0.099	0.085
天冬酰胺(N)	67	89	156	0.161	0.083	0.191	0.091
天冬氨酸(D)	101	54	146	0.147	0.110	0.179	0.081
半胱氨酸(C)	70	119	119	0.149	0.050	0.117	0.128
谷氨酸(E)	151	37	74	0.056	0.060	0.077	0.064
谷氨酰胺(Q)	111	110	98	0.074	0.098	0.037	0.098
甘氨酸(G)	57	75	156	0.102	0.085	0.190	0.152
组氨酸(H)	100	87	95	0.140	0.047	0.093	0.054
异亮氨酸(I)	108	160	47	0.043	0.034	0.013	0.056
亮氨酸(L)	121	130	59	0.061	0.025	0.036	0.070
赖氨酸(K)	114	74	101	0.055	0.115	0.072	0.095
甲硫氨酸(M)	145	105	60	0.068	0.082	0.014	0.055
苯丙氨酸(F)	113	138	60	0.059	0.041	0.065	0.065
脯氨酸(P)	57	55	152	0.102	0.301	0.034	0.068
丝氨酸(S)	77	75	143	0.120	0.139	0.125	0.106
苏氨酸(T)	83	119	96	0.086	0.108	0.065	0.079
色氨酸(W)	108	137	96	0.077	0.013	0.064	0.167
酪氨酸(Y)	69	147	114	0.082	0.065	0.114	0.125
缬氨酸(V)	106	170	50	0.062	0.048	0.028	0.053

根据 P_α 和 P_β 的大小,可将 20 种氨基酸残基分类。例如,谷氨酸、丙氨酸是最强的螺旋形成残基;而缬氨酸、异亮氨酸则是最强的折叠形成残基。除各个参数之外,还有一些其他的统计经验。例如,脯氨酸和甘氨酸最倾向于中断螺旋;而谷氨酸则通常倾向于中断折叠。

在统计得出氨基酸残基倾向性因子的基础上,Chou 和 Fasman 提出了二级结构的经验规则,其基本思想是在序列中寻找规则二级结构的成核位点和终止位点。在具体预测二级结构的过程中,首先扫描待预测的氨基酸序列,利用一组规则发现可能成为特定二级结构成核区域的短序列片段,然后对成核区域进行扩展,不断扩大成核区域,直到二级结构类型可能发生变化为止,最后得到的就是一段具有特定二级结构的连续区域。下面是四个简要的规则。

(1) α-螺旋规则

沿着蛋白质序列寻找 α-螺旋核,相邻的 6 个残基中如果有至少 4 个残基倾向于形成 α-螺旋,即有 4 个残基对应的 P_α >100,则认为是螺旋核。然后从螺旋核向两端延伸,直至四肽片段 P_α 的平均值小于 100 为止。按上述方式找到的片段长度大于 5,并且 P_α 的平均值大于 P_β 的平均值,那么这个片段的二级结构就被预测为 α-螺旋。此外,不容许 Pro 在螺旋内部出现,但可出现在 C 末端以及 N 端的前三位,这也用于终止螺旋的延伸。

(2) β-折叠规则

如果相邻 6 个残基中有 4 个倾向于形成 β-折叠,即有 4 个残基对应的 P_β >100,则认为是折叠核。折叠核向两端延伸直至 4 个残基 P_β 的平均值小于 100 为止。若延伸后片段的 P_β 的平均值大于 105,并且 P_β 的平均值大于 P_α 的平均值,则该片段被预测为 β-折叠。

(3) 转角规则

转角的模型为四肽组合模型,要考虑每个位置上残基的组合概率,即特定残基在四肽模型中各个位置的概率。在计算过程中,对于从第 i 个残基开始的连续 4 个残基的片段,将上述概率相乘,根据计算结果判断是否是转角。如果 $f(i) \times f(i+1) \times f(i+2) \times f(i+3)$ 大于 7.5×10^{-5},四肽片段 P_t 的平均值大于 100,并且 P_t 的平均值同时大于 P_α 的平均值以及 P_β 的平均值,则可以预测这样连续的 4 个残基形成转角。

(4) 重叠规则

假如预测出的螺旋区域和折叠区域存在重叠,则按照重叠区域 P_α 的平均值和 P_β 的平均值的相对大小进行预测。若 P_α 的平均值大于 P_β 的平均值,则预测为螺旋;反之,预测为折叠。

Chou - Fasman 预测方法原理简单明了,二级结构参数的物理意义明确,该方法中二级结构的成核、延伸和终止规则基本上反映了真实蛋白质中二级结构形成的过程。该方法的预测准确率在 50% 左右。

2. GOR 方法

GOR 是一种基于信息论和贝叶斯统计学的方法,方法的名称以三个发明人 J. Garnier, D. Osguthorpe 和 B. Robson 的第一个字母组合而成。

GOR 方法将蛋白质序列当作一连串的信息值来处理。该方法不仅考虑了被预测位置本身氨基酸残基种类的影响,而且考虑了相邻残基种类对该位置构象的影响。GOR 针对长度为 17 的残基窗进行二级结构预测。对序列中的每一个残基,GOR 方法将与它 N 端紧邻的 8 个残基和 C 端紧邻的 8 个残基与它放在一起进行考虑。与 Chou - Fasman 方法一样,GOR 方法也是通过对已知二级结构的蛋白样本集进行分析,计算出中心残基的二级结构分别为螺旋、折叠和转角时每种氨基酸出现在窗体中各个位置的频率,从而产生一个 17×20 的得分矩阵。然后利用矩阵中的值来计算待预测的序列中每个残基形成螺旋、折叠或者转角的概率。GOR 方法是基于信息论来计算这些参数的。

以上两种方法都是以对球蛋白构象的概率统计为基础，所以无法代表所有种类的蛋白质，如膜蛋白等，因此概率方法对 3 种基本结构的预测准确率只有 54%～56%。

3. 基于氨基酸疏水性的预测方法

这是一种用物理化学方法进行二级结构预测的方法，或称为立体化学方法。在蛋白质中，氨基酸的理化性质对蛋白质的二级结构影响较大，因此在进行结构预测时需要考虑氨基酸残基的物理化学性质，如疏水性、极性、侧链基团的大小等，根据氨基酸残基各方面的性质及残基之间的组合预测可能形成的二级结构。"疏水性"是氨基酸的一种重要性质，具有疏水性的氨基酸倾向于远离周围水分子，将自己包埋进蛋白质的内部。这一趋势加上空间立体条件和其他一些因素决定了一个蛋白质最终折叠成的三维空间构象。20 种氨基酸的疏水参数见表 8-6，其中，高正值的氨基酸具有更大的疏水性，而低负值的氨基酸则更加亲水。

表 8-6　20 种常见氨基酸的疏水参数

序　号	氨基酸	疏水值	序　号	氨基酸	疏水值
1	Ala(A)	1.8	11	Leu(L)	3.8
2	Arg(R)	−4.5	12	Lys(K)	−3.9
3	Asn(N)	−3.5	13	Met(M)	1.9
4	Asp(D)	−3.5	14	Phe(F)	2.8
5	Cys(C)	2.5	15	Pro(P)	−1.6
6	Gln(Q)	−3.5	16	Ser(S)	−0.8
7	Glu(E)	−3.5	17	Thr(T)	−0.7
8	Gly(G)	−0.4	18	Trp(W)	−0.9
9	His(H)	−3.2	19	Tyr(Y)	−1.3
10	Ile(I)	4.5	20	Val(V)	4.2

随着蛋白质结构数据的积累，人们开始注意到一些较简单的序列与结构关系。可以利用各种氨基酸的疏水值定位蛋白质的疏水区域，通过疏水性氨基酸出现的周期性预测蛋白质的二级结构。Lim 等人很早就对 α-螺旋和 β-折叠归纳出了一套预测模式。例如，α-螺旋的轮状结构特征，轮的一侧通常处于蛋白质的疏水核心，另一侧则常处于亲水表面。因此，α-螺旋中亲、疏水残基的出现位置也就有一定的规律性，亲水残基多出现在亲水侧面，而疏水残基则多出现在疏水侧面，反映在序列上就是一些特征的亲、疏水残基间隔模式。

确定疏水性氨基酸的位置有助于推断蛋白质中二级结构的定位，可通过疏水性氨基酸的分布分析二级结构。例如，图 8-3 是利用 HELICALWHEEL 程序画出的蛋白质蜂毒素旋轮图。图中各个氨基酸沿螺旋排布，相邻氨基酸之间的旋转角度为 100°。疏水性氨基酸 L、I 和 V 位于螺旋的一侧，而亲水性氨基酸则分布在另外一侧，显示这个螺旋的两亲特性。

根据蛋白质序列中疏水性氨基酸出现的模式，可以预测局部的二级结构。例如，当我们在一段序列中发现第 i、$i+3$、$i+4$ 位是疏水性氨基酸时，这一片段就可以被预测为 α-螺旋；当我

们发现第 i、$i+1$、$i+4$ 位为疏水性氨基酸时,这一片段也可以被预测为 α-螺旋。同样的,对于 β-折叠,也存在着一些特征的亲、疏水残基间隔模式,埋藏的 β-折叠通常由连续的疏水残基组成,一侧暴露的 β-折叠则通常具有亲水-疏水的两残基重复模式。不过,由于 β-折叠受结构环境的影响较大,序列的亲、疏水模式不及 α-螺旋有规则。原则上,通过在序列中搜寻特殊的亲、疏水残基间隔模式,就可以预测 α-螺旋和 β-折叠。

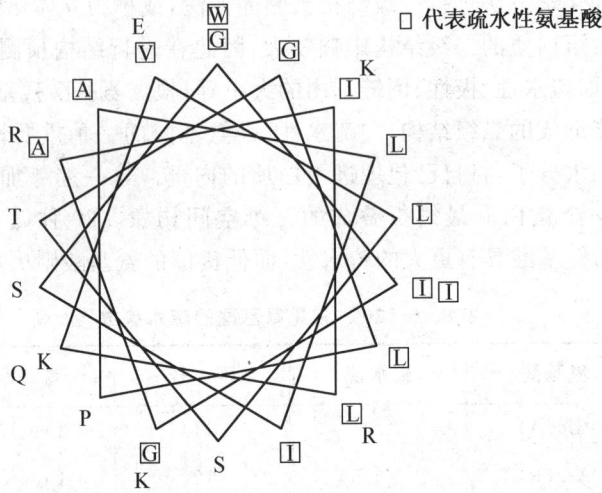

图 8-3　利用 HELICALWHEEL 程序画出的蛋白质蜂毒素旋轮图

在 Biou 等人提出的点模式方法中,将 20 种氨基酸残基分为亲水和疏水残基,用八残基片段表征亲、疏水间隔模式。以 1 个二进制位代表 1 个残基,疏水为 1,亲水为 0,共 8 位。这样,八残基片段的亲、疏水模式就可用 1 个 0~255 的数值来表示。α-螺旋的特征模式对应的值为 9,12,13,17,…,201,205,217,219,237;β-折叠的特征模式则由连续的 1 或交替的 0.1 构成。在进行二级结构预测时,可根据氨基酸片段计算点模式,如果点模式的值为 α-螺旋的特征数,则片段预测为 α-螺旋;若为 β-折叠的特征数,则片段预测为 β-折叠。其余的预测为无规则卷曲。这种方法的三态预测准确率为 55% 左右,其中对无规则卷曲预测过多,而对 β-折叠则预测不足。当序列长度小于 50 个氨基酸残基时,准确率较高。

上述方法定性描述序列片段的亲、疏水特征,通过特征模式识别来预测蛋白质的二级结构。另一种方法是直接计算序列片段的疏水性和疏水矩,并根据定量计算结果预测该片段对应的二级结构。序列片段疏水性计算的方法依赖于各个氨基酸残基的疏水值。对于一条蛋白质序列,用一个滑动窗体扫描该序列,计算滑动窗体下各个氨基酸的平均疏水值 $\overline{H}$ 和疏水矩 $\overline{H}$。窗体的宽度是可以调整的,一般取 9~15 个残基的窗体宽度,以获得较多的信息和较小的噪声干扰。平均疏水值 $\overline{H}$ 的计算公式如下:

$$\overline{H} = \frac{1}{n}\sum_{i=1}^{n} H_i \tag{8-1}$$

式中:H_i 是片段第 i 残基的疏水值。

疏水矩 $\overline{H}$ 的计算公式如下:

$$\overline{H} = \sum_{i=1}^{n} (H_i \cdot S_i) \tag{8-2}$$

式中：S_i 是 α 碳原子到侧链中心的单位矢量。

　　按照公式(8-2)的计算结果画出整个蛋白质的疏水曲线，形成疏水性图。图 8-4 是人类视紫质蛋白的疏水图。与蛋白质疏水图相对应的是蛋白质的疏水矩图。通过分析这些图谱，可以帮助预测蛋白质的二级结构。

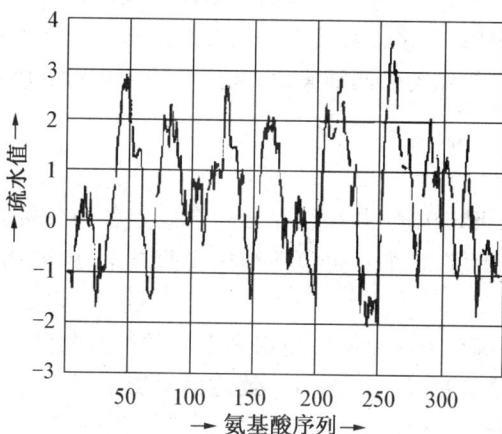

图 8-4　人类视紫质蛋白疏水图

4. 最小邻近方法

　　早期，由于缺乏数据，预测方法大多是基于单条序列的。随着序列和结构数据的增加，人们的研究转向同源序列分析，充分利用隐藏在同源序列中的结构信息，使得结构预测的准确率得到了较大的提高。同源分析的基础是序列比对，通过序列比对发现相似的序列，根据相似序列具有相似结构的原理，将相似序列(或者序列片段)所对应的二级结构作为预测的结果。在Levitt 等人建立的方法中，将待预测的片段与数据库中已知二级结构的片段进行相似性比较，利用得分矩阵计算出相似性得分，根据相似性得分以及数据库中的构象态，构建出待预测片段的二级结构。这一方法对数据库中同源序列的存在非常敏感，若数据库中有相似性大于 30% 的序列，则预测准确率可大大上升。另一种更为合理的方法是将待预测二级结构的蛋白质 U (unknow)与多个已知结构的同源序列 T_i 进行多重比对，对于 U 的每个残基位置，其构象态由多个同源序列对应位置的构象态决定，或取出现次数最多的构象态，或对各种可能的构象态给出得分值。

　　基于上述的策略，最邻近方法(nearest neighboring methods)在预测二级结构方面包括两个过程：一是学习过程；二是预测过程。在学习阶段，用一个滑动窗体(例如长度为 15)扫描已知结构的训练序列，序列个数为几百个，并且这些序列彼此之间的相似性很小。通过窗体扫描形成大量的短片段(称为训练片段)，记录这些片段中心氨基酸残基的二级结构。在预测阶段，利用同样大小的窗体扫描给定的序列 U，将在每一个窗体位置下的序列片段 U′ 与上述训练片段相比较，找出 50 个最相似的训练片段。假设这些相似片段中心残基各种二级结构的出现频率分别为 f_α、f_β 和 f_c，若用它们预测片段 U′ 中心残基的二级结构，可以取频率最高的构象态作为 U′ 中心残基的二级结构，或者直接以 f_α、f_β 和 f_c 反映 U′ 中心残基各种构象态可能的分布。根据处理过程的特点，最邻近方法又称为相似片段法。

5. 人工神经网络方法

　　人工神经网络是一种复杂的信息处理模型。随着神经网络研究的兴起，科学家们也将神经网络用于生物信息学,其中包括二级结构的预测、蛋白质结构的分类、折叠方式的预测以及基因序列的分析等等。将神经网络用于二级结构预测最早是由 Qian 和 Sejnowskit 提出的,他们受到神经网络在文字语言处理方面应用的启发,将蛋白质序列看作是由各种氨基酸字符组成的字符序列,将氨基酸残基片段作为输入的一串语言字符,二级结构即为对应的输出。神经网络可以有效地学习蛋白质二级结构形成的复杂规律或模式,提取更多的信息,并利用所掌握的信息进行预测。利用神经网络方法可以提高二级结构预测准确率。早期的神经网络方法能够得到 63%～65% 的二级结构预测准确率,利用多序列比对的信息对二级结构预测的准确率能够达到 70%。

6．综合方法

在实际进行蛋白质二级结构预测时,往往会综合应用各种分析方法和相关数据。综合方法不仅包括各种预测方法的综合,而且也包括结构实验结果、序列比对结果、蛋白质结构分类预测结果等信息的综合。

实际应用中最常见的综合方法是同时使用多个软件进行预测,通过分析各个软件的特点以及各个软件预测结果,最终形成二级结构一致性的预测结果。将序列比对与二级结构预测相结合也是一种常见的综合方法。

双重预测是另一类综合方法,该方法首先预测蛋白质的结构类型,然后根据不同结构类型蛋白质的二级结构形成规律预测新蛋白质的二级结构,并根据结构类型解释预测结果。

就像 α-螺旋和 β-折叠片的位置可以预测出来一样,其他特定的结构或结构特征,如卷曲螺旋和跨膜区也可以预测出来。但这类预测的方法没有二级结构预测方法多,主要是由于这些结构或结构特征的折叠规律尚不十分清楚。尽管如此,若待预测序列在已知结构数据库中能搜索到相似蛋白,则可以提高预测的准确性。

早期人们建立的多种二级结构的预测方法都是建立在假定蛋白质的二级结构主要是由局部氨基酸所决定的基础上的,准确率都不超过 65%。随着蛋白质进化信息、长程相互作用信息及全局信息的加入,蛋白质二级结构预测的准确率有了较大的提高。由于序列信息和结构信息的不断增长,通过统计得到的蛋白质序列与二级结构关系及规律更加全面,同时也由于预测方法的不断改进,蛋白质二级结构预测的准确率也在不断地提高,预测二级结构的准确率已经可以达到 80% 以上。一般认为,如果蛋白质二级结构预测准确率足够高的话,就可以基本准确地预测一个蛋白质分子的三维空间结构。但目前所取得的成果还难以达到这一目标。虽然二级结构的预测准确率还不能满足准确推测蛋白质分子三维空间结构的要求,但其预测结果仍能提供许多有用的结构信息,尤其当蛋白质的结构尚未解出时更是如此。通过对多种预测结果的综合分析,再结合光谱实验数据,往往可以提高预测的准确度。由于二级结构预测很好地反映了局域序列片段的结构倾向性,因此在进行全新蛋白质设计时,常根据二级结构预测结果来设计二级结构单元。

8.3.3　蛋白质特殊结构或结构特征预测

在蛋白质二级结构预测的同时,人们还会对所预测的蛋白质的其他信息进行预测。下面我们做简单一些介绍:

1．跨膜结构分析

跨膜结构一般在蛋白质结构中序列的相似性不大，但结构却极其相似，因此在序列搜索中可能没有很显著的效果。例如 G 蛋白偶联受体家族成员全部具有 7 个跨膜结构，但序列比对的相似性都很小。从根本上讲，预测跨膜区拓扑结构是一个细胞生物学的问题，它需要用到细胞生物学的工具去找到明确的答案。很多蛋白质都含有 10～25 个连续的疏水残基，这些氨基酸残基很可能构成跨膜结构域。检测疏水残基是否构成跨膜结构域的最严格的方法是通过实验验证，例如免疫细胞化学。当前有许多预测跨膜结构域的软件，例如 TMpred、TopPred、TMHMM、HMMTOP 等等。

2．卷曲螺旋预测

卷曲螺旋是控制蛋白质寡聚化的元件，与蛋白质-蛋白质相互作用结构域有很大关系。它存在于很多蛋白质中，例如转录因子、病毒融合多肽等等，在中间纤维中也有很长的这样的元件。卷曲螺旋是一种很简单的二级结构，因此比较容易预测。常见的预测软件有 COILS、Paircoil、Multicoil 等等。

3．糖基化位点、磷酸化位点以及其他特殊位点预测

与跨膜蛋白的预测类似，当前在线的预测中还有很多程序可以预测糖基化位点、磷酸化位点以及其他特殊位点。这些预测结果能给生物学家研究蛋白质的翻译后修饰提供很有意义的帮助，但这些结果还需要进一步验证。下表是 ExPASy 网站中给出的一些蛋白质作用位点预测程序。

表 8 - 7　ExPASy 网站中的蛋白质作用位点预测程序

预测程序	作用位点
NetAcet	N-酰基转移酶 A 底物
NetPhos	真核生物蛋白丝氨酸、苏氨酸、酪氨酸磷酸化位点
NetPhosK	真核生物蛋白激酸的特异磷酸化位点
NetPhosYeast	酵母蛋白丝氨酸、苏氨酸磷酸化位点
GPS	激酸特异性磷酸化位点
Sulfinator	酪氨酸硫酸化位点
SulfoSite	酪氨酸硫酸化位点
SUMOplot	SUMO 修饰蛋白结合位点
SUMOsp	SUMO 修饰位点
TermiNator	N-末端修饰

下表所示是一个家蚕 Actin 蛋白通过 PROSITE 蛋白质数据库对蛋白质序列中可能存在的隐含功能位点进行预测分析的例子。

表 8 - 8　家蚕 Actin 蛋白功能位点分布表

位点名称	位置：序列		
肌动蛋白特征 1	10～20：YVGDEAQsKRG		
肌动蛋白和肌动蛋白相关蛋白特征	61～73：LLTEApLNPkaNR		
肌动蛋白特征 2	313～321：WISKqEYDE		
N-豆蔻酰化位点	5～10：GQkdSY	31～36：GivtNW	115～120：GVshTV
	202～207：GQviTI	225～230：GmeaCG	230～235：GIheTT
	300～305：GSilAS		
蛋白激酶 C 磷酸化位点	17～19：SkR	23～25：TLk	102～104：SgR
	151～153：TeR	281～283：TmK	
酪蛋白激酶磷酸化位点	34～37：TnwD	159～162：TtaE	191～194：SslE
	315～318：SkqE		
酪氨酸激酶磷酸化位点	148～155：KiltErgY	167～175：RdikEklccY	
cAMP-和 cGMP-依赖蛋白激酶磷酸化位点	292～295：RKyS		

8.3.4　蛋白质空间结构预测

生物信息学研究的一个主要目标是了解蛋白质序列与三维结构的关系,但是序列与结构之间的关系是非常复杂的。人们已经掌握了一些蛋白质序列与二级结构之间的关系,但是对于蛋白质序列与空间结构之间的关系了解得比较少。预测蛋白质的二级结构只是预测折叠蛋白的三维形状的第一步。一些结构不是很规则的环状区域与蛋白质的二级结构单元共同堆砌成一个紧密的球状天然结构。生物化学研究中的一个活跃领域就是了解引起蛋白折叠的各种力。在蛋白质折叠过程中一系列不同的力都起到了重要作用,包括疏水作用、静电力、氢键和范德华力。疏水作用是影响蛋白质结构的重要因素。半胱氨酸之间共价键的形成在决定蛋白构象中也起了决定性的作用。在一类称为伴侣蛋白的特殊蛋白质的作用下,蛋白折叠问题变得更复杂。伴侣蛋白通过一些未知的方式改变蛋白质的结构,但这些改变方式是很重要的。

1. 同源模型化方法

同源模型化方法是蛋白质三维结构预测的主要方法。对蛋白质数据库 PDB 分析可以得到这样的结论：任何一对蛋白质,如果两者的序列等同部分超过 30％（序列比对长度大于80）,则它们具有相似的三维结构,即两个蛋白质的基本折叠相同,只是在非螺旋和非折叠片层区域的一些细节部分有所不同。蛋白质的结构比蛋白质的序列更保守,如果两个蛋白质的氨基酸序列有 50％相同,那么约有 90％的碳原子的位置偏差不超过 3。这是同源模型化方法在结构预测方面成功的保证。同源模型化方法的主要思想是,对于一个未知结构的蛋白质,首先通过序列同源分析找到一个已知结构的同源蛋白质,然后以该蛋白质的结构为模板,为未知结构的蛋白质建立结构模型。这里的前提是必须要有一个已知结构的同源蛋白质。这个工作可以通过搜索蛋白质结构数据库来完成,如搜索 PDB。同源模型化方法是目前一种比较成功的蛋白质三维结构预测方法。从上述方法介绍也可以看出,预测新结构是借助于已知结构的模板而进行的,选择不同的同源的蛋白质,则可能得到不同的模板,因此最终得到的预测结果并不唯一。假设待预测三维结构的目标蛋白质为 U,利用同源模型化方法建立结构模型的过程包括下述六个步骤:

① 搜索结构模型的模板(T)。同源模型化方法假设两个同源的蛋白质具有相同的骨架。为待预测的蛋白质建立模型时,首先按照同源蛋白质的结构建立模板 T。所谓模板是一个已知结构的蛋白质,该蛋白质与目标蛋白质 U 的序列非常相似。如果找不到这样的模板,则无法运用同源模型化方法。

② 序列比对。将目标蛋白质 U 的序列与模板蛋白质 T 的序列进行比对,使 U 的氨基酸残基与模板蛋白质的残基匹配。比对中允许插入和删除操作。

③ 建立骨架。将模板结构的坐标拷贝到目标蛋白质 U(仅拷贝匹配残基的坐标)。在一般情况下,通过这一步建立目标蛋白质 U 的骨架。

④ 构建目标蛋白质的侧链。可以将模板相同残基的坐标直接作为目标蛋白质的残基坐标,但是对于不完全匹配的残基,其侧链构象是不同的,需要进一步预测。侧链坐标的预测通常采用已知结构的经验数据,如 ROTAMER 数据库的经验结构数据。ROTAMER 含有所有已知结构蛋白质中的侧链取向,按下述过程来使用 ROTAMER:从数据库中提取 ROTAMER 分布信息,取一定长度的氨基酸片段(对于螺旋和折叠取 7 个残基,其他取 5 个残基);在 U 的骨架上平移等长的片段,从 ROTAMER 库中找出那些中心氨基酸与平移片段中心相同的片段,并且两者的局部骨架要尽可能相同,在此基础上从数据库中取局部结构数据。

⑤ 构建目标蛋白质的环区。在第②步的序列比对中,可能加入空位,这些区域常常对应于二级结构元素之间的环区,对于环区需要另外建立模型。一般也是采用经验性方法,从已知结构的蛋白质中寻找一个最优的环区,拷贝其结构数据。如果找不到相应的环区,则需要用其他方法。

⑥ 优化模型。通过上述过程为目标蛋白质 U 建立了一个初步的结构模型,在这个模型中可能存在一些不相容的空间坐标,因此需要进行改进和优化,如利用分子力学、分子动力学、模拟退火等方法进行结构优化。

当然,如果能够找到一系列与目标蛋白相近的蛋白质的结构,得到更多的结构模板,则能够提高预测的准确性。通过多重序列比对,能够发现目标序列中与所有模板结构高度保守的区域,同时也能发现保守性不高的区域。将模板结构叠加起来,找到结构上保守的区域,为要建立的模型形成一个核心,然后再按照上述方法构建目标蛋白质的结构模型。对于具有 60% 等同部分的序列,用上述方法建立的三维模型非常准确。若序列的等同部分超过 60%,则预测结果将接近于实验得到的测试结果。一般,如果序列的等同部分大于 30%,则可以期望得到比较好的预测结果。当然,这种计算方法要占用大量的计算时间,主要是由于第④步的数据库搜索过程耗时较多。如果序列的等同部分小于 30% 或更少,那么预测结果的准确性如何呢?随着 U 和 T 的相似度降低,比对这两个蛋白质序列所需插入的环区增多。为环区建立精确的三维模型意味着解决结构预测的基本问题。有许多具体的方法可用于为环区建立三维模型,其中最好的方法在一些情况下能够得到环区正确的取向。为环区建立三维模型的一种方法是分子动力学模拟。由于环区一般来说相对比较短,可以用分子动力学方法来模拟,但在动态模拟过程中所需要的计算时间随着环区多肽链的残基数成指数级增长。然而,即使序列等同部分下降到 25%~30%,利用同源模型化方法也能产生未知结构蛋白质整体折叠的粗糙模型。对于这样的初始模型,可以进行优化,以得到较好的结果。

也可以用人工神经网络(如 BP 网)来预测同源蛋白质的空间结构。Bohr 等人曾利用 BP 网预测同源蛋白质的折叠模式,该方法应用距离矩阵表示蛋白质的结构,同源蛋白质的距离矩阵相似。沿水平轴和垂直轴画出蛋白质序列,如果两个氨基酸 C_α 原子之间的距离小于指定的距离,则在矩阵对应位置打上点标记。它与二级结构预测的神经网络方法相似,将一个窗体在蛋白质序列上移动,利用窗体内蛋白质序列、二级结构类型、反映空间结构信息的距离矩阵作为神经网络的输入、输出数据。其中在网络的输入层输入一个窗体内氨基酸序列信息,于中心氨基酸两侧分别取 30 个氨基酸,窗体大小为 61。网络的输出层有 33 个节点,其中 30 个节点对应于中心氨基酸前 30 个氨基酸,其值为"0"或者"1",这取决于该氨基酸与中心氨基酸的距离是否小于给定的值(如 8Å),这与距离矩阵相对应。另外 3 个输出节点用于表示二级结构类型(螺旋、折叠、卷曲)。可利用已知结构的同源蛋白质训练该网络,然后用训练好的网络对属于同一家族的蛋白质结构进行预测。该模型可以同时进行二级结构和空间结构的预测。

在实际研究中,对于蛋白质结构的分析和预测往往着眼于某些关键部位,或者功能区域。通过对蛋白质序列的分析可以发现,在一个蛋白质家族中,存在着保守的氨基酸序列片段,这些保守的序列片段称为氨基酸序列模式。在蛋白质家族进化的过程中,序列模式的变化被强制约束,以保证蛋白质的主要结构和功能不变。一个序列模式与蛋白质特定的局部空间结构相对应,分析序列模式与局部空间结构之间的关系有助于研究者了解蛋白质的功能区域的结构,而详细地分析这些关键的结构部分,有助于研究者认识蛋白质作用的机理,了解蛋白质与其他生物分子之间的相互作用,甚至为新药设计提供依据。

2. 线索化方法(折叠识别方法)

在前一节中已经提到,两个自然进化的蛋白质如果具有 30% 的等同序列,则它们是同源的蛋白质,具有基本相同的三维结构。那么,其余的是否就不是同源的呢？实际上并非如此。在最新的蛋白质数据库 PDB 中,有上千对蛋白质具有同源的空间结构,但它们的序列等同部分小于 25%,即远程同源。许多结构相似的蛋白质都是远程同源的。对于这类蛋白质,很难通过序列比对找出它们之间的关系,必须设计新的分析方法。对于一个未知结构的蛋白质 U,如果找到一个已知结构的远程同源蛋白质 T,那么可以根据 T 的结构模板通过远程同源模型化方法建立 U 的三维结构模型。一个成功的远程同源模型化方法要解决三个问题：① 检测远程同源蛋白质 T;② U 和 T 的序列必须被正确地比对或对比排列;③ 修改一般的同源模型化过程,以应用于相似度非常低的情况,即处理更多的环区,建立合理的三维结构模型。检测远程同源蛋白质是一个基本问题,而正确比对 U 和 T 的氨基酸序列则是更为复杂的问题。目前有许多方法声称能够解决第①个和第②个问题,其基本思想是,建立一个从 U 到已知结构 T 的线索,并通过一些基于环境或基于知识的势函数,评价序列与结构的适应性。至于最后建立三维结构模型则是非常困难的,这是因为建立模型的过程不能校正在序列比对阶段出现的错误。现在,线索技术已成为蛋白质结构预测领域中最活跃的一块。在 20 世纪 90 年代发表的第一篇关于线索化方法的文章推动了线索化方法的深入研究。线索化的主要思想是利用氨基酸的结构倾向(如形成二级结构的倾向、疏水性、极性等),评价一个序列所对应的结构是否能够适配到一个给定的结构环境中。还有另一种不同的方法,即利用蛋白质数据库中丰富的信息,通过提取平均势场取出结构知识。由于不同平均势场刻画蛋白质不同的结构特征,正确的远程同源蛋白质很可能是所得到的查找结果之一。然而,目前还没有一个单独方法检测到正确远程同源蛋白质的几率在一半以上。凡是经过大量测试、严格评估的方法,得到正确的远程同源蛋白质的几率小于 40%。即使这样,其性能也远远好于传统的序列比对方法(在序列等同部分小于 25% 的情况下)。另外,各种结构预测实验的成功表明,在专家仔细筛选各种选择后,检测到远程同源蛋白质的可能性将会进一步提高。下面讨论从蛋白质序列到蛋白质结构的线索化方法。建立序列到结构的线索的过程称为线索化,线索技术又称折叠识别技术。线索化或者折叠识别的目标是为目标蛋白质 U 寻找合适的蛋白质模板 T,这些模板蛋白质与 U 没有显著的序列相似性,但却是远程同源的。如果找到这样的模板,则将 U 的序列与模板 T 的结构进行比对(sequence-structure alignment),即建立线索。在此基础上利用模板结构为蛋白质 U 建立结构模型。线索化是一个比预测三维结构更复杂的问题,是 NP 完全问题,需要采用近似求解方法或启发式求解方法。解决该问题的回报是非常高的,如果能够解决线索化问题,那么预测更多的蛋白质结构将成为可能。对应于不同的序列-结构匹配程度度量方法,有不同的线索化方法,但是线索化方法一般有五个基本组成部分:① 已知三维折叠结构的数据库;② 一种适合进行序列-结构比对的三维折叠信息的表示方法;③ 一个序列-结构匹配函数,该函数对匹配程度进行打分;④ 建立最优线索的策略,或者是进行序列-结构比对的策略;⑤ 一种评价序列-结构比对显著性的方法。在线索技术中,假设存在有限数目的核心折叠(core folds)。核心折叠实际上是构成蛋白质空间形状的基本模式。线索技术的首要任务是建立核心折叠数据库,在预测蛋白质空间结构时将一个待预测结构的蛋白质序列与数据库中核心折叠进行比对,找出比对结果最好的核心折叠,作为构造待预测蛋白质结构模型的根据(图 8-5)。

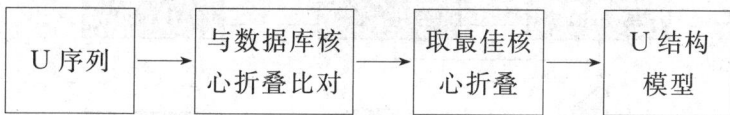

图 8-5　采用线索技术预测构造待测蛋白质结构模型的流程示意

这里介绍一种基于序列与结构比对的最优线索化算法。令 s_1, s_2, $\cdots$, s_n 为蛋白质序列 s 的 n 个元素,C_1, C_2, $\cdots$, C_m 为数据库中核心折叠 C 的 m 个核心区域。每一个核心区域由若干个氨基酸残基构成。令 C_{ij} 为第 i 个核心区域第 j 个氨基酸位置。假设核心折叠 C 中所有重要的相互作用都体现在各个 C_{ij} 之间的两两作用,利用图这样的数据结构来表示这些相互作用。用图中的顶点表示 C_{ij},如果 C_{ij} 和 $C_{i'j'}$ 之间存在相互作用,则在图中画一条从 C_{ij} 所在顶点到 $C_{i'j'}$ 所在顶点的边。设 t 是一个从序列到核心折叠的线索,那么 t 说明了序列 s 的哪些元素 s_i, s_j, s_k, $\cdots$代表核心区域 C_1, C_2, C_3, $\cdots$的起始位置。这实际上是一种从序列 s 到核心折叠 C 的比对,但是在这样的比对中序列元素内部没有空位,序列元素之间存在空位,这些空位将序列元素分割开来。令 λ 代表核心折叠 C 中的环到序列 s 中空位的映射,显然 λ 是通过线索化而确定的。令 $f(t)$ 是进行序列与结构比对的得分函数,其形式定义如下:

$$f(t) = g_1(v, t) + g_2(u, v, t) + g_3(\lambda, t)$$

式中:$g_1(v, t)$ 评价各个氨基酸残基 v 所处的位置;$g_2(u, v, t)$ 评价各残基对 u 和 v 的相对位置,如果 u 和 v 键合,则得分高;$g_3(\lambda, t)$ 评价环区,根据环区的大小进行打分。

完成上述概念定义之后,可以非常简单地描述线索化问题:对于给定的序列 S 和核心折叠 C,选择一个线索 t,使得 $f(t)$ 的值最小,即寻找一个从 S 到 C 的最佳映射。虽然问题的描述非常简单,但是要解决这个问题却非常复杂,这是一个 NP -完全问题。准确地求解需要巨大的运算量,在实际应用中,需要采用分支约束方法压缩搜索空间,或采用近似或启发式的方法进行求解,以提高算法的执行效率。

3．从头预测方法

在既没有已知结构的同源蛋白质,也没有已知结构的远程同源蛋白质的情况下,上述两种蛋白质结构预测的方法都不能用,这时只能采用从头预测(ab initio)方法,即直接根据序列本身来预测其结构。在 1994 年之前,还没有一个从头计算方法能够预测蛋白质的空间结构。从那以后,人们陆续提出一些方法,表明了进一步研究的可能方向。有些研究小组运用距离几何方法得到了较准确的结果。将简化的力场与动态优化策略相结合,虽然得到的结果不算太精确,但很有意义,表明这样的工作非常有希望取得突破。从头预测方法一般由下列三个部分组成:① 一种蛋白质几何的表示方法。由于表示和处理所有原子和溶剂环境的计算量非常大,因此需要对蛋白质和溶剂的表示形式做近似处理,例如,使用一个或少数几个原子代表一个氨基酸残基。② 一种能量函数及其参数,或者一个合理的构象得分函数,以便计算各种构象的能量。通过对已知结构的蛋白质进行统计分析,可以确定蛋白质构象能量函数中的各个参数或者得分函数。③ 一种构象空间搜索技术。必须选择一个优化方法,以便对构象空间进行快速搜索,迅速找到与某一全局最小能量相对应的构象。其中,构象空间搜索和能量函数的建立是从头预测方法的关键。从头预测流程见图 8-6。

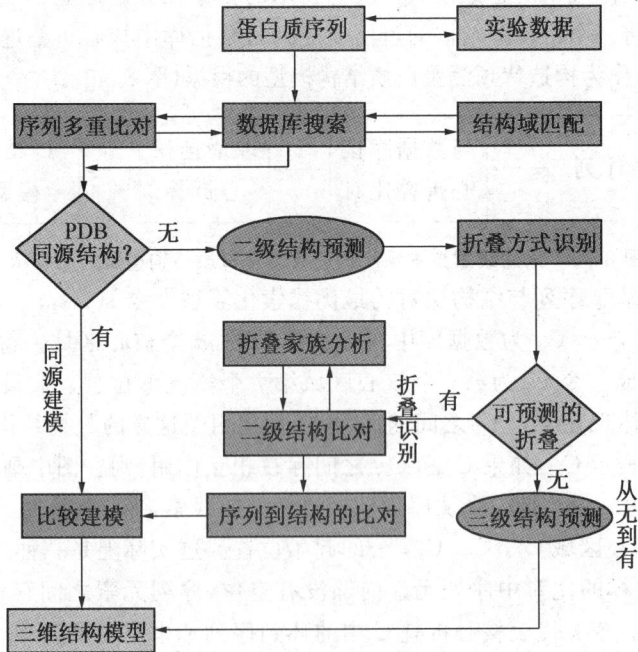

图 8-6 从头预测蛋白质结构流程

从头预测的方法是基于 1973 年 Anfinsen 提出的蛋白质天然构象对应自由能最低时的结构这一热力学假设,然而这种方法受到两个方面的困扰:首先,难以找到一个能严格区分蛋白质天然构象和非天然构象的能量函数,使能量函数的全局极小点能对应于蛋白质的天然结构,目前已有的能量函数都是采用经验势函数;其次,由于蛋白质系统相对分子质量和柔性都很大,所以在蛋白质的势能面上存在着很多局部极小点,缺少一种有效的全局优化算法。

目前还没有一个可信的又具有代表性的能量函数来预测一个蛋白质的天然折叠,也没有一个稳定的搜索方法能保证对空间构象取样时,取样片断具有显著的天然性。对于预测折叠模拟的能量函数包括基于原子势能的一些分子力学软件包,如 CHARMM、AMBER、ECEPP 和平均势能方法,还有基于多重序列比对的非物理的空间限制作用等等。一些优化方法,如分子动力学模拟、蒙特卡洛模拟、遗传算法、扩散方程方法等等也被用于蛋白质三级结构的从头预测方法。

4．预测方法评价

对采用各种方法所得到的蛋白质结构预测结果需要进行验证,以确定预测方法是否可行,确定其适用面。验证的一种方法是取已知结构的蛋白质,对这些蛋白质进行模拟结构预测,并将预测结构与真实结构进行比较,分析两者之间的差距。为了客观地评价各种预测方法,需要建立权威的评判机构,建立公共认可的蛋白质结构测试数据集。设立在马里兰生物技术研究中心的 CASP 就是这样一个系统(http://predictioncenter. llnl. gov/casp4/)。对蛋白质结构预测的同源模型化方法、线索化方法和从头预测方法进行实验测试和评价,结果表明:① 在同源模型化方法中,得到一个好的序列比对是该方法的关键。当目标蛋白质与模板等同部分超过 60% 时,完全可以找到正确的比对。然而,如果序列相似度只有 20%～25%,则很难找到正确的比对。如果相似度低于 20%,则同源模型化方法几乎无能为力,因为在这种情况下,很难或无法找到合适的模板。② 对于线索化方法,如果能够找到同一家族远程同源蛋白质,则可以获得比较好的预测结果。如果找到的模板属于不同的家族,则预测准确性难以保证。③ 对于从头预测方法,还难以产生准确的预测结构。在三维结构预测方面,目前有待深入研究预测方法。根据同源性所得到的结构模型一般精度达到原子分辨率,对于 SWISS - PROT 数据库中的序列,大约三分之一能够得到粗糙的结构模型。不幸的是,许多模型在环区的位置标定方面存在着较大的误差。线索化技术通过搜索远程同源蛋白质能够大大地提高这个比例,但是,对于大规模的序列分析,线索化技术还仍然不是太可靠。对于一个未知结构的蛋白质,若没有其同源蛋白质的结构,则该蛋白质结构信息的唯一来源就是实验,或者通过从头计算方法进行结构预测。即使在不远的将来我们会通过实验得到更多的蛋白质结构,但有一类蛋白质仍然对实验测定方法提出挑战,这就是膜蛋白。其中最大的障碍是这类蛋白质不能结晶,并且,即使用核磁共振 NMR 技术也难以测定其结构。因此,对于这类蛋白质,结构预测方法就显得格外重要。

8.4　蛋白质结构预测软件

8.4.1　蛋白质理化性质预测软件

在蛋白质研究领域中,蛋白质性质的研究是十分必要的,而且是非常基础的。蛋白质的基本性质包括蛋白质的相对分子质量、氨基酸组成、等电点、消光系数等。对于这些性质,已经发展了许多基于氨基酸一级序列的蛋白质性质预测的方法。在 EXPASY 网站的服务器上就有很多这方面的预测软件服务。

1. ProtParam 软件

这个程序是用于计算各种物理化学性质的计算程序,包括蛋白质的相对分子质量、理论等电点值、序列的氨基酸组成、原子组成、消光系数、半衰期、不稳定系数以及总平均亲水性等。用户除了可以提交自己的序列之外,还可以直接分析 SWISS-PROT 和 TrEMBL 数据库内部的蛋白质序列。ProtParam 的网址为 http://www.expasy.org/tools/protparam.html。下图是 ProtParam 网络服务的主页面。

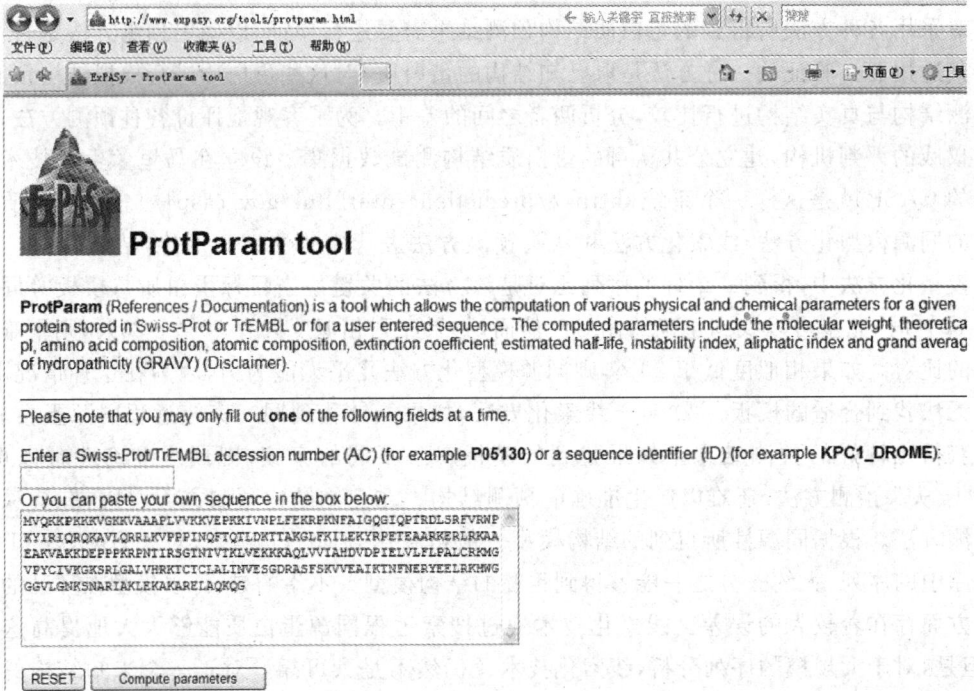

图 8 - 7　ProParam 主页

如果用户自己提交序列,可以将序列直接粘贴到对话框之后点击“Computer parameters”按钮,就可以得到蛋白质的基本理化性质了。

例如,分析以下一段蛋白质序列:

MVQKKPKKKVGKKVAAAPLVVKKVEPKKIVNPLFEKRPKNFAIGQGIQPTRDLS
RFVRWPKYIRIQRQKAVLQRRLKVPPPINQFTQTLDKTTAKGLFKILEKYRPETEAAR
KERLRKAAEAKVAKKDEPPPKRPNTIRSGTNTVTKLVEKKKAQLVVIAHDVDPIELV
LFLPALCRKMGVPYCIVKGKSRLGALVHRKTCTCLALTNVESGDRASFSKVVEAIKT
NFNERYEELRKHWGGGVLGNKSNARIAKLEKAKARELAQKQG

将序列输入文本框中提交,如图 8 - 7 所示。

如果序列有 Swiss - Prot 或 TrEMBL 接受号的话,也可以在下面的方框中直接输入提交序列的接受号(图 8 - 8)。

点击"Computer parameters"按钮。得到了下面的计算结果：

Number of amino acids：268

Molecular weight：30292.9

Theoretical pI：10.52

Amino acid composition：

Ala（A）　24　9.0%

° ° ° ° ° ° ° ° ° °

Total number of negatively charged residues（Asp ＋ Glu）：23

Total number of positively charged residues（Arg ＋ Lys）：64

Atomic composition：

Carbon	C	1361
Hydrogen	H	2287
Nitrogen	N	405
Oxygen	O	361
Sulfur	S	6

Formula：C1361H2287N405O361S6

Total number of atoms：4420

Extinction coefficients：

Extinction coefficients are in units of　M−1 cm−1，at 280 nm measured in water.

Ext. coefficient　17210

Abs 0.1%（＝1 g/l）　0.568，assuming ALL Cys residues appear as half cystines

Ext. coefficient　16960

Abs 0.1%（＝1 g/l）　0.560，assuming NO Cys residues appear as half cystines

Estimated half−life：

The N−terminal of the sequence considered is M（Met）.

The estimated half−life is：30 hours（mammalian reticulocytes，in vitro）.

　　　　　　　　　　　＞20 hours（yeast，in vivo）.

　　　　　　　　　　　＞10 hours（Escherichia coli，in vivo）.

Instability index：

The instability index（II）is computed to be 29.19

This classifies the protein as stable.

Aliphatic index：87.31

Grand average of hydropathicity（GRAVY）：−0.586

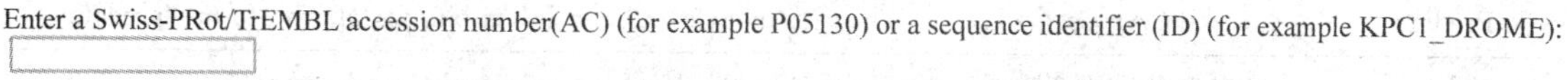

Enter a Swiss-PRot/TrEMBL accession number(AC) (for example P05130) or a sequence identifier (ID) (for example KPC1_DROME):

图 8 − 8　ProParam 主页面提交序列的接受号

2. Compute pI/Mw 程序

与 ProtParam 类似，Compute pI/Mw 程序也是用于计算蛋白质等电点和相对分子质量的。其主页如图 8 − 9 所示。Compute pI/Mw 的网址为 http://www.expasy.org/tools/pi_tool.html。

对于上述同一个序列，我们运用 Compute pI/Mw 计算的结果如下：

Theoretical pI/Mw：10.52 / 30292.99

从这个结果可以看出此蛋白质的相对分子质量是 30292.99，理论等电点是 10.52。显然这个程序给出的信息没有 ProtParam 的详细。

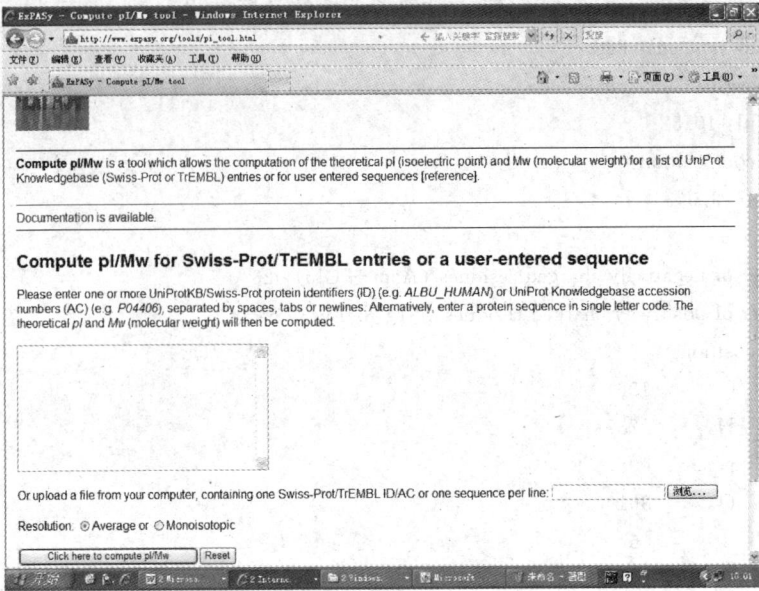

图 8 - 9　Compute pI/Mw 的主页

8.4.2　蛋白质二级结构预测软件

当前有很多网络服务器都提供预测二级结构的服务,有些只允许提交一条序列,而一些却可以接受多重序列比对。下表是一些网上的二级结构预测服务。

表 8 - 9　网上的蛋白质二级结构预测服务程序

程　　序	评　　注	网　　址
APSSP	基于神经网络方法	http://www. imtech. res. in/raghava/apssp2/
GOR4	来自波兰的 BioInformatique Lyonnais	http://npsa-pbil. ibcp. fr/cgi-bin/npsa_automat. pl? page＝npsa_gor4. html
Jpred	来自 Barton 小组	http://www. compbio. dundee. ac. uk/www-jpred/
NNPREDICT	加强的神经网络方法	http://www. cmpharm. ucsf. edu/~nomi/nnpredict. html
PHD	基于神经网络方法	http://bioinf. cs. ucl. ac. uk/psipred
Predator	来自 Argos 小组	http://mobyle. pasteur. fr/cgi-bin/portal. py? form＝predator
PredictProtein	来自哥伦比亚大学	http://cubic. bioc. columbia. edu/predictprotein/
PSIPRED	来自伦敦大学	http://bioinf. cs. ucl. ac. uk/psipred
SAM - T99sec	利用隐马尔可夫模型	http://cubic. bioc. columbia. edu/eva/sec/method/samt99_sec. html
Sosui	来自 Miaku 小组	http://bp. nuap. nagoya-u. ac. jp/sosui

注:更多站点列表见 ExPASy (http://www. expasy. org/tools/ # secondary)、PBIL (http://pbil. univ-lyon1. fr/)和 EVA (http://cubic. bioc. columbia. edu/eva/)

下面我们详细介绍几个常见的二级结构预测的网络服务。

1. NNPREDICT

NNPREDICT 是用于预测氨基酸序列中各个氨基酸对应的二级结构的程序(图8-10)。NNPREDICT 算法使用了一个双层、前馈神经网络去给每个氨基酸分配预测的类型。在预测时,服务器使用 FASTA 格式的文件,其中有单字符或三字符的序列以及蛋白质的折叠类(α、β或 α/β)。残基被分为几类,如 α-螺旋(H)、β 链(E)或其他(一)。若对给定残基未给出预测,则会标上问号(?),这说明无法做出可信的分配。若没有关于折叠类的信息,预测也能在不定折叠类的情况下进行,而且这是缺省的工作方式。

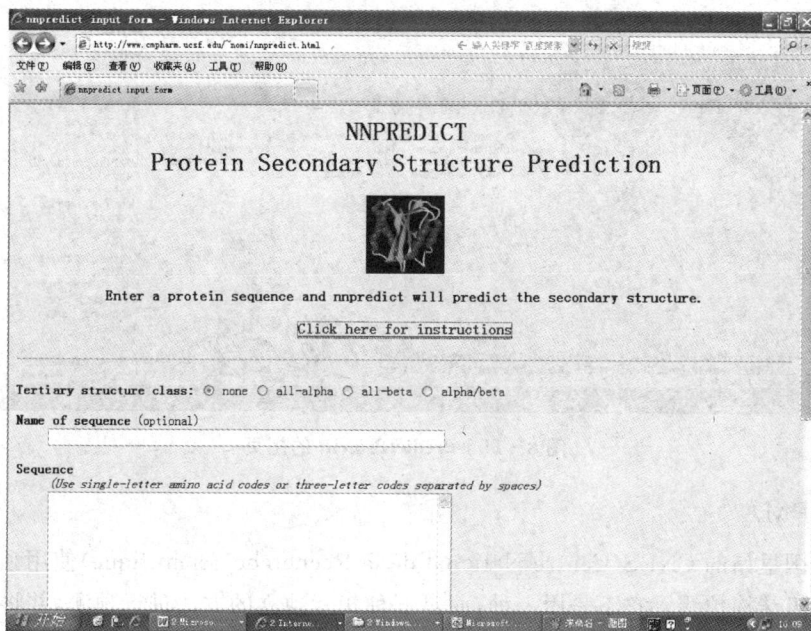

图 8-10　NNPREDICT 的主页

2. PredictProtein

PredictProtein(Rost 等,1994)在预测中应用了略有不同的方法(图8-11)。首先,蛋白质序列被作为查询序列在 SWISS-PROT 库中搜索相似的序列。当相似的序列被找到后,一个名为 MaxHom 的算法被用来进行一次基于特征简图的多序列比对(Sander 和 Schneider,1991)。MaxHom 用迭代的方法来构造比对:当第一次搜索 SWISS-PROT 后,所有找到的序列与查询序列进行比对,并构造出一个比对后的特征简图。然后,这个简图又被用来在 SWISS-PROT 中搜索新的相似序列。由 MaxHom 产生的多序列比对随后被置入一个神经网络,用一套称为 PHD(Rost,1996)的方法进行预测。PHD 这一套二级结构预测方法不仅仅给每个残基分配一个二级结构类型,它还对序列上每个位点的预测可信度给予统计分析。该方法的平均准确率超过 72%,最佳残基预测准确率达 90% 以上。

该程序输出结果内容很多并包含大量有关信息。其中有 MaxHom 搜索结果,并包括多序列比对的结果,它可以用于例如基于特征简图的搜索或物种谱系分析等进一步研究。如果 提交的序列在 PDB 中有已知同源蛋白,则其 PDB 标识号也会输出返回。随后是方法本身信息。最后是实际预测结果。与 NNPREDICT 不同,PredictProtein 还返回每个位点的

"预测可信度索引",范围从 0 到 9,9 具有最高的可信度,也就是说该位点所分配的二级结构类型是正确的。

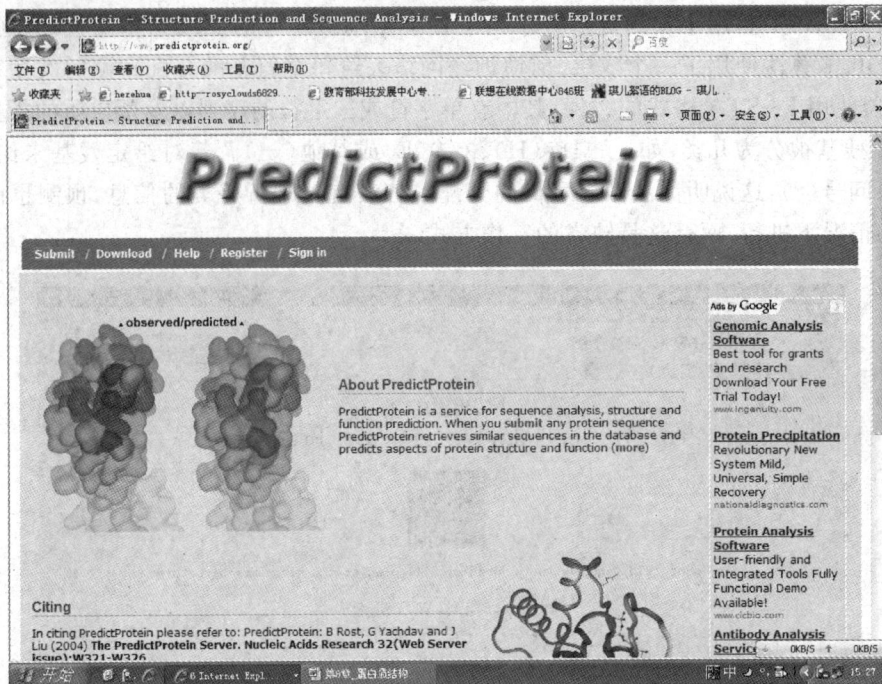

图 8 - 11　PredictProtein 的主页

3. SOPMA

位于法国里昂的 CNRS(Centre National de la Recherche Scientifique)使用独特的方法进行蛋白质二级结构预测。它不是用一种,而是五种相互独立的方法进行预测,并将结果汇集整理成一个"一致预测结果"。这五种方法包括:Garnier - Gibrat - Robson(GOR)方法(Garnier 等,1996)、Levin 同源预测方法(Levin 等,1986)、双重预测方法(Deléage 和 Roux,1987)、作为前面 PredictProtein 一部分的 PHD 方法和 CNRS 自己的 SOPMA 方法(Geourjon 和 Déleage,1995)。简单地说,SOPMA 这种自优化的预测方法建立了已知二级结构序列的次级数据库,库中的每个蛋白质都经过基于相似性的二级结构预测。然后用次级库中得到的信息去对查询序列进行二级结构预测。

使用这种方法可以将序列本身作为 E - mail 提交给 deleage@ibcp. fr,用 SOPMA 作为 E - mail主题,或使用 SOPMA 的 Web 界面(图 8 - 12)。

8.4.3　特殊结构或结构特征预测软件

就像 α-螺旋和 β 叠片的位置可以较为准确地预测出来,其他特定的结构或结构特征(如卷曲螺旋和跨膜区域)也可以预测出来。但这类预测的方法没有二级结构预测方法多,主要是由于这些结构或结构特征的折叠规律尚不十分清楚。尽管如此,若查询序列在已知结构数据库中能搜索到相似蛋白,则预测的准确度可能很高。

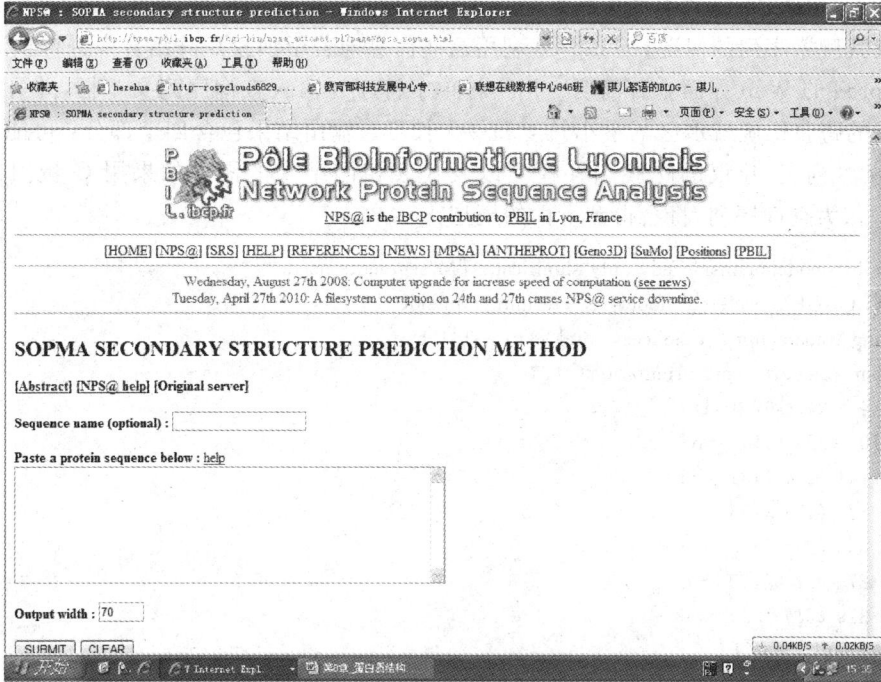

图 8 - 12　SOPMA 的 Web 界面

1. 卷曲螺旋

COILS算法将查询序列在一个由已知包含卷曲螺旋蛋白结构的数据库中进行搜索(Lupas 等,1991)。程序也将查询序列与包含球状蛋白序列的 PDB 次级库进行比较,并根据两个库搜索得分的不同决定输入序列形成卷曲螺旋的概率。COILS 可以下载到 VAX/VMS 系统上使用,通过简单的 Web 界面使用则更方便。

程序要求序列数据为 GCG 或 FASTA 格式,一次可以提交一条或多条序列。除了序列,用户还能在两种得分矩阵中选择一种:① MTK,是根据肌球蛋白、原肌球蛋白和角蛋白序列得到的得分矩阵。② MTIDK,是根据肌球蛋白、原肌球蛋白、中间纤维类蛋白 I~V、桥粒蛋白和角蛋白序列得到的得分矩阵。程序作者引述了两种矩阵的适用特点:MTK 更适合检测双链结构;而 MTIDK 适合其他情形。用户还能启动一个选项给予每个卷曲 a 和 d 位置上残基(通常为亲水性)相同的权重。如果 COILS 在无权重和有权重情况下得到的结果相差很大,则表明可能存在正错误。程序的作者说,COILS 是用来检测与溶液接触的左手型卷曲螺旋的,对于包埋的或右手型卷曲螺旋则可能检测不到。若一个序列被提交到服务器,程序会整理出一张预测结果图,显示沿着序列各个部分形成卷曲螺旋的倾向性。

一个基于 Macintoshi 系统的应用程序——MacStripe 使用了 Lupas 的 COILS 的预测方法,能输出较简单的预测结果(Knight,1994)。MacStripe 要求输入文件为 FASTA、PIR 或其他普遍文件格式,并像 COILS 一样产生一个图形文件,包含形成卷曲螺旋的概率,以及用柱状图显示七连体重复模式的连续性。

2. 跨膜区域

Tmpred 依靠一个跨膜蛋白数据库 Tmbase(Hofmann 和 Stoffel,1993)。Tmbase 来源与

Swiss-Prot 相同,并包含了每个序列的一些附加信息:跨膜结构区域的数量、跨膜结构区域的位置及其侧翼序列的情况。Tmpred 利用这些信息与若干加权矩阵结合来进行预测。

Tmpred 的 Web 界面十分简明。用户将单字符序列输入查询序列文本框,并可以指定预测时采用的跨膜螺旋疏水区的最小长度和最大长度。输出结果包含四个部分:可能的跨膜螺旋区、相关性列表、建议的跨膜拓扑模型以及代表相同结果的图。如果用 G 蛋白偶联受体(P51684)作为查询序列,将会得到下面的模型:

```
2 possible models considered, only significant TM segments used
→ STRONGLY prefered model: N-terminus outside
7 strong transmembrane helices, total score: 14196
# from to length score orientation
1 55 74 (20) 2707 o-i
2 83 104 (22) 1914 i-o
3 120 141 (22) 1451 o-i
4 166 184 (19) 2155 i-o
5 212 235 (24) 2530 o-i
6 255 276 (22) 2140 i-o
7 299 319 (21) 1299 o-i
→ alternative model
7 strong transmembrane helices, total score: 11974
# from to length score orientation
1 47 69 (23) 2494 i-o
2 84 104 (21) 1407 o-i
3 123 141 (19) 1352 i-o
4 166 185 (20) 1904 o-i
5 219 236 (18) 2453 i-o
6 252 274 (23) 1386 o-i
7 300 319 (20) 915 i-o
```

每种建议的模型都指出各区段起始和终止位点,及其相对膜的取向(由内到外 inside-to-outside,或由外到内 outside-to-inside)。算法恰当地指出这些模型都是基于假设全部跨膜区域在预测中都被找到这一基础。因而这些模型应被看作是从该方法所得数据的角度出发所得的结果。

第二种预测方法是 TMAP,它与 SSPRED 类似,采用了多序列比对来提高预测的准确性(Persson 和 Argos,1994)。同样以 G 蛋白偶合受体为例,提交给 tmap@embl-heidelberg.de 的查询序列的格式如下所示:

```
SEQUENCE
TITLE G protein-coupled receptor
BLOSUM 62
INDEL 10
ALIGN 50
Z_SCORE 4
SEQ
MSGESMNFSDVFDSSEDYFVSVNTSYYSVDSEMLLCSLQEVRQFSRLFVPIAYSLICVFGLLGNILVVIT
FAFYKKARSMTLVYLLNMAIADLLFVLTLPFWAVSHATGAWVFSNATCKLLKGIYAINFNCGMLLLTCIS

END
```

"TITLE"行使返回给用户的结果易于辨认。"BLOSUM 62"命令指定用 BLITZ 在 Swiss-Prot 中搜索采用的得分矩阵,这里可以采用任意可得的 BLOSUM 或 PAM 矩阵;"INDEL"、"ALIGN"和"Z_SCORE"等命令与前面在 SSPRED 服务中所述含义完全一样。序列前面标上起始关键字"SEQ",最后标上"END"关键字。无论用 E - mail 还是用 Web 界面,结果都由 E - mail 返回。返回的内容包括 BLITZ 为查询序列所做的多序列比对结果、关于各跨膜区域位置的预测,以及给出结果图示的 PostScript 文件。对 G 蛋白偶合受体的 TMAP 预测结果如下:

```
PREDICTED TRANSMEMBRANE SEGMENTS FOR PROTEIN G protein-coupled receptor
TM 1:46—74 (29)
TM 2:82—108 (27)
TM 3:117—145 (29)
TM 4:159—187 (29)
TM 5:212—240 (29)
TM 6:251—276 (26)
```

输出结果格式很简单,给出了跨膜区段序号、各区段起始和终止位置,括号中是区段长度。显然,对于同一个蛋白,两个不同的方法给出了明显不同的预测结果。Tmpred 预测了七个跨膜区段;而 TMAP 预测的是六个,并且两组区段边缘相互重叠。在 Swiss_Prot 中,这个序列条目中注明了七个跨膜区段(43~69、79~99、115~136、155~175、206~233、250~274 以及 299~316)。相比之下,Tmpred 的结果更符合这些位置,在多数情况下,Tmpred 的预测比实际情况会稍微长一些和序列位置会偏一些。对 TMAP 也是一样,只是 TMAP 把最后一个区段整个漏掉了。用户可能设想 TMAP 预测比 Tmpred 好,但这里同样要强调应利用多种方法进行预测这一惯用策略,然后再手工审查其结果。

3. 信号肽

丹麦技术大学的生物序列分析中心开发了 SignalP 这个强大的信号肽及其剪切位点检测工具(Nielsen 等,1997)。该算法基于神经网络方法,用已知信号序列的革兰氏阴性原核生物、革兰氏阳性原核生物及真核生物的序列分别作为训练集。SignalP 预测的是分泌型信号肽,而不是那些参与细胞内信号传递的蛋白。

人类胰岛素生长因子 IB 前体(生长调节素 C,P05019),具有已知剪切位点,通过 Web 界面提交给 SignalP 加以分析。预测采用的是真核训练集,分析结果如下:

```
Using networks trained on euk data
>IGF—IB length = 195
# pos aa C S Y

46 A 0.365 0.823 0.495
47 T 0.450 0.654 0.577
48 A 0.176 0.564 0.369
49 G 0.925 0.205 0.855
50 P 0.815 0.163 0.376

< Is the sequence a signal peptide?
# Measure Position Value Cutoff Conclusion
max. C 49 0.925 0.37 Yes
max. Y 49 0.855 0.34 Yes
max. S 37 0.973 0.88 Yes
mean S 1—48 0.550 0.48 Yes
# Most likely cleavage site between pos. 48 and 49:ATA—GP
```

输出结果的第一部分中,标记为 C 的列是剪切位点打分,在剪切点的 C 末端位点上得分最高。标记为 S 的列是信号肽打分,位于剪切点之前的位点得分高而剪切点之后的位点得分低。非分泌型蛋白的 N 末端的 S 得分也较低。最后的 Y 列给出综合剪切点打分,这个几何平均分值指出哪个位点具有高 C 分值同时又是 S 分值由高转低。输出文件的结尾提出"这个序列是信号肽吗"问题,然后根据统计推断出最可能的剪切点。在 Swiss - Prot 中对该蛋白的注解是,成熟肽链起始于 49 位,正是 SignalP 预测的最可能的剪切点。

8.4.4　蛋白质三级结构预测软件

1. SWISS - MODEL

(1) SWISS - MODEL 预测服务简介

SWISS - MODEL 服务器是以用户输入信息的最小化为目的设计的,即在最简单的情况下,用户仅提供一条目标蛋白的氨基酸序列。由于比较建模程序可以具有不同的复杂性,用户输入一些额外信息对建模程序的运行有时是有必要的,比如,选择不同的模板或者调整目标模板序列比对。该服务主要有以下三种方式:

① First Approach mode(简捷模式)。这种模式提供一个简捷的用户界面:用户只需要输入一条氨基酸序列,服务器就会自动选择合适的模板。或者,用户也可以自己指定模板(最多 5 条),这些模板可以来自 ExPDB 模板数据库(也可以是用户选择的含坐标参数的模板文件)。如果一条模板与提交的目标序列相似度大于 25%,建模程序就会自动开始运行。但是,模板的可靠性会随着模板与目标序列之间的相似度的降低而降低,如果相似度不到 50%,往往就需要用手工来调整序列比对。这种模式只能对大于 25 个残基的单链蛋白三维结构进行预测。

② Alignment Interface(比对界面)。这种模式要求用户提供两条已经比对好的序列,并指定哪一条是目标序列,哪一条是模板序列(模板序列应该对应于 ExPDB 模板数据库中一条已经知道其空间结构的蛋白序列)。服务器会根据用户提供的信息进行建模预测。

③ Project mode(工程模式)。手工操作建模过程:该模式需要用户首先构建一个DeepView工程文件,这个工程文件包括模板的结构信息和目标序列与模板序列间的比对信息。这种模式让用户可以控制许多参数,例如,模板的选择、比对中的缺口位置等。此外,这个模式也可以用于"first approach mode 简捷模式"输出结果的进一步加工完善。

此外,SWISS - MODEL 还具有其他两种内容上的模式。

Oligomer modeling(寡聚蛋白建模):对于具有四级结构的目标蛋白,SWISS - MODEL提供多聚模板的模式,用于多单体的蛋白质建模。这一模式弥补了简捷模式中只能提交单个目标序列,不能同时预测两条及以上目标序列的蛋白三维结构的不足。

G PCR mode(G 蛋白偶联受体模式):专门用于对 7 次跨膜 G 蛋白偶联受体的结构预测。

(2) SWISS - MODEL 工作原理

同源建模方法预测蛋白结构一般包含以下四步:

1) 模板选择

SWISS - MODEL 服务器模板数据库 ExPDB 是从 PDB 中提取的:PDB 文件被分成确定蛋白链和不确定蛋白链,去掉不确定蛋白链(理论模型或仅提供 α -碳坐标的质量较差的数据文件）。SWISS - MODEL 吸收了额外的有用信息，如可能的四级结构信息、明确的标志信息（经验力场能、ANOLEA 平均势能得分）。对于某一目标序列，SWISS - MODEL 搜索模板数据库 ExPDB 选择合适的模板。如果对某一目标序列找不到合适的模板，但可以找到几个模板序列，经过拼凑后覆盖目标序列，SWISS - MODEL 的建模过程就分成几个部分，分别进行批处理。

2）目标序列与模板序列比对

使用重复最小的方块算法，每个批处理最多能接受五个模板结构。去除不匹配模板（即那些与第一个模板相比有高 α-碳均方差偏离的模板），产生结构比对。将目标序列与模板序列进行局部两两序列比对，然后经过一次经验步骤改进比对。插入和缺失位置的选择由模板整体结构来决定，即比对产生的孤立的残基被移动到临近的无规则卷曲结构中。

3）建模

平均多个模板结构主干原子的位置形成预测模型的核心。首先去除那些显著偏离原子的位置，然后某一模板的重要性由它与目标序列的相似度来决定。模板坐标不被用于比对中的插入或缺失区域。对于插入或缺失区域，片段的整体与相邻的主干的协调用空间约束程序（constraint space programming，CSP）完成。最佳的环状结构是由力场能量、空间障碍、氢键等决定。如果不能识别出合适的环状结构，相邻的残基就被纳入片段重建，以实现更多的灵活性。当 CSP 给不出一个令人满意的答案并且有 10 个以上残基时，程序就自动搜索由实验数据得到的环状序列文库（loop library），寻找可以接受的环状结构。

侧链建模

模型侧链的重建是基于模板结构中相应残基的最有利位置，以保守残基开头，模型侧链通过空间等位取代模板结构侧链的方式构建。可能的侧链构型从主干依赖型旋转异构体文库（rotamer library）中选择。得分函数中着重体现氢键、二硫键，避免不利接触。

4）能量最小化

蛋白质几何结构的调整是建模中的最后一步。当连接刚性片段时，使用根据能量最小原理的 GROMOS96 力场算法进行调整。经验的力场用于发现模型构象中的错误。一般说来，能量最小化或分子动力学方法普遍不能提高模型的精度，在 SWISS - MODEL 中使用仅仅是使分子结构更加标准化。

四个建模步骤已经在 ANSIC 的 ProMod Ⅱ 程序中实现。

不断重复如上步骤直到找到一个令人满意的模型。SWISS - MODEL 开发了几套不同的建模技术。SWISS - MODEL 的预测方法可以被描述为以 α-螺旋和 β-折叠为基础的"刚性片段组装"。

（3）SWISS - MODEL 所用到的数据库

① ExPDB：模板数据库，从 PDB 中提取高质量的数据文件组成。

② ExNRL - 3D：序列数据库，是 ExPDB 模板数据库中的序列部分，用于 BLASTP2 模板搜索。

③ 环状序列文库：实验数据得到的无规则卷曲结构汇集。

④ 旋转异构体文库：用于非主干氨基酸的空间构型的确定。

（4）SWISS－MODEL 的程序和方法

1）序列比对

① BLASTP2：搜索蛋白质模板数据库 ExNRL－3D，寻找与目标序列相似的模板。

② SIM：选择序列相似性大于 25％的模板或大于 20 个残基的工程模式的模板。

③ Pro Mod Ⅱ：根据模板生成所有可能的分子模型（model）。

2）能量最小化原理

Gromos96：能量最小化程序。

3）模型评价

Swiss－PdbViewer：提供评价模板质量需要的所有工具。这部分不再由 SWISS－MODEL 服务器提供。

4）使用说明

进入 SWISS－MODEL 主页（图 8－13）后，点击页面左上菜单部分中"First Approach mode"。如图 8－14 所示，在填写 E-mail 和粘贴序列后提交，用户就可以在邮箱里得到预测的结构。但是在大多数情况下，用户需要通过自定义完成对模板的选择。

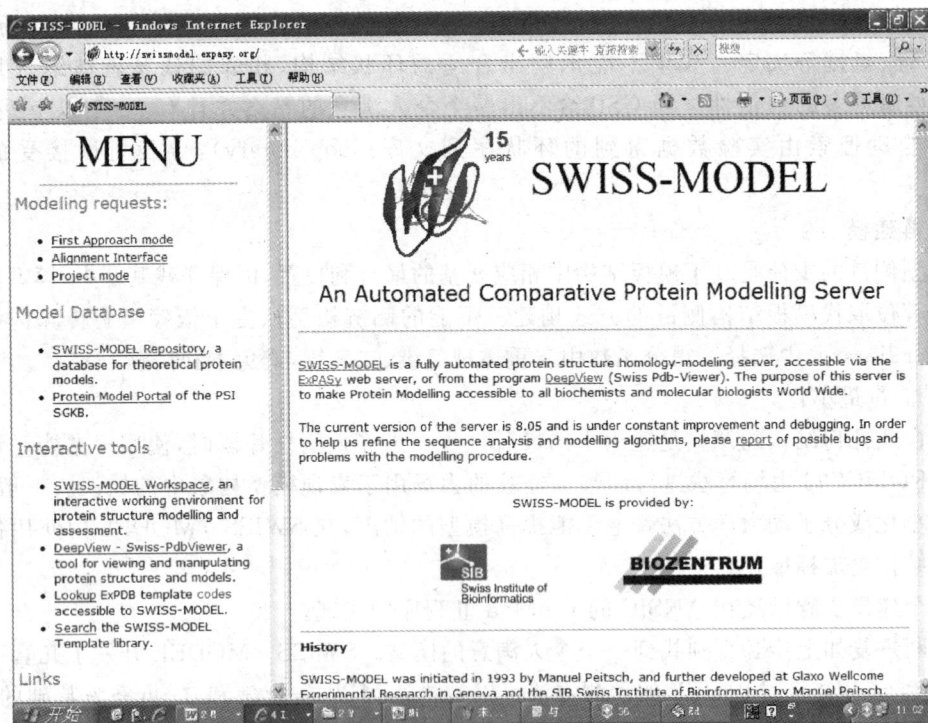

图 8－13　SWISS－MODEL 主页

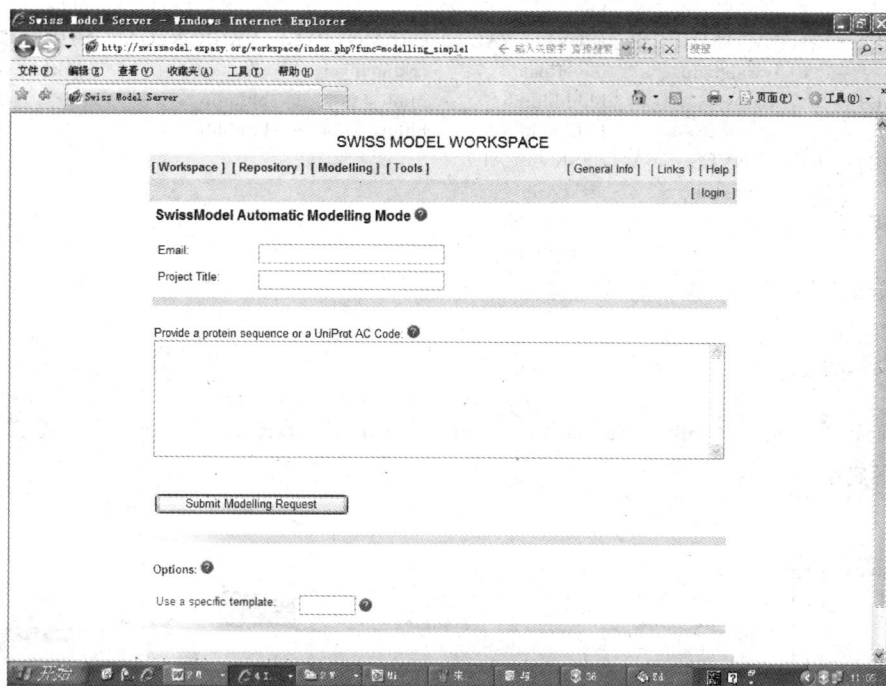

图 8 - 14　序列提交页面

例如,预测下面一段蛋白的结构:

MVQKKPKKKVGKKVAAAPLVVKKVEPKKIVNPLFEKRPKNFAIGQGIQPTRDLS
RFVRWPKYIRIQRQKAVLQRRLKVPPPINQFTQTLDKTTAKGLFKILEKYRPETEAAR
KERLRKAAEAKVAKKDEPPPKRPNTIRSGTNTVTKLVEKKKAQLVVIAHDVDPIELV
LFLPALCRKMGVPYCIVKGKSRLGALVHRKTCTCLALTNVESGDRASFSKVVEAIKT
NFNERYEELRKHWGGGVLGNKSNARIAKLEKAKARELAQKQG

返回的结果如图 8 - 15 所示。

Workunit: P000002 Title:

Go to: [Template Selection] [Alignment] [Modelling Log] [Evaluation]

Model Details: Segment 1

Model info:
modelled residue range: 106 to 225
based on template 2zkrf　　　(8.70Å)
Sequence Identity [%]: 67.5
Evalue: 1.14e-35
display model: as - as
download model: as pdb - as

Alignment

TARGET	106	PETEAARKER	LRKAAEAKVA	KKDEPPPKRP	NTIRSGTNTV	TKLVEKKKAQ
2zkrf	104	petkqekkqr	llaraekkaa	qkqdvptkrp	pvlraqvnov	oolvenkkaq
TARGET		hhhhhhhhh	hhh sss ss　s		hhhh	hhhhhh

```
2zkrf             hhhhhhhhh -    hhh                          . . . hhhh  hhhhhh
TARGET   156   LVVIAHDVDP    IELVLFLPAL    CRKMGVPYCI   VKGKSRLGAL   VHRKTCTCLA
2zkrf    154   lvviahdvdp    lelvvflpal    crkmqvpyci   ikgkarlghl   vhrktooova
TARGET         sssss         hhhhhhhh      hhhh  ssss  s  hhhhhh                ssss
2zkrf          sssss         hhhhhhhh      hhhh  ssss  s  hhhhhh                ssss
TARGET   206   LTNVESGDFA    SFSKVVEAIK
2zkrf    204   ftqvnsedkq    alaklveair  —
TARGET         s -           hhhhhhhh
2zkrf          s             hhhhhhhh
```

Anolea / Gromos / Verify3D ⑦

窗体顶端

anolea: ◉ on ○ off　　gromos: ○ on ◉ off　　verify3d: ○ on ◉ off　show

窗体底端

Batch.1

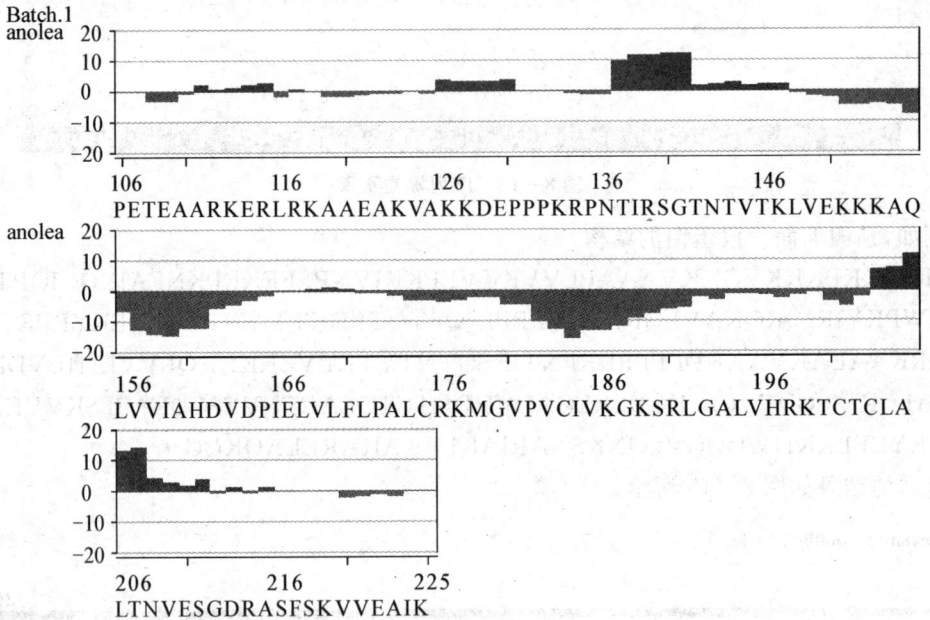

Modelling log ⑦

3. 70（SP3）

Loading Template：2zkrf. pdb

Loading Raw Sequence

Renumber target sequence starting from（106）

Loading Alignment：./2zkrf_1. 14051e－35_67. 500_81_106_225_1_120_8. 70_－1580. 403320_BLAST_MODEL. align. submit. fasta

Removing HET groups from template structure

Refining Raw Sequence Alignment

ProModII：doing simple assignment of backbone

ProModII：adding blocking groups

Adding Missing Sidechains

AddPolar H

BuildDeletetedLoopsModel

Optimizing Sidechains

Adding Hydrogens

Optimizing loops and OXT（nb = 1）

Final Total Energy：   −3514. 102 KJ/mol

Dumping Sequence Alignment

Template Selection Log：（?）

START PIPELINE ON ID：NXXX on BC2−cluster at Tue Sep 1 03：08：51 2009

BLAST_ TEMPLATE SELECTION SUCCESSFUL TEMPLATES FOUND：1 BUT STILL ROOM FOR IMPROVEMENT GO TO HHSEARCH

＃＃＃＃＃＃＃＃＃＃＃＃ TEMPLATES SELECTED ＃＃＃＃＃＃＃＃＃＃＃＃

＃＃＃＃＃ SUMMARY：one ＊ represents 3 residues ＃＃＃＃＃＃

＞TARGET

＊＊＊＊＊＊＊＊＊＊＊＊＊＊＊＊＊＊＊＊＊＊＊＊＊＊＊＊＊＊＊＊＊＊＊＊＊＊＊

＞2zkrf Eval：1. 14051e−35 SeqID：67. 500 from：106 to：225 type：BLAST

−−−

TEMPLATE ID	START	STOP	METHOD	STATUS
2zkrf	106	225	BLAST	BUILT

FINISHED PIPELINE ON ID：NXXX on BC2−Cluster at Tue Sep 1 03：16：13 2009

图 8-15   序列预测结果

2. CPHmodels

CPHmodels 是采用同源建模来预测蛋白质三级结构的一个网络服务器，同时也采用了以预测距离为基础的串线（threading）算法。其网址为 http：//www. cbs. dtu. dk/services/CPHmodels/。其主页如图 8-16 所示。

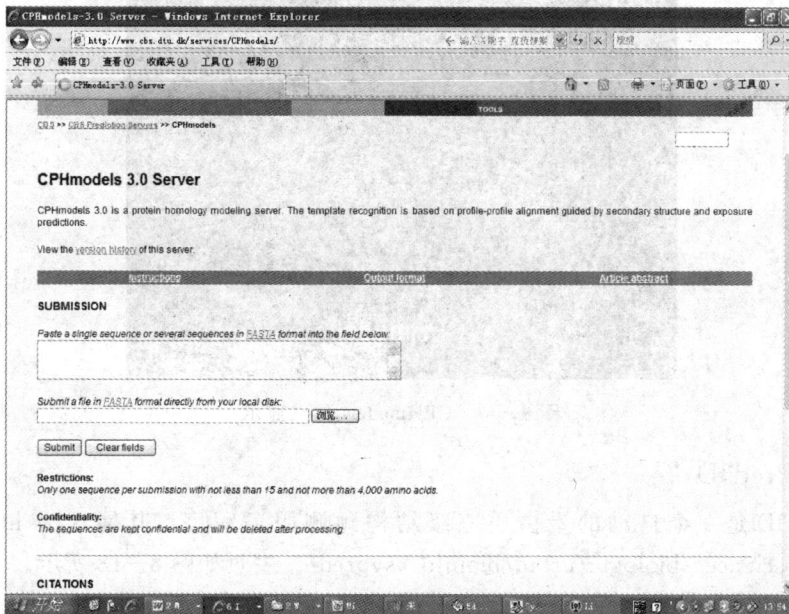

图 8-16   CPHmodels 的主页面

同源建模是先在蛋白结构数据库中搜索目标蛋白的同源蛋白作为模板，将目标蛋白与模板进行比对，再运用一定的运算方法，以模板结构为基础构建模型，进行模型优化，将构建的模型作为预测的结果。

串线算法是利用折叠识别预测蛋白质结构的方法。首先从蛋白质结构数据库中挑选蛋白质结构建立折叠子数据库,以折叠子数据库中的折叠结构作为模板,将目标序列与这些模板一一匹配,通过计算得分函数的值判断匹配程度,根据打分值给模板结构排序,其中打分最高的被认为是目标序列最可能采取的折叠结构。

同时,该服务器运用了神经网络算法和序表(profile)-序表比对,提高了结果的准确度。神经网络算法等同于能预测两个残基相互关系的若干窗体,用来预测独立的测试蛋白中的距离是否大于或小于给定的距离标准。序表是某一序列对数据库搜索后产生,是一个新的比对计分矩阵,该矩阵可以被粗略地看作是一个新序列,新序列含有更多蛋白家族的信息,用新序列进行的搜索将更加有效,更有针对性地找到家族内的匹配序列。

与 SWISS-MODEL 相比,CPHmodels 简单易学,只需要提交序列,没有高级选项。结果包括提交序列、模板序列、序列的双重比对、蛋白质位阻预测图,以及用 Javascript 显示的完整三级结构示意图。可以通过鼠标移动模型,同时可以下载 PDB 格式结构文件,注意这些文件是含有空位三级结构(图 8-17)。与 SWISS-MODEL 不同,CPHmodels 预测出来的结果会根据目标序列与模板序列比对的空位,将空位通过断裂的方式表示在三维结构中,因此在阅读结果时应注意这些空位的位置。

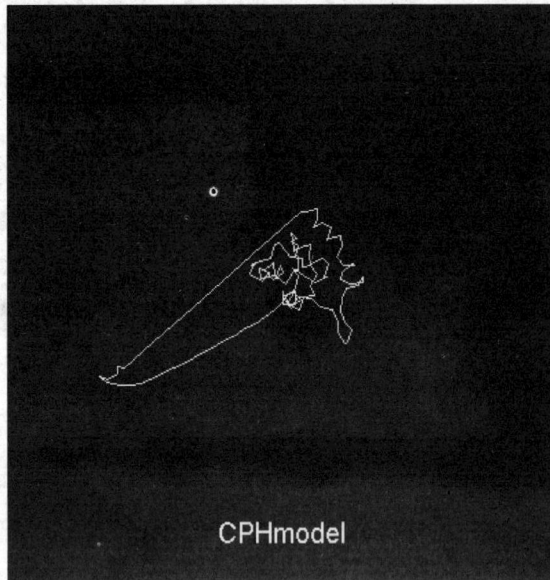

图 8-17　CPHmodels 结果显示

3. ESyPred3D

ESyPred3D 是一个自动的蛋白质三级结构预测服务程序。其网址为 http://www.fundp. ac. be/sciences/biologie/urbm/bioinfo/esypred/。主页如图 8-18 所示。

它的序列比对策略采用性能不断增长的新神经网络算法,对几个序列比对程序的结果进行综合,衡量和筛选后获得比对序列,最后三级结构的构建应用建模包 MODELLER。

ESyPred3D 在目标-模板比对这一步做出的结果较好,且在预测序列与模板序列相似度差时有较好的模型预测效果。

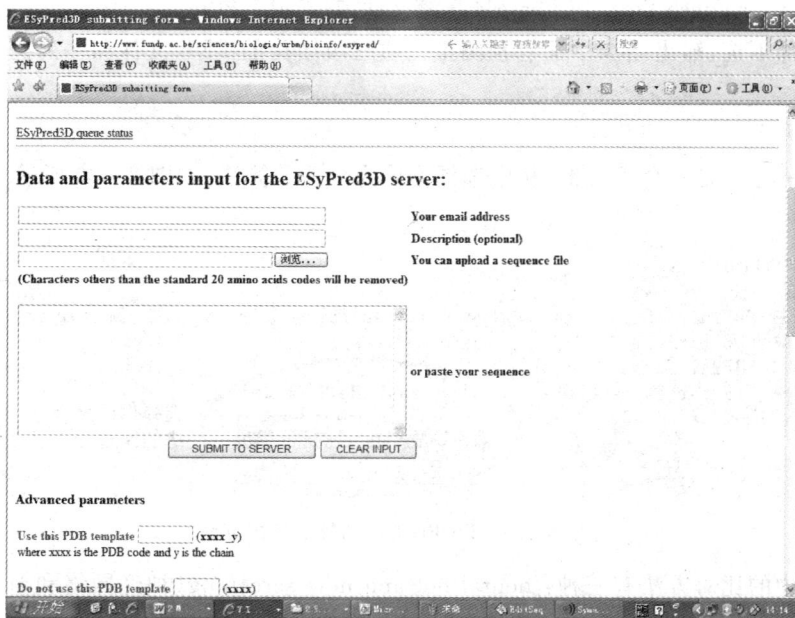

图 8 - 18 ESyPred3D 的主页面

提交服务器预测前,需进行以下三个步骤的选择:

(1) 高级参数和输出结果

对于作为结果发送的 E - mail,里面的这些输出结果在网页上全部是可选的,如图 8 - 19 所示。

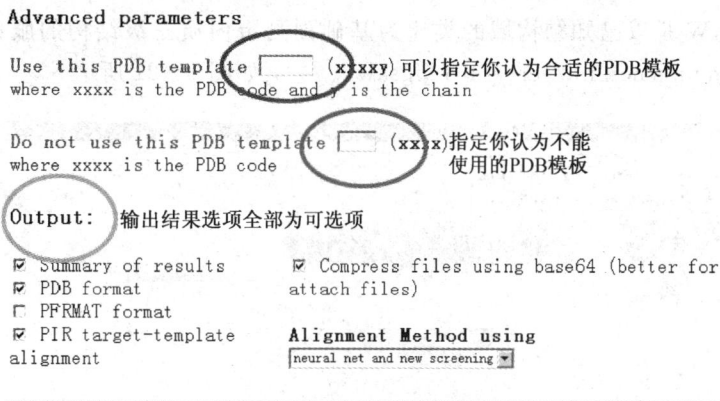

图 8 - 19 ESyPred3D 的参数设计页面

高级参数项也全部可选,可以指定你认为合适的 PDB 模板,形式必须是 xxxx_y,其中,xxxx 是 PDB 蛋白质编号,y 是蛋白链编号;还可以指定不要应用的模板,形式必须是 xxxx,其中,xxxx 是 PDB 蛋白质编号。

(2) OUTPUT 项

可对 OUTPUT 项进行选择,各可选项的阅要说明如下:① Summary of results:在 E - mail 中对结果进行简要的说明。② PDB format:显示 PDB 模板。③ PFRMAT format:在 E - mail 中给出附件(PFRMAT 文件),其中包括对预测步骤的简单说明和预测出的模型的原子坐标信息。④ PIR target-template:额外搜索 PIR 数据库进行目标模板比对。⑤ Compress files using base64（better for attach files）：用 base64 压缩文件，对于附件较好。

如果全部不选，输出结果中只有预测蛋白质三级结构的 PDB 文件和序列比对文件（ali 格式文件）。

（3）算法项

算法项的选择是一个下拉框，从中选择你认为合适的算法，如图 8－20 所示。

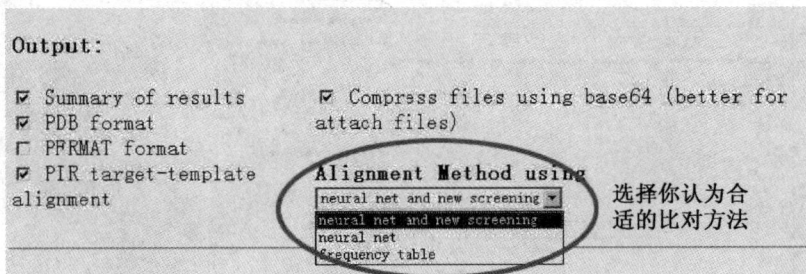

图 8－20　ESyPred3D 的算法选择页面

下拉框中的比对方法有三种：neural net and new screening（神经网络和新筛选）、neural net（神经网络）和 frequency table（频数表），选择一项你认为合适的。

上面三步完成之后，就可以通过点击"SUBMIT TO SERVER"按钮提交给服务器进行预测了。

提交大概几个小时之后就能收到作为预测结果的返回 E－mail 了。

4．3D－JIGSAW

3D－JIGSAW 是以已知结构域的类比为基础预测蛋白质三级结构的服务器。其网址为 http：//www. bmm. icnet. uk/servers/3djigsaw/。主页如图 8－21 所示。

图 8－21　3D－JIGSAW 的主页面

（1）3D－JIGSAW 操作方式

此服务器有以下两种操作方式：

① 自动方式：3D－JIGSAW 首先将目标蛋白分离成多个结构域,然后对各个结构域分别寻找最易匹配(数量较少,匹配准确的)的结构域模板,然后对目标蛋白的各结构域及其结构域模板分别预测二级结构,再根据数据库中模板的已知二级结构进行修正,以此为骨架为目标蛋白建模,三维坐标文件以纯文本的 E－mail 直接返回给用户。

② 互动方式：3D－JIGSAW 将目标蛋白分离成多个结构域,然后对应每个结构域返回多个结构域模板到信箱中,对于每个结构域,由用户自己选择模板,服务器再对结构域与每个选择的模板分别预测二级结构,再根据数据库中模板的已知二级结构进行修正,以此作为骨架为目标蛋白建模,三维坐标文件以纯文本的邮件再返回给用户。

3D－JIGSAW 在各种蛋白结构预测评估中都取得了很好的成绩。

（2）3D－JIGSAW 工程流程

下图是 3D－JIGSAW 的工作流程图。

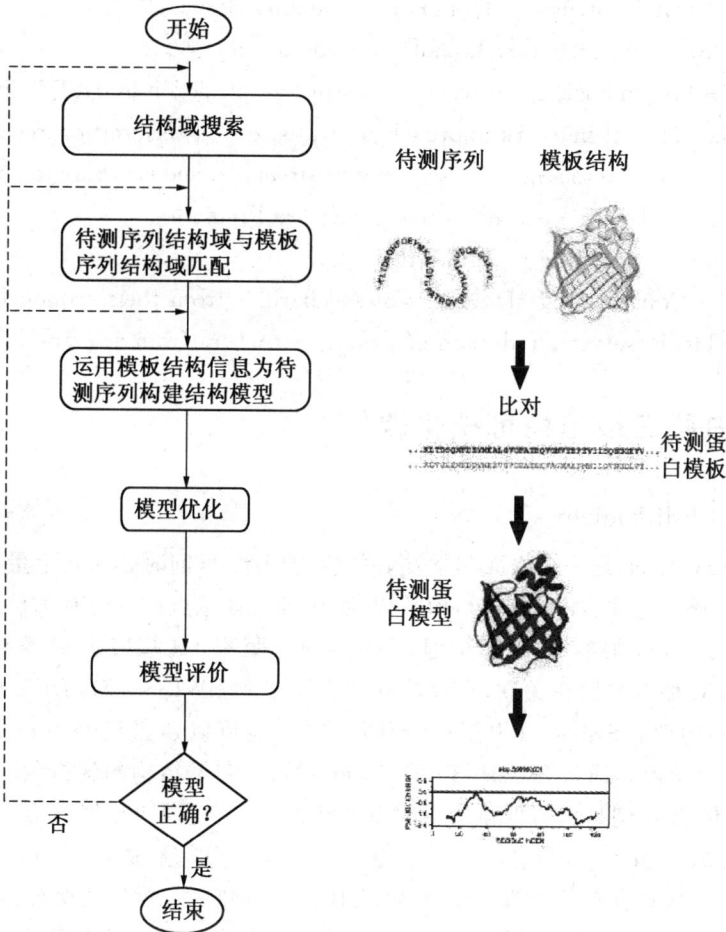

图 8－22　3D－JIGSAW 的工作流程图

（3）缺点

3D-JIGSAW 对于 α-螺旋片段和 β-折叠交替结构的蛋白质的 3D 预测结果较好。但它依然存在着一些不足之处，大致有以下几个方面：

① 返回结果只有纯文本文件形式，而不返回相应图片。只有系统装有相应软件，按照合适的步骤才能返回图片。

② 太短的序列不能测定。

③ 如果提交序列是相同结构的二聚体，返回显示图片只是其中的单一的结构，没有四级结构显示，不能观察到蛋白质在具体环境中的结构。

④ 对无规则卷曲预测的准确度不够高。

5. 其他有关蛋白质结构预测的网站

① Phyre (3D-PSSM) (http://www.sbg.bio.ic.ac.uk/~phyre/index.cgi)

② Geno3d-Automatic modelling of protein three-dimensional structure (http://geno3d-pbil.ibcp.fr/cgi-bin/geno3d_automat.pl? page=/GENO3D/geno3d_home.html)

③ SDSC1-Protein Structure Homology Modeling Server

④ Fugue-Sequence-structure homology recognition

⑤ HHpred-Protein homology detection and structure prediction by HMM-HMM comparison

⑥ Libellula-Neural network approach to evaluate fold recognition results

⑦ LOOPP-Sequence to sequence, sequence to structure, and structure to structure alignment

⑧ SAM-T02-HMM-based Protein Structure Prediction

⑨ Threader-Protein fold recognition

⑩ SWEET-Constructing 3D models of saccharides from their sequences

⑪ HMMSTR/Rosetta-Prediction of protein structure from sequence

8.4.5 蛋白质三级结构可视化软件

1. Swiss-PdbViewer

Swiss-PdbViewer 是一个界面非常友好的应用程序，可同时分析几个蛋白 PDB 文件，也可以将几个蛋白叠加起来，用来分析结构类似性，比较活性位点或其他有关位点。通过菜单操作与直观的图形，可以很容易获得氢键、角度、原子距离、氨基酸突变等数据。该软件与 SWISS-MODEL 服务器紧密关联，可以从软件直接连到 SWISS-MODEL 服务器进行理论蛋白立体结构的构建。Swiss-PdbViewer 的主要功能可以通过已经下载的 Tutorial 进行 step by step 进行学习。通过 Swiss-PdbViewer 对蛋白三维结构的解析，我们可以完成以下任务：① 分析蛋白，特别是具有催化作用的酶的活性位点、抗原决定簇位点、蛋白的金属结合位点及蛋白间的相互作用位点；② 创建一个 loop；③ 通过应用 non-crystallographic symmetries 工具，从只含有一个蛋白单体的 PDB 文件构建一个对称的聚合体；④ 构建晶胞图形；⑤ 构建电子密度图形；⑥ 分析一个人为突变或认为重建一个 loop 后可进行最小能量优化；⑦ 将肽段或残基与电子云图谱进行匹配；⑧ 可以通过 Swiss-PdbViewer 的"SwissModel"进行蛋白质三维结构建模；⑨ 查看 Phi/Psi 数据；⑩ 超级移动（即类似于 fit 的叠合）。

Swiss-PdbViewer 程序可以直接从网站（http://spdbv.vital-it.ch/）下载，无需安装。其

主页如图 8 - 23 所示。

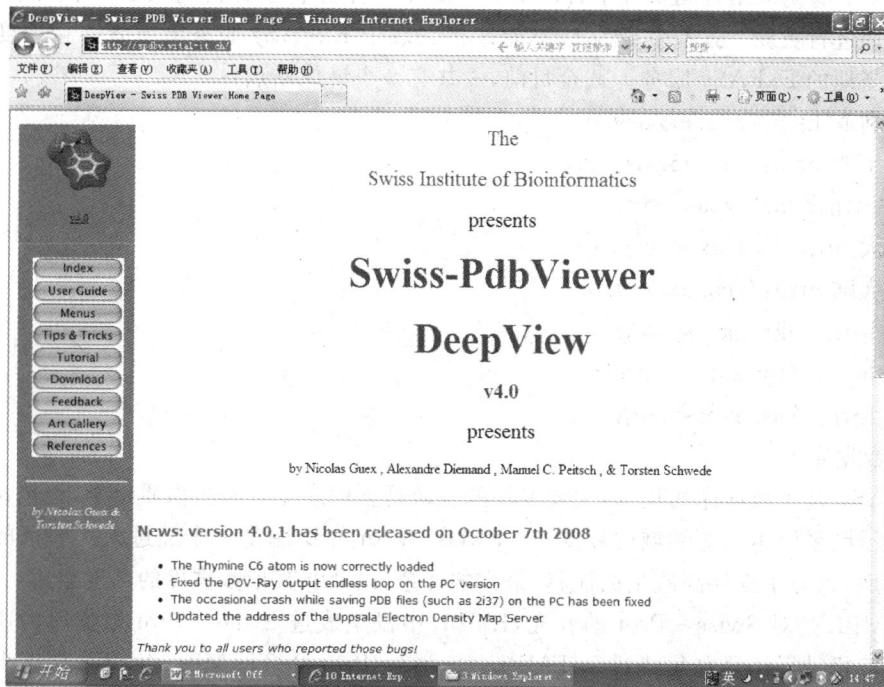

图 8 - 23　Swiss - PdbViewer 的主页

2. 其他

另外,KiNG Viewer、Jmol Viewer、WebMol Viewer、Protein Workshop、Rasmol Viewer 等软件也能实现可视化功能。

8.4.6　ExPASy 网站

网上的海量信息已经给生物学研究创造了很多便利的条件,但同时也会让人陷入不知从何开始的困惑。一般来说,生物学家最迫切希望能将不同网站上提供的最新的信息与陈旧的,高质量的数据与低质量的区分开来。因此,ExPASy 收集了大量的信息,提供一系列的工具来解决上述困惑。

ExPASy(expert protein analysis system)由瑞士生物信息学研究所(Swiss Institute of Bioinformatics)维护,提供从序列到结构以及 2D PAGE 等蛋白质操作相关的全套服务。其网址为 http://www. expasy. org/。

ExPASy 有个非常强大的资源库,收集了超过 1000 以上的生命科学网络资源,更新得很快,按照英文字母顺序和特定领域分为两种方式检索。

同时,它还有一个有导航条 ExPasyBar(http://expasybar. mozdev. org),可以链接到绝大多数重要的 ExPASy 数据库和工具。可以作为免费的 Mozilla 浏览器(www. mozilla. org)的插件,可以从这个地址(http://expasybar. mozdev. org)下载。Protein Spotlight(http://web. expasy. org/spotlight)提供蛋白质或蛋白质组热点研究的周期性综述。

（1）镜像站点

ExPASy 的镜像站点均从位于日内瓦的 ExPASy 服务器上完全拷贝了所有的信息资源，也同样定期进行更新。这有利于那些不能连接到瑞士 ExPASy 服务器或者连接速度很慢的用户访问当地的 ExPASy 服务。截至目前，一共有 8 个镜像站点：

澳大利亚 http://au.expasy.org

玻利维亚 http://bo.expasy.org

巴西 http://br.expasy.org

加拿大 http://ca.expasy.org

中国大陆 http://cn.expasy.org

韩国 http://kr.expasy.org

台湾 http://tw.expasy.org

美国 http://us.expasy.org

（2）数据库

ExPASy 是个数据库的集合，主要专注的领域是蛋白质分子和蛋白质组学，也包含了转录组、药物设计、系统生物等领域的数据库。Swiss - Prot 知识库是一个经过人工验证的蛋白质序列数据库，致力于提供高质量的注释、最少的冗余，以及和其他数据库的高度集成。

TrEMBL 是对 Swiss - Prot 的补充，EMBL 中没集成进 Swiss - Prot 数据库的所有序列都经过计算机进行注释并集成进 TrEMBL。Swiss - Prot 和 TrEMBL 由 SIB（瑞士生物信息学研究所）和 EBI（欧洲分子生物学研究所）共同维护。目前，Swiss - Prot、TrEMBL 和 PIR 数据库已经联合起来组成了 Universal Protein Knowledgebase（UniProt）联盟 PROSITE（http://www.expasy.org/prosite）。它是个蛋白质结构域和蛋白质家族数据库，含有生物学上显著的位点（site）、模式（pattern）和模体（profile），可用于鉴定一个未知的蛋白质序列属于哪一个已知的蛋白质家族。

SWISS - 2DPAGE（http://word - 2dpage.expasy.org/swiss - 2dpage/）是由双向聚丙烯酰胺凝胶电泳鉴别的蛋白质数据库，数据来源于很多不同的样本，例如人、鼠、枯草杆菌、大肠杆菌、酵母等。

ENZYME（http://enzyme.expasy.org/）是一个与酶命名有关的信息的集合。

SWISS - MODEL（http://swissmodel.expasy.org/）是个结构蛋白模型的数据库，使用同源建模方法自动产生。

（3）下载服务

所有的 ExPASy 数据库、数据和相关的文档都可以从 ExPASy 的 ftp 上匿名下载（ftp://ftp.expasy.org）。此外，下载 Swiss - Prot 和 TrEMBL 数据库的不同选项，包括不同的子单元发行间隔时间和数据格式在 ftp 每一子单元的 README 中都有文档记录。

（4）软件和工具

ExPASy 工具页（http://www.expasy.org/tools）里面有很多有用的序列分析和蛋白质分析工具的链接。其中一些工具由 ExPASy 团队开发，其他的则指向世界上的其他服务网站。

知识拓展

▣ 可免费登录的相关网站

瑞士蛋白质专家分析系统　http://www.expasy.org

蛋白质分析网络 NPS@　http://npsa-pbil.ibcp.fr/

蛋白质结构预测技术竞赛(CSAP)网站　http://predictioncenter.gc.ucdavis.edu/

蛋白质结构预测自动评价系统(EVA)　http://cubic.bioc.columbia.edu/eva/

斯坦福大学蛋白质结构预测网站　http://cmgm.stanford.edu/WWW/www_predict.html

习　　题

1. 哪些实验方法可用于测定蛋白质三级结构？

2. 利用 ExPASy 站点上的工具评估人类突触融合蛋白(syntaxin)的理化性质。

3. 血红蛋白的 β 链的变异会引起镰刀形细胞贫血等一些疾病。设法从下列资源中找到野生型和突变型血红蛋白的 PDB 获取码：

(1) NCBI 的 Structure 页面；(2) PDB 数据库；(3) CATH 或 SCOP 数据库；(4) 在 NCBI 网站上用 BLASTp 对 PDB 数据库进行搜索。

4. 下面一段序列是家蚕 Ribosomal L7A 蛋白，预测此蛋白的二级结构、相关位点及三级结构，并利用可视软件显示其三级结构。

　　　　　＞Ribosomal L7A

MVQKKPKKKVGKKVAAAPLVVKKVEPKKIVNPLFEKRPKNFAIGQGIQPTRDLS
RFVRWPKYIRIQRQKAVLQRRLKVPPPINQFTQTLDKTTAKGLFKILEKYRPETEAAR
KERLRKAAEAKVAKKDEPPPKRPNTIRSGTNTVTKLVEKKKAQLVVIAHDVDPIELV
LFLPALCRKMGVPYCIVKGKSRLGALVHRKTCTCLALTNVESGDRASFSKVVEAIKTN
FNERYEELRKHWGGGVLGNKSNARIAKLEKAKARELAQKQG

参考文献

1. T. K. Attwood，D. J. ParrSmith. 生物信息学概论. 罗静初等译. 北京：北京大学出版社，2002.

2. 郝柏林，张淑誉. 生物信息学手册(第 2 版). 上海：上海科学技术出版社，2002.

3. J. Setubal，J. Meidanis. 计算分子生物学导论. 朱浩等译. 北京：科学出版社，2003.

4. D. W. Mount. 生物信息学：序列与基因组分析. 钟扬等译. 北京：高等教育出版社，2003.

5. P. A. Pevzner. 计算分子生物——算法逼近. 王翼飞等译. 北京：化学工业出版社，2004.

6. D. E. Krane，M. L. Raymer. 生物信息学概论. 孙啸等译. 北京：清华大学出版社，2004.

7. J. Pevsner. 生物信息学与功能基因组学. 孙之荣等译. 北京：化学工业出版社，2006.

8. 沈世镒. 生物序列突变与对比的结构分析. 北京：科学出版社，2004.

9. 孙啸，陆祖宏，谢建明. 生物信息学基础. 北京：清华大学出版社，2005.

10. D. R. Westhead，J. H. Parish，R. M. Twyman. *Bioinformatics* (影印版). 北京：科学出版社，2003.

11. 张革新. 简明生物信息学教程. 北京：化学工业出版社，2006.

12. 钟扬，张亮，赵琼. 简明生物信息学. 北京：高等教育出版社，2001.

13. 赵国屏等. 生物信息学. 北京：科学出版社，2002.

14. 蒋彦，王小行，曹毅，王喜忠等. 基础生物信息学及应用. 北京：清华大学出版社，2003.

15. 许忠能. 生物信息学. 北京：清华大学出版社，2008.

第 9 章

蛋白质组信息学

近年来,随着全球性基因组计划尤其是人类基因组计划(HGP)的不断深入推进,基因研究已达到了前所未有的深度和广度。随着基因组计划的不断开展,产生了大量核酸序列信息,这些信息被储存在数据库中,需要通过分析完成其注释。基因组学虽然在基因活性和疾病的相关性方面有重要意义,但实际上大部分疾病并不是因为基因改变造成的。而且基因的表达错综复杂,同一个基因在不同条件下、不同时期可能会起到完全不同的作用。由于基因组学有无法回答和解决的问题,科学家们又进一步提出了后基因组计划,其中蛋白质组研究是一个重要组成部分。

本章介绍了蛋白质组学的概念、研究的理论基础、技术路线,以及蛋白质组信息学的序列数据库、蛋白质组的分析内容及基本方法,以期让学生了解蛋白质组学的相关知识,掌握蛋白质组信息学的基本方法。

9.1 蛋白质组学

9.1.1 蛋白质组学的概念

传统的中心法则为基因→mRNA→蛋白质。基因组是指细胞或生物体的一套完整的单倍体遗传物质,是所有不同染色体上全部基因和基因间的 DNA 的总和。基因组是一个十分稳定的体系,同一体系不同个体之间的染色体数目是相同的,各染色体上有相同数量的基因和基因分布,也有基本相同的核苷酸顺序,即基因组是一个相对静态的概念,一个有机体从它的发生、发展到衰老、死亡,不同细胞、组织和器官的基因组是基本稳定不变的。

基因组学是研究生物基因组的组成,组内各基因的精确结构、相互关系及表达调控的科学。任何一种生物的基因组计划的完成都标志有三套完整数据的获得:遗传图、物理图、全序列图。遗传图提供了各基因间的相对距离;物理图则给出了各基因间的实际物理距离;全序列图,顾名思义,提供的是全部基因的序列结构和基因的精确定位。因此,从理论上说,这三套数据将提供此生物所有基因在染色体上的精确定位、基因内部序列结构与所有基因间隔序列。由于真核生物中基因结构的复杂性以及现有基因识别理论与技术发展的严重不足,三套完整数据的获得只能在原核生物或低等真核生物中得以实现。由此,人类基因组计划的完成并不表示人类对自身基因组的所有基因及其间隔序列已完全确定。真核生物尤其是高等真核生物已测定基因组中开放阅读框的确定,仍是未解决的重大问题。在确定一个基因的 ORF 前,很难从分子水平上进行实质性的功能分析。

基因调控的研究表明,即使是简单的微生物,其基因组中也不是所有基因都同时表达。通常情况下,生物的基因组只表达其中的少部分基因,而且表达的基因类型以及表达的程度随生物生存环境和内在状态的变化而表现出极大的差别,此差别存在严格时空特异性。基因及其编码产物蛋白的线性对应关系(所谓"一个基因,一种蛋白质")只存在于新生肽链而不是最终的功能蛋白中。1 个基因生产的蛋白质可以多于 1 种。越是高等的细胞,这种数量上的差异越明显。据估计,在大肠杆菌中,1 个基因平均可编码 1.3 个蛋白;在酿酒酵母中,1 个基因平均可编码 3 个蛋白;人的 1 个基因大约可编码 10 种蛋白,这是由于 1 个基因可经过基因内重组或在转录中经过不同的剪接翻译成不同的蛋白质,而蛋白质在合成之后又可能进行不同的翻译后修饰,包括磷酸化、糖基化、硫基化、酰基化、甲基化等,即在基因表达过程中的不同水平(复制、转录、翻译等)都可能因各生物大分子的不同相互作用而产生不同的蛋白质。人类基因组的 3 万～4 万个基因可能生产出几十万个蛋白。仅从这一个角度也可以看出,即使我们读出全部基因,仍然不足以对全部蛋白质的种类和数量加以描述和预测,更不足以对主要由蛋白质演绎的复杂生命活动加以描述和预测了。这也是基因组学研究的局限所在。

从上可见,基因虽是遗传信息的源头,而功能性蛋白是基因功能的执行体。基因组计划的实现为未来生命科学研究奠定了坚实的基础,但它并不能提供认识各种生命活动直接的分子基础。蛋白质是生命活动功能的直接执行者,只有通过对所有蛋白质的总和进行研究,即开展蛋白质组学研究,才有助于掌握生命的现象和本质,找到生命活动的规律,这才是基因组学的核心。

蛋白质组的概念是由澳大利亚学者 Wilkins 和 Williams 等人于 1994 年提出,根据他们的定义,"proteome"一词源于"protein"与"genome"杂合。另有学者认为,"proteome"代表一个完整生物全套蛋白质或反映不同细胞的组合。由此,有三种含义,指的是由一个细胞、一个组织或一种生物的基因组所表达的全部相应的蛋白质。作为基因表达产物的蛋白质,其种类和数量在不同的时间及环境下是不同的,即使是同一时刻取得的蛋白质组的数据也会是不同的,这是由于所处的生理、病理状态是不同的,即蛋白质组是一个动态的概念。

随着蛋白质组概念的提出,蛋白质组学(proteinics)的概念也应运而生。目前对于蛋白质组学尚无明确的定义,一般认为它是研究蛋白质组或应用大规模蛋白质分离和识别技术研究蛋白质组的一门学科,是对基因组所表达的整套蛋白质的分析。蛋白质组学的第一篇论著在1995 年发表于。蛋白质组学研究内容包括对各种蛋白质的识别和定量化,确定它们的细胞内外的定位、修饰、相互反应、活性,最终确定它们的功能,并对由此获取的数据进行数据库构建,以及对推动这一学科进步的蛋白质组分析技术的研究。

蛋白质组学是以蛋白质组为研究对象的新研究领域,可分为:

(1) 组成蛋白质组学(结构蛋白质组学)

这是一种针对有基因组或转录组数据库的生物体或组织、细胞,建立其蛋白质或亚蛋白质组(或蛋白质表达谱)及其蛋白质组连锁群的一种全景式的蛋白组学研究,从而获得对有机体生命活动的全景式认识。

全基因组研究的开端和升温是由大规模基因组测序技术的实现和其后高通量的基因芯片

技术的发展所推动的。而蛋白质组迄今还不具备相应的技术基础,且大规模的高通量 DNA
研究是建立在四种碱基及其配对性质的相对单一和简单的原则基础上的,而对蛋白质的识别
和鉴定的原则要复杂得多。随着对蛋白质组学的深入理解和具体工作的开展,人们逐渐认识
到在短时间内建立人类蛋白质组学"完整的"数据库和实现网络资源共享的条件尚未成熟。在
没有弄清楚具体蛋白质的结构、功能、表达调控和亚细胞定位之前,其应用前景也不是十分的
明确和直接,其可操作性也因此大打折扣。

　(2) 比较蛋白质组学(差异蛋白质组学、功能蛋白质组学)

　　以重要生命过程或人类重大疾病为对象,进行重要生理、病理体系过程的比较蛋白质组学
研究,是比较蛋白质组学研究的核心。

　　以分子生物学为代表的生命科学的不断发展与相应技术的急剧进步是分不开的,可以说
目前生命科学的每一个重大突破都是基于相应技术的突破。虽然蛋白质组学研究的支撑技术
(双向凝胶电泳、质谱技术、生物信息学技术等)已经取得了巨大的进步,并在蛋白质组学研究
中发挥着决定性的作用。但是,不可否认,无论是蛋白质分离技术、蛋白质相互作用分析技术,
还是蛋白质的生物信息学研究等,均需要新的突破性技术的进一步开发。虽然在微生物中,基
因组、转录组基础上的蛋白质全谱研究已有成功报道,但在高等生物尤其是哺乳动物中未见报
道,人类组织或细胞的蛋白质组全谱基本未涉及。比照基因组测序的思想,对人类"完全"蛋白
质组进行扫描和建档的研究途径,优先开展筛选特定情况(疾病、农业新品种等)下的蛋白质组
中特殊标志蛋白与关键蛋白的研究(差异蛋白质组学),并迅速运用到满足我国有重大需求的
实际应用中去,是一种更符合中国国情的切实可行的研究途径。可以说差异蛋白质组学是功
能蛋白质组学研究的一个分支,通过参与不同生理、病理过程蛋白质种类和数量的比较,寻找
重要生理过程中的关键蛋白和导致疾病发生的标志性蛋白的这类研究,现在正获得国内外众
多蛋白质组学研究者的关注。中国的科学工作者就此提出了一种全新的研究策略——功能蛋
白质组学。它是位于对个别蛋白质的传统蛋白质研究和以全部蛋白质为研究对象的蛋白质组
研究之间的层次的一个概念,指研究特定时间、特定环境和实验条件下基因组所表达的蛋
白质。

　(3) 临床蛋白质组学(clinical proteomics)

　　任何研究的目的都是要服务于人类,蛋白质组学的研究也不例外。蛋白质组学的研究已
涉及临床的各个方面:

　　① 诊断:如疾病筛查、疾病分期分型等。不同病理过程中蛋白质的种类和数量会有不同
的变化,有的蛋白质呈现明显的上调,有的则较正常生理过程出现缺失或明显下调,把这些疾
病特异和疾病相关的蛋白质作为生物标志物(biomarker)。对于特定蛋白质在特定疾病中的
作用的深入研究,为最终找到疾病的病因、发病机制提供了客观依据,也是疾病临床分期分型
的分子基础。

　　② 指导治疗:如病程分析、用药、手术时机的选择等。

　　③ 提供药物开发的临床依据:如确定药物靶点、新药开发(某些药物本身就是蛋白质)。

　　④ 预后判断:如根据生物标志物在不同疾病中的变化,从而判断疾病的性质和严重程度等。

9.1.2　蛋白质组学研究的理论基础

　　蛋白质组分析,即分析一个给定组织在给定时间内的基因组表达的全部蛋白质,主要基于

以下三个理由：

（1）从 mRNA 表达水平不能预测蛋白质表达水平

有人研究了 mRNA 和蛋白质表达的关系，以对数生长期的酿酒酵母为研究对象，mRNA 的表达由 SAGE（serial analysis of gene expression）频率表指示，使用同位素标记酵母蛋白，共选择 80 个基因，结果没有发现翻译和转录丰度有明显相关。

（2）蛋白质的动态修饰和加工并非必须来自基因序列

在 mRNA 水平上有许多细胞调节过程是难以观察到的，因为许多调节是在蛋白质的结构域中发生的。许多蛋白只有与其他分子结合后才有功能，蛋白的这种修饰是动态的、可逆的，这种蛋白修饰的种类和部位通常不能由基因序列决定。

（3）蛋白质组动态反映生物系统所处的状态

细胞周期的特定时期、分化的不同阶段、对应的生长和营养状况、温度、应激和病理状态等对应的蛋白质组是有差异的。蛋白质组学的研究可望提供精准、详细的有关细胞或组织状况的分子描述。因为蛋白质合成、降解、加工、修饰的调控过程，只有通过蛋白质的直接分析才能揭示。

9.1.3　蛋白质组学研究的技术路线

蛋白质组学的发展既是由技术所推动的也是受技术限制的。蛋白质组学研究成功与否，很大程度上取决于其技术水平的高低。蛋白质研究技术远比基因技术复杂和困难。不仅是因为氨基酸残基种类远多于核苷酸残基，而且蛋白质有着复杂的翻译后修饰，如磷酸化和糖基化等，给分离和分析蛋白质带来很多困难。此外，通过表达载体进行蛋白质的体外扩增和纯化也并非易事，从而难以制备大量的蛋白质。蛋白质组学的兴起对技术有了新的需求和挑战。蛋白质组的研究实质上是在细胞水平上对蛋白质进行大规模的平行分离和分析，往往要同时处理成千上万种蛋白质。因此，发展高通量、高灵敏度、高准确性的研究技术平台是现在乃至相当一段时间内蛋白质组学研究中的主要任务。当前在国际蛋白质组研究技术平台的技术基础和发展趋势有以下几个方面：

（1）蛋白质组学研究中的样品制备

通常可采用细胞或组织中的全蛋白组分进行蛋白质组分析。也可以进行样品预分级，即采用各种方法将细胞或组织中的全体蛋白质分成几部分，分别进行蛋白质组研究。样品预分级的主要方法包括根据蛋白质溶解性和蛋白质在细胞中不同的细胞器定位进行分级，如专门分离出细胞核、线粒体或高尔基体等细胞器的蛋白质成分。样品预分级不仅可以提高低丰度蛋白质的上样量，还可以针对某一细胞器的蛋白质组进行研究。

对临床组织样本进行研究，寻找疾病标记，是蛋白质组研究的重要方向之一。但临床样本都是各种细胞或组织混杂，而且状态不一。如肿瘤组织中，发生癌变的往往是上皮类细胞，而这类细胞在肿瘤中总是与血管、基质细胞等混杂。因此，常规采用的癌和癌旁组织或肿瘤与正常组织进行差异比较，实际上是多种细胞甚至组织蛋白质组混合物的比较。而蛋白质组研究需要的通常是单一的细胞类型。最近在组织水平上的蛋白质组样品制备也有新的进展，如采用激光捕获微解剖（laser capture microdissection，LCM）方法分离癌变上皮类细胞。

（2）蛋白质组学研究中的样品分离和分析

根据蛋白质的等电点和相对分子质量不同，通过双向凝胶电泳的方法将各种蛋白质区分开来是一种很有效的手段。它在蛋白质组分离技术中起到了关键作用。如何提高双向凝胶电泳的分离容量、灵敏度和分辨率以及对蛋白质差异表达的准确检测是目前双向凝胶电泳技术发展的关键问题。国外的主要趋势有第一维电泳采用窄 pH 梯度胶分离以及开发与双向凝胶电泳相结合的高灵敏度蛋白质染色技术，如新型的荧光染色技术。

质谱技术是目前蛋白质组研究中发展最快，也最具活力和潜力的技术。它通过测定蛋白质的质量来判别蛋白质的种类。当前蛋白质组研究的核心技术就是双向凝胶电泳-质谱技术，即通过双向凝胶电泳将蛋白质分离，然后利用质谱对蛋白质逐一进行鉴定。对于蛋白质鉴定而言，高通量、高灵敏度和高精度是三个关键指标。一般的质谱技术难以将三者合一，而最近发展的质谱技术可以同时达到以上三个要求，从而实现对蛋白质准确和大规模的鉴定。

（3）蛋白质组研究的新技术

做过双向凝胶电泳的人一定会抱怨它的繁琐、不稳定和低灵敏度等缺点。发展可替代或补充双向凝胶电泳的新方法已成为蛋白质组研究技术最主要的目标。目前，二维色谱（2D-LC）、二维毛细管电泳（2D-CE）、液相色谱-毛细管电泳（LC-CE）等新型分离技术都有补充和取代双向凝胶电泳之势。另一种策略则是以质谱技术为核心，开发质谱鸟枪法（shot-gun）、毛细管电泳-质谱联用（CE-MS）等新策略直接鉴定全蛋白质组混合酶解产物。随着对大规模蛋白质相互作用研究的重视，发展高通量和高精度的蛋白质相互作用检测技术也被科学家所关注。此外，蛋白质芯片的发展也十分迅速，并已经在临床诊断中得到应用。

9.2　蛋白质组信息学

生物信息学在基因组学和蛋白质组学的研究中起到了特殊作用，因为基因组和蛋白质组研究提供的数据的数量之巨大在生物学史上是史无前例的。而且，蛋白质组比基因组具有更大的复杂性，因而蛋白质组信息学更有挑战性。当前生物信息学已经不仅是高效地进行基因组和蛋白质组数据的分析，而且可以对已知或新的基因产物进行全面的功能分析。例如，用生物信息学对质谱得到的肽指纹图谱（peptide-mass fingerprinting）分析出了一个新的在进化过程中保守的模体，它对蛋白质的结构和功能具有重要意义；分子建模（molecular modeling）揭示了在耐热菌 *Thermus aquaticus* 的肽延伸因子 EF-Tu 中的一个模体对维持三个结构域之间的整体结构之间的整体象象的完整性有重要意义；肽指纹图谱原先只是一个普通的蛋白质分析技术，但通过生物信息学处理则可以得到有功能意义的结构信息，甚至预测部分蛋白质的功能。

蛋白质生物信息数据库种类繁多，归纳起来，大体可以分为四个大类，即基因组数据库、核酸和蛋白质一级结构序列数据库、生物大分子（主要是蛋白质）三维空间结构数据库，以及以上述三类数据库和文献资料为基础构建的二次数据库。基因组数据库来自基因组作图；序列数据库来自序列测定；结构数据库来自 X 射线衍射和核磁共振结构测定。这些数据库是分子生物信息学的基本数据资源，通常称为基本数据库、初始数据库，也称一级数据库。根据生命科学不同研究领域的实际需要，对基因组图谱、核酸和蛋白质序列、蛋白质结构以及文献等数据进行分析、整理、归纳、注释,构建具有特殊生物学意义和专门用途的二级数据库,是数据库开发的有效途径。近年来,世界各国的生物学家和计算机科学家合作,已经开发了几百个二级数据库和复合数据库,也称专门数据库、专业数据库、专用数据库。

9.2.1　蛋白质序列数据库

序列数据库是生物信息数据库中最基本的数据库,包括核酸和蛋白质两类,以核苷酸碱基顺序或氨基酸残基顺序为基本内容,并附有注释信息。注释信息包括两部分,一部分由计算机程序经过序列分析由计算机程序生成,另一部分则依靠生物学家通过查阅文献资料而获得。序列数据库从一个侧面反映了信息资源的传播从印刷品到电子媒体再到网络的发展趋势。

1. 蛋白质信息资源 PIR

详见本书 4.3.1 的相关内容。

2. 蛋白质序列数据库 SWISS – PROT

详见本书 4.3.1 的相关内容。

3. 蛋白质序列数据库 NRL_3D

另一个常用的蛋白质序列数据库是已知三维结构蛋白质的一级结构序列数据库 NRL_3D (http://www-nbrf.georgetown.edu/pirwww/dbinfo/nrl3-d.htmI)。该数据库的序列是从三维结构数据库 PDB 中提取出来的。除了序列信息外,NRL_3D 包括二级结构、活性位点、结合位点、修饰位点等与蛋白质结构直接有关的注释信息,对研究蛋白质结构功能关系和同源蛋白分子模型构建特别有用。

4. 蛋白质序列数据库 TrEMBL

详见本书 4.3.1 的相关内容。

上述几个蛋白质序列数据库可以称为蛋白质序列一次数据库,或基本数据库。它们各有特点:NRL_3D 包含已知空间结构的序列,但数据量十分有限;SWISS-PROT 的序列经过严格的审核,注释完善,但数据量较小;PIR 数据量较大,但包含未经验证的序列,注释也不完善。TrEMBL 和 GenPept 的数据量最大,且随核酸序列数据库的更新而更新,但它们均是由核酸序列翻译得到的序列,未经实验证实,也没有详细的注释。将上述数据库整合起来,构建复合数据库,或二次数据库,有利于生物学家的使用。

OWL 混合蛋白质序列数据库(composite protein sequences databases)(http://www.bioc-hem.ucl.ac.uk/bsm/dbbrowser/OWL/owlconten-ts.html)和 NRDB 就是将不同蛋白质数据库整合构建的非冗余蛋白质序列数据库。这两个数据库均是由 GenPept、PIR、SWISS-PROT、NRL_3D 等数据库复合而成。为使二次序列数据库中的序列具有较好的代表性,在构建复合数据库时,采取了某些序列取舍的标准,使用了一定的算法,并增加了与其他数据库的交叉引用,在某些方面具有一定的优点。

9.2.2　蛋白质序列二次数据库

以基因组、序列和结构数据库为基础,结合文献资料,研究开发更具特色、更便于使用的二次数据库,或专用数据库信息系统,已经成了生物信息学研究的一个重要方面。二次数据库和一次数据库之间其实并没有明确的界限,从用户角度看,许多二次数据库实际上就是一个专门的数据库信息系统。在4.5.1中已对蛋白质家族和结构域的数据库 PROSITE 做了详细介绍,本节将介绍另外几个蛋白质序列二次数据库。

1. 蛋白质家族和结构域的数据库 PROSITE

详见本书4.5.1的相关内容。

2. 蛋白质序列指纹图谱数据库 PRINTS

蛋白质序列指纹图谱数据库 PRINTS 是关于蛋白质指纹的数据库。蛋白质指纹由一组保守的蛋白质模体组成,能够被用于定义某一蛋白质家族。网站提供了几种利用蛋白质同源性搜索的方法,包括 BLAST、InterPro、SPRINT(搜索 PRINTS 相关数据库),另外还提供简单的搜索方法,如通过序列编号、文字描述、标题、序列和作者来搜索。

3. 蛋白质序列模块数据库 Blocks

Blocks 数据库是位于美国华盛顿西雅图的 Fred Hutchinson 癌症研究中心的生物序列分析服务器(http://blocks.fhcrc.org)。Blocks 是根据蛋白质高度保守区排列的多种片断集合。Blocks 搜索者、使用者和制作者可以用它来检测和确认蛋白质序列的同源性。他们分别把一个蛋白质或 DNA 序列与蛋白质 Blocks 数据库比较,检索 Blocks 和创建新的 Blocks。该网站还提供该 Blocks 的相关信息,包括 Blocks 书目、蛋白质家族数据库指南等。

4. 蛋白质序列家族数据库 Pfam

Pfam 数据库是一个收录大量序列比对和基于隐马尔可夫模型算法的蛋白质家族比较的数据库(http://pfam.wustl.edu),包含蛋白质结构域或蛋白保守区的多重比对信息。数据库提供了蛋白质结构、多重比对、蛋白质结构域构建和物种分布等信息。用户可以通过关键词、蛋白质及 DNA 序列、分类和多序列比对信息在数据库中进行搜索。

这些数据库的共同特点是基于多序列比对。它们的不同之处是处理比对结果的原则和方法不同:PRINTS 和 Blocks 利用了序列中的多重保守片段;而 Pfam 采用了隐马氏模型。从某种意义上说,蛋白质序列二次数据库实际上也是蛋白质功能数据库,因为从这些数据库中可以得到有关蛋白质功能、家族、进化等信息。

9.2.3 蛋白质结构数据库

蛋白质分子的各种功能是通过不同的三维空间结构实现的。因此,蛋白质空间结构数据库是生物大分子结构数据库的主要组成部分。蛋白质结构数据库是随 X 射线晶体衍射分子结构测定技术的出现而出现的数据库,其基本内容为实验测定的蛋白质分子空间结构原子坐标。

在4.4.1和4.4.2中已对蛋白质三维结构数据库 PDB 和 SCOP 做了详细介绍,本节将重点介绍 CATH、iProClass 和 ProtoMap 数据库。

1. 蛋白质三维结构分类数据库 CATH

蛋白质三维结构分类数据库 CATH(class,architecture,topology and homologous super family)(http://www.biochem.ucl.ac.uk/bsm/cath)是另一个著名的蛋白质分类数据库,

由英国伦敦大学(University College London)开发和维护。与 SCOP 数据库一样,CATH 数据库的构建既使用计算机程序,也进行人工检查。CATH 数据库的分类基础是蛋白质结构域。与 SCOP 不同的是,CATH 把蛋白质分为四类,即 α 主类、β 主类,αβ 类和低二级结构类。显然,它把 α/β 型和 α+β 型归为一类。低二级结构类则是指二级结构成分含量很低的蛋白质分子。

2. 蛋白质分类数据库 iProClass

蛋白质分类数据库 iProClass (http：//pir. georgetown. edu/iprocrass)提供了一个全面的、有价值的蛋白质信息数据库,这些信息包括蛋白质家族相关性、蛋白质的结构、功能和分类等。当前的版本包含非冗余的 PIR-PSD、SWISS-PROT 和 TrEMBL 蛋白质序列,提供了 36000 多 PIR 蛋白质超家族、145300 个蛋白质家族、7500 个蛋白质结构域、13000 个图形和 280 个蛋白质翻译后修饰和 90 多个生物数据库的链接。

3. 蛋白质分类数据库 ProtoMap

ProtoMap(http：//www. protomap. cs. huji. ac. il)提供 SWlSS-PROT 和 TrEMBL 数据库所有蛋白质的详尽分类。分类的结果是将蛋白质分为明确定义的组,其中大多数与自然的蛋白质家族和超家族有密切联系。它有助于对已知蛋白质家族做更细致的分类,并阐明家族之间的关系。此网点提供交互式、视像化的分析工具,以便显示有关的大量数据和在蛋白质图谱中"导航"。

9.2.4　蛋白质结构二次数据库

DSSP、FSSP、HSSP 这三个蛋白质结构二次数据库为蛋白质分子设计、蛋白质模型构建和蛋白质工程等研究提供了很好的信息资源和工具,详见本书 4.5.1 的相关内容。

限制酶数据库 REBASE

限制酶数据库 REBASE (restriction enzymes and DNA methyltransferases)(http：//rebase. neb. com/rebase/rebase. html),也是二次数据库是有关限制酶和相关蛋白质信息的集合。它含有限制酶的所有信息,包含识别序列位点、裂解位点、甲基化特异性酶的商业来源、发表和未发表的参考文献、公认的剪切位点、同裂酶、商品可供性、甲基灵敏度、结晶和序列数据。除限制酶外,数据库还包括 DNA 甲基转移酶、趋巢性内切核酸酶、切割酶、专一亚单位和控制蛋白质。最近,假想 DNA 的甲基转移酶和限制酶也被纳入。

9.2.5　蛋白质组资源数据库

1. 氨基酸索引数据库 Aaindex

氨基酸索引数据库 Aaindex (amino acid indices)(http：//www. genome. ad. jp/ aaindex)包含 20 种氨基酸的各种物理、化学和生物学参数的数值,以及序列联配用的各种置换矩阵,例如 PAM 和 BLOSSUM 矩阵等。网页上还有参考、应用、检索和下载信息等。

2. 二维聚丙烯酰胺凝胶电泳数据库 SWISS-2DPAGE

二维聚丙烯酰胺凝胶电泳数据库 SWISS-2DPAGE 包含了 34 种参考图谱的 923 个项目,

来源包括人组织样本(如肝脏、血浆、淋巴瘤、脑脊液、血小板、肾、腺癌、蛋白质等等)、小鼠组织样本、大肠杆菌、酿酒酵母等。

3. 酿酒酵母蛋白质组数据库 YPD

酿酒酵母蛋白质组数据库 YPD(yeast proteome database)的网址为 http：//www. proteom-e. com/atabases/index. html。

9.3　蛋白质组分析的内容与基本方法

9.3.1　双向凝胶电泳数据分析

双向凝胶电泳(two-dimensional gel electrophoresis，2DE)在分离蛋白质混合样品、比较差异方面有不可替代的作用。它是目前唯一可在一块胶上同时分离成千上万个蛋白质组分的方法,与质谱(mass spectrometry，MS)联用可查明蛋白质复合物中的组分。20 世纪 90 年代以来，人类基因组计划的实施促进了生物信息学的发展,使蛋白质分析发生了革命性的变化。将高分辨率 2DE、高灵敏度的 MS 和快速增长的蛋白质和 DNA 数据库三者结合起来,为高通量的蛋白质组学铺平了道路。目前对蛋白质相互作用的网络关系进行研究的方法有酵母双杂交技术、噬菌体表面展示技术、蛋白质组芯片、表面等离子共振(生物传感芯片)等等。

双向凝胶电泳的原理是,第一,基于蛋白质的等电点不同用等电聚焦分离;第二,按相对分子质量的不同用 SDS-PAGE 分离,把复杂蛋白混合物中的蛋白质在二维平面上分开。近年来,经过多方面改进,双向凝胶电泳已成为研究蛋白质组的最有使用价值的核心方法。

一块胶上通常可分布上千种蛋白质,这么复杂的结果只有用计算机才能进行精确的分析。用这样的系统,研究者能检测并量化甚至是微弱的点,可定量比较双向凝胶图像的区别,检测不同条件下凝胶中蛋白质的表达变化。目前有以下几种主要的商品化双向凝胶分析软件系统：Z3 (Compugen)、Melanie Ⅲ (Genebio　and　Bio-Rad)、PDQUEST(Bio-Rad)、作为 Imagemaster 2D (Amersham Biosciences)出售的多种版本的 Phoretix 双向凝胶软件、HT Analyzer (Genomin Solutions) 和 Phoretix 2D Advance (Perkin Elmer Wallac)。每种软件系统在计算机运行平台、图像使用界面、允许操作的凝胶数量和文件格式等方面各有不同。但是,采用这些软件分析凝胶有相同的普遍适用的步骤。这些软件差异的比较或其操作步骤的介绍本章将不作讨论,关于每个软件包含的详细信息可以在其网页上找到(见本章末尾的双向凝胶电泳的分析软件网址)。此处我们总结关于分析双向凝胶电泳的一般步骤。

(1) 图像成像和操作

首先,凝胶图像必须在程序中呈现。三种程序都接受 TIF 格式的文件,因此建议将凝胶图像储存为这种格式。打开文件后,需编辑图像使之处于正确的方位并将图像中无关的区域去掉。用此程序中的旋转和切割功能可实现上述操作。而且,图像的显示需要优化。现代图像获取系统能用 12 bit 或 16 bit/像素和 4096~65536 的灰度值来扫描 2D 凝胶。普通计算机屏幕只能显示 256 种颜色或灰度值,因此,程序必须匹配扫描图像灰度水平和屏幕灰度水平之间的强度值。为观察一些微弱的点,可通过这些程序的转变及调节功能来改变图像的对比度。

需要注意的是,这些程序只能改变屏幕中显示的图像,而不能改变其用于点的检测和量化的基本数据。第一次修改完成后,程序允许新图像以特定的格式储存。所有程序也都允许对多凝胶图像进行同时操作。

（2）点的定量与检测

一旦感兴趣的凝胶图像以所需方式打开,下一步应该进行点的检测。这是凝胶分析的最关键阶段,如果点的检测不正确,所有其他结果都是无价值的。PDQuest、Phoretix、Melanie 三种程序均基于独特的运算法则,能提供一种自动化检测系统。每个程序的系统参数可以选择,如敏感度、点的大小、背景扣除、平滑数值等,虽然并非所有的参数都能在所有的程序中获得。一旦完成初始的检测后,所有程序的参数都可以更改直至得到最佳的检测效果。一旦最佳的自动检测参数确定,它们就能用于实验中所有其他凝胶或储存备用。在一次实验中,分析的所有凝胶点的检测的参数一致是非常重要的。没有被自动检测系统检测的点需要手动编辑,如增加或去除。这些点也可能和 Gaussian 模式相适应。Gaussian 模式能在 PDQuest 中自动操作,也是 Melanie Ⅲ 中的一个选项。Gaussian 模式能帮助解决重叠密度区域和拖尾问题,提高点的检测密度的准确性。在运用点检测的过程中,所有三种程序自动确定一系列的点参数(即点的体积、面积、光密度和坐标)。

（3）点匹配

数据中的所有凝胶上感兴趣的点被鉴定后,下一步就是在凝胶之间匹配各个蛋白质点。第一步是选择一个样品作为匹配的参考胶。参考胶应具备大量分辨率高、质量好的点,作为整个实验的典型代表,也可能是对照胶。选取参考胶的目的是提供几对起始的匹配点或位置坐标,用于与其他胶比较。虽然这些参考点是 Melanie Ⅲ 或 Phoretix 软件不要求的,但用这些参考点可大幅度提高匹配速度及准确度。在 Phoretix 和 Melanie Ⅲ 软件中,成对的匹配分别以重叠或堆积模式完成,在 PDQuest 中则用匹配工具模式。在参考胶的各个区域设位置坐标是重要的,虽然有时不易实现,特别是在很可能发生扭曲的胶的边缘。胶中一些起始的成对匹配点被检测后,有利于对准或调整凝胶使之互相匹配,这样可以使其他的点更好地配对。当匹配了很多点之后,可选择自动匹配模型,在 PDQuest 中可自动进行匹配。

（4）编辑匹配

三种软件包都允许用矢量连接各个成对的点所在位置以呈现匹配情况。在一个区域内的连线应平行且等长。连接匹配点的矢量配对连线可以说明匹配情况的主要问题。为了凝胶之间的精确对比,保证各个点的准确匹配是很重要的。

（5）相对分子质量和 pI 校准

在 PDQuest 和 Phoretix 软件中,胶上每个点的 pI(等电点)和相对分子质量的值可以通过一些点的已知值来估计。在 Phoretix2D 高级版软件中,可在待匹配系列中任一凝胶的蛋白质列表中输入已知值来达到目的。这些值被加上后,此系列中所有其他凝胶上匹配的点会被赋上相同的值,即所有落入校准范围内的其他点的相对分子质量和 pI 值可被校准。在 PDQuest 中,可用相似的方式操作,但是这些值用 MrpI 数据按钮输入。

（6）合成胶与平均胶

三种软件程序都允许使用者制造合成胶或平均胶。当在一系列凝胶中研究蛋白质表达的变化时,这些胶是重要的。在 Melanie Ⅲ 中,合成胶是通过选择所有匹配胶中的特定点(即所有配对的或不配对的点)来产生包含这些点的凝胶。被选取的点是最接近这一组平均值的点。

PDQuest 和 Phoretix2D 高级版软件也有这种功能,但它们产生的平均胶上的点是真正平均的点。在 Melanie Ⅲ 中,合成胶通常用作参考胶来匹配此系列的凝胶,因为它们包含了此系列所有凝胶中最重要的点。如果此系列的凝胶和合成的参考胶相匹配,它们会对所有凝胶中都包含的点产生单一编号图解。

（7）标准化

比较双向凝胶的图像时,点的强度在胶与胶之间经常有一些变化。这些变化并非由蛋白质表达不同造成,而是由样品的制备、上样、染色及图像呈现有所不同而引起的。对这种背景变化的修正称为标准化。PDQuest 和 Phoretix 双向凝胶分析软件允许对在实验处理中不会变化的蛋白质点的强度进行标准化处理。三个分析系统都提供相关蛋白质点的量化数据,例如:① $OD\% = \dfrac{各点的 OD}{点的总 OD}$。② $体积\% = \dfrac{各点的体积}{点的总体积}$,从而得到标准化后的各蛋白质点的量化数据。体积定义为一个点的 OD 值×1 个点所占的面积。当没有已知的稳定蛋白质时,这两种方法都能用作标准化。

（8）数据分析

如果已做好蛋白质点的挑选和匹配,数值也已标准化,三个程序都可提供多种分析数据的方法。首先,可能会显示只含有某种特征的点,如凝胶间匹配的点 OD 值或体积大于两倍变化的点,或者在特定组（如处理组）的凝胶上至少能找到 90% 的共有点。当选择好点的特定组后,点在各个胶之间的一些特征变化（如 OD 值或点体积）就能用柱状图显示出来。所有软件程序都能产生报告统计表（如平均值、标准偏差和差异）。简单统计学上的差异表达如 Student's t 检验也能通过这些程序完成。最后,程序允许将数据输出至电子数据表中,可排版、打印或做进一步分析。

（9）凝胶的注解

当胶上的蛋白质点的相关信息产生后,运用每个程序的注解功能可将信息添加至凝胶图像或数据库中。由于蛋白质数据库逐渐增大以及复杂程度不断加深,注解是保存实验数据所必需的。注解分为几种,如编码、位置坐标、pI 和相对分子质量等。而且一些程序允许注解和与特定的数据文件、双向电泳数据库（包括在线数据库）或其他类型的文件相互链接。这是非常有价值的,因为从在线数据库（如 SWISS-2DPAGE）中获得的信息可以很容易地被加至注解中。一块经充分注解的凝胶被认为是 Master 胶。Master 胶可用来复制数据到其他凝胶上,通过胶之间的比较以鉴定蛋白质点。Phoretix2D 高级版软件也提供网页创建功能,可用当前的凝胶创建一个在线数据库。应用 Bio-Rad's PDQWeb 软件结合 PDQuest 数据可以实现这一功能。

9.3.2　蛋白质质谱数据分析

质谱仪早在 20 世纪初就出现了,其主要原理是利用不同荷电离子的质量电荷比（m/z）差异来鉴别不同的离子。尽管出现时间很早,但在很长一段时间内质谱仪仍然仅限于对小分子物质进行鉴定。直至 20 世纪 80 年代末,随着"软电离"技术的出现,质谱技术才逐渐被引入到生物大分子（如蛋白质）的鉴定过程中。由于分辨率的原因,现阶段的质谱仪仍然不能够直接用来测定蛋白质大分子,因此,人们在测定蛋白质大分子之前必须采用位点特异性的蛋白酶（如胰蛋白酶）对蛋白质进行酶解,然后对酶解形成的肽段进行测定,因此,蛋白质的鉴定问题也就转变为对多个肽段进行鉴定。

用于鉴定蛋白质的质谱法主要有以下三种。

（1）肽质量指纹图谱法（PMF）

即用特异性的酶解或化学水解的方法将蛋白切成小的片段，然后用质谱检测各产物肽的相对分子质量，将所得到的蛋白酶解肽段质量数在相应数据库中检索，寻找相似肽指纹谱，从而绘制"肽图"。近年来，随着蛋白质数据库信息的快速增长和完善，PMF 技术已成为蛋白质组研究中较为常用的鉴定方法，它在蛋白质组学中最接近高通量。显而易见，分子质量的精准度是 PMF 的关键指标所在，但蛋白质的翻译后修饰可能会使 PMF 的质量数与理论值不符，这就需要与序列信息适当结合。

（2）串联质谱法或碰撞诱导解离法（collision induced dissociation，CID）

严格来讲，CID 法是串联质谱法的一个过程。它是利用待测分子在电离及飞行过程中产生的亚稳离子，通过分析相邻同组类型峰的质量差，从而识别相应的氨基酸残基，其中亚稳离子碎裂包括自身碎裂及外界作用诱导碎裂。此外，具有源后衰变（post-source decay，PSD）功能的 MALDI-TOF-MS 也能对肽链测序，但存在部分缺陷。与 PMF 图谱相比，串联质谱的肽序列图要复杂一些，在鉴定蛋白质时，需要将读出的部分氨基酸序列与其前后的离子质量和肽段母质量相结合，这种鉴定方法称为肽序列标签（peptide sequence tag，PST）。

（3）梯形肽段测序法（ladder peptide sequencing）

该法是用化学探针或酶解使蛋白或肽从 N 端或 C 端逐一降解下氨基酸残基，产生包含仅 1 个氨基酸残基质量差异的系列肽，名为梯状（ladder），经质谱检测，由相邻肽峰的质量差而得知相应氨基酸残基。但由于酶解速度不一，易受干扰，故效果不甚理想。

目前，酶解、液相色谱分离、串联质谱及计算机算法的联合应用已成为蛋白质鉴定的发展趋势。

数据库查询软件正好是针对肽质量指纹或肽序列信息来设计的。如利用 PMF 的软件有 PeptIdent/MultiIdent、MS-Fit、MOWSE、ProFound、PeptIdent2 等；利用肽序列信息的软件有 SEQUEST、ProbID、SCOPE、Sonar、CHOMPER、Popitam、PepSearch 等；两种信息均可使用的软件有 PepSea、PepFrag、Mascot 等。表 9-1 列出了部分软件的网址以供参考。

表 9-1　常用质谱鉴定软件的网址

软　件	网　址
PeptIdent/MultiIdent	http://us. expasy. org/tools/peptident. html
MS-Fit	http://us. expasy. org/tools/multiident/
MOWSE	http://srs. hgmp. mrc. ac. uk/cgi-bin/mowse
ProFound	http://prowl. rockefeller. edu/cgi-bin/ProFound
SEQUEST	http://fields. scripps. edu/sequest/
PepSea	http://www. protana. com/solutions/software/default. asp
PepFrag	http://prowl. rockefeller. edu/PROWL/pepfragch. html
Mascot	http://www. matrixscience. com/
ProbID	http://www. systembiology. org/research/probid/
PepSearch	http://compbio. sibsnet. org/projects/pepsearch/

　　PeptIdent/MutiIdent 是 ExPASy 服务器上两个利用 PMF 进行蛋白质鉴定的软件。这两个软件均采用简单计分方法,即直接计算匹配的蛋白质片段并按匹配片段数目多少和序列覆盖率(sequence covered)来排序,显然这种计分方法使得高分子蛋白质容易产生较高的分值,因为高分子蛋白质可以裂解产生更多的肽段,从而导致随机匹配片段的增加。

　　MOWSE 是一个基于概率算法的数据库查询软件,其计分的依据为肽段相对分子质量在蛋白质数据库中的出现频率。首先,它根据特定的蛋白酶查询 OWL 数据库并构建一个新的 MOWSE 肽段数据库,并对肽段按相对分子质量大小以 10000 为间隔进行分组,在每个组中肽段相对分子质量再以 100 为间隔划分成不同的 CELL,因此 CELL 中包含 MOWSE 肽段数据库中在其范围内出现的肽段数,再用每个 CELL 中的肽段数除以其所在分组中的全部肽段数便可得到每个 CELL 的分布频率。当数据库查询时,若"实验"肽段与"理论"肽段相匹配,则给每个匹配片段用其相应的 CELL 分布频率进行计算,并用蛋白质平均相对分子质量 50000 对计分系统进行校正以减少高相对分子质量蛋白质(>200000)随机分值的积累。

　　ProFound 基于贝叶斯公式,该软件对数据库中的蛋白质按其肽段出现的概率进行排序,同时对数据库中每个蛋白质序列的详细信息进行了考虑并允许整合加入额外的信息,如氨基酸组成信息以及部分肽段的序列信息,并且在算法中也考虑了实验中所观察到的酶解产生的肽段沿蛋白质序列的分布信息。贝叶斯算法的另一优点是不同信息可以很容易地整合到一起,这样便有利于利用所有能用到的信息来进行数据库查询优化,从而大大提高算法的灵敏度和选择性。

　　利用 MS/MS 谱查询数据库的软件根据其数据处理过程的不同,通常可以分为三个模块(modules),分别是图谱解释(interpretation)、过滤模块(filtering)与计分模块。首先,图谱解释模块会对 MS/MS 谱进行图谱解释以得到可解释的 MS/MS 数据,即部分或全部的序列标签或者是序列标签与相对分子质量的联合信息;接着过滤模块会利用解释出来的信息对肽序列数据库进行查询,然后输出一个可以产生 MS/MS 谱的候选肽序列的清单;最后计分模块对候选肽序列进行记分并产生随机匹配的 P 值。具体到某个软件时,在某个模块上可以与典型的处理过程有所不同。

　　SEQUEST 使用未经解释的肽谱信息来查询数据库,即查询数据库的信息来自于整个质谱图谱。它采用一种称为交叉关联(cross-correlation)的方法来计算所测到的质谱数据与数据库中蛋白质序列的关系,并对数据库的蛋白质序列进行排序。采用该软件的另一好处是它可以使用多个肽段的序列信息进行数据库的查询,而且使用该软件并不需要从肽谱图谱中抽取任何信息来进行数据库查询,也就是说不需要人工干预,但数据库查询过程十分缓慢。Popitam 采用了启发式策略(heuristic strategies)的方法来加强 MS/MS 谱数据库查询的过程。该软件采用了非决定性合并方法(non deterministic cooperative strategies),并通过将 MS/MS 谱转化为图表(graph)的形式来解决图谱解释中的质谱峰的合并问题。在过滤模块中,Popitam 采用了标签算法(tag algorithm),该算法能有效处理源肽段中的突变以及未知修饰等情况。在计分模块中,则采用了蚁群优化后启发方法(ant colony optimization metaheuristics)来寻找图表中的最佳计分路径。

　　SCOPE 是一个基于统计学模型的串联质谱结果的数据库计分模块。该软件通过两步随机过程构建 MS/MS 谱。首先,软件根据训练集样品的分布曲线产生一个源肽段理论碎片图谱,然后再根据仪器测量误差的分布情况产生一个肽段碎片图谱,最后采用动态程序的方法计算出由随机过程构造出的候选肽段出现这种 MS/MS 谱的概率。

ProbID 是一个基于概率模型的串联质谱结果分析软件。该软件在肽质量图谱分析时采用了贝叶斯公式,因此有关肽段的先验信息能够很容易地整合到得分函数中。其次,得分函数能有效地进行计算,因为只有 b 离子和 y 离子信息被考虑进来。

PepSearch 是一个由我国科学家在概率模型上进一步完善的基础上发布的 MS/MS 谱分析软件。该软件考虑了一个多肽可能产生的大多数离子类型,并设计了新的计量算法。通过对 Keller 等提供的一个实验谱数据集的测试,PepSearch 的鉴定准确性显著超过了 SEQUEST 软件。

数据库查询软件查询完整个数据库后都会根据查询结果返还给用户一个按分数从高到低排列的候选蛋白质,即使所有匹配的肽段全是随机匹配的。因此,对查询结果的统计评价就显得非常重要,这将决定鉴定出的蛋白质在多大程度上是假阳性的。模拟方法(simulation),顾名思义即通过计算机模拟整个数据库查询过程。首先,从数据库中随机挑选蛋白质序列并采用实验中所用的酶对其进行“理论消化”,随机挑选单个肽段计算并储存其相对分子质量,该过程反复进行从而可以构建一个“理论”肽质量指纹图谱。然后采用该“理论”肽质量指纹图谱进行数据库查询,这样便可获得随机匹配的高分值蛋白质序列。数据库查询过程反复进行便可构建出随机匹配的分布曲线,利用该分布曲线便能对实验肽质量指纹图谱的数据库查询结果进行统计评价。其他还有直接计算、面向对象方法(objective method)等方法。直接计算方法直接计算蛋白质序列与实验数据匹配的概率,但就目前而言,该方法的可信度仍然不及模拟方法,因为该计算过程十分复杂并且需要通过近似的方法来简化处理的过程。

9.4　蛋白质组信息学相关资源

蛋白质组研究的三大关键核心技术是双向凝胶电泳技术、质谱鉴定技术、计算机图像数据处理与蛋白质组数据库。双向凝胶电泳凝胶上的蛋白质点数字化后,要对不同组织、不同细胞表达的蛋白质图谱进行比较。常用的软件有 Amersham Pharmacia 公司的 ImageMaster 2D、Bio-Red 公司的 Pdquest,其他软件还有 Tycho、Gellab、Kepler、GR42、Lips、Hermes、Elsie、Gemini 和 Melanie。运用软件对凝胶图谱去除纹理及背景,找出表达上差异的蛋白质点,并对其进行分析,发现有生物学意义的蛋白质。

除了 SWISS-2DPAGE 数据库,还有其他二维凝胶数据库可以查询(表 9-2)。

表 9-2　二维凝胶电泳数据库

软　　件	网　　址
SWISS-2DPAGE	http：//www.expasy.ch/ch2d/ch2d-top.html
ColonGarcinoma	http：//www.ludwig.edu.au/jpsl/jpslhome.html
PDD	http：//www-lecb.ncifcrf.gov/PDD
IPS	http：//www-lecb.ncifcrf.gov/ips-databases.html

通过质谱技术所得到的肽质量指纹图、肽序列标记,采用合适的软件,结合多种属性参数,可以提高蛋白质鉴定的正确率。表 9-3 列举了其中一些相关通用软件。

表 9 - 3　用于蛋白质鉴定的数据库搜索软件

软　　　件	网　　　址
蛋白质的肽质量印记：	
MassSearch	http：//www.cbrg.ethz.ch
ProFound	http：//prowl.rockefeller.edu
蛋白质肽质量印记＋蛋白质序列标记：	
MOWSE	http：//www.scitech.ac.uk/SEQNET/mowse.html

1. 基于蛋白质序列信息的数据库

基于蛋白质序列信息的数据库是生物信息学数据库中最基本的数据库，这些数据库以氨基酸残基顺序为基本内容，并附有注释信息(计算机的序列分析结果和生物学家查阅文献的结果)。基于蛋白质序列的数据库很多，主要有蛋白质信息资源数据库 PIR、SWISS - PROT 数据库、蛋白质序列的数据库 NRL - 3D 和 TrEMBL 等等。

2. 其他蛋白质组数据库

蛋白质生物信息学包含很多方面的内容，如蛋白质大分子的结构、相互作用等等，因此，除了上述的一些数据库之外，还有很多关于构象、相互作用等方面的数据库，如：① PDB，即美国国家实验室(Brookhaven National Laboratory，BNL)蛋白结构数据库；② Predietome(http://visant.bu.edu)蛋白质功能预测数据库，为 44 个基因组和蛋白之间的功能联系提供预测；③ PROSITE(http://cn.expasy.org/prosite)蛋白质家族和功能域数据库，包含大量具有生物学意义的位点、模型等信息；④ MCDB，由英国伦敦皇家学院(Imperial College London)Hammersmith 分校的蛋白质组学系负责维护，是基本质谱应用的数据库，属于混合数据库。

将生物信息学的实验思路引入蛋白质组学的实验方案后，实验人员可以通过互联网上的信息设计实验方案，避免了很多重复劳动，少走很多弯路，为蛋白质组学的发展提供了可靠的信息资源。值得一提的是，上文提到的大多数数据库都能实现数据接收、在线查询和空间结构的可视化浏览等多种功能。而且，几乎所有这些数据库都是免费的，可以免费下载或提供免费服务，这使得蛋白质组学可以在生物信息学的辅助之下快速发展。

9.5　蛋白质组学的应用与前景

9.5.1　应用

1. 蛋白质组学在分子生物学上的应用

在基础分子生物学研究中，蛋白质组学的贡献尤为巨大，如阐明水通道(water channel)，K^+、Na^+ 离子膜通道、乙酰胆碱受体等。应用原子力显微镜(atomic force microscopy，AFM)对肌动蛋白结构(G-肌动蛋白和 F-肌动蛋白)进行观察，阐明了体外肌动蛋白的结构与其在活体内的结构，并对其动力学及功能进行详尽研究，证明肌动蛋白细丝控制离子通道功能中囊性纤维增生透膜传导调节剂(CFTR)。CFTR 可直接与肌动蛋白结合并与之反应。

迅速发展的蛋白质组学对线粒体结构与功能的研究贡献颇大。研究者利用双向凝胶电泳、双向高效柱层析、MS、凝胶图像分析、N 端与 C 端测序及氨基酸组成分析等蛋白质间双杂交系统及分析大量数据的生物工程信息等,构建了哺乳动物线粒体蛋白质表达谱。1998 年分离正常人胎盘线粒体,使用 pH 4.0～8.0 IPG 双向电泳,并通过 MALDI-TOF 肽质量指纹术鉴定出 46 种线粒体蛋白。蛋白质组学技术对于阐明线粒体作为制造能量工厂意义十分重大,非一般检测法所能普及。对线粒体功能蛋白组的研究还为研究线粒体功能失调与疾病分子基础提供了帮助。例如,正常组织线粒体蛋白质数据库为研究线粒体疾病及线粒体功能失调、疾病诊断标志、寻找药物靶点提供了必不可少的数据。

扩张型心肌病是一种严重的可导致心衰的心脏病。Knecht 等采用 2 - DE 取得了 3300 个心肌蛋白条带,通过氨基酸序列分析、Edman 降解法及 MALDI-MS 等分析了其中 150 条,经活检及术后病理证实,有 12 条为扩张型心肌病特有的蛋白质。Arnott 等对新福林诱导的肥大心肌细胞进行线粒体蛋白质组分析,同对照样品相比较,发现有 8 种蛋白质的表达水平发生了不同程度的变化。

2. 利用线粒体蛋白质组学构建人与哺乳动物线粒体蛋白质表达谱

1988 年,Rabilloud 等采用健康人的胎盘组织分离线粒体蛋白,鉴定出了 46 种线粒体蛋白,并以此为参考研究遗传性或获得性线粒体功能障碍时线粒体蛋白质的变化。2003 年,Taylor 等采用聚丙烯酰胺凝胶电泳分离从人心肌中纯化的线粒体复合体,共鉴定出 615 种不同功能的蛋白质,其中,90% 以上的蛋白质定位于线粒体内膜,与氧化还原功能有关。这些蛋白质数据库为进一步分析线粒体的功能提供了数据资源。在大鼠心脏线粒体数据库中,共收录了 64 种大鼠心脏线粒体蛋白质,其中 43 种蛋白质运用 2D - MALDI-TOF 的 PMF 法鉴定,12 种 N 端测序成功。2002 年,Lopez 等采用亲和层析柱分离纯化小鼠肝脏线粒体蛋白。亲和柱与质谱相连的这种高通量的分离鉴定技术能在短短的几天内鉴定近百种线粒体蛋白。

3. 蛋白质组学在信号转导研究中的应用

将新发展起来的蛋白质组学高通量技术引入信号转导通路研究中,产生了一个新的研究领域——信号转导蛋白质组学。其作为功能蛋白质组学的一个重要组成部分,研究信号转导通路以及其中信号分子改变的蛋白质组学,克服了传统的只针对单条信号通路以及其中的单个信号分子的研究策略的局限性,能够在一次实验中系统地研究多条信号转导通路中的蛋白质—蛋白质间的相互作用、蛋白质磷酸化等在翻译后修饰和下游靶蛋白的改变,有助于全面阐述信号转导通路,已成为一个新的研究热点。

4. 蛋白质组学在肿瘤研究方面的应用

目前的研究表明,有大量的蛋白质分子参与了肿瘤细胞周期、凋亡及转移的调控。实践证明,蛋白质组学将为肿瘤的早期诊断、肿瘤标志物的筛选与鉴定、抗肿瘤药物的筛选及开发新的治疗靶标提供新的平台。近年来,蛋白质组学在肿瘤标志物的筛选和鉴定中应用最为广泛。例如,前列腺肿瘤中有来源于前列腺上皮细胞特异性质量电荷比为 24782.56±107.27 的蛋白(Pca - 24)。应用蛋白质组学鉴定出中有膀胱癌细胞中有 7 种相对分子质量为 3300～13300 的异常蛋白组合。应用这些蛋白质作为标志物可诊断移行上皮癌(TCC),敏感性高达 78%。在消化道内肿瘤标志物中筛选出结肠癌 EF - 2、Mn SOD 前体和 nm23 及一种 13000 的蛋白质。在乳腺

癌妇女的血清中发现相对分子质量为 28300 的核基质蛋白 66(nuclear matrixprotein 66,
NMP66)。NMP66 是乳腺癌早期诊断的潜在标志物。Gharib 等应用于蛋白质组学技术,检测 93
例肺癌患者和 10 例正常肺组织中 elF-5A 的表达,发现若 elF-5A 蛋白高表达,肿瘤的分化程
度就低,并伴有 K-ras 的突变和 p53 的上调,因此,elF-5A 可以作为一种早期肺腺癌的标志物。
另外,Steel 等将肝病患者分为 4 组:HBV 携带组、慢性乙型肝炎组、有慢性乙型肝炎病史组和肝
细胞癌组,发现肝细胞癌患者的血清中,补体 C3 和载脂蛋白 A1 的表达明显降低。而 Zeindl-
Eberhart 则发现,有 95% 的肝细胞癌患者 hARLPs 的表达呈阳性。

5. 蛋白质与抗体微阵列芯片的应用

蛋白质芯片能够同时分析上千种蛋白质的变化情况,使得在全基因组水平研究蛋白质的
功能(如酶活性、抗体的特异性、配体-受体交互作用以及蛋白质与蛋白质或核酸或小分子的结
合)成为可能。

具体应用详见 11.4.5。

9.5.2　前景

在基础研究方面,近年来蛋白质组研究技术已被应用到各种生命科学领域,如细胞生物
学、神经生物学等。在研究对象上,蛋白质组学研究覆盖了原核微生物、真核微生物、植物和动
物等,涉及各种重要的生物学现象,如信号转导、细胞分化、蛋白质折叠等等。在未来的发展
中,蛋白质组学的研究领域将更加广泛。

在应用研究方面,蛋白质组学将成为寻找疾病分子标记和药物靶标最有效的方法之一。在
对癌症、早老性痴呆等人类重大疾病的临床诊断和治疗方面,蛋白质组学技术也有十分诱人的前
景,目前国际上许多大型药物公司正投入大量的人力和物力进行蛋白质组学方面的应用性研究。

在技术发展方面,蛋白质组学的研究方法将出现多种技术并存、各有优势和局限的特点,
而难以像基因组研究一样形成比较一致的方法。除了发展新方法外,更强调各种方法间的整
合和互补,以适应不同蛋白质的不同特征。另外,蛋白质组学与其他学科的交叉也将日益显著
和重要,这种交叉是新技术、新方法的活水之源,特别是蛋白质组学与其他大规模科学(如基因
组学、生物信息学等)交叉后所呈现出的系统生物学(system biology)研究模式,将成为未来
生命科学最令人激动的发展前沿。迄今为止,蛋白质组学的建立虽不到 10 年,但是由于引起
各种高端技术对蛋白质分离、鉴定及结构与功能的测定与预测取得了令人惊叹的进步,为揭
示生命的本质立下了汗马功劳,人们深信,蛋白质组学终将在揭示生物体生长、发育和代谢调
控等生命活动的本质等方面发挥越来越大的作用。同时,它还将不断地深入到医学科学的各
个领域,为重大疾病的机理研究、诊治、预防及药物开发提供重要的理论基础。

习　题

1. 什么是蛋白质组学?
2. 简述蛋白质组分析的内容与基本方法。
3. 蛋白质组学有哪些应用?

参考文献

1. 胡绍军. 蛋白质组学数据库信息资源开发与利用. 图书馆学研究,2006,(7):77-91.

2. 万跃华,何立民. 网上生物信息学数据库资源. 情报学报,2002(4): 50 - 52.

3. C. O'Donovan, R. Apweiler, A. Bairoch. The human proteomics initiative (HPI). *Trends in Biotechnology*, 2001,19(5): 178 - 181.

4. W. C. Barker,J. S. Garavelli,H. Z. Huang,et al. The protein information resource(PIR). *Nucleic Acids Rasearch*, 2000,28(1): 41 - 44.

5. M. Magrane,R. Apweiler. Mus musculus in the SWISS-PROT database: its relevance to developmental research. *Genesis*,2000,26(1): 1 - 4.

6. B. Boeckmann, A. Bairoch, R. Apweiler, et al. The SWISS-PROT protein knowledge base and its supplement TrEMBL in 2003. *Nucleic Acids Research*,2003,31(1): 365 - 370.

7. A. J. Bleasby,D. Akrigg,T. K. Attwood. OWL-a non-redundant,composite protein sequence database. *Nucleic Acids Research*,1994,22(17): 3574 - 3577.

8. N. Hulo,C. J. A. Sigrist, V. Le Saux, et al. Recent improvements to the PROSITE database. *Nucleic Acids Rasearch*,2004, 32: 134 - 137.

9. C. A. Orengo, A. D. Michie, S. Jones, D. T. Jones, M. B. Swindells, J. M. Thornton. CATH-a hierarchic classification of protein domain structures. *Structure*,1997,5(8): 1093 - 1108.

10. G. Yona,N. Linial,M. Linial. ProtoMap: automatic classification of protein sequences and hierarchy of protein families. *Nucleic Acids Research*, 2000,28(1): 49 - 55.

## 第 10 章

RNA 结构与预测

RNA 是 ribonucleic acid 的缩写,是蛋白合成中最先被识别的重要组成部分,是生物体遗传信息传递的中间载体。RNA 分子既有遗传信息功能,又有酶的功能。国外在 2000 年底提出了 RNA 组学,即对细胞中全部 RNA 分子的结构与功能进行系统的研究,从整体水平阐明 RNA 的生物学意义。因此,RNA 的研究对探求生命本质愈来愈显现出其重要性。

本章详细介绍了 RNA 的种类、结构、功能及 RNA 结构预测算法、常用软件等内容。

10.1 RNA 的种类及结构

10.1.1 RNA 种类

一般来说,在生物细胞中,根据结构功能的不同,RNA 主要分三类:mRNA(信使 RNA)、tRNA(转运 RNA)、rRNA(核糖体 RNA)。这三种 RNA 是细胞质中参与蛋白质合成的三类主要的 RNA。随着生命科学的发展,许多其他的 RNA 分子被鉴定,这些 RNA 分子通常也行使重要的生物学功能,包括小分子细胞核 RNA(snRNA)、小核仁 RNA(snoRNA)、微小 RNA(microRNA)、指导 RNA(gRNA)、染色质 RNA(chRNA)、反义 RNA(anti sense RNA)、翻译控制 RNA(tcRNA)、双链 RNA(dsRNA)、细胞质小分子 RNA(scRNA)、具有催化活性的 RNA 及各种病毒 RNA 等。

1. mRNA

生物的遗传信息主要贮存于 DNA 的碱基序列中,但 DNA 并不直接决定蛋白质的合成。在真核细胞中,DNA 主要贮存于细胞核中的染色体上,而蛋白质的合成场所在细胞质中的核糖体上,因此需要有一种中介物质把 DNA 上控制蛋白质合成的遗传信息传递给核糖体。现已证明,这种中介物质是一种特殊的 RNA。这种 RNA 起着传递遗传信息的作用,因而称为信使 RNA(message RNA,mRNA)。mRNA 的功能就是把 DNA 上的遗传信息精确无误地转录下来,然后再由 mRNA 的碱基顺序决定蛋白质的氨基酸顺序,完成基因表达过程中的遗传信息传递过程。在真核生物中,转录形成的前体 RNA 中含有大量非编码序列,大约只有 25% 序列经加工成为 mRNA,最后翻译为蛋白质。因为这种未经加工的前体 mRNA(pre-mRNA)在分子大小上差别很大,因此,通常称为不均一核 RNA(heterogeneous nuclear RNA,hnRNA)。

2. tRNA

如果说 mRNA 是合成蛋白质的蓝图,则核糖体是合成蛋白质的工厂。但是,合成蛋白质的原材料——20 种氨基酸与 mRNA 的碱基之间缺乏特殊的亲和力,因此,必须用一种特殊的 RNA——转移 RNA(transfer RNA,tRNA)把氨基酸搬运到核糖体上,tRNA 能根据 mRNA 的遗传密码依次准确地将它携带的氨基酸连接起来,形成多肽链。每种氨基酸可与 1~4 种 tRNA 相结合,现在已知的 tRNA 的种类在 40 种以上。tRNA 是分子最小的 RNA,由 70~90 个核苷酸组成,其相对分子质量平均约为 27000(25000~30000)。而且 tRNA 具有稀有碱基。稀有碱基除假尿嘧啶核苷与次黄嘌呤核苷外,主要是甲基化了的嘌呤和嘧啶。这类稀有碱基一般是在转录后,经过特殊的修饰而成的。

3. rRNA

核糖体 RNA(ribosomal RNA,rRNA)是组成核糖体的主要成分。核糖体是合成蛋白质的工厂。在大肠杆菌中,rRNA 量占细胞总 RNA 量的 75%~85%,而 tRNA 占 15%,mRNA 仅占 3%~5%。rRNA 一般与核糖体蛋白质结合在一起,形成核糖体(ribosome),如果把 rRNA 从核糖体上除掉,核糖体的结构就会发生塌陷。原核生物的核糖体所含的 rRNA 有 5S、16S 及 23S 三种。S 为沉降系数(sedimentation coefficient),当用超速离心测定一个粒子的沉淀速度时,此速度与粒子的大小直径成比例。5S rRNA 含有 120 个核苷酸;16S rRNA 含有 1540 个核苷酸;23S rRNA 含有 2900 个核苷酸。真核生物有 4 种 rRNA,它们分子大小分别是 5S、5.8S、18S 和 28S,分别具有大约 120、160、1900 和 4700 个核苷酸。rRNA 是单链,它包含不等量的 A 与 U、G 与 C,但是有广泛的双链区域。在双链区,碱基的氢键相连,表现为发夹式螺旋。rRNA 在蛋白质合成中的功能尚未完全明了。但 16S rRNA 的 3′-端有一段核苷酸序列与 mRNA 的前导序列是互补的,这可能有助于 mRNA 与核糖体的结合。

4. 其他非编码 RNA

除了上述三种主要的 RNA 外,细胞内还有参与 mRNA 前体加工的 snRNA、参与 rRNA 加工成熟和修饰的 snoRNA、参与蛋白质内质网定位合成的信号识别体组成成分的 scRNA、参与指导 RNA 编辑的 gRNA、参与基因表达的调控的 antisenseRNA、与染色体末端的复制有关的端体酶 RNA(telomeraseRNA)等。上述各种 RNA 分子均为转录的产物,mRNA 最后翻译为蛋白质,而 rRNA、tRNA 及其他非编码 RNA 等并不携带遗传信息,其终产物就是 RNA。

10.1.2　RNA 的结构

在生物体内发现的主要 RNA 分子在基因的表达过程中起重要的作用。就分子结构而言,RNA 是单链结构。单链 RNA 的三维结构是由它的核苷酸序列决定的,这与蛋白质的结构由蛋白质的序列决定相类似。但是,RNA 的结构并没有蛋白质的结构那么复杂。RNA 的结构可以分为三个层次,即一级结构、二级结构和空间结构。RNA 的一级结构就是 RNA 的序列。RNA 含有四种基本碱基,即腺嘌呤 AMP(A)、鸟嘌呤 GMP(G)、胞嘧啶 CMP(C)和尿嘧啶 UMP(U)。此外还有几十种稀有碱基。

1. RNA 的一级结构

RNA 的一级结构主要是由 AMP、GMP、CMP 和 UMP 四种核糖核苷酸通过 3′,5′磷酸二

酯键相连而成的多聚核苷酸链,一般呈单链。如 tRNA 一级结构为:tRNA 是单链分子,含
73～93 个核苷酸,相对分子质量为 24000～31000,沉降系数 4S,含有 10% 的稀有碱基,如二氢
尿嘧啶(DHU)、核糖胸腺嘧啶(rT)和假尿苷(Ψ)以及不少碱基被甲基化,其 3′-端为 CCA—
OH,5′-端多为 pG,分子中大约 30% 的碱基是不变的或半不变的,也就是说它们的碱基类型
是保守的。

2. RNA 的二级结构

天然 RNA 的二级结构,一般并不像 DNA 那样都是双螺旋结构,只有在许多区段可发生
自身回折,使部分 A - U、G - C 碱基配对,从而形成短的不规则的螺旋区。二级结构是通过碱
基互补配对而形成的,碱基对之间的氢键以及它们形成的螺旋堆积力起着降低自由能、稳定结
构的作用。RNA 的二级结构单元与蛋白质的二级结构单元很不一样。但在单链 RNA 中,由
于配对的碱基出现在单个 RNA 分子中,因此就会形成碱基配对的茎区(stem region)。在
RNA 链中,为了形成这种碱基配对,需要反转链的方向,于是在反转处不配对的碱基区就会形
成一个发夹环,被排斥在双螺旋之外,形成典型的茎环结构或发夹结构。RNA 中双螺旋结构
的稳定因素,也主要是碱基的堆砌力,其次才是氢键。每一段双螺旋区至少需要 4～6 对碱基
对才能保持稳定。在不同的 RNA 中,双螺旋区所占比例不同。RNA 的结构较 DNA 复杂多
样。如果 RNA 链上很少的碱基没有相对应的互补碱基,那么就会形成一个小的突出部分或
者形成一个较大的环状区(loop),即突环或者内部环。发夹环一般位于茎的末端,而内环或膨
胀环使茎中断。上述这些基本结构组成了 RNA 二级结构的结构元件。二级结构是由上述许
多二级结构元件组成的,总的来说这些结构元件有:① 双股螺旋(helical regions):RNA 分子
中的双链区,为 A 型右手螺旋;② 发夹环(hairpin loop):为与螺旋一端两条链连接的非配对
的单链区,由双股螺旋及与其连接的发夹环共同构成的结构,也称为茎环结构;③ 单碱基突起
及突环(bulge loop):单碱基突起即在一个连续的螺旋中间突出的一个碱基,如果有连续的多
个碱基突起则称为突环;④ 内部环(interior loop):为隔开或连接 2 个螺旋的环区;⑤ 接合环
(multibranch loop):连接 3 个以上螺旋的环区,也称为支环;⑥ 单链区(single strand
region):常出现在 RNA 分子的端部;⑦ 假结:RNA 二级结构中茎区有时会形成一种特殊的

位置关系,称之为假结,又称开关结构。开
关结构实质上也是茎环结构,是由 RNA
分子的某一段序列随不同条件有选择地与
另两段 RNA 序列之一发生碱基配对,形
成局部的二级结构。这两种构象可随条件
变化而相互转变,从而构成一个基因表达
的开关系统,实现基因表达的"开"与"关"。
以上这些二级结构元件的结构如图10-1
所示。

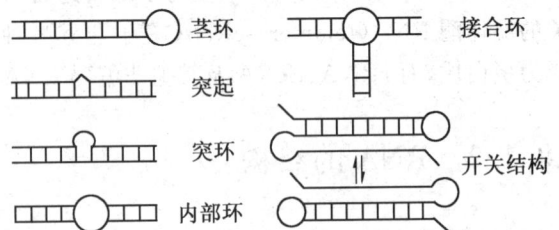

图 10 - 1　RNA 二级结构元件结构示意图

RNA 的二级结构和功能关系密切,同一类型的 RNA 分子尽管一级结构不同,但二级结
构大都相似。因此,每种 RNA 分子都有自己特定的二级结构。例如 tRNA 分子,其二级结构
为三叶草形(图 10-2)。配对碱基形成局部双螺旋而构成臂,不配对的单链部分则形成环。
三叶草形结构由 4 臂 4 环组成。氨基酸臂由 7 对碱基组成,双螺旋区的 3′末端为一个 4 个碱
基的单链区—NCCA—OH 3′,腺苷酸残基的羟基可与氨基酸 α 羧基结合而携带氨基酸。二氢

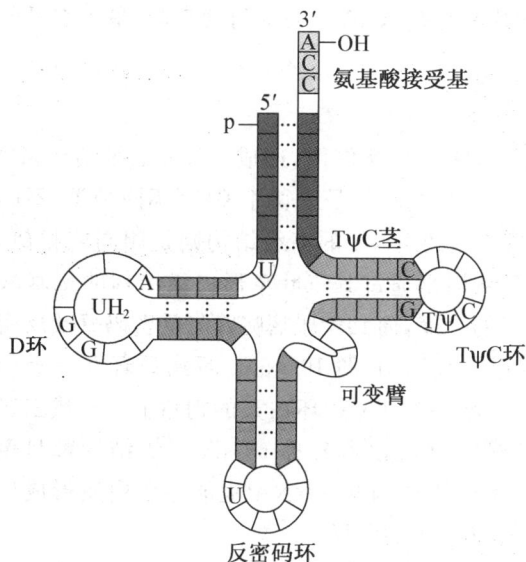

图 10 - 2　tRNA 二级结构示意图

尿嘧啶环以含有 2 个稀有碱基——二氢尿嘧啶(DHU)而得名,不同 tRNA 的大小并不恒定,在 8～14 个碱基之间变动,二氢尿嘧啶臂一般由三四对碱基组成。反密码环由 7 个碱基组成,大小相对恒定,其中 3 个核苷酸组成反密码子(anticodon),在蛋白质生物合成时,可与 mRNA 上相应的密码子配对。反密码臂由 5 对碱基组成。额外环在不同 tRNA 分子中变化较大,可在 4～21 个碱基之间变动,又称为可变环,其大小往往是 tRNA 分类的重要指标。TΨC 环含有 7 个碱基,大小相对恒定,几乎所有的 tRNA 在此环中都含 TΨC 序列,TΨC 臂由 5 对碱基组成。

近年来发现很多非编码 RNA 家族,这些家族的成员都具有特定的二级结构,如 micro RNA 前体(pre-miRNA)具有典型的茎环结构(图 10 - 3),其中位于茎部分的约 21～25bp 的碱基区为成熟 microRNA 区域。microRNA 前体特定的茎环结构利于 Dicer 酶的识别剪切,从而获得成熟 microRNA。

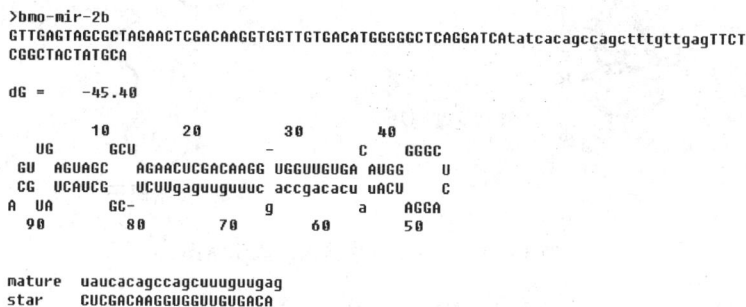

```
>bmo-mir-2b
GTTGAGTAGCGCTAGAACTCGACAAGGTGGTTGTGACATGGGGGCTCAGGATCAtatcacagccagctttgttgagTTCT
CGGCTACTATGCA

dG =    -45.40

           10        20        30        40
      UG       GCU        -         GGGC
  GU AGUAGC  AGAACUCGACAAGG UGGUUGUGA AUGG    U
  CG UCAUCG  UCUUgaguuguuuc accgacacu uACU    C
  A  UA      GC-           g         a  AGGA
      90        80        70        60        50

mature   uaucacagccagcuuuguugag
star     CUCGACAAGGUGGUUGUGACA
```

图 10 - 3　microRNA 前体结构示意图

另外,snoRNA 也具有典型的二级结构(图 10 - 4)。细胞中主要的 snoRNA 是 box C/D snoRNA 和 box H/ACA snoRNA。其中,box C/D snoRNA 包含有两个短的序列元件,即位于 5′ 末端的 box C(RUGAUGA)和 3′ 末端的 box D(CUGA)。多数 box C/ D snoRNA 基因的 5′-和 3′-端都有 4～5nt 的反向重复序列,可以形成较为稳定的短茎结构,这一结构在 snoRNA 的生物合成和核仁定位过程中起关键作用。大部分 box C/D snoRNA 分子的中部还具有类似于 box C 和 box D 的结构,通常分别表现出一两个核苷酸的差异,被称为 box C′ 和 box D′。box C′ 和 box D′ 的间距通常为 3～9 nt,也能通过内部的短茎结构将其拉近。大部分 box C/D snoRNA

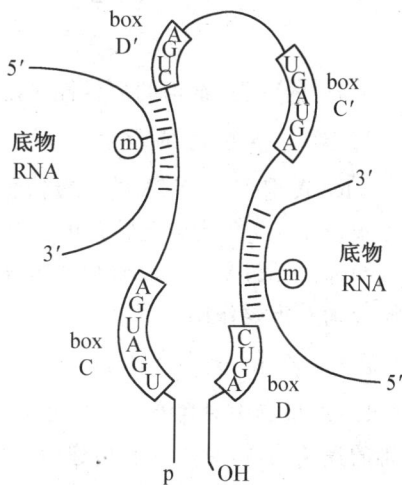

图 10 - 4　snoRNA 结构示意图

都是通过 box D 或 box D′上游一段 10～21nt 的片断与靶 RNA 互补而行使功能,最为常见的是指导 rRNA 特定位点的 2′O-甲基化修饰。

3. RNA 的高级结构

二级结构进一步通过氢键和其他二级结构元件间相互作用,形成 RNA 三级结构,RNA 只有在具有三级结构时才能成为有活性的分子。结构与功能是密切相关的,不同种类、不同功能的 RNA 的高级结构是不同的,而同类和相同功能的 RNA 的高级结构则是相同或相似的。例如,tRNA 的三级结构为倒 L 形。tRNA 三级结构是通过其三叶草形二级结构的氨基酸臂往右下方回折,同时 TΨC 臂往左上回折构成 L 的一横,而二氢尿嘧啶臂与反密码臂及反密码环共同构成 L 的一竖,最终形成 tRNA 的倒 L 形三级结构(图 10-5)。反密码环在一竖的端点上,能与 mRNA 上对应的密码子识别二氢尿嘧啶环与 TΨC 环在 L 的拐角上。形成三级结构的很多氢键与 tRNA 中不变的核苷酸密切有关,这就使得各种 tRNA 三级结构都呈倒 L 形。在 tRNA 中,碱基堆积力是稳定 tRNA 构型的主要因素。RNA 也能与蛋白质形成核蛋白复合物,RNA 的四级结构是 RNA 与蛋白质相互作用的结果。

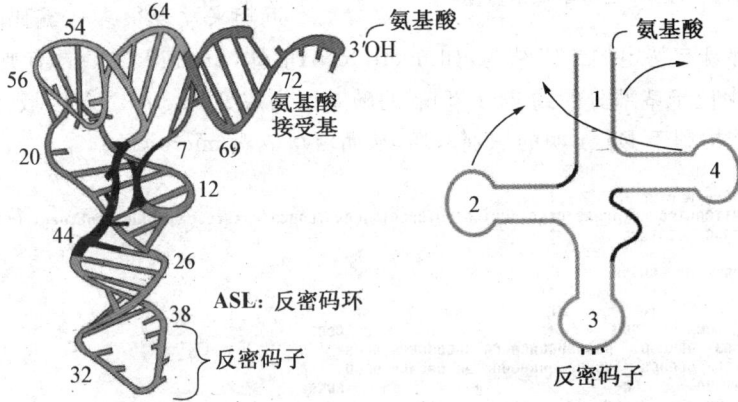

图 10-5 tRNA 三级结构形成示意图

10.2 RNA 的功能

RNA 的种类、结构的多样性决定了 RNA 功能的多样性。RNA 主要功能如下:

1. 参与蛋白质的生物合成

mRNA 携带着 DNA 的遗传信息,上面有遗传密码,是合成具有一定氨基酸顺序的多肽链的模板。tRNA 负责转运特定的氨基酸,并按 mRNA 上密码顺序所决定的位置对号入座,进入核糖体。rRNA 与蛋白质结合构成核糖体,是合成蛋白质的场所,rRNA 在蛋白质合成的不同阶段均有重要作用。

2. 贮存和传递遗传信息

RNA 病毒中只含有 RNA 而不含 DNA。因此,病毒 RNA 就起着染色体的作用,是 RNA 病毒的遗传物质,它贮存和传递 RNA 病毒的遗传信息。

3. 作为结构物质

某些 RNA 与蛋白质结合成具有一定结构和功能的超分子复合物。如 rRNA 与蛋白质结合成核糖体；chRNA 与 DNA、组蛋白结合成染色体；病毒 RNA 与蛋白质结合成 RNA 病毒等。

4. 调节基因的表达

RNA 对基因表达的调控起很重要的作用。例如，反义 RNA（反义基因转录出的 RNA）可在复制、转录和翻译三个水平上进行调节；tcRNA、microRNA 和 dsRNA 对 mRNA 的翻译都具有抑制作用；tRNA 类型及数量对蛋白质的合成效率也有调节作用等等。

5. 催化作用

近几年的研究发现某些 RNA 具有酶的催化功能，这类具有酶活性的 RNACech 命名为核酶（ribozyme）。最早发现某些低等真核生物的细胞核 rRNA 前体、线粒体 mRNA 前体和 rRNA 前体在除去自身居间顺序（IVS）时是自我催化进行的。现已发现一些 RNA 分子具有下列酶的催化功能：tRNA5′成熟酶、磷酸二酯酶、磷酸单酯酶、核苷酸转移酶、RNA 限制性内切酶、$\alpha-1,4$-葡聚糖分支酶、转肽酶等。

此外，RNA 还有其他许多功能，例如作为 DNA 复制的引物、反转录的引物（某些 tRNA），参与 RNA 前体的剪接（snRNA）等。snRNA 在 hnRNA 向 mRNA 转变过程的剪接中起十分重要的作用。snRNA 存在于真核细胞的细胞核内，是一类称为小核核糖体复合体（snRNP）的组成成分，有 U1、U2、U4、U5、U6 snRNA 等，均为小分子核糖核酸，长约 106～189 个核苷酸，其功能是在 hnRNA 成熟转变为 mRNA 的过程中参与 RNA 的剪接，并且在将 mRNA 从细胞核运到细胞质的过程中起着十分重要的作用。scRNA 在天然状态下均与蛋白质结合，故又称为 scRNP，约有 300 个核苷酸，主要存在于细胞质中，是蛋白质定位合成于粗面内质网上所需的信号识别体（signal recognization particle）的组成成分。

10.3　RNA 的结构预测

RNA 是一种重要的生物大分子，是 DNA 和蛋白质之间的"中间人"，因此 RNA 二级结构的准确预测对于了解基因调控和蛋白质产物的表达具有重要的作用。认识 RNA 的结构对于了解 RNA 的功能及其作用机制是非常重要的。目前 RNA 二级结构预测有两种主要的方法：一种是能量最小化方法；另一种方法是基于序列比对的方法。能量最小化方法是根据能量最小化模型预测二级结构；基于序列比对的方法主要是通过多重同源序列比对，根据相似序列具有相似结构的原理进行二级结构预测。

10.3.1　预测算法

1. 自由能、能量最小化模型

RNA 结构和其功能关系非常密切，在没有任何先验知识的情况下不可能通过 RNA 的一级结构序列来预测 RNA 的高级结构，通常需要先获得 RNA 的二级结构。但目前通过实验方法（如 X 射线衍射）很难获得 RNA 二级结构，我们通常借助生物信息学方法通过 RNA 一级结构来预测 RNA 二级结构。有关 RNA 分子二级结构的研究很多,并出现了不少预测方法和算法,但是采用不同算法预测结果也很多不一致,同时与实验结果也经常有出入,这说明预测 RNA 结构不稳定。影响二级结构的稳定性的因素有很多的,通常用自由能来衡量。目前常见的二级结构预测方法包括最小折叠能量法、最大碱基比对比较法和基于能量和碱基配对统计的统计法。其中,最小折叠能量法在实际研究中最常使用,该方法预测 RNA 的二级结构采用最小自由能模型,该模型假定真实的 RNA 会折叠成一个具有最小自由能的二级结构,也就是说,预测的 RNA 二级结构自由能越小,该结构越稳定,其为天然二级结构的可能性就越大。RNA 二级结构自由能等于 RNA 各个基本结构(模体)的自由能之和。基本结构的自由能计算都有相应的自由能计算方法,主要包括 Salser 自由能计算法和 Turner 自由能计算法。一般来说,当 RNA 分子折叠时,有些碱基相互配对,形成螺旋区域或茎,这部分碱基具有负的自由能;而其他非互补的碱基处于自由态,形成单链或环,这部分碱基的自由能为正值。茎区越长,其自由能越小,结构的稳定性增强;环区的存在使 RNA 分子的自由能升高,结构的稳定性减弱。因此,预测单一 RNA 序列二级结构的一种直接的方法是寻找最大数目的碱基配对。

通过确定常见 RNA 二级结构单元的位置,我们能够比较好地预测出 RNA 的结构。但是,假结(pseudo knot)是 RNA 二级结构预测中最难预测的一种二级结构。在形成假结的地方,环状区域内的碱基与环状区域外的碱基相互配对。由于假结的预测比较困难,因此,许多早期的二级结构预测算法完全不考虑假结,这些算法是在忽略假结区域存在的前提下预测其他二级结构单元的。

2. 基于最小自由能模型的预测算法

基于 RNA 二级结构最小自由能模型假设,出现了很多 RNA 二级结构预测算法,主要包括动态规划算法(dynamic programming algorithms)和动力学折叠算法(kinetic folding algorithms)。

基于自由能的二级结构预测的目标就是搜索一个合适的构象,使得在这种构象下总的自由能最小。这是一个优化问题,对于这个问题可用动态规划技术解决。动态规划算法主要包括 Nussinov 等于 1980 年提出的最大匹配模型算法和 Zuker 等于 1981 年提出的最小自由能算法。这两种算法都是基于自由能计分方法,希望获得 RNA 结构的最小自由能,算法首先采用迭代方法求出所有可能 RNA 模体的二级结构自由能,再用回归方法求出 RNA 序列的最低自由能结构。最大匹配模型算法使用了一种简单的动态规划方法,用来寻找一个 RNA 序列在无假结的情况下形成最多配对的折叠方法,该算法只考虑了配对碱基对自由能的影响,忽略了碱基对之间的自由能影响和环区的自由能。而最小自由能算法假定分子的自由能等于各个模体自由能之和,而且各个模体之间的自由能相互独立,同时考虑突环、内环等模体,认为内环的大小相同时,其自由能应该相同。在实践中,真实结构往往不是最小自由能结构,基于这种情况,Zuker 等又提出了次优结构的概念。他们认为,真实的二级结构的自由能也许不是最小的,但也应该具有一个较小的值使其分子相对稳定。因此可以人为设定一个阈值,将它们全部输出,送给生物研究人员再鉴定。显然,阈值设定的越大,包容的二级结构越多,因而覆盖到真实结构的概率越大,而生物研究人员再鉴定时的花费也就越大;而阈值设定的过小,虽然节省了再鉴定的花费,但却增大了漏掉真实结构的概率。因此,阈值的选择要适中。更详细的方法介绍请参阅邹权等的综述,该文献对基于最小自由能 RNA 二级结构算法进行了较好的综述,有兴趣的读者可以去查阅。

动力学折叠算法鉴于 RNA 的二级结构最终是由若干个螺旋区组合而成,因此,RNA 二级结构的预测目标就是想办法找出有关的螺旋区。动力学折叠算法的主要思想就是沿着自由能降低的折叠方向,以最低自由能为目标函数,去模拟 RNA 二级结构。如果不考虑所有可能的折叠路径,尽管动力学折叠算法以最低自由能为目标去模拟 RNA 二级结构,并不能保证最终获得的结构为最低自由能结构。

3. 基于同源序列比对的预测算法

根据结构相似功、能相似原理,来自不同物种,尤其是直系同源物种的 RNA 序列,如果它们拥有相同的功能,那么这些序列就应该拥有相同或类似的结构,尤其在生物 RNA 同源分子中,结构的保守性一般大于序列的保守性,如 tRNA 分子的二级结构都是三叶草形结构,而它们的一级结构却存着部分差异。那么,可根据多个相关的同源序列来研究预测 RNA 二级结构。该方法按照序列比对与结构预测的先后顺序不同分为三种:① 先比对后预测方法,是假定了结构的保守性大于序列的保守性,这种思路的预测结果强烈依赖于多序列比对的效果,但针对保守区的多序列比对也是一个棘手的问题;② 先预测后比对方法,要求得到大量的次优结构(往往是多个局部最优),而多个次优结构中是否包含真实结构是不能确保的,并且对结构进行比对一般较难;③ 结构预测与序列比对同时进行的方法主要是 Sankoff 算法,它结合序列比对和折叠进行循环,该算法将序列比对和结构预测一起进行,同时可以得到一个比对和一个一致结构,它使用动态规划方法得到一个碱基列表和碱基权重的最大和,从根本上讲,这是将序列比对和 Nussinov 动态规划折叠方法的一个合并。基于同源序列比对的算法有很多,这里就不详细介绍,有兴趣的读者可以参考有关文献。

无论是动态规划算法,还是序列比对算法,对于一个特定的 RNA 序列来说,不同算法均可以求出多个 RNA 二级结构,如果不考虑实验数据,究竟哪一个结构比较合理? 目前,一般认为由比较方法求出的结构比较合理。我们可以用多个基于不同算法的 RNA 结构预测软件进行多次预测,以增加 RNA 结构预测的可靠性。

10.3.2　RNA 二级结构的预测

基于上述各种 RNA 二级结构预测算法,目前已开发了很多 RNA 二级结构预测软件,主要分为两类: 基于能量最小化模型的单序列预测软件和基于多序列比对的预测软件。由前面的分析可知,基于多序列比对的预测软件的预测结果比基于能量最小化模型的单序列预测软件的可能更可靠。因此,如果只有单一的 RNA 序列,我们可以使用能量最小化模型的单一序列预测软件,如 RNAstructure、mfold 和 RNAfold;如果待分析的 RNA 序列有同源序列,则可以使用基于多序列比对分析的预测软件,如 CARNAC、Pfold 和 RNAalifold。CARNAC 能够预测并给出多序列比对中的每个 RNA 序列的二级结构,同时能输出结构图形;Pfold 除了能给出多序列比对中的每个 RNA 序列的二级结构外,还能够给出它们的共同结构,但是不提供图形输出;而 RNAalifold 只能给出多序列比对成员的共同结构,同时提供图形输出。

我们知道 tRNA 的二级结构为三叶草形,且不同 tRNA 结构变化不大,下面我们以高粱tRNA 为例介绍上述 RNA 二级结构预测软件的使用方法。高粱 Ala-tRNA、Cys-tRNA、Asn-tRNA、Arg-tRNA、Lys-tRNA 和 Met-tRNA 序列 fasta 文件格式如下所示:

>S. bicolor_Ala-tRNA

GGGGATGTAGCTCAAATGGTAGAGCGCTCGCTTAGCATGCGA
GACGCACGGGGATCGATACCCCGCATCTCCA

>S. bicolor_Cys-tRNA

GGCGGCATGGCCAAGTGGTAAGGCAGGGGACTGCAAATCCTT
TACCCCTAGTTCAAATCTAGGTGCCGCCC

>S. bicolor_Asn-tRNA

GCTGGAGTAGCTCAGTTGGTTAGAGCGTGTGGCTGTTAACCA
CAAGGTCGGAGGTTCAAGCCCTCCCTTTAGCG

>S. bicolor_Arg-tRNA

GGTCATATAGCGAAGCGGATATCGCGTTAGATTCCGAATCTA
AAGGTCGTGGGTTCAAATCCCACTATGATCG

>S. bicolor_Lys-tRNA

GCCCGTCTAGCTCAGTCGGTAGAGCGCAAGGCTCTTAACCTT
GTGGTCGTGGGTTCGAGCCCCACGGTGGGCG

>S. bicolor_Met-tRNA

ATCGGAGTGGCGCAGCGGAAGCGTGGTGGGCCCATAACCCAC
AGGTCCCAGGATCGAAACCTGGCTCCGATA

1. 用基于最小能量模型的单序列预测软件预测二级结构

在只有单一 RNA 序列的情况下，我们采用基于最小能量模型的单序列预测软件来预测 RNA 序列的二级结构，主要使用 RNAstructure、mfold 和 RNAfold 等，还可以使用 DNAstar 软件包中的 GeneQuest 软件。测试序列为高粱 tRNA S. bicolor_Ala-tRNA。

（1）RNAstructure

RNAstructure 又叫 Dynalign（Unix 系统），是预测 RNA 二级结构图较好的软件。它根据最小自由能原理，用"完全能量模型（full energy model）"将 Zuker 的根据 RNA 一级序列预测 RNA 二级结构的算法在软件上实现。它是在局部寻找低能量结构（包括多分支环），并且比对两个 RNA 结构，通过限制两个序列中的比对位置来减少 Sankoff 算法的复杂性。RNAsturcture预测所用的热力学数据是最近由 Turner 实验室获得的。此外，它提供了一些模块以扩展 Zuker 算法的能力，使之为一个界面友好的 RNA 折叠程序。

RNAsturcture 各项菜单简单介绍如下（RNAstructure 4.11）：

New Sequence：此项可打开序列编辑器，可输入或粘贴入序列，以 seq 格式储存。

Open Sequence：此项可打开以 seq 格式、gen（GenBank）格式或文本格式贮存的序列文件。

RNA Fold Single Strand：此项使用 RNA 参数打开折叠窗体。

DNA Fold Single Strand：此项使用 DNA 参数打开折叠窗体。

RNA Fold Intermolecular：此项使用 RNA 参数折叠两个单体。

DNA Fold Intermolecular：此项使用 DNA 参数折叠两个单体。

Refold：此项使用不同于先前使用的标准，重新折叠，快速生成次优结构，用于已经折叠并存盘的序列。

Efn2：此项测定生成的 RNA 二级结构的自由能，储存在 ct 格式文件中。

Draw：此项可绘制任何结构，储存在 ct 格式文件中。

Dot Plot：此项可计算任何折叠的序列的点阵图，用于已经折叠并存盘的序列。

Mix and Match：此项可重组次优结构的区域，使之生成最低自由能的结构，与化学修饰数据一致。

Oligo Walk：打开 Oligo Walk tool 帮助确定一个与 RNA 对象紧密杂交的寡聚体。

RNAstructure 使用 Zuker 算法预测 RNA 二级结构，预测一个结构分两步进行。第一步是使用回归算法生成一个最优结构与一系列次优结构。生成次优结构的个数由用户输入的两个参数（Max ‰ Energy Dufference 和 Max Number of Structures）决定，第三个参数为窗体大小（Window Size）。第二步是重新排序，产生最有可能的结构。使用公式重新计算每个结构的最小自由能，输出根据重新计算的最小自由能排序。这两步是连续进行的。RNA 二级结构预测过程如下：

① 选择 File/New 菜单，打开序列编辑窗体。需要的话，在 Title 框内输入 S. bicolor_Ala-tRNA，在 Comment 框内输入注释信息 This is Ala-tRNA sequence of S. bicolor，最后在 Sequence 框内输入 S. bicolor_Ala-tRNA 序列，由 5′-端到 3′-端。注意：使用大写字母输入序列，如图 10 - 6 所示。当使用 T 或 U 或两者同时使用时，RNA 折叠算法将假设其为 RNA，将 T 认为是 U，而 DNA 折叠模块将认为其为 DNA，并将 U 认为是 T。可使用 X 代表缺口或未知碱基。选择 File/Save 或 File/Save as 命令以 seq 格式保存，同时也可以选择 File/Open Sequence 命令载入 seq 序列文件，以及 GenBank(gen)格式文件或只有序列信息的文本文件。

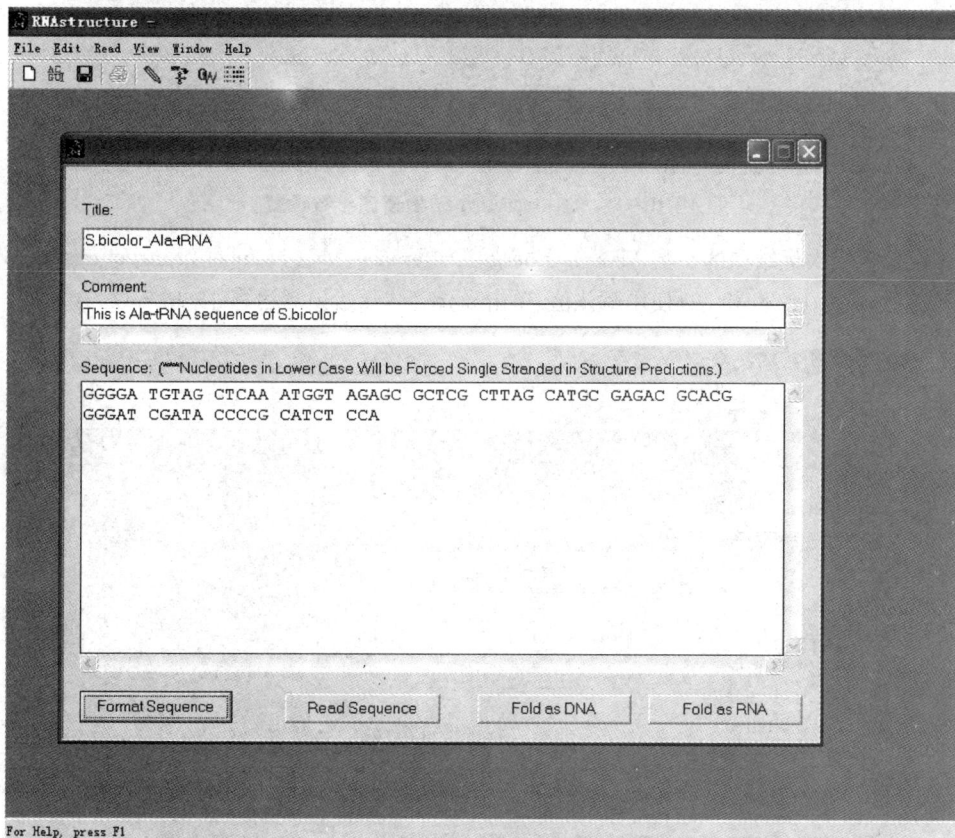

图 10 - 6　RNAsturcture 序列编辑窗体

② 序列编辑。当输入一个序列时，如果选择 Read while typing 选项的话，可在输入的同时听到输入的序列，按 Cancel 键可终止。按下 Format 键，序列将变为每行 50 个碱基（每 5 个

碱基 1 个空格）。按下 Fold as RNA 键，将你的文件输入 Fold 模块，程序将提示你将序列存盘，输入存盘文件名 S. bicolor_Ala-tRNA，程序生成一个 S. bicolor_Ala-tRNA. seq 序列文件，然后进入图 10-7 所示界面。

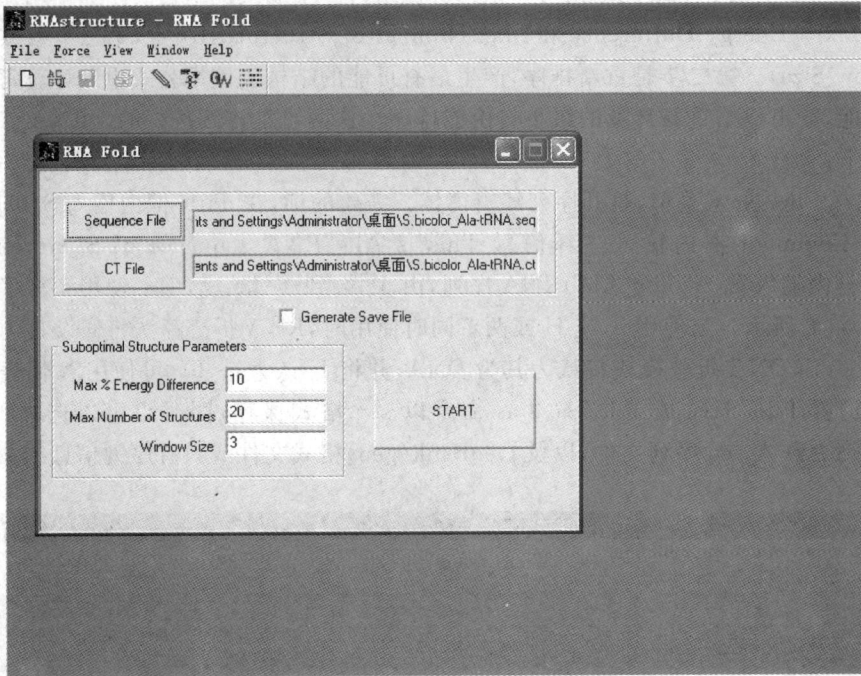

图 10 - 7　RNAsturcture 结构预测参数设置

③ 设置生成次优结构的参数 Max ‰ Energy Dufference、Max Number of structures 和 Window size，默认值分别为 10、20 和 3。使用默认值，单击 start 键，开始预测运算（图 10-8）。

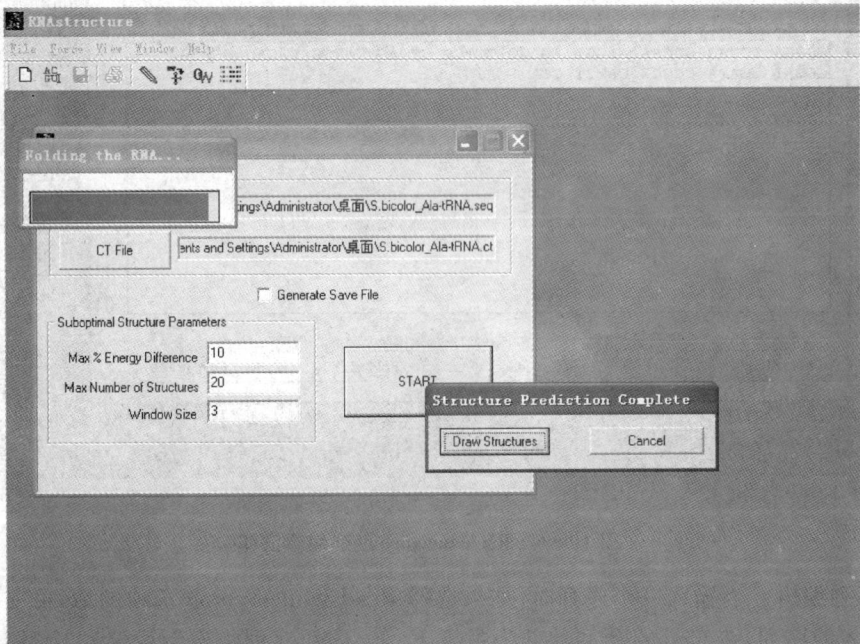

图 10 - 8　RNAsturcture 结构预测运行窗体

④ 选择 Draw structure,在绘图模块中看预测的二级结构结果(图 10 - 9)。输出的二级结构以最小自由能顺序排列,程序预测的 S. bicolor_Ala-tRNA 结构如下图所示,程序只预测到一个结构,基本为三叶草形,说明 RNAstructure 能够较准确地预测 RNA 的二级结构。

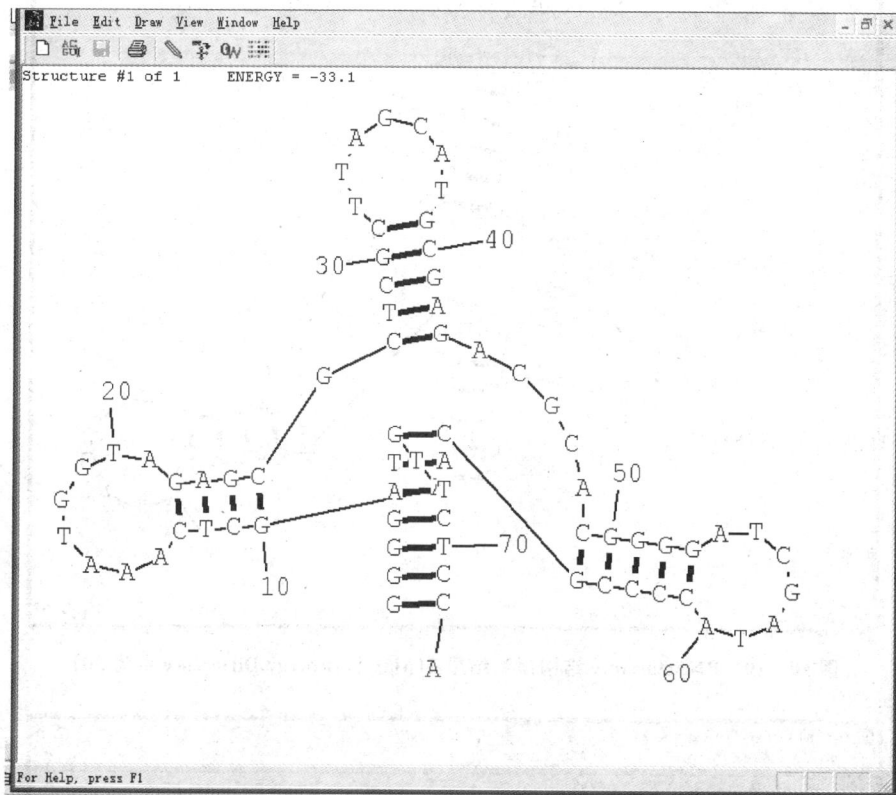

图 10 - 9　RNAsturcture 结构预测结果 1

用户设置的三个参数说明如下(图 10 - 7):

Max ％ Energy Difference:设定输出结构的自由能允许与最小自由能相差的百分数。例如,如果结构的最小自由能为－100kcal/mol,最大能量百分误差为 10,将输出所有能量等于或大于－90 kcal/mol 的结构。

Max Number of Structures:设定生成的结构数量。最大值为 1000。程序输出预测结构直到以上任何一个参数达到要求。

Window Size:此参数控制次优结构互相之间有多少不同。小的 Windows size 只允许生成非常接近的结构,大的 Windows size 则需要更大的不同。

要注意的是,由于方法的限制与热力学参数的简化,预测得到的第一个结构并不一定为实际的 RNA 结构。上面使用默认参数只能预测得到一个可能的二级结构,如果要得到多个可能的二级结构,我们可以修改上面三个参数的值,使得预测的条件变宽。如将 Max ％ Energy Difference 变为 30,预测结果如图 10 - 10 所示。

从图 10 - 10 结果可知,通过修改 Max ％ Energy Difference 参数,程序一共预测得到 6 个可能的二级结构,选择 Draw/Structure number 菜单,将数值输入弹出的对话框,可以显示每个预测的二级结构。图 10 - 11 为第 2 个次优结构的预测图。

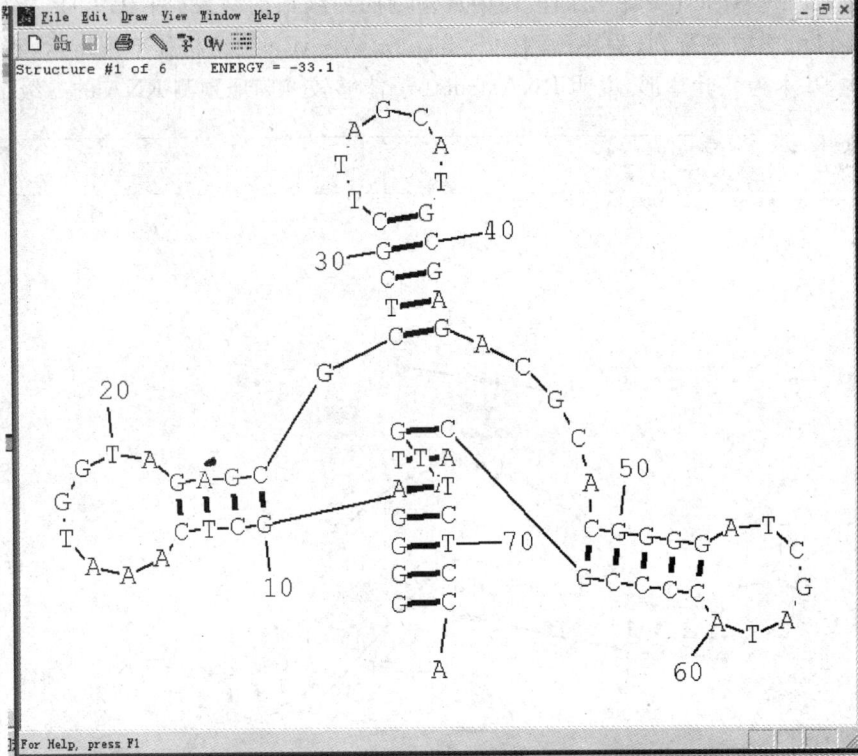

图 10 - 10　RNAsturcture 结构预测结果 2(Max ％ Energy Difference 变为 30)

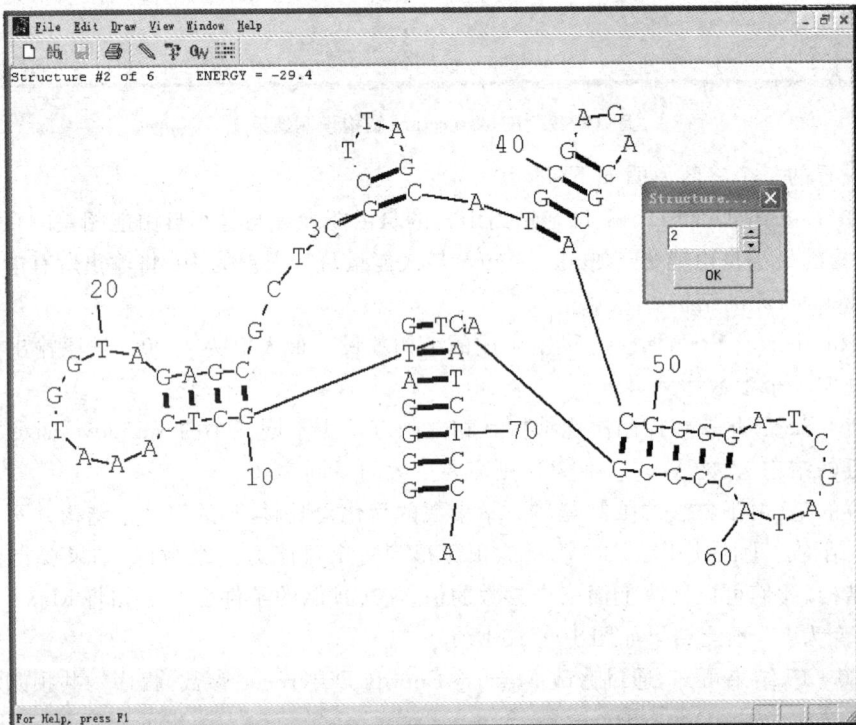

图 10 - 11　RNAsturcture 结构预测结果 3(Max ％ Energy Difference 变为 30 的第 2 个次优结构的预测图)

RNAstructure 现在也提供其他几种折叠的预测,如单链 DNA 折叠、RNA 或 DNA 寡聚体的分子间折叠,并提供重新折叠选项 refold 重新生成已折叠序列的次优结构。

(2) mfold 和 RNAfold

除了使用单机版软件外,我们还可以使用一些在线的二级结构预测工具。基于最小能量模型的在线工具主要有 mfold 和 RNAfold。这两个在线工具都提供图形输出。

Mfold 应用最小自由能模型和 Zuker 的动态规划算法,提供图形化界面输出,只能预测单个序列,提供在线预测和 Linux 版本软件,该软件现在被 UNAFold 替代。其可以人为设定先验知识(比如序列的哪两段子串需要形成茎区或不能形成茎区,哪段必须形成单链等),支持环形 RNA 的预测,可以设置内环/突环的最大值,可以设置内环的最大不对称值及碱基对之间的最大距离,每次提供多个可选择结构。我们首先打开 mfold 在线网址:http://mfold.bioinfo.rpi.edu/cgi-bin/rna-form1.cgi,在序列框中输入 S. bicolor_Ala-tRNA 序列,在非特殊情况下,我们都使用默认参数,如图10-12所示。

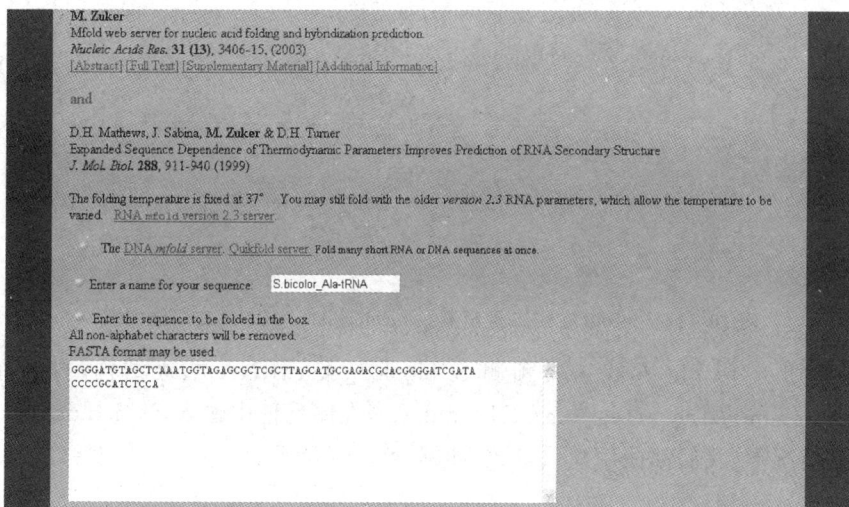

图 10 - 12　mfold 在线预测

点击 Fold RNA 按钮,程序预测并得到三个可能的二级结构(图 10-13)。

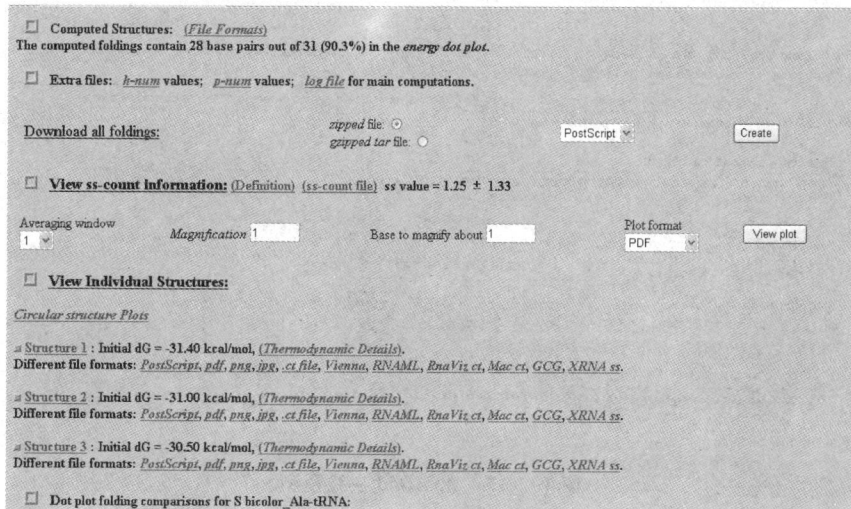

图 10 - 13　mfold 在线预测结果下载

结构 1(图 10-14a)、结构 2(图 10-14b)和结构 3(图 10-14c)的自由能分别为－31.40 kcal/mol、－31.00 kcal/mol 和－31.50 kcal/mol。其中只有结构 2 和 3 为 tRNA 特有的三叶草形结构。结构 1 的自由能虽然小于结构 2,但其结构的可靠性显然不如结构 2,这也说明预测的最小能量二级结构有时并不一定是真实的二级结构。

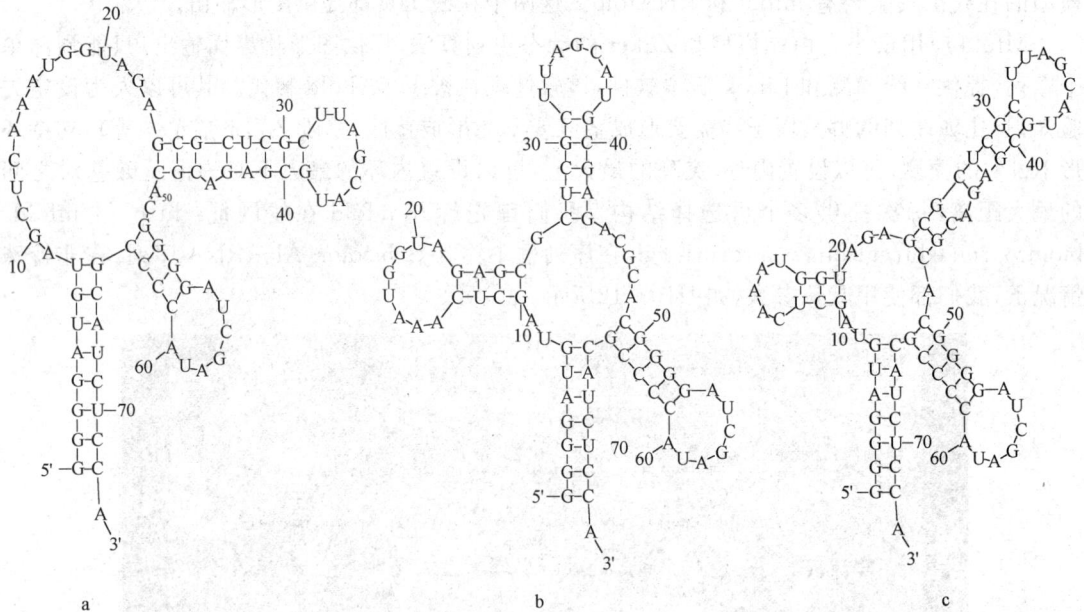

图 10-14　mfold 在线工具预测 S. bicolor_Ala - tRNA 二级结构图

进一步使用 RNAfold 在线工具预测 S. bicolor_ Ala-tRNA 二级结构,打开在线网址: http://rna. tbi. univie. ac. at/cgi-bin/RNAfold. cgi,在序列框中输入 S. bicolor_Ala-tRNA 序列,在非特殊情况下,我们都使用默认参数,如图 10-15 所示。

图 10-15　RNAfold 在线预测

点击 Proceed 按钮,程序预测并得到一个可能的二级结构,如图 10 - 16 所示。

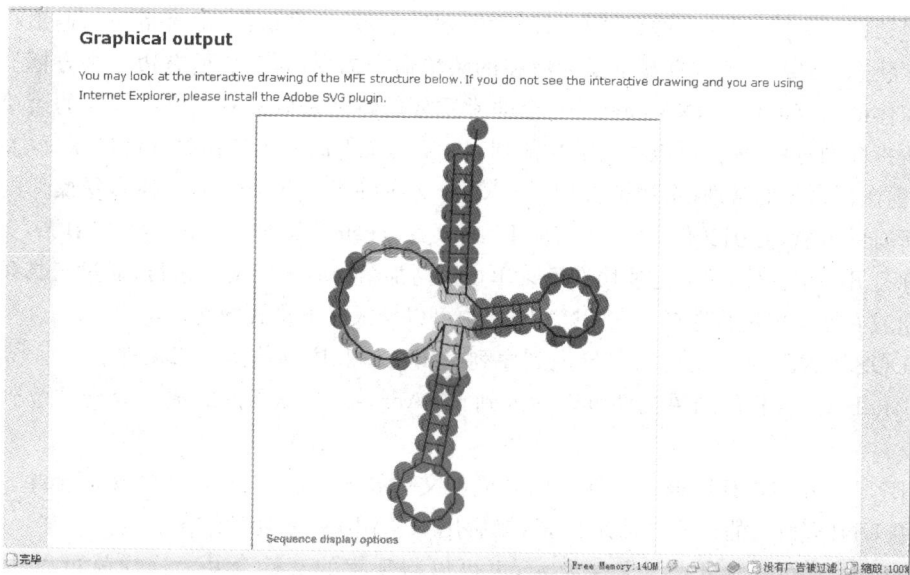

图 10 - 16　RNAfold 在线预测结果

从图中我们可以看出,与典型三叶草形结构相比,该预测结果显然不是很理想,说明用最小能量模型预测单一 RNA 序列的二级结构还存在一定的缺陷,预测结果可能不可靠。

(3) quikfold

Quikfold 采用小自由能模型,只能预测单个序列,可以图形化输出二级结构,提供在线分析,可以一次提交多个 RNA 序列供同时分析,界面友好(图 10 - 17)。在线网址如下:http://dinamelt. bioinfo. rpi. edu/quikfold. php。

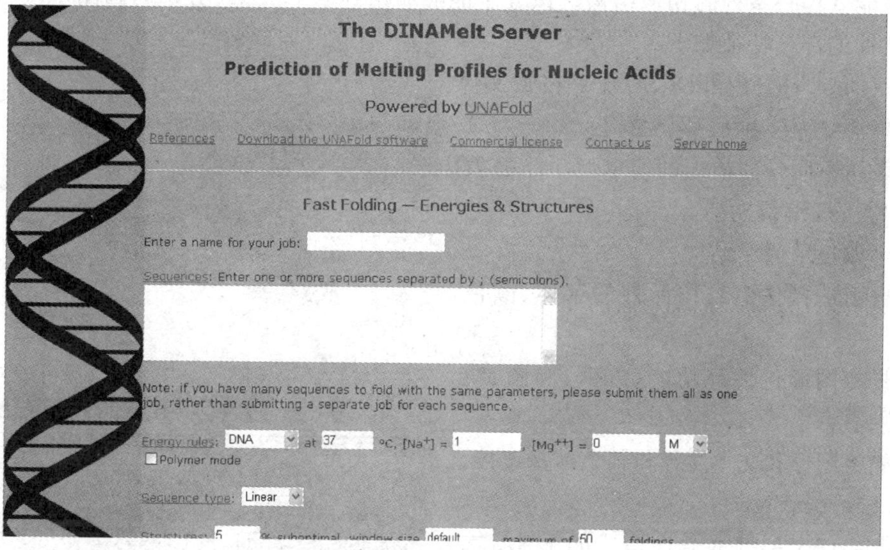

图 10 - 17　quikfold 在线分析界面

(4) RNAdraw

它是一个进行 RNA 二级结构计算的软件,是 windows 下的多文档窗体(multiple

document interface)软件,允许用户同时打开多个数据处理窗体。主窗体的工具条提供一些基本功能包括打开文件、导入文件、关闭文件、设置程序参数、重排窗体、即时帮助和退出程序。主窗体底部状态栏最左边的方框显示鼠标所在的菜单命令的提示信息,而右边三个方框提供了当前激活窗体的内容信息。RNAdraw 中一个非常重要的特征是鼠标右键菜单打开的菜单显示鼠标当前所指向的对象/窗体可以使用的功能列表。工具条上的两个按钮打开即时帮助(左边的按钮)或当前激活窗体的帮助(右边的按钮)。RNA 文库(RNA library)用一种容易操作的方式来组织你所有的 RNA 数据文件。"用户定制 RNA 文库(customize RNA library)"工具条/菜单选项可以让你打开一个窗体,并通过使用右键菜单可以增加/移动/删除文库条目,通过工具条上能量参数按钮或右键菜单进行选择。在 RNAdraw 中可以导入以下格式的文件:

① DOS/UNIX 文本文件可以导入到序列编辑窗体和序列信息编辑窗体。

② GenBank 查找的结果文件可以导入到 RNAdraw 中,不同的组成内容会被放到相应字段中去。

③ RNAfold 结构计算输出文件可以当成新文件导入,也可以与现存的文件合并。这样就可以利用 UNIX 强大的计算功能来计算,然后用 RNAdraw 来处理结果。

④ Mfold 文件可以当成新文件导入,也可以与现存的文件合并。这样就可以用 Zukers 不同版本的 mfold 程序来计算最佳的结构,然后用 RNAdraw 来处理结果。

(5) RnaViz

它是一种界面友好的 RNA 二级结构图绘制程序。它可生成高质量的 RNA 分子二级结构图,可显示一些特殊结构。该软件文件可以打开整合了结构信息的 DCSE 比对文件或者 mfold、ct 文件,用来创建新文件。该软件能够显示 RNA 特殊的结构,比如假结或非格式区域。软件可以将序列自动编号,同时可以用特殊的字符来注释特定的碱基或片段。RnaViz 使用适当的定位结构画图方法,应用 skeleton 文件来绘制每一个新的结构,这使得软件仅用最小的努力就能获得一系列的相似结构。该方法能够应用到多个 RNA 分子的画图。

该软件的部分特征如下:

① 识别 ct、rnaml 和 DCSE 比对格式文件。

② 单个界面能显示多个结构。

③ 采用不同骨架模式的简单但功能强大的 WYSIWYG 编辑功能。

④ 可以显示假结结构。

⑤ 自由选择任何结构元件的字体、颜色和行距。

⑥ 具有图形化注释功能(方框、椭圆、线性和文本)。

⑦ 能将图形和文本注释与某个碱基连接。

(6) SStructView

它是用 JAVA 脚本语言写成的 RNA 二级结构显示软件,可嵌入到 HTML 中,用 IE 运行使用。它支持碱基颜色显示、鼠标拖选择等。其运行界面如图 10 - 18 所示。

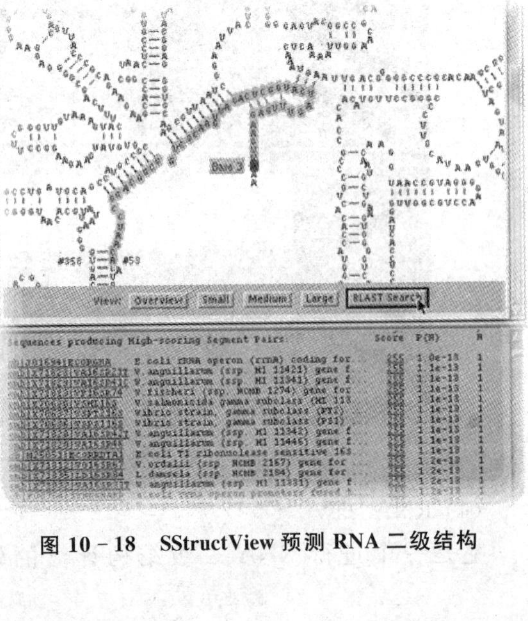

图 10 - 18　SStructView 预测 RNA 二级结构

2. 用基于多序列比对的预测软件预测二级结构

从前面可以看出,最小能量模型单序列预测的结果可能不能反应 RNA 真实的二级结构,我们可以采用多序列比对预测来获得更加可靠的 RNA 二级结构。该类型的预测软件主要有 CARNAC、pfold 和 RNAalifold。测试序列为 S. bicolor_Ala-tRNA、Cys-tRNA、Asn-tRNA、Arg-tRNA、Lys-tRNA 和 Met-tRNA 序列。

（1）CARNAC

CARNAC 软件将结构预测和比对同时进行。该软件是一个分析预测同源 RNA 二级结构的软件,其主要目标是预测同源序列中实际具有的共同二级结构和每条序列的二级结构。进行预测时可以选择是否允许长为 1 的茎区存在。如果一组同源序列有共同的二级结构,软件能够很快正确地发现大量折叠的茎存在。该软件的输入可以是多个 RNA 单链序列,且不需比对,其折叠算法应用了热动力模型和能量最小化原理。该软件提供单机版和在线分析,在线分析提供每个序列的二级结构并输出图形。我们首先打开在线分析网址:http://bioinfo.lifl.fr/cgi-bin/RNA/carnac/carnac.py,在序列框中输入 fasta 格式的待分析序列,在非特殊情况下,我们都使用默认参数,如图 10 - 19 所示。

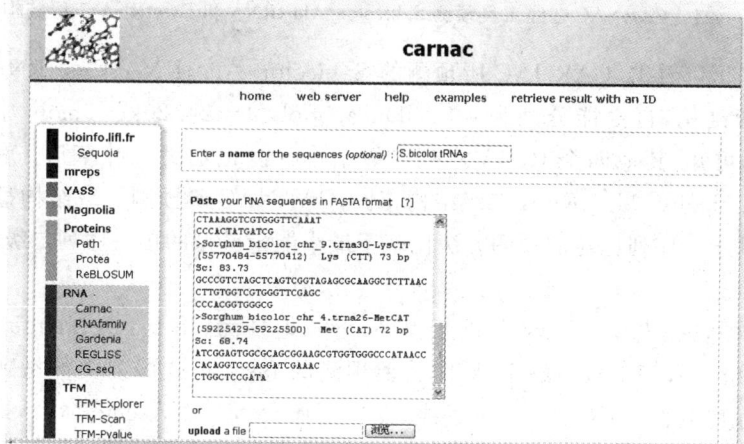

图 10 - 19　CARNAC 在线预测

点击 RUN CARNAC 按钮,程序预测并得到每个 tRNA 序列可能的二级结构,如图 10 - 20 所示。

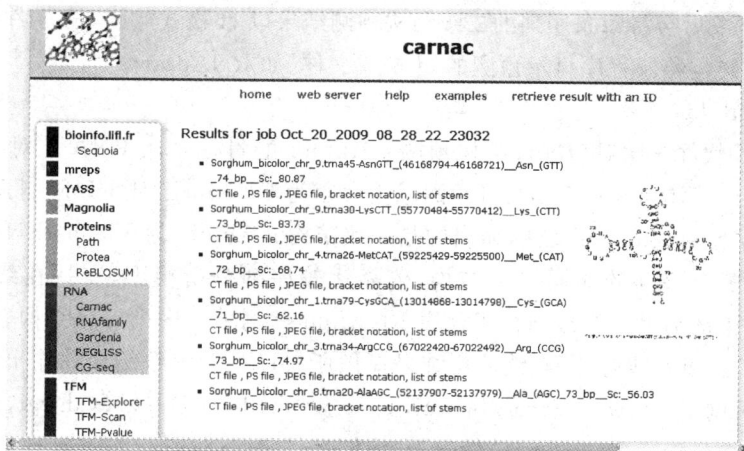

图 10 - 20　CARNAC 在线预测结果

　　打开预测的序列二级结构图形 JPEG 格式文件,我们可以获得基于多序列比对的 tRNA 二级结构。图 10-21 所示为 S. bicolor_Ala-tRNA、Cys-tRNA 的二级结构图。

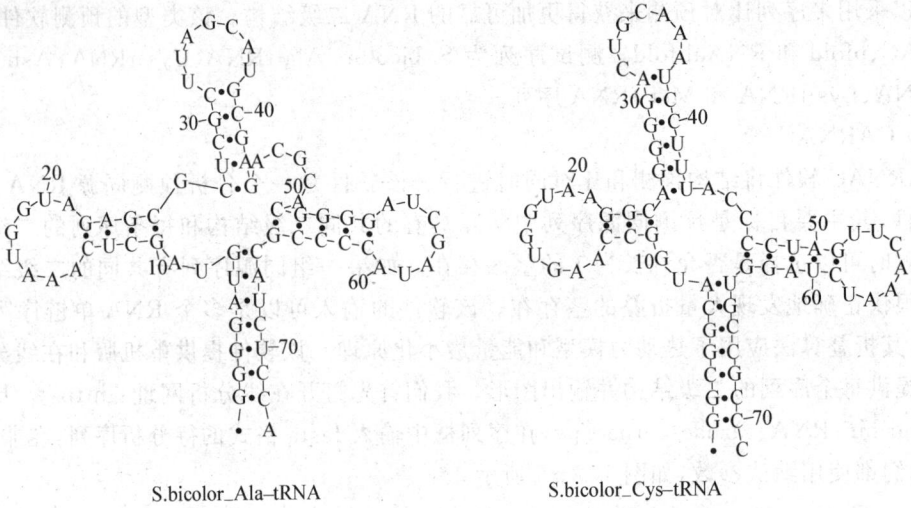

S.bicolor_Ala–tRNA　　　　　　　　　　S.bicolor_Cys–tRNA

图 10-21　CARNAC 在线工具预测 S. bicolor_Ala-tRNA 和 Cys-tRNA 二级结构图

　　从图中我们可以看出,CARNAC 所预测的 S. bicolor_Ala-tRNA、Cys-tRNA 二级结构为典型的三叶草形结构,自由能分别为 -31.00kcal/mol 和 -24.20kcal/mol。打开其他四个 tRNA 结构图形可知,其他四个 tRNA 序列二级结构预测也均为三叶草形。和 RNAfold 和 mfold 所预测 S. bicolor Ala_tRNA 二级结构相比,CARNAC 所预测二级结构显然更加可靠,这进一步说明基于多序列比对的预测方法比基于最小能量模型的单一序列二级结构预测方法更可靠。

　　CARNAC 同时提供 windows 单机版程序,下载地址为:http://bioinfo.lifl.fr/RNA/carnac/index.php。程序下载后解压,同时将要预测的 fasta 格式序列文件拷到解压文件夹。在 dos 界面运行其中的 CARNAC.exe 程序(点击开始/运行,输入 cmd 命令,进入 dos 界面,进入解压文件夹目录),格式如下:

　　程序运行:CARNAC tRNA.fasta-o sin,其中 tRNA.fasta 为待预测序列文件,sin 为结果文件夹。程序帮助:CARNAC-h。

　　程序运行完成后会将每条序列的二级结构预测结果以 ct 格式放到 sin 文件夹中。我们可以用其他 RNA 结构绘制程序显示预测的 ct 格式文件,如 RNAdraw。

　　(2) RNAalifold

　　RNAalifold 软件先比对后进行结构预测。Alifold 的目标是从 RNA 比对中计算出一致结构。它是 Zuker 算法的一个扩展,可预测碱基大小为 3000nt,比对序列限制为 300 以下,输入的是 clustalw 比对完的 aln 文件,输出的是一致结构。Alifold 为 Vienna RNA packages 中的子程序,预测多个序列的共同二级结构,依靠比较序列分析模型,支持在线预测,Vienna RNA packages 中的另一个二级结构子程序 RNAfold 预测单一序列二级结构,依靠最小自由能模型。该软件提供在线分析,在线分析结果提供所有序列的一致结构并输出图形。我们首先打开在线分析网址:http://rna.tbi.univie.ac.at/cgi-bin/RNAalifold.cgi,在序列框中输入 fasta 格式的待分析序列,在非特殊情况下,我们都使用默认参数,如图 10-22 所示。

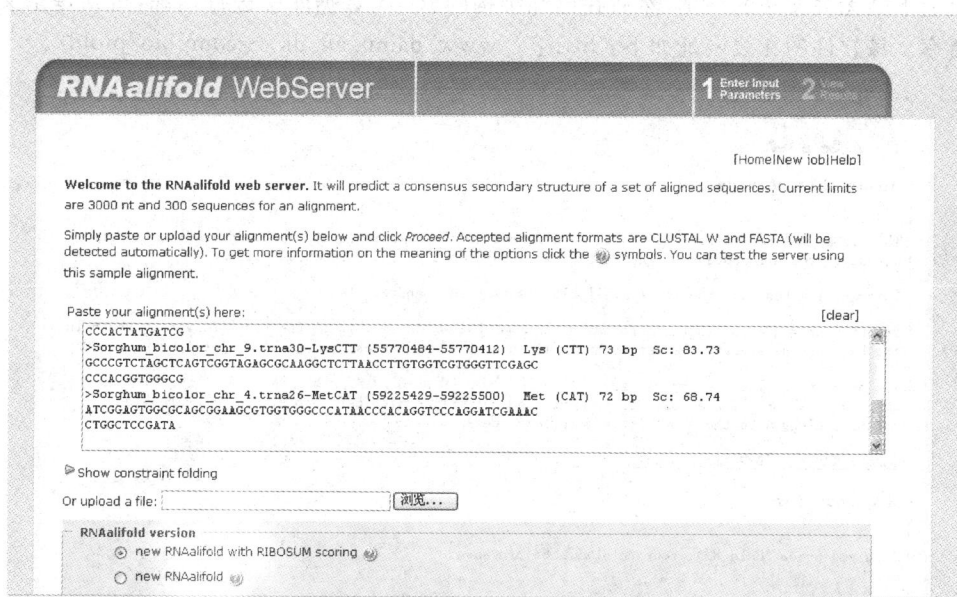

图 10 - 22　RNAalifold 在线预测

点击 Proceed 按钮,程序预测并得到所有 tRNA 序列可能的一致结构,如图 10 - 23 所示。

从图中我们可以看出,RNAalifold 预测的 S. bicolor tRNA 二级结构为典型的三叶草形结构,这进一步说明基于多序列比对的预测方法可靠性较高。

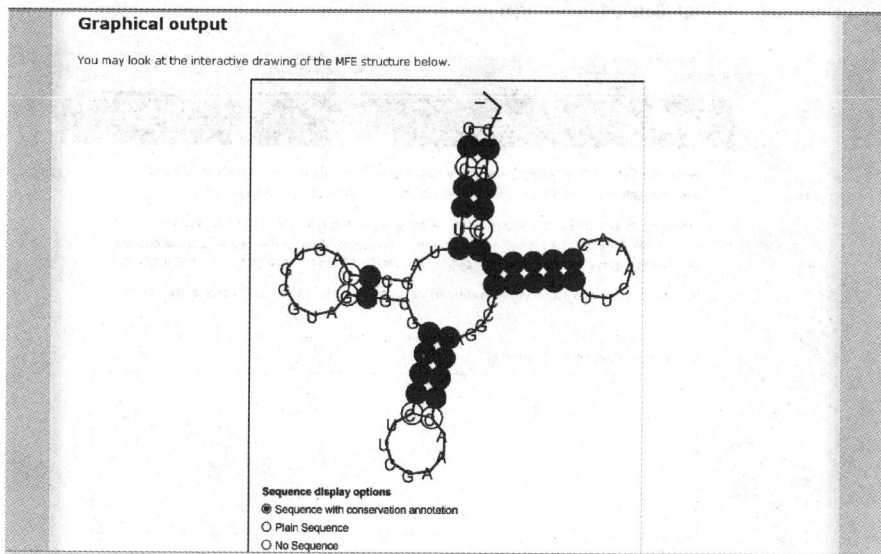

图 10 - 23　RNAalifold 在线预测结果

（3）Pfold

Pfold 是先比对后预测 RNA 的。Pfold 只提供在线服务（图 10 - 24）,其首先将输入的 fasta 格式文件中的序列进行比对,然后预测其共同的二级结构和每条序列的二级结构。该软件使用结合了进化信息的随机上下文无关文法来预测 RNA 的二级结构。它首先需要人为写出随机上下文无关文法的规则,然后在已知结构的 RNA 数据库中进行训练,得到每条文法规则的概率。该软件的在线网址如下:http://www.daimi.au.dk/~compbio/pfold/。

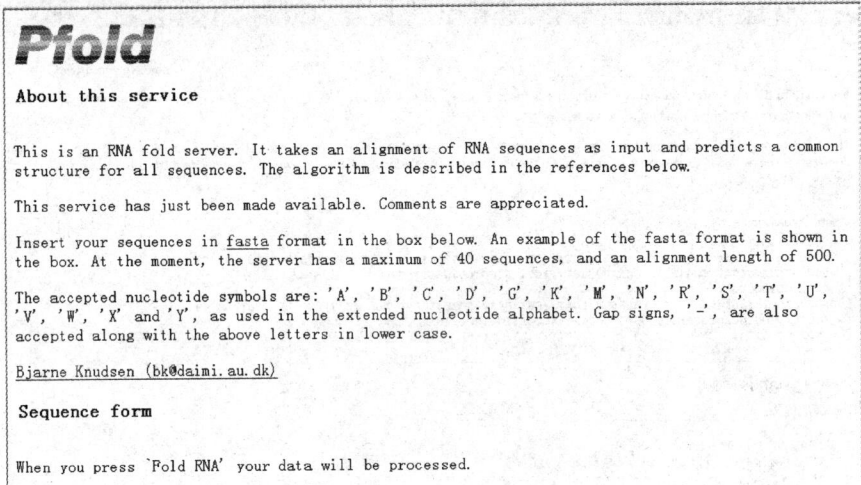

Pfold

About this service

This is an RNA fold server. It takes an alignment of RNA sequences as input and predicts a common structure for all sequences. The algorithm is described in the references below.

This service has just been made available. Comments are appreciated.

Insert your sequences in _fasta_ format in the box below. An example of the fasta format is shown in the box. At the moment, the server has a maximum of 40 sequences, and an alignment length of 500.

The accepted nucleotide symbols are: 'A', 'B', 'C', 'D', 'G', 'K', 'M', 'N', 'R', 'S', 'T', 'U', 'V', 'W', 'X' and 'Y', as used in the extended nucleotide alphabet. Gap signs, '-', are also accepted along with the above letters in lower case.

Bjarne Knudsen (bk@daimi.au.dk)

Sequence form

When you press `Fold RNA' your data will be processed.

图 10 - 24　Pfold 在线分析界面

(4) RNAz

它是先比对后预测结构的软件,在多序列比对中预测结构保守、热稳 RNA 结构,可用于在基因组范围中筛查功能 RNA 结构等,可以用来预测基因组中的非编码 RNA 和调控 mRNA 的 cis-acting RNA。它提供单机版和在线分析(图 10 - 25),在线分析网址如下:http://rna.tbi.univie.ac.at/cgi-bin/RNAz.cgi。

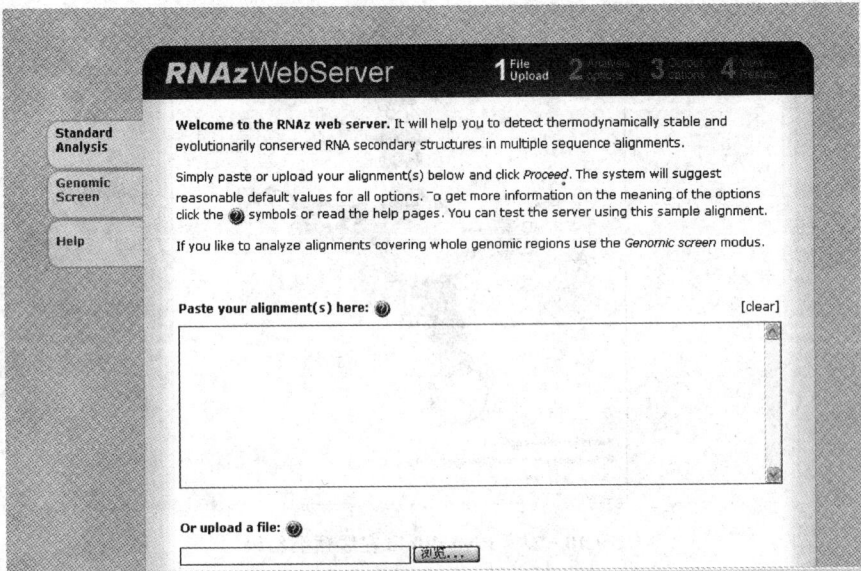

RNAz WebServer　　　1 File Upload　2 Alignment options　3 Scoring options　4 View Results

Welcome to the RNAz web server. It will help you to detect thermodynamically stable and evolutionarily conserved RNA secondary structures in multiple sequence alignments.

Simply paste or upload your alignment(s) below and click _Proceed_. The system will suggest reasonable default values for all options. To get more information on the meaning of the options click the 🔘 symbols or read the help pages. You can test the server using this sample alignment.

If you like to analyze alignments covering whole genomic regions use the _Genomic screen_ modus.

Standard Analysis
Genomic Screen
Help

Paste your alignment(s) here: 🔘　　　　　　　　　　　　　　　　　　　　[clear]

Or upload a file: 🔘

图 10 - 25　RNAz 在线分析界面

(5) MARNA

MARNA 是一种比较特殊的结构预测软件,它采用先结构预测后比对结构的思想。当观察不到序列保守区时,比较适合使用该方法。其先利用最小自由能原理折叠序列,然后在同源序列中进行结构比对,该比对不是严格意义上的结构比对,而是一种结合了结构信息的多序列比对,输入的是比对前的初始序列,要求是 fasta 格式,输入序列总长度不超过 10000nt(如果 20 个序列,则每个序列长度不超过 500nt;如果 100 个序列,则每个序列长度不超过 100nt)。该软件自带多序列比对功能,而且序列比对和结构预测中的绝大多数参数都可以由用户自行设定。该软件提供在线分析,网址如下:http://www.bioinf.uni-freiburg.de/Software/MARNA/index.html。

3. 其他 RNA 结构预测软件

(1) Vienna RNA Package

维也纳大学 RNA 二级结构预测与比较软件包包括 C 代码库和多个 RNA 二级结构预测和比较软件,软件主要通过最小能量原理预测 RNA 二级结构。它提供三种类型的动态规划算法进行结构预测:Zuer 和 Stiegler 的最小能量算法预测产生单个最优结构;McCaskill 的局部功能算法预测碱基对的热动力学装配概率;Wuchty 的次优折叠算法在一个给定的最优能量范围内产生所有次优结构。关于二级结构比较,软件包应用字符串比对或三联码编辑预测结构距离。主要软件如下所示:

① RNAfold:预测最小能量二级结构,并给出图像。

② RNAeval:估算 RNA 二级结构的能量值。

③ RNAheat:计算一个 RNA 序列的融解曲线。

④ RNAinverse l:预定结构的序列的反转折叠,对已预定了结构的序列进行反转折叠。

⑤ RNAdistance l:比较二级结构。

⑥ RNApdist l:比较碱基对的概率。

⑦ RNAsubopt l:完善次优折叠。

⑧ RNAplot l:PostScript、SVG、GML 中绘制 RNA 二级结构。

⑨ RNAcofold :预测两个序列的杂交结构。

⑩ RNAduplex :预测两个序列之间可能的杂交位点。

⑪ RNAalifold:预测多个比较过的序列的一致性二级结构。

⑫ RNALfold:预测长的序列的局部稳定结构。

⑬ RNAplfold:在长的序列中计算局部碱基对的碱基对形成平均概率。

⑭ RNApaln:应用字符串比对对 RNA 序列进行快速的结构比较。

运行界面如图 10－26 所示。除了上述软件外,该软件包还提供了一些小的有用的 Perl工具。该软件包各个子程序提供在线分析,网址如下:http://rna.tbi.univie.ac.at/。

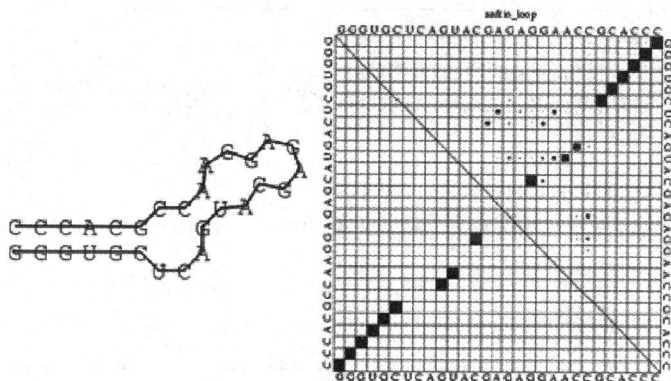

图 10－26　Vienna RNA Package 预测的 RNA 二级结构

（2）综合分析软件中的 RNA 结构预测

有很多综合分析软件（如 DNAstar 和 Bioedit）的序列分析子程序中都整合了 RNA 二级结构预测功能。如 DNAstar 中的子程序 GeneQuest 使用 Vienna RNA 折叠程序，采用 Zuker 的最优 RNA 折叠结构法来预测选择的 DNA 区域反义链作为 RNA。可以通过范围选择器选择需要折叠的区域，然后到分析菜单中选择 Fold as RNA 功能来预测选定的 RNA 二级结构，可以预测的最大碱基数为 1500nt。

4．网上资源

RNA 二级结构预测引起人们越来越多的关注，因此出现了很多 RNA 结构数据库、非编码 RNA 数据库和 RNA 二级结构在线分析工具。目前，RNA 结构数据库主要有 tRNA 数据库、RNase P 数据库和 Gutell 实验室 RNA 比较分析数据库等（表 10－1），这些数据库中的数据可以用来为预测算法提供测试数据。

表 10－1　可以免费获得 RNA 二级结构的数据库列表

数据库名称	说　　明	网　　　址
tRNA 数据库	长度大多为 70～80nt	http：//lowelab. ucsc. edu/GtRNAdb/
RNase P RNA 数据库	长度大多为 300～400nt	http：//www. mbio. ncsu. edu/RNAseP/home. html
Gutell 实验室比较 RNA 分析站点	有更长的 RNA，需免费注册后才可使用	http：//www. rna. ccbb. utexas. edu/
病毒 RNA 结构数据库	提供病毒的小 RNA 结构数据库	http：//rna. tbi. univie. ac. at/cgi-bin/virusdb. cgi
ITS2 数据库	rRNA 的内转录间区 RNA 序列结构数据库	http：//its2. bioapps. biozentrum. uni-wuerzburg. de /cgi-bin/index. pl？ about

目前非编码 RNA 数据库主要有 miRBase、snoRNA database、fRNAdb 等（表 10－2），这些数据库主要提供一些发现的非编码 RNA 基因序列，以及文献和注释等。

表 10－2　非编码 RNA 数据库列表

数据库名称	说　　明	网　　　址
小 RNA 数据库	已经发现的 microRNA 及其文献	http：//www. mirbase. org/
snoRNA 数据库	发现的 snoRNA 及其文献	http：//lowelab. ucsc. edu/snoRNAdb/
非编码 RNA 数据库	提供调控功能非编码转录序列，目前包含细菌、古细菌和原核生物中共 99 种物种的30000条序列	http：//www. rna. ccbb. utexas. edu/
功能 RNA 数据库	功能 RNA 数据库，序列大小为 23～10000nt，共 有 510076 条记录	http：//www. ncrna. org/frnadb/index. html
核糖体数据库	核糖体 RNA 数据库，目前收集 1104383 条 16S 序列	http：//rdp. cme. msu. edu/

续　表

数据库名称	说　　明	网　　址
欧洲核糖体 RNA 数据库	提供核糖体 RNA 序列、二级结构和文献	http：//bioinformatics. psb. ugent. be/webtools/rRNA/
非编码 RNA 家族数据库	RNA 分子家族分类查询数据库	http：//rfam. sanger. ac. uk/

目前有很多 RNA 二级结构预测软件和工具，其中很多软件提供在线分析功能，除了上述提到的 RNA 二级结构在线分析工具之外，还有一些工具可以进行二级结构分析，如表 10 - 3 所示，这些工具基于能量最小原理，可以进行在线单序列 RNA 二级结构分析预测。

表 10 - 3　RNA 二级结构在线预测资源（最小能量模型单序列预测）

名　　称	说　　明	是否预测假结	网　　址
CentroidFold	基于无偏中心估量的二级结构预测	否	http：//www. ncrna. org/centroidfold/
CONTRAfold	基于条件 log -线性模型的二级结构预测	否	http：//contra. stanford. edu/contrafold/
KineFold	RNA 序列的动力学折叠软件，采用针对节点的配分函数来预测假结	是	http：//kinefold. curie. fr/
Pknots	动态规划算法进行最佳 RNA 的假结预测	是	http：//selab. janelia. org/software. html
PknotsRG	动态规划算法预测有限类假结	是	http：//bibiserv. techfak. uni-bielefeld. de/pknotsrg/welcome. html
RNAshapes	基于抽象形态的最小能量模型 RNA 结构预测。形态的抽象保留了结构特征的邻接和嵌套，但是忽视了螺旋的长度，这样可以在避免丢失有意义结构的前提下缩短次优结构的个数	否	http：//bibiserv. techfak. uni-bielefeld. de/rnashapes/
Sfold	所有可能二级结构的统计取样，样本由配分函数来加权	否	http：//sfold. wadsworth. org/srna. pl

前面描述的单一序列预测方法很难从相差较大的可能二级结构中确定其合理的二级结构。进化方法是一种能够减少二级结构预测差异的方法。为了功能保守，RNA 二级结构往往在进化上也保守。表 10 - 4 为多序列比对的二级结构预测在线资源。

表 10 - 4　RNA 二级结构在线预测资源（多重序列比对分析预测）

名　　称	说　　明	是否预测假结	网　　址
CMfinder	采用贪婪算法，并应用协变模型进行模体描述。软件应用启发式方法进行有效模体的搜索，应用贝叶斯框架结合折叠能量和序列的协变进行结构预测	否	http：//bio. cs. washington. edu/yzizhen/CMfinder/

名　称	说　明	是否预测假结	链　接
CONSAN	采用 Sankoff 算法同时进行多序列比对和共同二级结构预测	否	http：//wingless. cs. washington. edu/htbin-post/unrestricted/CMfinderWeb/CMfinderInput. pl
FoldalignM	基于 PMcomp 程序的多序列 RNA 结构和比对软件	否	http：//selab. janelia. org/software. html
KNetFold	基于机器学习法从 RNA 多序列比对中计算其共同的 RNA 二级结构	是	http：//foldalign. ku. dk/software/index. html
LARA	对 ncRNA 家族中的成员进行比对和全局折叠的软件	否	http：//www-lmmb. ncifcrf. gov/～bshapiro/downloader_v1/register. php
LocaRNA	是 PMcomp 软件的后继者，时间复杂度比 PMcomp 高，其运用 Sankoffs 算法同步进行 RNA 的二级结构折叠和比对	否	http：//knetfold. abcc. ncifcrf. gov/
MASTR	采用马尔科夫链的一种样本方法来使 RNA 结构和比对最优化，同时结构评分系统结合了比对的期望值、协变和碱基对概率	否	https：//www. mi. fu-berlin. de/w/LiSA/
Murlet	基于 Sanoffs 算法的迭代比对来进行 RNA 序列的多序列比对，可减少计算的时间和所需内存	否	http：//www. bioinf. uni-freiburg. de/Software/LocARNA/
MXSCARNA	基于 SCARNA 软件的碱基对结构比对的一种 RNA 序列的多序列比对工具，其采用了步进的比对方法	否	http：//mastr. binf. ku. dk/
PARTS	基于假结自由能概率模型的预测软件，能预测两个 RNA 序列的共同结构和进行比对。假结自由能来自预先就计算的碱基配对和比对概率	否	http：//murlet. ncrna. org/murlet/murlet. htm
PMcomp/PMmulti	基于 Sanoffs 算法的同步比对和折叠软件，其输入为 RNAfold-p 产生的 McCaskill's 碱基对概率矩阵。因此该软件能够浏览比较碱基对概率矩阵。Pmmulti 为步进法多序列比对软件包	否	http：//mxscarna. ncrna. org/mxscarna/mxscarna. html
R‐COFFEE	使用 RNAPfold 计算序列的二级结构，是 T-Coffee 的后继版本，可以用来计算获得最优的多序列比对和二级结构。R-Coffee 能整合任一现存的序列比对方法	否	http：//www. ncrna. org/software/mxscarna/download/
RNAcast	预测所有序列的共同抽象结构，并给出每条序列的抽象结构形态	否	http：//rna. urmc. rochester. edu/
RNAforester	基于 forest alignment 法预测比较 RNA 二级结构	否	http：//www. tbi. univie. ac. at/～ivo/RNA/PMcomp/

名　称	说　明	是否预测假结	链　接
RNAmine	采用 Frequent stem 模型从未比对的一组 RNA 序列中提取结构模体	否	http：//rna. tbi. univie. ac. at/cgi-bin/pmcgi. p
RNASampler	基于整合序列内部碱基配对概率和序列间碱基比对概率模型的概率取样方法。该软件可以从每条序列中所有可能形成的径结构采样,并比对这些径结构来预测两条序列的一致结构。它可以用来在多序列中预测保守的共同结构	是	http：//www. tcoffee. org/Projects_home_page/r_coffee_home_page. html
SCARNA	RNA 序列结构比对工具。其能比较两个 RNA 序列并在预测的共同二级结构基础上计算它们的相似性,有时能预测假结二级结构	否	http：//www. tcoffee. org/
SimulFold	应用贝叶斯 MCMC 模型预测 RNA 结构,包括假结、比对和进化树分析	是	http：//bibiserv. techfak. uni-bielefeld. de/rnacast/
Stemloc	基于 Pair stochastic 上下文无关文法概率模型预测 RNA 二级结构	否	http：//bibiserv. techfak. uni-bielefeld. de/rnashapes/submission. html
StrAl	采用快速步进策略的非编码 RNA 多序列比对和结构预测工具。整合 RNAfold 中热动力学的碱基比对思想	否	http：//bibiserv. techfak. uni-bielefeld. de/rnaforester/
WAR	非编码 RNA 序列的多序列比对和二级结构预测工具,整合多个现有的 RNA 二级结构预测方法	否	http：//bibiserv. techfak. uni-bielefeld. de/rnaforester/submission. html
Xrate	应用进化语言分析多序列比对的软件,可以看作是 pfold 软件的延伸版本	否	http：//rnamine. ncrna. org/rnamine/

5. 预测软件的比较

目前 RNA 二级结构预测的软件和提供在线预测的网址很多,各个软件使用不同的算法和分析策略,到底哪种软件和方法预测的准确度高没有一个统一的答案。有的软件针对某一类 RNA 的预测效果好,而预测其他 RNA 的效果却很差。有的软件适合预测长的 RNA 序列,而有的软件对 RNA 序列的长度有一定的限制。邹权等使用 tRNA 和 RNase P 序列对 7 种 RNA 二级结构分析软件 RNAfold、mfold、Srna、CARNAC、MARNA、Pfold 和 RNAstructure 进行测试,总结了它们各自的优点和限制条件,并且对比了预测的准确率。其中,CARNAC 由于使用的是 Sankoff 算法,无法处理长为 80bp 以上的 RNA 序列。在预测单个序列时,RNAfold 和 mfold 使用的都是动态规划计算最小自由能的方法,因此预测效果近似,预测一些 RNase P 时得到结果完全相同。在预测一组同源序列时,基于比较分析法的 Pfold 效果明显优于基于最小自由能的 RNAfold、mfold、Srna 和 RNAstructure。在预测 tRNA 时,Pfold 效果最好,这是因为同源的 tRNA 结构高度相似,Pfold 准确地找到了一致结构,使得敏感性和特异性都达到 90 %以上。而在预测 RNase P 时,虽然平均效果属 Pfold 最好,但与 mfold 等基于最小自由能模型的软件相差不大,这是由于 RNase P 的结构保守性较差,而且提交给 Pfold 的同源序列较少。由此可见,当存在同源 RNA 序列时,Pfold 适合进行二级结构预测,当只有一个序列需要预测结构时,可以考虑使用 mfold 或者 RNAfold,其可以输出图形。存在多个同源序列时,可以使用 RNAalifold 输出图形结果。

　　一般来说,基于多序列同源比对分析的二级结构预测软件所得到的 RNA 二级结构比基于最小能量模型的单个序列预测软件预测的二级结构可靠,因为多序列比对的结构预测进行了 RNA 结构的系统发育比较。该方法建立在如下假定上,即在进化中核苷酸改变,但重要的 RNA 二级和三级结构保持不变。一个可能破坏结构的碱基变化可以由序列中另一处的变化补偿以保持结构稳定。因此,不同物种的同源 RNA 中将包含"补偿碱基变化"、"共变化"或"协变(covariation)"。可通过检查来自各个不同生物的同源 RNA,确定这些"补偿碱基变化",从而阐明结构。

　　例如,图 10-27 所示为不同类型软件预测的 sample 1 RNA 二级结构预测的 sample 1 RNA 序列为 CCGGAUAC GAUCGUCGGGUACGUAUCCGG。图 a 为最小能量模型的单序列结构预测软件 mfold 和 RNAfold 预测的结构,两者的预测结果一致,其自由能都为 -15.90 kcal/mol。图 b 为多序列比对二级结构分析预测软件 CARNAC 和 Pfold 所预测的结构,两个软件预测结果一致。两个图的预测结构不一致,原因是基于比对的结构预测考虑了结构进化中 RNA 突变产生的"协变",sample 1 RNA 序列同源序列及比对如下:

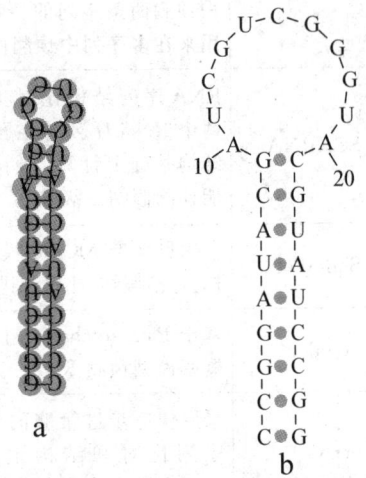

图 10-27　RNA 二级结构预测图

sample 1	CCGGAUACGAUCGUCGGGUACGUAUCCGG
sample 2	CCGGAUACUAUCUUGGCGAAAGUAUCUGG
sample 3	CGGGAUACGAUCGACGCGUACGUAUCCCG
sample 4	CGCGGUACCAUCCACCCUAGGUACCGCG
sample 5	CCGGAUACGAUCGUCCGUUCGUAUCCGG
sample 6	CCGGAUACGAUCGUCGGGUACGUAUCCGG
sample 7	CCGGACACGAUCGUCGGGUACGUAUCCGG
sample 8	CCAGAUACGAUCGAAACUUUCGUAUCUGG
sample 9	CCGGUUACGAUCGUCGGGUAGGUAACCGG
sample 9	CCGGAUACGAUCGACAGGAACGUAUCCGG
sample 10	CCGGAUACGAUCGUCCGUACGUAUCCGG
sample 11	CCGGAUACGAUCGUCGGGUACGUAUCCGG
sample 12	CCUGAUACUAUCGUCGCCUAAGUAUCUGG
sample 13	CGGGUACGAUCGAGGCCUACGUAUCCCG
sample 14	CCCGCUACGAUCGAGGCCUUCGUAGCGGG
sample 15	CCGGAUACGAUCGAGGCCUUCGUAUCCGG

　　在上述联配中共有三对"协变"的位置点:2/28,5/25,9/21。两个碱基协变表明它们很可能相互作用。如果一个突变发生在与其他碱基有重要作用的碱基上(常是碱基对),选择压力可能会只保留在另一处碱基上发生补偿突变的碱基上。事实上,上述的碱基协变都发生在规

则的碱基对（Watson-Crick 碱基对），上表明它们可能是碱基配对。协变碱基对 2/28 分别和 5/25 的距离相同，而 5/25 分别和 9/21 的距离也相同，而且介于它们之间的碱基也可形成碱基互补，这都表明联配序列的两端可能闭合形成螺旋。考虑到进化压力产生的碱基协变，显然图 b 预测的结构更加可靠。

10.3.3　RNA 空间结构的预测

RNA 在二级结构的基础上进一步弯曲折叠就形成各自特有的三级结构。相比 RNA 二级结构预测，RNA 三级结构预测是一个更为困难的问题，目前国际还没有真正实用的算法或者系统。RNA 三级结构预测是更为前沿和复杂的问题，但其应用前景也更为广阔。目前 RNA 三级结构预测主要的难点在于实验测得的 RNA 三级结构单体依然很少，对空间能量函数以及相互作用的研究相比二级结构来说更加不充分，因此还难以提出类似于预测 RNA 二级结构那样的完全基于自由能的从头预测方法。表 10 - 5 列出了主要的 RNA 三级结构预测软件和工具，有兴趣的读者可以自己学习。

表 10 - 5　单一序列三级结构预测软件工具

名　　称	说　　明	是否预测假结	网　　址
BARNACLE	RNA 结构概率抽样分析的 Pyhton 编程语言库	是	http：//sourceforge. net/projects/barnacle-rna/
FARNA	自动从头预测类天然 RNA 三级结构	是	http：//faculty. washington. edu/rhiju/FARNA/
iFoldRNA	三维 RNA 结构预测和折叠工具	？	http：//ifoldrna. dokhlab. org/
MC-Fold	基于热动力学和核酸环模体的 RNA 二维和三维结构预测	是	http：//www. major. iric. ca/MC-Tools. html
MC-Sym Pipeline			http：//www. major. iric. ca/MC-Pipeline/
NAST	基于知识的位能和结构过滤器，能对较大的 RNA 分子进行简单的建模	？	https：//simtk. org/home/nast

10.4　RNA 二级结构预测应用——非编码 RNA 的预测

现今，越来越多的非编码 RNA（ncRNA）被证实在生物的生长发育过程中起重要的调控功能。由于非编码 RNA 基因的生物学特征，我们不能像获得编码蛋白基因那样通过实验方法获得非编码 RNA 基因。因此，想要获得非编码 RNA 基因，我们首先采用计算机生物信息学的方法预测，然后通过实验验证。由于非编码 RNA 基因在一级结构上没有像编码蛋白基因那样有明显的结构特征，因此我们很难像预测编码基因那样预测非编码 RNA 基因。但非编码 RNA 基因往往有特定的二级结构，并且这种结构呈现物种间的保守性，因此，我们可以通过预测 RNA 二级结构的方法来预测可能的非编码 RNA 基因。

10.4.1　ncRNA 基因预测的专用方法

ncRNA 基因预测的专用方法主要是为识别某个特定的 ncRNA 基因家族的新成员而设计的一类方法，一般采用启发式算法，即根据特定的 ncRNA 基因家族的一级结构和二级结构特征发现一些规则，然后根据这些规则扫描基因组序列，并从基因组序列中发现符合这些规则的基因片段，这些基因片段即为该 ncRNA 基因家族的可能新成员，如能通过比较基因组学在相近物种的基因组中发现类似的保守片段，便可进一步确认这些新成员的身份，当然，最终要通过实验来验证。

一级结构和二级结构特征分析是为了寻找某一特定的 ncRNA 基因家族的一级结构和二级结构特征，通常对该家族的所有已知成员（序列）或部分已知成员（序列）进行多序列比对，然后，基于多序列比对形式提取该 ncRNA 基因家族的一级结构和二级结构信息，通常有三种方法：加权矩阵（即通常的频数矩阵）、模式分析和协变模型。

10.4.2　ncRNA 基因预测的通用方法

该方法的基本出发点是希望能够找出一种通用的预测方法，不依赖于某个特定的 ncRNA 基因家族信息，将 ncRNA 基因从基因组序列中识别出来。目前已发展了下列四种方法：碱基组成方法、神经网络方法、比较基因组学方法、转录起始位点与终止位点预测法。

碱基组成方法的基本思想是将一个基因组中 ncRNA 基因序列当作信号、基因组序列当作背景，然后利用 ncRNA 基因的碱基组成与基因组中的碱基组成的差别将 ncRNA 基因识别出来，这种差别越大，越有利于 ncRNA 基因的识别。

神经网络方法的基本思想是将整个基因组序列分为三个部分：编码蛋白质的基因部分、ncRNA 的基因部分（第一类）和其他的非编码基因间区（第二类），并进一步假设第二类中只有小部分含有 ncRNA 基因，然后以大肠杆菌为例，运用神经网络方法探讨了第一类与第二类的区分问题。鉴于第一类的长度要远远小于第二类，于是从第二类中随机选出一个与第一类大小相当的部分来进行训练，然后，利用获得的神经网络预测第二类中的其余部分，从而识别出第二类中含有 ncRNA 基因的序列片段，为了预测结果可靠，将上述过程多次重复进行。

比较基因组学方法的基本假设是在相近物种的基因组中，ncRNA 基因不仅一级结构有一定的保守性，更重要的是其二级结构也非常保守。根据这个设想，Rivas 和 Eddy 提出了一个识别 ncRNA 基因的自动方法，其相应程序为 QRNA。该方法的核心部分是提出了三个概率模型，它们分别是编码区模型 COD、ncRNA 基因模型 RNA 和零假设模型 OTH，然后基于序列的比较形式，采用这三种模型分别计算 Bayes 后验概率，并根据数值的大小判定被比较序列片段是编码区或 ncRNA 基因或其他的序列。

转录起始位点与终止位点预测法是在已经注释的基因组序列基础上，通过预测转录起始位点与终止位点来识别 ncRNA 基因的一种方法。它主要包含四个步骤：首先，从待分析的基因组中找出"空白"的基因间区，在这空白的基因间区中，不包含任何已注释的基因（ORF、tRNA、rRNA 等）；其次，进行转录起始位点预测；再次，进行转录终止位点预测；最后，采用序列比对方法进行保守性分析,找出可能的 ncRNA 基因。对真核生物来说,转录起始位点的预测并非易事,上述四种方法均可用于 ncRNA 基因的识别,但是预测结果的可靠性均不及蛋白质编码区预测算法。通过对大肠杆菌基因组序列测试表明,从精度与被证实的 ncRNA 基因的数目来说,比较基因组学方法最好。

基于上述思想,人们开发了很多 ncRNA 基因预测的软件。表 10 - 6 为 ncRNA 基因预测的专用工具软件,主要用来预测一些特定的 RNA 家族成员,如 microRNA 和 snoRNA 等;表10 - 7 为 ncRNA 基因预测的通用工具软件。

表 10 - 6　ncRNA 家族基因预测专用软件

名　称	说　明	家　族	网　址
miRNAminer	对输入的待分析序列进行 BLAST 同源搜索,根据已知 microRNA 特性(如二级结构、比对和保守性)对结果进行测试,最后根据上述结果评价该序列为 microRNA 序列的保真性	MicroRNA	http：//groups. csail. mit. edu/pag/mirnaminer/
RISCbinder	预测 microRNA 基因的模板链	Mature miRNA	http：//crdd. osdd. net：8081/RISCbinder/
RNAmicro	基于 SVM 方法的 microRNA 鉴定软件,能在多序列比对结果中鉴定 microRNA 前体	MicroRNA	http：//www. bioinf. uni-leipzig. de/~jana/software/RNAmicro. html
SnoReport	结合 RNA 二级结构预测和机器学习方法在候选 ncRNA 序列中识别 box C/D 和 box H/ACA snoRNA	snoRNA	http：//www. bioinf. uni-leipzig. de/~jana/software/SnoReport. html
SnoScan	在基因组中搜索介导甲基化的 C/D box snoRNA	C/D box snoRNA	http：//lowelab. ucsc. edu/snoscan/
tRNAscan-SE	在基因组中鉴定 tRNA 基因	tRNA	http：//lowelab. ucsc. edu/tRNAscan-SE/

表 10 - 7　ncRNA 基因预测软件通用

名　称	说　明	网　址
Alifoldz	在多序列比对结果中鉴定异常稳定和保守的 RNA 二级结构。要求事先输入比对结果	http：//www. tbi. univie. ac. at/papers/SUPPLEMENTS/Alifoldz/
EvoFold	基于 phylo - SCFG 概率模型的比较方法在多序列比对结果中鉴定功能 RNA 结构。要求事先输入比对结果	http：//www. cbse. ucsc. edu/~jsp/EvoFold/
MSARi	在深度多序列比对中启发式搜索有意义的保守 RNA 二级结构。要求事先输入比对结果	http：//theory. csail. mit. edu/MSARi
QRNA	比较基因组序列分析法检测保守的 RNA 二级结构,包括 ncRNA 和 cis-regulatory RNA 二级结构。要求事先输入比对结果	http：//selab. janelia. org/software. html

名　　称	说　　明	网　　址
RNAz	在多序列比对中预测结构保守和热动力学稳定的 RNA 二级结构,能在基因组范围内筛选鉴定功能 RNA 结构,如发现非编码 RNA 和 mRNA 的 cis-acting 调控元件。要求事先输入比对结果	http：//www.tbi.univie.ac.at/~wash/RNAz/ http：//rna.tbi.univie.ac.at/cgi-bin/RNAz.cgi
Xrate	应用进化语法分析多序列比对,可以看作是 Evofold 软件的延伸版本	http：//biowiki.org/XrateSoftware

很多 ncRNA 通过结合其他 RNA 分子来行使生物学功能。如 microRNA 通过结合 mRNA 3'UTR 区来调控编码蛋白基因的表达;snoRNA 通过结合 rRNA 来介导其转录后修饰;U4 和 U6 剪切体 RNA 能相互结合形成剪切体的一部分;细菌中有很多小 RNA,如 GcvB、OxyS 和 RyhB 能和基因反义链结合,调控基因的表达。因此,人们开发了很多分析 RNA 和 RNA 分子之间相互作用的软件,如表 10-8 所示,有兴趣的读者可以自己学习。

表 10-8　RNA 相互作用在线资源

名　　称	说　　明	考虑分子内部结构	网　　址
OligoWalk/RNAstructure	通过分子内部结果或直接预测两个分子的相互作用二级结构,同时也可以预测核酸片段和 RNA 目标分子之间的杂交亲和作用	是	http：//rna.urmc.rochester.edu/
piRNA	计算 RNA-RNA 热动力学相互作用,考虑两个核酸分子相互作用的所有可能的连接结构,但不包括假结、互作假结和 Z 字形结构	是	http：//compbio.cs.sfu.ca/taverna/pirna/
RNAaliduplex	基于 RNAduplex 软件,但考虑了碱基协变位点因素	否	http：//www.tbi.univie.ac.at/~ivo/RNA/
RNAcofold	和 RNAfold 工作原理相似,但容许输入两个 RNA 序列,形成 RNA 分子和分子的复合结构	是	http：//www.tbi.univie.ac.at/~ivo/RNA/
RNAduplex	计算 RNA 分子杂交的最优和次优二级结构	否	http：//www.tbi.univie.ac.at/~ivo/RNA/
RNAhybrid	一种发现长链和短链 RNA 杂交最小自由能的工具	否	http：//bibiserv.techfak.uni-bielefeld.dezzz/rnahybrid/ http：//bibiserv.techfak.uni-bielefeld.de/rnahybrid/submission.html
RNAup	计算 RNA-RNA 分子热动力学相互作用。RNA-RNA 相互结合分析被分解为两个阶段：首先,计算某个区域(如结合位点)不配对的概率;其次,计算不配对区域结合位点的结合自由能,确定所有可能结合结构的最优结构	是	http：//www.tbi.univie.ac.at/~ivo/RNA/

习　题

1. 举例说明 RNA 结构与功能的关系。
2. 列举 RNA 二级结构的预测算法。

参考文献

1. Z. Kiss-László, Y. Henry, J. P. Bachellerie, M. Caizergues-Ferrer, T. Kiss. Site-specific ribose methylation of preribosomal RNA: a novel function for small nucleolar RNAs. *Cell*, 1996, 28: 1077 – 1088.

2. P. Ganot, L. M. Bortolin, T. Kiss. Site-specific pseudouridine formation in preribosomal RNA is guided by small nucleolar RNAs. *Cell*, 1997, 89: 799 – 809.

3. D. Edwards, J. Stajich, D. Hansen. *Bioinformatics: tools and applications*. Berlin: Springer, 2009.

4. 邹权, 郭茂祖, 张涛涛. RNA 二级结构预测方法综述. 电子学报, 2008, 36(2): 331 – 337.

5. A. Machado-Lima, H. A. del Portillo, A. M. Durham, Computational methods in noncoding RNA research. *J. Math. Biol.*, 2008, 56(1 – 2): 15 – 49.

第 11 章

生 物 芯 片

生物芯片是20世纪末生物技术发展的最主要技术之一,它是融微电子学、生物学、物理学、化学、计算机科学为一体的新技术,具有重大的基础研究价值和明显的产业化前景,可广泛用于疾病诊断和治疗、药物筛选、农作物优选优育、环境检测等许多领域。

本章介绍了生物芯片的概念和特点,基因芯片的技术流程、技术发展、应用、原理、制作、数据分析、常用软件及其他生物芯片等内容。

11.1 生物芯片概述

11.1.1 生物芯片的概念

生物芯片是一种生物检测技术,其目的是检测生物大分子,它的概念源自计算机芯片。众所周知,计算机芯片是指将不同功能单元集成在一块微型器件上,生物芯片借用了计算机芯片的集成化特点,把生物活性大分子(目前主要是核酸和蛋白质)或细胞、组织等密集有序地排列固定在固相载体上,形成微型的检测器件,固相载体通常是硅片、玻片、聚丙烯或尼龙膜等。狭义的生物芯片也称微阵列(microarray)芯片,主要包括 cDNA 微阵列、寡核苷酸微阵列、蛋白质微阵列和小分子化合物微阵列。这些固定的生物大分子通常被称作探针(probe),其主要用途是检测生物样本中的生物大分子靶标(target)的信息。广义的生物芯片是指能对生物成分或生物分子进行快速处理和分析的固体薄型器件,将微阵列技术与生物微机电技术相结合,通过微加工技术和微电子技术在固体芯片表面构建的微型生物化学分析系统,以实现对细胞、蛋白质、核酸以及其他生物组分的准确、快速、大信息量的检测。

生物芯片能同时检测样本中的多个生物大分子,不同种类的生物芯片有不同的检测原理,通常是利用分子间的相互作用,如基因芯片利用核酸杂交实现对 DNA 或 RNA 的检测,蛋白质芯片利用抗原-抗体特异性结合、蛋白质-蛋白质间特异性结合、蛋白质与核酸或其他分子的特异性结合等,将待测样品标记后与生物芯片反应,样本中的标记分子与芯片上的探针"对号入座",标记的待测样本与之结合及反应后,通过激光共聚焦荧光扫描仪等检测手段获取信息,经电脑系统处理和分析得到信号值。信号值代表了结合在探针上的待测样本中特定大分子的信息。由于芯片上可以固定成千上万的探针,因此可以同时检测样本中成千上万的生物大分子,因此一次芯片实验就完成了成千上万个传统实验,即一次生物芯片反应是多次传统实验的集成。生物芯片也可以将生命科学中许多独立的反应过程集中在芯片上,使其可以连续迅速完成,即将分离、标记、反应、检测等多个步骤集成。

11.1.2　生物芯片的特点

生物芯片的主要特点是高通量、微型化、自动化和网络化。

所谓高通量,是指芯片上集成的成千上万个密集排列的分子微阵列,能够在短时间内分析大量的生物分子,使人们快速准确地获取样品中的生物信息,其效率是传统检测手段的成百上千倍。

所谓微型化,一方面指的是成千上万种探针分子仅仅点在几平方厘米的介质上,样品和试剂消耗量小;另一方面则是指生物芯片和传统仪器相比较,体积小,重量轻,便于携带。

所谓自动化,是指点样、杂交、图像处理和数据处理都可以用计算机自动化系统自动或者半自动地完成,分析速度快。

所谓网络化,是指点样和数据处理都需要利用因特网上庞大的生物信息数据库,如GeneBank。

生物芯片还具有无污染等诸多优点。

11.1.3　生物芯片的分类

生物芯片包含的种类较多,通常根据其用途、作用方式和固定在载体上的物质成分进行分类。

1. 根据用途分类

① 生物电子芯片:用于生物计算机等生物电子产品的制造。② 生物分析芯片:用于各种生物大分子、细胞、组织的操作以及生物化学反应的检测。

2. 根据作用方式分类

① 主动式芯片:是指把生物实验中的样本处理纯化、反应标记及检测等多个实验步骤集成,通过一步反应就可主动完成。其特点是快速,操作简单,因此有人又将它称为功能生物芯片。它主要包括微流体芯片(microfluidic chip)和缩微芯片实验室(lab on chip,也叫"芯片实验室",是生物芯片技术的最高境界)。② 被动式芯片:即各种微阵列芯片,是指把生物实验中的多个实验集成,但操作步骤不变。其具有是高度的并行性,目前大部分芯片属于此类。由于这类芯片主要是获得大量的生物大分子信息,最终通过生物信息学进行数据挖掘分析,因此这类芯片又称为信息生物芯片。它包括基因芯片、蛋白质芯片、细胞芯片和组织芯片。

3. 根据固定在载体上的物质成分分类

① 基因芯片(gene chip):又称 DNA 芯片(DNA chip)或 DNA 微阵列(DNA microarray),是将 cDNA 或寡核苷酸按微阵列方式固定在微型载体上制成。② 蛋白质芯片(protein chip),又称蛋白质微阵列(protein microarray),是将蛋白质或抗原等一些非核酸生命物质按微阵列方式固定在微型载体上获得。③ 细胞芯片(cell chip):是将细胞按照特定的方式固定在载体上,用来检测细胞间的相互影响或相互作用。④ 组织芯片(tissue chip):是将组

织切片等按照特定的方式固定在载体上,用来进行免疫组织化学等组织内成分差异研究。
⑤ 其他:如芯片实验室,是用于生命物质的分离、检测的微型化芯片。现在,已经有不少研究
人员试图将整个生化检测分析过程微缩到芯片上,形成"芯片实验室"。芯片实验室是生物芯
片技术发展的最终目标。它将样品的制备、生化反应到检测分析的整个过程集约化,形成微型
分析系统。由加热器、微泵、微阀、微流量控制器、微电极、电子化学和电子发光探测器等组成
的芯片实验室已经问世,并出现了将生化反应、样品制备、检测和分析等部分集成的芯片。"芯
片实验室"可以完成诸如样品制备、试剂输送、生化反应、结果检测、信息处理和传递等一系列
复杂工作。这些微型集成化分析系统携带方便,可用于紧急场合、野外操作甚至放在航天器上。
例如,样品的制备和PCR扩增反应可以同时于一块小小的芯片之上完成。再如,Gene Logic公司
设计制造的生物芯片可以从待测样品中分离出DNA或RNA,并对其进行荧光标记,然后当样品
流过固定于栅栏状微通道内的寡核苷酸探针时便可捕获与之互补的靶核酸序列,再应用其自己
开发的检测设备即可实现对杂交结果的检测与分析。由于寡核苷酸探针具有较大的吸附表面
积,因此,这种芯片可以灵敏地检测到稀有基因的变化。同时,由于该芯片设计的微通道具有浓
缩和富集作用,因此,可以加速杂交反应,缩短测试时间,从而降低了测试成本。

11.2　基因芯片

11.2.1　基因芯片的基本概念和原理

基因芯片把数以千计的DNA片段以可寻址的方式,高密度地固定到一块指甲大小的玻
璃片或硅片上,作为探针,利用核酸碱基之间的互补配对,通过检测每个探针分子的杂交信号
强度进而获取样品分子的数量和序列信息。但对基因芯片中的信息的处理工作将是很困难
的。基因芯片应用主要分为两大类:一是用于研究基因型;二是用于分析基因表达。前者实
际上是利用基因芯片进行序列分析,包括识别DNA序列的突变和研究基因的多态性;而后者
则是利用基因芯片进行基因的功能的分析与研究。

基因芯片的基本原理是利用杂交的原理,即DNA根据碱基配对原则,在常温下和中性条件
下形成双链DNA分子,但在高温、碱性或有机溶剂等条件下,双螺旋之间的氢键断裂,双螺旋解
开,形成单链分子(称为DNA变性,DNA变性时的温度称Tm值)。变性的DNA黏度下降,沉降
速度增加,浮力上升,紫外吸收增加。当消除变性条件后,变性DNA两条互补链可以重新结合,
恢复原来的双螺旋结构,这一过程称为复性。复性后的DNA,其理化性质能得到恢复。利用
DNA这一重要理化特性,将两个以上不同来源的多核苷酸链之间由于互补性而使它们在复性过
程中形成异源杂合分子的过程称为杂交(hybridization)。杂交体中的分子不是来自同一个二聚
体分子。由于温度比其他变性方法更容易控制,当双链的核酸在高于其变性温度(T_m值)时,解
螺旋成单链分子;当温度降到低于T_m值时,单链分子根据碱基的配对原则再度复性成双链分子。
因此通常利用温度的变化使DNA在变性和复性的过程中进行核酸杂交。

核酸分子单链之间有互补的碱基顺序.通过碱基对之间非共价键的形成即出现稳定的双
链区,这是核酸分子杂交的基础。杂交分子的形成并不要求两条单链的碱基顺序完全互补,因
此,不同来源的核酸单链彼此之间只要有一定程度的互补就可以形成杂交双链,分子杂交可在

DNA 与 DNA、RNA 与 RNA 或 RNA 与 DNA 的两条单链之间。利用分子杂交这一特性，先将杂交链中的一条用某种可以检测的方式进行标记，再与另一种核酸(待测样本)进行分子杂交，然后对待测核酸序列进行定性或定量检测，分析待测样本中是否存在该基因或该基因的表达有无变化。通常称被检测的核酸为靶序列(target)，用于探测靶 DNA 的互补序列被称为探针(probe)。在传统杂交技术如 DNA 印迹(Southern blot)和 RNA 印迹(Northern blot)中通常标记探针，被称为正向杂交方法；而基因芯片通常采用反向杂交方法，即将多个探针分子点在芯片上，样本的核酸靶标进行标记后与芯片进行杂交。这样的优点是同时可以研究成千上万的靶标甚至全基因组作为靶序列。

11.2.2 基因芯片技术流程

1. 基因芯片的构建

选择硅片、玻璃片、瓷片或聚丙烯膜、尼龙膜等作为支持物，并做相应处理，然后采用光导化学合成和照相平板印刷技术可在硅片等表面合成寡核苷酸探针；或者通过液相化学合成寡核苷酸链探针，或 PCR 技术扩增基因序列，再纯化、定量分析，由阵列复制器(arraying and replicating device ，ARD)或阵列机(arrayer)、电脑控制的机器人准确、快速地将不同探针样品定量点样于带正电荷的尼龙膜或硅片等相应位置上，再由紫外线交联固定后即得到 DNA 微阵列或芯片。

2. 样品 DNA 或 mRNA 的准备

从血液或活组织中获取的 DNA/mRNA 样品在标记成为探针以前必须进行扩增，以提高阅读灵敏度。Mosaic Technologies 公司发展了一种固相 PCR 系统，这好于传统 PCR 技术：研究人员在靶 DNA 上设计一对双向引物，将其排列在丙烯酰胺薄膜上，这种方法无交叉污染且省去液相处理的烦锁。Lynx Therapeutics 公司提出另一个革新的方法，即大规模平行固相克隆(massively parallel solid-phase cloning)。这个方法可以对一个样品中数以万计的 DNA 片段同时进行克隆，且不必分离和单独处理每个克隆，使样品扩增更为有效快速。

在 PCR 扩增过程中，必须同时进行样品标记，标记方法有荧光标记法、生物素标记法、同位素标记法等。

3. 分子杂交

样品 DNA 与探针 DNA 互补杂交要根据探针的类型和长度以及芯片的应用来选择、优化杂交条件。如用于基因表达监测，杂交的严格性较低，温度低，时间长，盐浓度高；若用于突变检测，则杂交条件相反。芯片分子杂交的特点是探针固化，样品荧光标记，一次可以对大量生物样品进行检测分析，杂交过程只要 30min。美国 Nangon 公司采用控制电场的方式，使分子杂交时间缩到 1min，甚至几秒钟。

4. 杂交信号的检测和分析

用激光激发芯片上的样品，使其发射荧光。严格配对的杂交分子由于热力学稳定性较高，荧光强；不完全杂交的双键分子热力学稳定性低，荧光信号弱(不到前者的 $1/35 \sim 1/5$)；不杂交的无荧光。不同位点信号被激光共焦显微镜或落射荧光显微镜等检测到，由计算机软件处理分析，得到有关基因图谱。目前，质谱法、化学发光法、光导纤维法等更灵敏、快速，有取代荧光法的趋势。

11.2.3　基因芯片技术的发展

生物芯片技术的发展最初得益于萨瑟恩(E. M. Southern)提出的核酸杂交理论,即标记的核酸分子能够与被固化的、与之互补配对的核酸分子杂交。从这一角度而言,Southern 杂交可以看作是生物芯片的雏形。桑格(F. Sanger)和吉尔伯特(W. Gilbert)发明了现在广泛使用的 DNA 测序方法,并因此在 1980 年获得了诺贝尔奖。另一个诺贝尔奖获得者穆利斯(K. Mullis)在 1983 年首先发明了 PCR,在此基础上,后来的一系列研究使得微量的 DNA 可以放大,并能用实验方法进行检测。

生物芯片这一名词最早是在 20 世纪 80 年代初提出的,当时主要指分子电子器件。美国海军实验室研究员卡特(Carter)等试图把有机功能分子或生物活性分子进行组装,构建微功能单元,实现信息的获取、贮存、处理和传输等功能,用以研制仿生信息处理系统和生物计算机,从而产生了"分子电子学",同时取得了一些重要进展,如分子开关、分子贮存器、分子导线和分子神经元等分子器件。更引起科学界关注的是建立了基于 DNA 或蛋白质等分子计算的实验室模型。

进入 20 世纪 90 年代,人类基因组计划(human genome project,HGP)和分子生物学相关学科的发展也为基因芯片技术的发展提供了有利条件。与此同时,另一类"生物芯片"引起了人们的关注,通过机器人自动打印或光引导化学合成技术在硅片、玻璃、凝胶或尼龙膜上制造生物分子微阵列,实现对化合物、蛋白质、核酸、细胞或其他生物组分准确、快速、大信息量的筛选或检测。

1991 年,Affymatrix 公司福德(Fodor)组织半导体专家和分子生物学专家共同研制出利用光蚀刻光导合成多肽;1992 年,该公司首次报道了运用半导体照相平板技术原位合成制备的 DNA 芯片,这是世界上第一块原位合成的基因芯片;1993 年设计了一种寡核苷酸生物芯片;1994 年又提出用光导合成的寡核苷酸芯片进行 DNA 序列快速分析;1996 年灵活运用了照相平版印刷、计算机、半导体、激光共聚焦扫描、寡核苷酸合成及荧光标记探针杂交等多学科技术,创造了世界上第一块商业化的生物芯片;1995 年,斯坦福大学布朗(P. Brown)实验室发明了第一块以玻璃为载体的基因微矩阵芯片。2001 年,全世界生物芯片市场已达 170 亿美元,用生物芯片进行药理遗传学和药理基因组学研究所涉及的药物每年约 1800 亿美元;2000—2004 年的五年内,应用生物芯片的市场销售额达到 200 亿美元左右。2005 年,仅美国用于基因组研究的芯片销售额即达 50 亿美元,这还不包括用于疾病预防及诊治及其他领域中的基因芯片,部分预计比基因组研究用量还要大上百倍。因此,基因芯片及相关产品产业将取代微电子芯片产业,成为 21 世纪最大的产业。2004 年 3 月,英国著名咨询公司弗若斯特·沙利文(Frost&Sulivan)公司出版了关于全球芯片市场的分析报告《世界 DNA 芯片市场的战略分析》。报告认为,全球 DNA 生物芯片市场每年平均增长 6.7%,2003 年的市场总值是 5.96 亿美元。据纳依市场(NanoMarkets)调研公司预测,以纳米器械作为解决方案的医疗技术将在 2012 年增加到 250 亿美元,而其中以芯片实验室最具发展潜力,市场增长率最快。

我国生物芯片研究始于 1997—1998 年,在此之前,生物芯片技术在我国还是空白。尽管起步较晚,但是我国生物芯片技术和产业发展迅速。截至 2006 年,我国生物芯片的产值已达到 2 亿多元,生物芯片研究已经从实验室进入应用阶段。

　　"十五"期间,国家"863"计划重点组织实施了"功能基因组及生物芯片研究"重大专项,对生物芯片的系统研发给予大力支持。从 2000 年开始,国家还陆续投入大笔资金,建立了北京国家芯片工程中心、上海国家芯片工程中心、西安微检验工程中心、天津生物芯片公司、南京生物芯片重点实验室共五个生物芯片研发基地,为加强我国在这一新兴高科技领域的自主创新和产业化能力奠定了坚实的基础。

　　在激烈的国际竞争中,我国生物芯片产业不仅实现了跨越式的发展,而且已经走出国门,成为世界生物芯片领域一股强大的力量。例如,我国科学家自主研制的激光共焦扫描仪向欧美、韩国等地区的出口订单已经达到百台级规模,实现了我国原创性生命科学仪器的首次出口,这标志着我国在生物芯片方面正式迈入国际领先者行列。"十五"期间,我国生物芯片研究共申请国内专利 356 项,国外专利 62 项。2005 年 4 月,国家"功能基因组和生物芯片"重大科技专项在取得成果,诊断检测芯片产品、高密度基因芯片产品、食品安全检测芯片、拥有自主知识产权的生物芯片创新技术创建等一系列成果蜂拥而出。2005 年,国家"863"专项——"重要病原微生物检测生物芯片"课题组经过两年的潜心科研攻关,取得重大成果,"重要致病菌检测芯片"第一代样品研制成功,并且开始制定企业和产品的质量标准,这标志着我国第一个具有世界水平的微生物芯片研究进入产业化阶段,2005 年 4 月 26 日,中国生物芯片产业的骨干企业北京博奥生物芯片有限责任公司(生物芯片北京国家工程研究中心)和美国昂飞公司(Affymetrix)建立战略合作关系,并共同签订了《生物芯片相关产品的共同研发协议》和《DNA 芯片服务平台协议》两个重要的全面合作协议,这对于中国生物芯片产业来说这是一个历史的时刻,也标志着以博奥生物为代表的中国生物芯片企业已在全球竞争日益激烈的生物芯片产业中跻身领跑者的地位。2006 年,生物芯片北京国家工程研究中心又成功研制了一种利用生物芯片对骨髓进行分析处理的技术,可以大大提高骨髓分型的速度和准确度。这种用于骨髓分型的生物芯片,只有手指大小,仅一张就可以存储上万个人的白细胞抗原基因。过去在中国,这种技术长期依赖进口,价格很高。每进行一份骨髓分型,就要支付 500 元的费用,而这种芯片的造价只是国外产品的 1/3,精密度可以超过 99%,比国外产品高出好几个百分点。2006 年,第四军医大学预防医学系郭国祯基于辐射生物学效应原理,应用 Mpmbe 软件设计探针筛选参与辐射生物学效应基因,成功研制出一款由 143 个基因组成的电离辐射相关低密度寡核苷酸基因芯片,该芯片为检测不同辐射敏感性肿瘤细胞的差异表达基因提供了一个新的技术平台。

11.2.4　基因芯片的应用

1. 基因表达水平的检测

　　用基因芯片进行的表达水平检测可自动、快速地检测出成千上万个基因的表达情况。谢纳(M. Schena)等用人外周血淋巴细胞的 cDNA 文库构建一个代表 1046 个基因的 cDNA 微阵列,来检测体外培养的 T 细胞对热休克反应后不同基因表达的差异,发现有 5 个基因在处理后存在非常明显的高表达,11 个基因中度表达增加和 6 个基因表达明显抑制。该结果还用荧光素交换标记对照和处理组及 RNA 印迹方法证实。在 HGP 完成之后,用于检测在不同生理、病理条件下的人类所有基因表达变化的基因组芯片的诞生已为期不远了。

2. 基因诊断

从正常人的基因组中分离出 DNA,将其与 DNA 芯片杂交就可以得出标准图谱。从病人的基因组中分离出 DNA,将其与 DNA 芯片杂交就可以得出病变图谱。通过比较、分析这两种图谱,就可以得出病变的 DNA 信息。这种基因芯片诊断技术以其快速、高效、敏感、经济、平行化、自动化等特点,将成为一项现代化诊断新技术。例如,美国昂飞公司,把 p53 基因全长序列和已知突变的探针集成在芯片上,制成 p53 基因芯片,将在癌症早期诊断中发挥作用。又如,Heller 等构建了 96 个基因的 cDNA 微阵列,用于检测分析与风湿性关节炎(RA)相关的基因,以探讨 DNA 芯片在感染性疾病诊断方面的应用。

3. 药物筛选

可利用基因芯片分析用药前后机体的不同组织、器官基因表达的差异。如果将在 cDNA 表达文库中得到的肽库制成肽芯片,则可以从众多的药物成分中筛选到起作用的部分物质。还有,由于 RNA、单链 DNA 有很大的柔性,能形成复杂的空间结构,有利于与靶标分子相结合,可将核酸库中的 RNA 或单链 DNA 固定在芯片上,然后与靶蛋白孵育,形成蛋白质-RNA 或蛋白质-DNA 复合物,可以筛选特异性的药物蛋白或核酸,因此芯片技术和 RNA 库的结合在药物筛选中将得到广泛应用。在寻找 HIV 药物中,国外研究人员等用组合化学合成及 DNA 芯片技术筛选了 654536 种硫代磷酸八聚核苷酸,并从中确定了具有 XXG4XX 样结构的抑制物,实验表明,这种筛选物对 HIV 感染细胞有明显的阻断作用。生物芯片技术使得药物筛选、靶基因鉴别和新药测试的速度大大提高,成本大大降低。

4. 个体化医疗

临床上,同样药物的剂量可能对病人甲有效,对病人乙不起作用,而对病人丙有副作用。这主要是由于病人遗传学上存在差异(单核苷酸多态性,SNP),导致对药物产生不同的反应。如果利用基因芯片技术对患者先进行诊断,再开处方,就可对病人实施个体优化治疗。另一方面,在治疗中,很多同种疾病的具体病因是因人而异的,用药也应因人而异。例如,乙肝有较多亚型,HBV 基因的多个位点,如 S、P 及 C 基因区易发生变异。若用乙肝病毒基因多态性检测芯片每隔一段时间就检测一次,这对防止乙肝病毒耐药性很有意义。

5. 测序

基因芯片利用固定探针与样品进行分子杂交产生的杂交图谱而排列出待测样品的序列,这种测定方法快速而具有十分诱人的前景。研究人员用含 135000 个寡核苷酸探针的阵列测定了全长为 16.6kb 的人线粒体基因组序列,准确率达 99%。用含有 48000 个寡核苷酸的高密度微阵列分析了黑猩猩和人 BRCA1 基因序列差异,结果发现在外显子约 3.4kb 长度范围内的核酸序列同源性为 83.5%～98.2%,提示了二者在进化上具有高度相似性。

6. 生物信息学研究

人类基因组计划是人类为了认识自己而进行的一项伟大而影响深远的研究计划。目前的问题是,面对大量的基因或基因片断序列,该如何研究其功能,后基因组计划、蛋白质组计划、疾病基因组计划等概念就是为实现这一目标而提出的。生物信息学将在其中扮演至关重要的角色。生物芯片技术就是为实现这一环节而建立的,它使对个体生物信息进行高速、并行采集和分析成为可能。生物芯片技术必将成为未来生物信息学研究中的一个重要信息采集和处理平台,成为基因组信息学研究的主要技术支撑,作为生物信息学的主其发展空间不言而喻。

从上可以看出生物芯片技术可广泛应用于疾病诊断和治疗、药物基因组图谱、药物筛选、中药物种鉴定、农作物的优育优选、司法鉴定、食品卫生监督、环境检测、国防等许多领域。它将为人类认识生命的起源、遗传、发育与进化，人类疾病的诊断、治疗和防治开辟全新的途径。总之，生物芯片技术在医学、生命科学、药学、农业、环境科学等凡与生命活动有关的领域中均具有重大的应用前景。

11.2.5　基因芯片的制作方法

基因芯片制作是一个复杂而精密的过程，主要有以下两种方法。

第一种方法是光导原位合成法（图 11-1）。具体方法是，先选择硅片、玻璃片、瓷片或聚丙烯膜、尼龙膜等支持物，并做相应处理，在经过处理的支持物表面铺上一层连接分子（linker），其羟基上加有光敏保护基团，可用光照除去，用特制的光刻掩膜（photolithographic mask）保护不需要合成的部位，而暴露合成部位，在光作用下去除羟基上的保护基团，游离羟基，利用化学反应加上第一个核苷酸，所加核苷酸种类及在芯片上的部位预先设定，所引入的核苷酸带有光敏保护基团，以便下一步合成。然后按上述方法在其他位点加上另外三种核苷酸完成第一位核苷酸的合成，因而 N 个核苷酸长的芯片需要 4N 个步骤。每一个独特序列的探针称为一个"feature"，这样的芯片便具有 4N 个"feature"，包含了全部长度为 N 的核苷酸序列。这种原位直接合成的方法无须制备处理克隆和 PCR 产物，但是每轮反应所需设计的光栅则是主要的经费消耗。运用这种方法制作的芯片密度可高达 106 探针/平方厘米，即探针间隔为 5～10μm，但只能制作Ⅱ型及基因芯片。

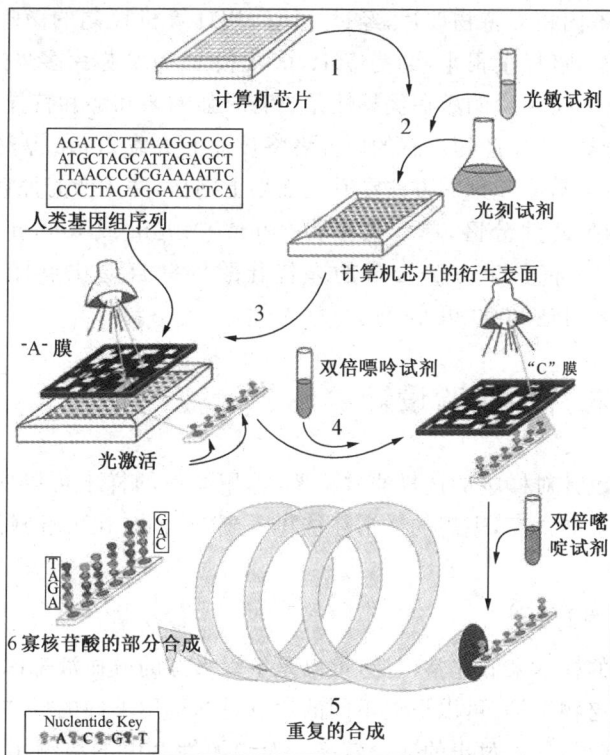

图 11-1　人类基因芯片的光导原位合成法示意

原位合成适于制造寡核苷酸和寡肽微点阵芯片,具有合成速度快、相对成本低、便于规模化生产等优点。照相平版印刷技术是平版印刷技术与 DNA 和多肽固相化学合成技术相结合的产物,可以在预设位点按照预定的序列方便快捷地合成大量寡核苷酸或多肽分子。

在生物芯片研制方面享有盛誉的美国 Affymetrix 公司运用该技术制造大规模集成的 Genechip。原位合成后的寡核苷酸或多肽分子与玻片共价连接。它用预先制作的蔽光板和经过修饰的 4 种碱基,通过光进行活化从而以固相方式合成微点阵。合成前,预先将玻片氨基化,并用光不稳定保护剂将活化的氨基保护起来。聚合用单体分子一端活化另一端受光敏保护剂的保护。选择适当的挡光板使需要聚合的部位透光,不需要发生聚合的位点蔽光。这样,光通过挡光板照射到支持物上,受光部分的氨基解保护,从而与单体分子发生偶联反应。

每次反应在成千上万个位点上添加一个特定的碱基。由于发生反应后的部位依然接受保护剂的保护,因此,可以通过控制挡光板透光与蔽光图案以及每次参与反应单体分子的种类,就可以实现在特定位点合成大量预定序列寡核苷酸或寡肽的目的。由于照相平版印刷技术每步的合成效率较低(95%),合成 30nt 的终产率仅为 20%,因此,该技术只能合成 30nt 左右长度的寡核苷酸。在此基础上,有人将光引导合成技术与半导体工业所用的光敏抗蚀技术相结合,以酸作为去保护剂,将每步合成产率提高到 99%,但制造工艺复杂程度增加了许多。因此如何简便地提高合成产率是光引导原位合成技术有待解决的问题。

第二种方法是自动化分区点样法。点样分子可以是核酸也可以是寡核酸。一些研究者采用人工点样的方法将寡核苷酸分子点样于化学处理后的载玻片上,经一定的化学方法处理非干燥后,寡核苷酸分子即固定于载玻片上,制备好的 DNA 芯片可置于缓冲液中保存。由于方法费时费力,不适于大规模 DNA 芯片制作,因而实现自动化点样就显得尤为重要。有的研究者用多聚赖氨酸包被固相支持物玻片,经过分区后用计算机控制的微阵列点样机按照预先设计顺序点上核酸分子,点样量很小,约为 5nl。大规模 cDNA 芯片多采用这种方法,与其寡核苷酸微芯片相比,DNA 芯片的潜在优越性是具有更强的亲和势和特异性杂交,但是需要大量制备,纯化,量化,分类 PCR 产物。有的研究者将玻片上覆盖 $20\mu m$ 厚薄层聚丙烯酰胺凝胶作为支持物,采用机械刻写或光刻的方法在其表面划上网格,并用激光照射蒸发掉单元间隙的多余凝胶,以实现 DNA 芯片分区,单元大小为 $40\mu m \times 40\mu m$ 或 $100\mu m \times 100\mu m$ 间隔分别为 $50\mu m$ 和 $100\mu m$。然后将化学方法合成的寡核苷酸探针自动化点样于各个单元内而制成 DNA 芯片,点样速度可达 2000 单元/秒。

11.2.6 基因芯片的实验设计

基因芯片实验设计对样本的选择非常重要,选用有效的样本可以使实验结果可靠。但是基因芯片对样本要求非常高,理想的样本往往得不到。因此,在可选择的范围内,样本的选择和设计非常重要。

1. 待测样本的选择

基因芯片需要的样本来源非常广泛,可以是组织来源的或血液来源的,也可以是培养的细胞或病人的体外分泌物等等,可以根据不同的检测目标选用不同的样本。一般来讲,组织标本比较宝贵,也较难获得,病人付出的代价较高。对内源性基因的检测用活性组织最好,也可以用培养细胞代替,但结果要大打折扣。而对基因功能的研究,培养细胞是一种很好的工具,可以针对不同诱导物的诱导进行基因表达差异的筛选。对外源性病原体的检测,绝大部分用血液(血清或血浆)就可以,部分传染病可以用病人的分泌物或排泄物,但仍有一些基因的检测需要特殊的组织,如梅毒的早期诊断需要选用脑脊液等。

　　2. 对照样本的选择

　　对照样本在研究基因差异表达时是必不可少的,组织表达谱芯片一般选用正常的相同组织与病例组织作为对照;不同病程期的组织也能够进行对照实验,样本的选择最好来源于同一个个体。但选择不同个体不同病程的组织是实际操作过程中常用到的方法。在进行药物疗效分析时,服药前和服药后是一个很好的对照,从准确意义上说,这实际上是基因的诱导表达分析。基因的诱导表达谱更多时候选用培养细胞和动物模型,研究时对照样本往往选择诱导前的正常细胞或动物组织。

　　作为对照用的人的正常组织往往难以获得,因此在某些情况下有必要选用共同参照物(common reference)作为对照。将每一个病理组织与共同参照物进行一个对比,然后分析各个病理组织间的基因表达情况,能够提供相对量的基因表达值。选择共同参照物的前提是其来源必须容易获得,而且其 mRNA 的种类尽可能丰富,在尝试用混合 mRNA 作为共同参照物时取得了很好的效果,如用多个不同细胞系的混合 mRNA 或胎儿各组织的混合mRNA。

　　双色荧光 cDNA 芯片的实验设计包括两个方面:第一是准备实验样本。对样本的处理可以依据它本身的许多特性,如性别或是不同生理状态下的生物体依据研究者感兴趣的方面来设计。每一种处理方法准备至少 2 个样本,以保证生物学上的可重复性;第二是抽提 RNA 样本。技术上的重复可以是两次独立的样本抽提或是一次抽提的两份等量。两组 RNA 分别用不同的染料标记,然后将它们混合和芯片杂交。

　　对照样本在研究基因差异表达时是必不可少的,对照组一般采用 2 种类型的策略以校正数据:特殊参照(special reference)和通用参照(common reference)。特殊参照是与实验组相对应的正常或没有经过处理的组织或细胞,得到的比值直接反映出差异基因的信息。通用参照常用与实验组无关的多种细胞系或组织的混合 mRNA。其好处是来源不受限制,而且mRNA的种类丰富,保证更多的有效点,缺点是只能用于多检测样品的聚类分析,单次实验的信号比值没有意义。

　　在实验的设计中,必须考虑实验组织和参照组织 RNA 样本是否容易得到以及所需的费用,另外还需考虑芯片本身的费用,在设计样本配对时必须根据具体的实验目的来进行设计。另外,芯片上每个点的编排会直接影响到最后数据的标准化和分析。芯片中的所点的样点形成的控制系统包括定性控制系统和定量控制系统。定性控制主要是指对实验过程的控制,包括从芯片制备、样本处理到杂交扫描各环节的监控,目前主要的控制系统有:① 空白点,目的是控制芯片制备过程的污染情况;② 阳性内参,是对实验阳性结果的说明;③ 阴性内参,是对实验阴性结果的说明。在实际应用中,可以设计不同的阳性和阴性内参,针对实验的每一个环节如样本处理、扩增、标记、杂交等步骤进行监控。定量控制是指对实验结果的修正,一般要选用一些定量的内参或已知标量的基因(如管家基因)为对照,对实验样本的检测对象进行一个量化的修正。这些控制点在芯片上应当尽量随机分布以减少相似度。控制系统能提高芯片的精确度,消除由于擦痕,灰尘和污染等带来的误差,并提供信息和校准数据。

　　在个别实验室还采用外参,即选择与研究物种的基因没有同源性的基因作为外参照,通过体外转录制备外参基因的 mRNA,并按一定比例加入待测样本和对照样本的 RNA 中,以便矫正两个样本之间的差异。但由于外参照是在标记前人为加入的,用量也非常少(通常 pg 级),会引进误差,如取样误差、RNA 降解或样本 RNA 定量不准等,都会引入误差,因此不如内参照有用。

11.3　基因芯片数据分析

11.3.1　基因芯片数据基本处理技术

基因芯片能够同时分析大量的信息,包括单核苷酸变异多态性(single nucleotide polymorphisms,SNP)、已表达序列标志(expressed sequence tag,EST)和基因克隆等。用基因芯片测定细胞生长不同时期的基因表达,测定正常组织与肿瘤组织的 DNA 变化,测定用药前后 DNA 发生的变化,测定基因突变等,就可能发现新药,进行疾病的基因诊断、疾病的预报,弄清人类生物学的奥秘。因此,芯片的数据分析显得尤为重要。芯片数据分析主要是通过芯片各点数据的分析比较和芯片间的数据比较来实现的。目前常用的芯片数据分析手段有数据的标准化分析、直观视图分析、统计学分析和生物学分析。

1. 芯片的数据标准化

在芯片实验中,各个芯片的绝对光密度值是不一样的,直接比较多个芯片表达的结果显然会导致错误的结论,因此在比较多个芯片实验时,必须减少或消除各个实验之间的差异。最常用的方法便是芯片数据的标准化处理。标准化的方法可以用特定的对照基因(或叫“管家基因”法),或将各点光密度值或比值除以所有点的平均值法,或附带一些参数(如平均值等)以作为该芯片的内部对照。但至今为止仍无真正意义的理想的标准化方法,特别是对于不同实验室间的芯片数据的比较。

“管家基因”法时比较常用的方法。该法是选择一个通用基因或 DNA 片断作为对照基因,将其固定在芯片上,杂交时将一定量的与之互补的荧光标记探针混合到杂交液中。这样可以将对照点信号与各样点信号比较,其比值便可消除各实验室的差异,从而达到标准化的目的。理想的对照基因应在所有的实验中均能得到可靠的信号,且重现性好,稳定性好,易于推广。然而,目前尚未找到这样的理想对照基因。

除了上述标准化方法外,为比较多个芯片表达的数据,还应严格控制每次实验的条件,如目标 DNA 标记的程度、荧光激发和发射的效率、测定的条件等,使实验在相同的环境和条件下进行。

标准化的方法根据芯片的种类、数据处理的阶段和目的不同而有所差异。这里主要讨论双荧光染色(red and green chip)的 cDNA 微列阵(cDNA microarray)的标准化方法。

(1) 实验数据的预处理(data transformation)

1) 数据过滤(data filtering)

通过图像扫描软件将每个杂交点的光强度转化为表达量时,会产生负的数据值或者 0,这主要是软件的算法对背景噪音处理时所产生的。由于负数和零是不能对数化的,因此,过滤掉污染数据是非常必要的。忽略这些点的信息并不会对整体的分析产生影响,因为这些极弱的信号不足以为基因表达的差异提供证据。

　　数据过滤就是按一个标准过滤掉一些由污染等原因导致的不可靠数据。数据过滤包含两个方面：一是单张芯片的数据过滤。二是多张芯片的数据过滤，比如 GEPAS 数据预处理的过滤就是当缺失值达到某一标准时（如 70%），该基因就被视为表达不可靠数据而被滤掉。

　　常用的可疑数据经验性舍弃方法有：

　　① 标准差或奇异值舍弃法。$S_{ij} < B_{ij} + \chi\sigma_{Bij}$ ［（S_{ij} 为杂交点信号强度的中位值；B_{ij} 为背景信号强度的中位值；$\chi\sigma_{Bij}$ 为背景信号强度的标准差）；或者 $S_{ij} - B_{ij} > c$（c 为奇异值常数）］。

　　② 变异系数法。对单张芯片重复点样的芯片可用变异系数的方法进行过滤，即：变异系数（CV）＝均数（M）/标准差（SD），如果变异系数接近或大于 10%，就认为该数据不可靠而应删除。

　　③ 前景值（FG）＜ 200。

　　④ ［前景值（FG）－平均数］/［前景值（FG）－中位数］＜80%。

　　⑤ 过滤坏形状点等标准。

　　2）数据的描述

　　数据描述的目的是通过图形对数据的分布情况进行初步的判断。常用的方法有散点图和箱图。散点图又包括 RG 散点图和 MA 图（M-A plot）。在 RG 散点图中（图 11-2），远离对角线的基因为表达差异明显的基因。为了更好地观察远离对角线的基因，研究者采用了 MA 图（图 11-3）。MA 图增加了 RG 图差异表达基因的空间，0 水平线上方代表表达上调的基因，水平线下方代表表达下调的基因。图 11-4 为植物根组织的芯片数据 MA 图。

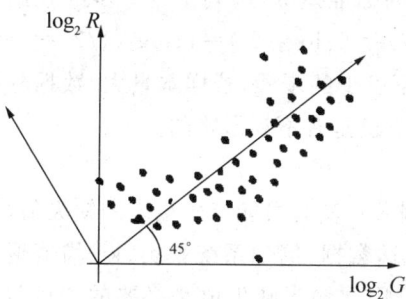

图 11-2　RG 散点图

R 表示红色通道信号；G 表示绿色通道信号

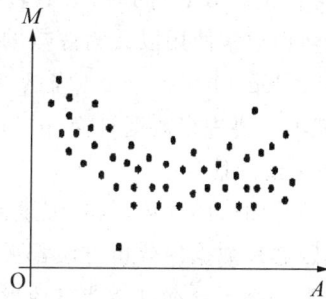

图 11-3　MA 图

$M = \log_2(R/G)$；$A = \dfrac{1}{2}\log_2(R \times G)$

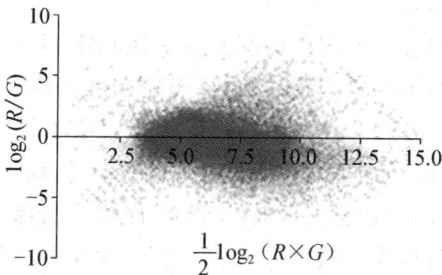

图 11-4　植物组织的芯片数据 MA 图

　　散点图分析基因芯片数据的特点是简单、直观。但是由于散点图一次只能比较两组数据，因此，不能从全局反映基因的动态变化模式，更重要的是，这种方法无法挖掘出基因之间的关系,而这正是人们最关心的生物学问题之一。同散点图相比,箱图一次可以比较多组数据,进而观察不同基因表达的数据分布情况。图 11-5a 代表点样组(print tip)数据标准化前的箱图,每个点样组的箱图长短不一,即 M 值不相等;图 11-5b 代表标准化后的箱图,每个箱图完全一致,即 M 值相等,故箱图对于比较不同基因表达的 M 值是有用的。

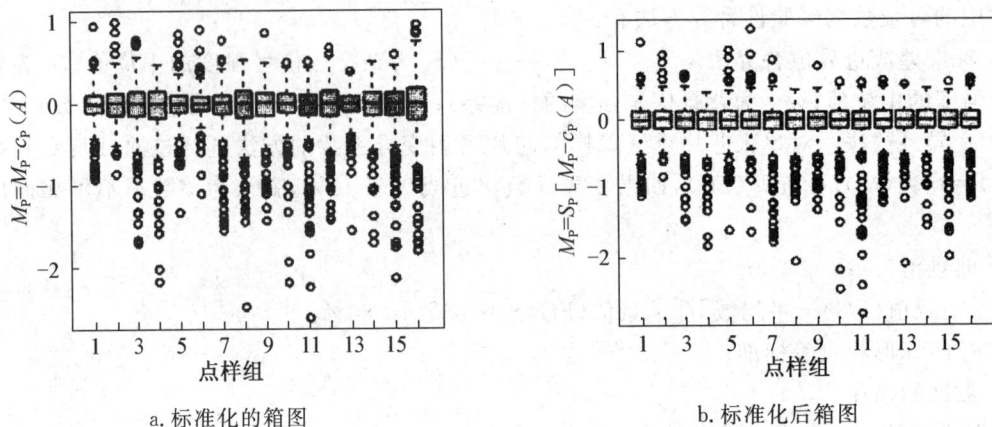

a. 标准化的箱图　　　　　　　　　　　　　　b. 标准化后箱图

图 11-5　箱图

3) 数据的转换

芯片实验的昂贵,决定了芯片数据的小样本和大变量的特点,导致数据分布常为偏态、标准差较大,结果影响了数据的进一步分析。对数转换能使上调、下调的基因连续分布在 0 的周围,更加符合正态分布;同时,对数转换使荧光信号强度的标准差减少,利于进一步的数据分析。数据转换通常使用以 2 为底数的对数转换,即 $\log_2(1)=0$;$\log_2(2)=1$;$\log_2(1/2)=-1$;$\log_2(4)=2$;$\log_2(1/4)=-2$。当然,数据转换并不是必不可少的步骤,若样本量大,数据分布呈正态,就没必要进行数据转换,因为数据转换对数据分析也是有不利影响的。

4) 缺失值的估计

由于芯片图像的损坏、信号强度低、灰尘等原因,基因芯片实验可能产生很多的缺失值,然而很多基因芯片数据的分析方法都要求有完整的基因表达数据,例如系统聚类、k-均值聚类等即使遗失一小部分都可能严重地影响它们的分析结果,因此输入缺失值是必要的。目前常用的方法有奇异值分解(singular value decomposition,SVD)、k-最佳逼近相邻数值加权(weighted k-nearest neighbours,KNN)和行平均值(rowaverage)三种方法。

(2) 数据标准化(data normalization)

当将同一样品进行自身杂交时(即以空白实验为对照),本不应该有真正的差异表达基因出现,但由于芯片实验中涉及的不确定因素很多,不可避免地产生一些偶然误差,例如玻片间的差异、杂交点的位置不同、起始 RNA 量的不等、反转录效率不等、标记方法的不同、荧光渗入效率的差异、杂交效率不等、荧光探测效率不同(cy3 和 cy5 的量子发光率不同,红色常低于绿色)、扫描仪采集数据时设置的参数不同、图像分析软件解析图像时设置的参数和系统偏差等,这些因素导致最后得到的数据受到较大的干扰。进行标准化的目的就是在数据分析中屏蔽这些系统误差,提高数据的精确性。在基因芯片数据标准化时,通常红色光强度用 R 表示,绿色光强度用 G 表示,经由对数值转换计算 M 值,$M=\log_2 R-\log_2 G$,标准化就是希望使 M 值的总和接近 0。

1) 标准化的参照对象

进行标准化前必须确定以什么为参照。根据参照对象的不同,标准化的方法大体上可以分为两大类:一类是基于所有基因中只有相对少的基因发生了显著变化假设的整体标准化(global normalization)。假设红色光强度是绿色光强度的 k 倍(k 为常数),即

$$R = kG$$

则红、绿光之间的关系式为

$$\log_2(R/G) - c = \log_2[R/(kG)]$$

式中: $c = \log_2 k$。

假设表达量上调的基因和下调的基因数是相同的,那么任意两张芯片之间的所有信号总和应该相等,则

$$k = \sum R_i / \sum G_i$$

另一类是基于大多数基因有表达差异的局部标准化的方法,包括通过插入"内标基因"法、"管家基因"法、点样组内标准化法。"内标基因"是指一段外源 DNA 序列,它不会与芯片上其他的任何点(序列)匹配杂交,如动物芯片的每一个样本 mRNA 中加入相等数量的植物基因的 mRNA,并以它进行标准化。管家基因是指在参与比较的细胞中,已知表达量不会发生变化的基因,如 Actb(β 肌动蛋白)、Gapd(3 -磷酸甘油醛脱氢酶)基因等。由于"内标基因"和"管家基因"表达稳定,故可以作为参照基因。点样组内标准化(within-print-tip-group normalization)是在芯片的制作过程中,点样组基因探针(probe)的点印针头(print-tips)也是产生变异的可能原因之一,因为每一次点印在芯片上的基因浓度会因点印针头的不同而有所差异,因此,在点印针头将基因分组之后再进行标准化,可以减少误差的影响。

2) 标准化的计算方法

标准化的计算方法有平均数标准化、中位数标准化、线性回归、非线性回归(如 lowess)、方差模型(ANOVA)等。如强度依赖性标准化(intensity dependent normalization)就是假设红、绿光之间的差异会受到每一个杂交点信号强度的影响,则红、绿光的关系式为

$$\log_2(R/G) - c(A) = \log_2\left[\frac{R}{k(A)\,G}\right]$$

$$A = 1/2 \cdot \log_2(RG)$$

由于在生物芯片的实验中,大部分的基因表达是没有显著差异的,因此,若将全部的基因放入计算回归式,可能会产生较大的误差。因此,研究者利用局部加权散点平滑法[lowess (locally weighted scatterplot smoother) normalization]来取代简单直线回归标准化中的 $c(A)$。然而每一种方法都有其优势和劣势,比如方差模型计算的公式如下:

$$\log_2 y_{ijkg} = \mu + A_i + D_j + V_k + G_g + (AG)_{ig} + (VG)_{kg} + \varepsilon_{ijkg}$$

式中: μ 代表所有平均信号强度; A 为阵列的影响; D 为染料的影响; V 为样本的影响; G 为基因的影响; AG 为阵列和基因的相互作用; VG 为样本和基因的相互影响。

由于标准化和表达水平的估计使用了同一个模型,其优点是易于解释每一个可能的影响因素,其缺点是模型的假设(常数的加性效应)可能不是真的。影响的因子越多,交互作用也多,如上式还有 $(AD)_{ij}$ 等,因此,将引起模型选择的困难,一般都将变异量小的因子的作用或交

互作用归为随机误差(random error)项。

3) 标准化的类型

标准化的类型有四种:芯片内的标准化、荧光交换的成对芯片标准化、多张芯片之间的标准化、平行实验的不同芯片之间的标准化。标准化是为了纠正系统误差,使不同的芯片间具有可比性。

① 芯片内的标准化(within slide normalization)

芯片内的数据标准化主要是去除每张芯片的系统误差,这种误差主要是由荧光染色差异、点样机器(arrayer print-tip)或者杂交试验所产生的。芯片内数据标准化的常用方法是局部加权回归分析——lowess 标准化(lowess normalization)。

Lowess 回归分析是一种非参数回归方法,也称为散点平滑法,在计算两个变量的关系时采用开放式算法,不套用现成的函数公式,所拟合的曲线可以很好地描述变量之间关系的细微的变化。比如在分析某一点(x, y)的变量关系时,lowess 回归的步骤如下:

a. 首先确定以 x 为中心的一个区间(window)内参加局部回归的观察值的个数 q。q 值设得越高,则得到的拟合曲线越平滑,但对变量关系的细微变化越不敏感;小的 q 值会对细微的变化很敏感,但是得到的拟合曲线变得很粗糙。

b. 定义区间内所有点的权数。权数由权数函数来决定,任一点的权数是权数函数的曲线的高度。

c. 对每个区间内的 q 个散点拟合一条直线,拟合直线描述这个区间内的变量关系。

d. 拟合值 y 就是在 x 点的 y 的拟合值。

依照上面四个步骤,对所有的点都计算拟合值,最终得到一组平滑点,最后把这些平滑点用短直线连接起来,就得到了 lowess 的回归曲线。

$$\log_2(R'/G') = \log_2(R/G) - \text{loessi}(A)$$

每一点的 $\log_2(R/G)$ 减去该点的经过 lowess 加权函数得到值,得到残差即为 M(纵坐标)。根据不同的加权函数可以得到不同的 lowess 拟合曲线。Lowess 标准化前后见图 11-6。常用的还有整体 lowess 标准化(global lowess normalization)、二维 lowess 标准化(2-dimension lowess normalization)等。

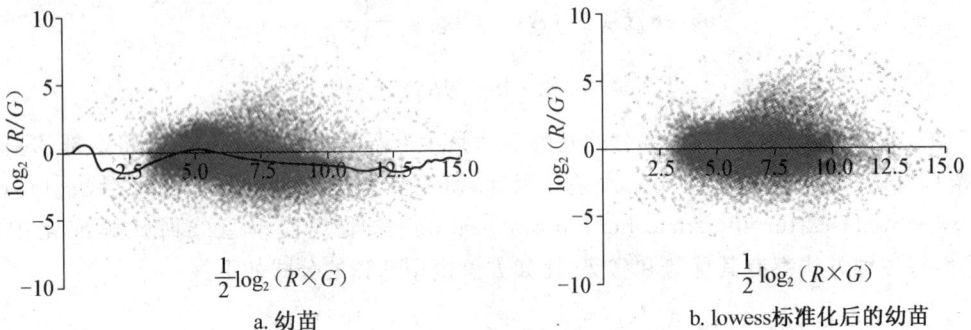

图 11-6 lowess 标准化

② 荧光交换的成对芯片标准化

对于芯片 1,$M_1 = \log_2(R/G) - c$;对于芯片 2,$M_2 = \log_2(R'/G') - c'$。成对芯片标准化的目的就是使 $M_1 = M_2$,即

$$[\log_2(R/G) - c] - [\log_2(R'/G') - c'] \approx \log_2(R/G) + \log_2(G'/R') = \log_2[(RG')/(GR')]$$

③ 多张芯片间的数据标准化(cross slide normalization)

多张芯片之间的标准化方法与荧光交换的成对芯片标准化方法类似,即 $M_1 = M_2 = M_3 = M_n$,使每一张芯片都具有相同的中位数绝对偏差,或者以某一张芯片为标准,对其他芯片的信号点进行调整。设芯片 a 上的参照基因平均值为 M_a,芯片 b 上的参照基因平均值为 M_b,现在以芯片 b 为标准,对芯片 a 的信号点进行调整,公式为

$$f^*(x) = f(x) \times (M_b/M_a)$$

式中:$f(x)$ 是芯片 a 上的 x 个信号标准化前的荧光强度函数;$f^*(x)$ 是标准化后的荧光强度函数。

基因芯片数据的标准化仍然存在不少问题。比如,"管家基因"并不是如我们想象的那样一致地表达,使用管家基因标准化后可能引入另外一个潜在的偏差;染料交换重复实验对于消除染料误差看起来是可行的,但是在样本量有限时是不可取的。可见标准化对随后的数据分析有着明显的影响,而不同的标准化方法又存在着性能的差异。

由于六种组织(细胞、叶片、花序、根、地上部、分蘖)是分别在六张芯片上做杂交试验的,因此,第一步的标准化是将六张试验芯片的数据调整到同一水平,常用的方法是平均数、中位数标准化(mean or median normalization)。即将组实验的数据的 log ratio 中位数或平均数调整为 0。

④ 平行实验数据的标准化

一般芯片的杂交实验很容易产生误差,所以对于 1 个样本经常要做 3～6 次重复实验。平行实验间的数据差异可以通过分位数标准化(quantile normalization)去除。总平行实验的前提条件是假设 n 次实验的数据具有相同的分布,其算法主要分为三步:

a. 对每张芯片的数据点排序。

b. 求出同一位置的几次重复实验数据的平均值,并用该平均值代替该位置的基因的表达量。

c. 将每个基因还原到本身的位置上。

印序标准化(print-order normalization)

在芯片试验中,还有很多操作过程是导致偏差产生的因素,比如点样的顺序、杂交的顺序、托盘的不同等。在大部分实验中,可以通过以上介绍的几种方法对数据进行校正,但在有些试验中,由于背景噪声过强,还要进行有针对性的数据标准化,如 print-order normalization 等。

2. 芯片数据的视图分析

视图分析是最简单、最直接、最直观的分析方法。通常用散点图(二维和三维)、直方图和饼图直观地显示芯片表达的结果,对于结果较为明显的数据,可以直接做出判断。

3. 芯片的生物学分析

生物学分析是根据视图分析的结果,结合生物学知识做出相关判断。时间过程分析(time course analysis)是使用较多的一种方法,可以用于分析细胞生长不同时期的基因表达、正常组织与肿瘤组织的 DNA 变化、测定用药前后 DNA 发生的变化、基因突变等。

生物芯片的数据处理目前仍在发展之中,并不断有新的技术或方法被应用,随着生物芯片的广泛应用,芯片的数据处理将日臻完善。

11.3.2　基因芯片数据的统计分析

基因芯片数据统计分析按表达谱分析进程不同分为以下几类：

1. 差异基因表达统计分析

对于使用参照实验设计进行的重复实验，可以对两个样本的基因表达数据进行差异基因表达分析，具体方法包括倍数分析、t 检验、方差分析等。

(1) 倍数变化(fold change，FC)分析

倍数变化分析是最早应用于基因芯片数据分析的方法。该方法是通过对基因芯片的 ratio 值从大到小排序。ratio 是 cy3/cy5 的比值，又称 R/G 值，一般在 $0.5\sim2.0$ 范围内的基因不存在显著表达差异，该范围之外则认为基因的表达出现显著改变。由于实验条件的不同，此阈值范围会根据可信区间有所调整。处理后得到的信息再根据不同要求以各种形式输出，如柱形图、饼形图、点图等。该方法的优点是需要的芯片少，节约研究成本；缺点是结论过于简单，很难发现更高层次功能的线索，除了有非常显著的倍数变化的基因外，其他变化小的基因的可靠性就值得怀疑了。这种方法对于预实验或实验初筛是可行的。此外，倍数取值是任意的，而且可能是不恰当的，例如，假如以 2 倍为标准筛选差异表达基因，有可能没有 1 条入选，结果敏感性为 0，同样也可能出现很多差异表达基因，结果使人认为倍数筛选法是在盲目地推测。

(2) t 检验(t – test)

差异基因表达分析的另一种方法是 t 检验，当 t 超过根据可信度选择的标准时，比较的两样本被认为存在着差异。但是 t 检验常常受到样本量的限制，由于基因芯片成本昂贵，重复实验又很费时，小样本的基因芯片实验是很常见的，但是小样本导致了不可信的变异估计。为了克服这种缺点，研究者提出了调节性 t 检验(regularized t – test)，它是根据在基因表达水平和变异之间存在着相互关系，相似的基因表达水平有着相似的变异这个经验，应用贝叶斯条件概率(贝叶斯定理)统计方法，通过检测同一张芯片临近的其他基因表达水平，可以对任何基因的变异程度估计进行弥补。这种方法对于基因表达的标准差估计优于简单的 t 检验和固定倍数分析法。

(3) 方差分析(analysis of variance，ANOVA)

方差分析又称变异数分析或 F 检验。其目的是推断两组或多组资料的总体均数是否相同，检验两个或多个样本平均数的差异是否有统计学意义，可用于差异基因表达研究。方差分析需要参照实验设计，参照样本常用多种细胞的 mRNA 混合而成，由于所有的细胞同时表达的基因众多，结果低表达基因在样本混合后就被稀释而减少了参照样本的代表性，因此，增加参照样本的细胞不会提高参照样本的代表性。方差分析能计算出哪些基因有统计差异，但它没有对哪些组之间有统计差异进行区分，比如用单因素方差分析对 A、B、C、D 四组进行分析，对于某一个基因，方差分析能够分析出 A 组与 B、C、D 组之间有差异，但是 B、C、D 之间无统计学意义。这就需要使用均值间的两两比较(pair comparisons)检验，该检验是对经方差分析后的基因进行下一水平更细节的分析。即 t 检验只能用于检验两个样本的平均值是否存在显著性差异，而两两比较检验考虑了多于两个样本的平均值间的比较。

上述所有的参数分析方法必须平衡假阳性、假阴性错误。控制假阳性率有四种方法：

① 邦弗朗尼(Bonferroni)方法。计算公式为

$$\text{修正的 } P \text{ 值} = P \text{ 值} \times n$$

式中：n 为检测的基因数。

如果修正的 P 值仍小于错误率（如 0.05），则该基因将属于有表达差异的基因。

② Bonferroni Step-down（Holm）法。这种校正方法与邦弗朗尼方法很相似，但没有前者严格。

a. 每个基因的 P 值按从小到大排列；

b. 对排在第一位的基因的 P 值进行如下修正：

$$\text{修正的 } P \text{ 值} = P \text{ 值} \times n$$

式中：n 为基因列表中的所有基因数目。

若修正的 P 值<错误率（如 0.05），则该基因显著。

c. 对排在第二位的基因的 P 值进行如下修正：

$$\text{修正的 } P \text{ 值} = P \text{ 值} \times (n-1)$$

若修正的 P 值<错误率（如 0.05），则该基因显著。

d. 对排在第三位的基因的 P 值进行如下修正：

$$\text{修正的 } P \text{ 值} = P \text{ 值} \times (n-2)$$

若修正的 P 值<错误率（如 0.05），则该基因显著。

依次按照上述方法对列表中的基因进行检测，直到没有基因被检测到显著为止。

③ Westafall & Young 参数法。前面两种方法都是单独对 P 值进行纠正，本方法通过同时对所有基因进行排序，充分利用基因间的独立性进行 P 值纠正。先将每个基因的 P 值按原始资料的排序进行计算；再将资料划分为人工组和对照组而产生新的数据，采用新数据计算所有基因的 P 值，新 P 值再与以前的 P 值进行比较，上述过程重复很多次，最后计算出纠正 P 值。如果纠正 P 值仍小于错误率（如 0.05），则该基因将属于有表达差异的基因。

④ Benjamini & Hochberg 假阳性率法。该方法是四种方法中最不严谨的方法，因此可能产生很多的假阳性和假阴性结果。其方法如下：首先对每一个基因的 P 值由小到大排序，最大的 P 值保持不变，P 值第二大的基因按下列公式计算 P 值：

$$\text{修正的 } P \text{ 值} = P \text{ 值} \times [n/(n-1)]$$

若修正的 P 值<错误率（如 0.05），则该基因显著。

P 值第三大的基因按下列公式计算 P 值：

$$\text{修正的 } P \text{ 值} = P \text{ 值} \times [n/(n-2)]$$

若修正的 P 值<错误率（如 0.05），则该基因显著。

以此类推，若 $P<0.05$，则为有差异基因。

（4）非参数分析（nonparametric analysis）

由于微阵列数据存在"噪声"干扰而且不满足正态分布假设，因此使用 t 检验和回归模型进行筛选可能有风险。非参数分析并不要求数据满足特殊分布的假设，所以使用非参数分析对变量进行筛选虽然粗放，但还是可行的。目前用于基因表达谱数据分析的非参数分析除了传统的非参数 t 检验（nonparametric t-test）、Wilcoxon 秩和检验（Wilcoxon rank sun test）等外，一些新的非参数方法也应用于基因表达谱数据的分析中，如经验贝叶斯法（empirical Bayes method）、芯片显著性分析（significance analysis of microarray，SAM）、混合模型法（the mixture model method，MMM）等。参数分析的缺点是分析数据有假设检验，比如改变样本中的变异可明显影响分析结果，对于同样数据的转换（如对数），其分析结果也有明显的影响。非参数分析对于避免这种情况的发生更有效，但是它对表达数据分析的敏感性不如参数分析。

（5）回归分析（regression analysis）

目前使用的一些简单的参数分析方法是通过数据转换（如对数）来达到正态分布为假设前提的，或者是利用估计的经验分布，然而这两种方法对基因表达数据可能都是不合理的，非参数方法忽视了数据的分布，而参数方法又会误判数据的分布。基因表达谱的回归分析是可以处理多个基因变量间线性依存关系的统计方法，于是研究者们提出了使用回归分析基因表达谱数据。

2．聚类分析

聚类分析的目的在于辨别在某些特性上相似的事物，并按这些特性将样本划分成若干类（群），使同类事物具有高度同质性，而不同类事物则有高度异质性。聚类分析是通过建立各种不同的数学模型，把基于相似数据特征的变量或样本组合在一起。由于归为一个簇的基因在功能上可能相似或关联，从而可以找到未知基因的功能信息或已知基因的未知功能。但是由于使用数据转换、标准化等因素，对聚类分析结果的影响较大；此外，聚类只是为了寻求类，不管所聚的类别是否有意义。

（1）系统聚类（hierarchical clustering，HCL）

系统聚类是将n个样本各作为一类，计算n个样本两两之间的距离，构成距离矩阵，合并距离最近的两类为一新类，计算新类与当前各类的距离，再合并、计算，直至只有一类为止。系统聚类法是第一个被应用于基因表达谱数据分析的聚类方法。由于结果的可视化和基因间关系的明确表现，它广泛地应用于基因表达谱的肿瘤亚型分类和幸存率研究中。

（2）k-均值聚类（K-means clustering，KMC）

k-均值聚类是先选择初始凝聚点，根据欧氏距离系数，将每个样品归类，各类的重心代替初始凝聚点，根据欧氏距离将每个样品不断地归类，直至分类达到稳定。k-均值算法是采用误差平方和为准则函数的动态聚类方法，其计算快速，适合于大规模的数据计算。但是k-均值聚类也有不足之处，它对初始凝聚点比较敏感，如果初始凝聚点没有选择好，就可能集合在标准功能值的局域极小值上。而另一个问题在于它是完全无结构的方法，聚类的结果是无组织的。

（3）自组图（self-organizing map，SOM）聚类

神经网络中邻近的各个神经元通过侧向交互作用彼此相互竞争，自适应地发展成检测不同信号的特殊检测器，这就是自组织特征映射的含义。其基本原理是将多维数据输入成几何学节点，相似的数据模式聚成节点，相隔较近的节点组成相邻的类，从而使多维的数据模式聚成二维节点的自组织映射图。自组织映射图允许对类进行调整，属于监督聚类。自组织映射图分类标准明确，优化的次序好于其他聚类法。

（4）二向聚类（two-way clustering，TWC）

基因表达谱常采用单向聚类法（one-way clustering），即要么以整个样本中特性相似的基因进行聚类，或者以基因表达相似的样本进行聚类。对样本和基因同时进行聚类就是二向聚类。目前基因表达谱的数据分析常用的二向聚类法有基因剃须（gene shaving，GS）和格子模

型(plaid models)。基因剃须是通过基因的共同表达值或表达量来鉴定基因的亚类，基因表达谱分析方法常用监督进行聚类，没有考虑一个基因可能属于多个类。基因剃须对基因或样本进行分类既可以是监督的，也可以是非监督的。

（5）混合聚类

所谓混合聚类就是先非监督聚类再监督聚类。其优点是可以整合多种聚类方法的优点。目前混合聚类受到越来越多研究者的关注，如由于基因芯片数据的复杂性和多维性，为利于基因表达谱数据的处理，有必要对复杂多维的原始数据进行简化处理。

3. 判别分析

判别分析(discriminant analysis)能够依据样本的某些特性判别样本所属类型。与聚类分析不同的是，判别分析是在用某种方法将研究对象分成若干类的前提下，建立判别函数，用以判定未知对象属于已知分类中的哪一类。基因判别分析(有监督学习)是在已有数据的基础上建立分类器，并利用所建立的分类器对未知样品的功能或状态进行预测。目前使用的判别分析方法主要有：

（1）费希尔判别分析(Fisher discriminant analysis,FDA)

费希尔判别分析是以线性函数为准则进行判别。

（2）贝叶斯网络(Bayesian networks)

也称为因果网络(causal networks)，是描述数据变量之间依赖关系的一种图形模式，是一种用来进行推理的模型。贝叶斯网络为人们提供了一种方便的框架结构来表示因果关系，这使得不确定性推理在逻辑上更为清晰,更好理解。

（3）支持向量机(support vector machines, SVMs)

支持向量机是数据挖掘中的一个新方法。支持向量机能非常成功地处理回归问题(时间序列分析)和模式识别(分类问题、判别分析)等诸多问题，它通过训练一种"分类器"来辨识与已知的共调控基因表达类型相似的新基因。

（4）决策树(decision trees)

决策树是一种常用于预测模型的算法。它通过将大量数据有目的的分类，从中找到一些有价值的、潜在的信息。其主要优点是描述简单，分类速度快，特别适合大规模的数据处理。

（5）人工神经网络法(artificial neural network,ANN)

ANN 是一种应用类似于大脑神经突触连接的结构进行信息处理的数学模型。在这一模型中，大量的节点(或称神经元、单元)之间相互连接构成网络，即"神经网络"，以达到处理信息的目的。其优势是运行分析时无需在心目中有任何特定模型，而且，神经网络可以发现交互作用效果(如年龄和性别的组合效果)。

4. 其他分析

（1）主成分分析(principal component analysis,PCA)

在大规模基因表达数据的分析工作中，由于组织样本例数远远小于所观察基因个数，如果直接采用前述聚类分析可能产生较大误差,故需要对聚类算法进行改进。目前已经提出很多改进的方法，其中较为流行的方法是应用主成分分析方法对数据进行分析。主成分分析的目的是要对多变量数据矩阵进行最佳综合简化。使用的方法是寻找这些变量的线性组合(称之为主成分)，使这些主成分间不相关. 为了能用尽量少的主成分个数去反映原始变量间提供的变异信息，要求各主成分的方差从大到小排列，第一主成分最能反映数据间的差异。主成分分析通过合并原来的维数得到更少的维数来表示对象，同时要求新的维数必须尽可能地反映原有维数所反映的信息，它有较少的信息丢失。主成分分析有助于简化分析和多维数据的可视化。

（2）基因网络分析（gene network analysis）

基因表达分析包括三个层次：首先是单基因水平，即比较对照组与实验组的每个基因是否存在表达差异，这主要指差异基因表达分析；其次是多基因水平，如按照基因的共同功能、相互作用、共同表达等进行的聚类分析；最后是系统水平，即以基因网络形式解释和理解生命现象。在生物体系中，基因从来不是单独起作用的，它们相互作用，呈网络状联系，因此，从网络的观点分析基因表达谱数据必然会导致对生物系统的更高层次的理解。

11.3.3　基因芯片数据分析的常用软件

1. 基因芯片综合分析软件

ArrayVision 7.0　一种功能强大的商业版基因芯片分析软件，不仅可以进行图像分析，还可以进行数据处理，方便 protocol 的管理，功能强大。

Arraypro 4.0　Media Cybernetics 公司的产品。该公司的 gelpro、imagepro 一直因精确度高而成为同类产品中的佼佼者，相信 arraypro 也不会差。

phoretix Array　Nonlinear Dynamics 公司的基因芯片综合分析软件。

J-express　挪威 Bergen 大学编写，是一个用 JAVA 语言写的应用程序，界面清晰漂亮，用来分析微矩阵实验获得的基因表达数据，需要下载安装 JAVA 运行环境 JRE1.2（5.1M）后，才能运行。

2. 基因芯片阅读图像分析软件

ScanAlyze 2.44　由斯坦福大学编制的基因芯片阅读软件，进行微矩阵荧光图像分析，包括半自动定义格栅与像素点分析。输出为分隔的文本格式，可很容易转化为任何数据库。

3. 基因芯片数据分析软件

Cluster　由斯坦福编制的对大量微矩阵数据组进行各种簇分析与其他各种处理的软件。

SAM　Significance analysis of microarrays 的缩写，为微矩阵显著性分析软件、EXCEL 软件的插件，由斯坦福大学编制。

4. 基因芯片聚类图形显示

TreeView 1.5　由斯坦福大学开发的软件，用来显示 Cluster 软件分析的图形化结果，现已和 Cluster 成为了基因芯片处理的标准软件。

FreeView　基于 JAVA 语言的系统树生成软件，接收 Cluster 生成的数据，相对 TreeView 增强了某些功能。

5. 基因芯片引物设计

Array Designer 2.00　DNA 微矩阵软件，批量设计 DNA 和寡核苷酸引物工具。

11.3.4　表达谱数据的网络资源

TmaDB　是一个为取得与 TMA 相关数据的组织芯片数据库，合并大量为 API（病理学信息协会)许可的 TMA 数据的公开发表的常用数据因子。

TMAD　斯坦福组织芯片数据库,贮存来自组织芯片试验及其相应的染色组织图像的原始和加工数据,此外还提供数据修改,数据集合、分析和显现及标准格式的输出。

SMD(Stanford microarray database)　斯坦福微阵列数据库,贮存来自微阵列试验的原始和标准化数据,并为研究者提供数据修改、分析和显现网络界面。其网址为 http://genome-www. stanford. edu/microarray/

SIEGE　是一个分析上皮细胞基因表达的临床资源。

SAGEmap　提供专为不同类型 SAGE 分析的统计测验设计。

rOGED　提供 28,000 多个老鼠卵巢基因时空表达全局的快速分析。

RefExA　人类基因表达分析的参照数据库。

PEPR(public expression profiling resource)　是一个用标准化试验平台访问大量的多维数据集和多种疾病表达全局的数据库。

OncoMine　提供癌基因或癌症类型微阵列数据。

NASCarrays　诺丁汉拟南芥材料中心微阵列数据库。

MEPD(Medaka gene expression pattern database)　Medaka 基因表达模式数据库,用于储存在胚发育过程中基因表达信息。

MAMEP(molecular anatomy of the mouse embryo project)　老鼠胚基因表达数据。

MAGEST　是一个海鞘类生物母体基因表达信息数据库。

M3D　许多微生物微阵列数据库。

LOLA(list of lists annotated)　主要列出在不同微阵列试验中鉴定的基因集的比较。

Kidneydevelopment database　建立肝脏发育数据库主要用于在一个地方收集大量发育研究数据。

Interferonstimulated gene database Interferons(IFN)　是一个激活一整套基因的多功能细胞因子家族,基因产物受 IFN 诱导,负责抗病毒。

Internationalgene trap consortium database　主要存放国际老鼠基因陷阱协会数据。

HugeIndex(human gene expression index)　人类基因表达索引,为高密度寡核苷酸阵列,是一个揭示人类各种组织、器官的全局基因表达变化。

GPX‐Macrophage(GPX‐MEA)　巨噬细胞表达图,是一个依据一定范围巨噬细胞表达的在线资源。

GEO(gene expression omnibus)　用作各种高通量试验数据公共库。

GENSAT(gene expression nervous system ATlas)　捕获老鼠基因大脑和神经系统信息数据库。

GeneTide　一个整套基因卡片的转录组成员。

GeneTrap　用于存放一个胚胎干细胞基因陷阱插入文库的表达模式。

GeneNote　是一个正常成人组织基因表达数据库。

GenePaint　老鼠基因表达模式数据库。

Geneexpression in tooth database　牙组织基因表达数据库。

GAN(gene aging Nexus)　是一个有关生物老年心理医学研究团体数据采集平台,可以为用户分析、问询和构架老化相关基因组数据。其网址为 http://gan. usc. edu。

EMAGE　是一个关于老鼠发育胚基因表达谱的免费数据库。

dbERGEII　是一个有关基因表达试验结果数据库，主要贮存各类试验的详细结果。目前在数据库中可以获得 DNA 转化试验（转染和转基因鼠）、结合测定（胶转移、活体印迹、离体印迹和甲基化干扰）、超敏位点和芯片试验（ChIP）。

CycleBase　主要贮存来自细胞周期芯片研究的基因表达谱，是一个为研究者提供检查和下载细胞周期数据集的中心标准化的资源，包括单个试验及组合数据集的最新水平分析。

CleanEx　是一个表达参照数据库，连接异源表达数据库以方便数据集的比较。

CEBS　是一个集合毒理基因组学、微阵列和蛋白质组学数据的数据库，整合所有实验的研究设计、临床病理学和组织病理学，能够鉴别关键研究因子。

CATMA（complete arabidopsis transcriptome microarray）　完整拟南芥转录组微阵列，包括拟南芥基因序列标签（GST）　和拟南芥基因组 70％以上的基因以及 GST 扩增的引物序列和广泛的互补信息。

CAGE　是一个贮存 CAGE 产生原始资源的基础分析数据库，用于测定大量转录 5′－末端序列的转录起始位的表达水平。

BarleyBase　是一个整合数据显现和统计分析的植物微阵列在线数据库。其网址为 http：//www.BarleyBase.org。

Axeldb　是一个贮存整合爪蟾大规模原位杂交鉴定的基因表达模式和 DNA 序列数据库。

ArrayExpress　是一个基于基因表达数据新微阵列公共数据库。

5′SAGE　基因表达 5′-末端系列分析。

4DXpress　用于种间杂交表达谱的比较数据库。

11.4　蛋白质芯片

11.4.1　蛋白质芯片的概念

蛋白质芯片又称蛋白质微阵列（protein microarray），是指固定于支持介质上的由蛋白质构成的微阵列。它最早是在生物功能基因组学研究中，作为基因芯片功能的补充发展起来的。蛋白质芯片技术是根据蛋白质-蛋白质相互作用规律，将各种蛋白质有序地固定于滴定板、滤膜和载玻片等各种载体上而形成的高通量蛋白质检测技术。标记了特定荧光或酶的抗生素体的蛋白质或其他成分与芯片作用，经漂洗将未能与芯片上的蛋白质互补结合的成分洗去，再利用荧光扫描仪或电荷偶合器件（charge-couple device，CCD）成像仪，测定芯片上各点的荧光强度或酶底物产生的颜色深度，通过荧光强度或酶底物产生的颜色深度分析蛋白质与蛋白质之间相互作用的关系，由此达到测定各种蛋白质含量和功能的目的。固定在载体上的物质可以是抗体、抗原、受体、配体、酶、底物以及蛋白质结合因子等。其主要特点是通过已知蛋白质来检测相配对的未知蛋白质，或者从多种已知蛋白质中筛选出相互间有作用的蛋白质-蛋白质复合物，还可以研究蛋白质- DNA、蛋白质- RNA、蛋白质-小分子等的相互作用。这种新技术使研究人员可以在一次实验中比较生物样品中成百上千种蛋白质的相对丰度及相互间作用关系，相对于传统技术而言，效率大为提高。从理论上讲，蛋白质芯片可以对各种蛋白质、抗体以及配体进行检测,弥补基因芯片检测的不足,该方法不仅适合于抗原、抗体的筛选,同样也可用于受体、配体的相互作用的研究,具有一次性检测样本巨大、相对消耗低、计算机自动分析结果以及快速、准确等特点。但由于蛋白质制备的困难、蛋白质的稳定性及制备技术等因素的限制,蛋白质芯片在应用上远不如基因芯片成熟。在实际应用中,抗体芯片技术最为成熟,主要依赖于商品化的蛋白及其抗体。

11.4.2　蛋白质芯片制备原理

蛋白质芯片制备原理主要基于抗原-抗体特异性结合反应(antigen-antibody reaction),这种反应可发生在体外,也可发生在体内。蛋白质芯片反应一般分为两个阶段:第一为抗原与抗体发生特异性结合阶段,此阶段反应快,仅需几秒至几分钟,但不出现可见反应;第二为可见反应阶段,抗原-抗体复合物在环境因素(如电解质、pH 值、温度、补体)的影响下,进一步交联和聚集,表现为凝集、沉淀、溶解、补体结合介导的生物现象等肉眼可见的反应,此阶段反应慢,往往需要数分钟至数小时。抗体芯片就是利用体外的抗原-抗体反应来完成检测。抗原与抗体能够特异性结合是基于两种分子间的结构互补性与亲和性,这两种特性是由抗原与抗体分子的一级结构决定的。影响抗原-抗体特异性结合的因素有抗原和抗体的物理性状、抗体的类型及环境因素。涉及的作用力包括电荷引力、范德华力、氢键、疏水作用,其中疏水作用对于抗原-抗体的结合是很重要的,提供的作用力最大。由于抗原-抗体反应依赖于两者分子结构的互补性,因此抗原-抗体反应具有特异性、可比性和可逆性等特点。

11.4.3　蛋白质芯片的制备

1. 固体芯片的构建

常用的材质有玻片、硅、云母及各种膜片等。理想的载体表面是渗透滤膜(如硝酸纤维素膜)或包被了不同试剂(如多聚赖氨酸)的载玻片。外形可制成各种不同的形状。Lin 等人采用 APTS-BS3 技术增强芯片与蛋白质结合程度。

2. 探针的制备

低密度蛋白质芯片的探针包括特定的抗原、抗体、酶、吸水或疏水物质、结合某些阳离子或阴离子的化学基团、受体和免疫复合物等具有生物活性的蛋白质。制备时常常采用直接点样法,以避免蛋白质的空间结构改变,从而保持它和样品的特异性结合。

高密度蛋白质芯片一般为基因表达产物,如一个 cDNA 文库所产生的几乎所有蛋白质均排列在一个载体表面,其芯池数目高达 1600 个/cm², 呈微矩阵排列,点样时需用机械手进行,可同时检测数千个样品。

3. 生物分子反应

使用时将待检的含有蛋白质的标本,如尿液、血清、精液、组织提取物等,按一定程序做好层析、电泳、色谱等前处理,然后在每个芯池里点入需要的种类。一般样品量只要 $2\sim10\mu L$ 即可。

根据测定目的不同可选用不同探针结合或与其中含有的生物制剂相互作用一段时间,然后洗去未结合的或多余的物质,将样品固定一下等待检测即可。

4. 信号的检测及分析

直接检测模式是将待测蛋白用荧光素或同位素标记,结合到芯片的蛋白质就会发出特定的信号,检测时用特殊的芯片扫描仪扫描和相应的计算机软件进行数据分析,或将芯片放射显影后再选用相应的软件进行数据分析。间接检测模式类似于 ELISA 方法,标记第二抗体分子。该法操作简单,成本低廉,可以在单一测量时间内完成多次重复性测量。以上两种检测模式均基于阵列为基础的芯片检测技术。目前,国外多采用质量电荷(mass spectrometry,MS)分析基础上的新技术,如表面加强的激光离子解析-飞行时间质谱技术(SELDI-TOF-MS),可使吸附在蛋白质芯片上的靶蛋白离子化,在电场力的作用下计算出其质量电荷比,与蛋白质数据库配合使用,来确定蛋白质片段的相对分子质量和相对含量,可用来进行检测蛋白质谱的变化。光学蛋白质芯片技术是基于 1995 年提出的光学椭圆生物传感器的概念,利用具有生物活性的芯片上靶蛋白感应表面及生物分子的特异性结合,可在椭偏光学成像观察下直接测定多种生物分子。

11.4.4　蛋白质芯片的分类

目前,蛋白质芯片主要有三类:

1. 蛋白质微阵列

哈佛大学的 Macbeath 和 Schreiber 等报道了通过点样机械装置制作蛋白质芯片的研究。他们将针尖浸入装有纯化的蛋白质溶液的微孔中,然后移至载玻片上,在载玻片表面点上 1nL 的溶液,然后用机械手重复机操作,点不同的蛋白质。利用此装置可固定大约 10,000 种蛋白质,并用其研究蛋白质与蛋白质间、蛋白质与小分子间的特异性相互作用。Macbeath 和 Schreiber 首先用一层小牛血清白蛋白(BSA)修饰玻片,可以防止固定在表面上的蛋白质变性。由于赖氨酸广泛存在于蛋白质的肽链中,BSA 中的赖氨酸通过活性剂与点样的蛋白质样品所含的赖氨酸发生反应,使其结合在基片表面,并且一些蛋白质的活性区域露出。这样,利用点样装置将蛋白质固定在 t3SA 表面上,制作成蛋白质微阵列。

2. 微孔板蛋白质芯片

Mendoza 等在传统微滴定板的基础上,利用机械手在 96 孔的每一个孔的平底上点样成同样的四组蛋白质,每组 36 个点(4×36 阵列),含有 8 种不同抗原和标记蛋白,可直接使用与之配套的全自动免疫分析仪测定结果。该芯片适合蛋白质的大规模、多种类的筛选。

3. 三维凝胶块芯片

三维凝胶块芯片是美国阿贡国家实验室和俄罗斯科学院恩格尔哈得分子生物学研究所开发的一种芯片技术。三维凝胶块芯片实际上是在基片上点布 10000 个微小聚苯烯酰胺凝胶块,每个凝胶块可用于靶 DNA、RNA 和蛋白质的分析。这种芯片可用于筛选抗原,抗体,研究酶动力学反应。该系统的优点有:凝胶块后三维化能加入更多的已知样品,提高检测的灵敏度;蛋白质能够以天然状态分析,可以进行免疫测定,受体,配体研究和蛋白质组分分析。

11.4.5　蛋白质芯片的应用

1. 用于疾病诊断和疗效判定,即生物学标志的检测

蛋白质芯片能够同时检测生物样品中与某种疾病或环境因素损伤可能相关的全部蛋白质的含量变化情况,即表型指纹(phenomic fingerprint)。对于疾病的诊断或筛查来讲,表型指纹要比单一标志物准确、可靠得多。此外,表型指纹对监测疾病的进程和预后,判断治疗的效果也具有重要意义。蛋白质芯片的探针蛋白的特异性高、亲和力强,受其他杂质的影响较低,因此对生物样品的要求较低,简化了样品的前处理,甚至可以直接利用生物材料(血样、尿样、细胞及组织等)进行检测。由于蛋白质芯片的高通量性质,加快了生物标志物发现和确认的速度。

2. 用于研究蛋白质相互作用

酵母双杂交是近年来研究蛋白质相互作用的主要方法。该技术是体内方法,易于操作,应用范围广,但无法分析不能被转运到细胞核内的蛋白质,假阳性和假阴性高。蛋白质芯片技术由于是在体外条件下进行操作,并直接检测目标蛋白质,不需要酵母作为中介,突破了酵母双杂交系统技术上的局限性。蛋白质芯片技术必将成为研究蛋白质互作的理想工具。

3. 用于发现药物或毒物新靶点及其作用机制研究

疾病的发生、发展与某些蛋白质的变化有关。如果以这些蛋白质构筑芯片,对众多候选化合物进行筛选,直接筛选出与靶蛋白作用的化合物,将大大推进药物的开发。

4. 用于生化反应的检测

对酶活性的测定一直是临床生化检验中不可缺少的部分。Cohen用常规的光蚀刻技术制备芯片、酶及底物加到芯片上的小室,在电渗作用中使酸及底物经通道接触,发生酶促反应。通过电泳分离,可得到荧光标记的多肽底物及产物的变化,以此来定量测定酶促反应结果。动力学常数的测定表明该方法是可行的,而且,荧光物质稳定。

5. 用于蛋白质的筛选及功能研究

常规筛选蛋白质主要是在基因水平上进行的基因水平的筛选虽已被运用到任意的 cDNA 文库,但这种文库多以噬菌体为载体,通过噬菌斑转印技术(plaque life procedure)在一张膜上表达蛋白质。但由于许多蛋白质不是全长基因编码,而且真核基因在细菌中往往不能产生正确折叠的蛋白质,况且噬菌斑转移不能缩小到毫米范围进行,因此,这种方法具有一定的局限性,这可以靠蛋白质芯片弥补。酶作为一种特殊的蛋白质,可以用蛋白质芯片来研究酶的底物、激活剂、抑制剂等。

6. 存在问题

蛋白质芯片技术与基因芯片技术相比较,还处在起步阶段,在芯片的制备、具体应用过程以及结果的检测方面还有很多的不足,主要表现在:

(1) 灵敏度

大部分病原微生物分子含量很低,必须经过信号放大才能检测到。目前常用的信号放大技术是 PCR,PCR 虽然能扩增目的基因,但如果单独采用,PCR 技术又不能够体现生物芯片的高通量特点,因此,新的信号放大技术是蛋白质芯片广泛应用急待解决的问题。

（2）准确度

虽然蛋白质芯片技术能对肝炎病毒感染所引发的一系列免疫反应进行监测，但芯片实验的准确性在一定程度上受限于所选择的抗原或抗体的来源、纯度与特异性，并且蛋白类抗体的生产与应用存在着抗原性、免疫原性的强弱、异源抗体的类风湿因子和自身抗体的干扰、罕见抗体的高工作量筛选、克隆株（细胞）的不易保存、无法标准化生产、体内与体外的识别特异性差异、抗体-靶相互作用的动力学参数、对温度敏感所发生的不可逆变性等因素，限制了蛋白质芯片技术优势的发挥。

（3）密度

高密度芯片对病原体准确识别、比较基因组学分析、分型、突变分析及耐药检测是必须的。目前，制备高密度芯片的方法主要是美国 AFFYMERTRIX 公司的光蚀刻合成专利技术，由于受专利保护，限制了该技术的普遍应用。近来报道的喷印及分印章原位合成技术虽然避开了专利，但尚不成熟。因此，发展新的高密度合成技术势在必行。

（4）普及度

目前蛋白质芯片技术只限于在少数条件好的实验室进行，对于大多数实验室来讲，由于其设备昂贵，需要一定的时间才应普及。

蛋白质芯片技术在新世纪里不仅会对认识基因组与人类健康错综复杂的关系、对疾病的早期诊断和疗效监测等会产生巨大的推动作用，而且在其他相关领域（如环境保护、食品卫生、生物工程、工业制药等）也将具有广阔的发展前景。特别是随着人类基因组计划的完成，一个以研究蛋白质功能为重点的后基因组时代已拉开序幕，许多人预言，蛋白质芯片技术将从根本上改变生物学和生物技术的观点和效率，为生命科学的发展作出卓越贡献。

11.5　细胞芯片

11.5.1　细胞芯片的概念

细胞作为生物有机体结构和功能的基本单位，其生物学功能容量巨大。利用生物芯片技术研究细胞，在研究细胞的代谢机制、细胞内生物电化学信号识别传导机制、细胞内各种复合组件控制以及细胞内环境的稳定等方面都具有其他传统方法无法比拟的优越性。目前，细胞芯片指的是充分运用显微技术或纳米技术，利用一系列几何学、力学、电磁学等原理，在芯片上完成对细胞的捕获、固定、平衡、运输、刺激及培养等精确控制，并通过微型化的化学分析方法，实现对细胞样品的高通量、多参数、连续原位信号检测和细胞组分的理化分析等研究目的。新型的细胞芯片应满足以下三个方面的功能：① 在芯片上实现对细胞的精确控制与运输；② 在芯片上完成对细胞的特征化修饰；③ 在芯片上实现细胞与内外环境的交流和联系。

11.5.2　细胞芯片的特点

基于细胞芯片的研究分析是一种具有较高通量的技术，以细胞作为实验平台的细胞芯片至少具有以下三个方面的特点：① 在芯片上实现对活细胞的原位监测，可以多参数高通量地直接获得与细胞相关的大量功能信息(即关于细胞对各种刺激的应答信息),这是细胞芯片最重要的特点;② 通过活细胞分析,获得细胞相关的分析信息(主要是关于各种刺激物的数量、质量等相关方面的信息);③ 利用显微技术和纳米技术能精确地控制细胞内的生物化学环境,以细胞作为化学反应的纳米反应器,便于详细地研究细胞内一系列过程和原理的本质。

11.5.3　细胞芯片的分类和应用

1. 整合的微流体细胞芯片(integrated microfluidic cell chip)

整合的微流体细胞芯片是一种高度平行化、自动化的集成微型芯片装置,对细胞样品具有预处理和分析的能力,又称微全分析系统(integrated micro total analysis system,μTAS)。通过在芯片上构建各种微流体通道体系,并运用不同的方法在流体通道体系中准确控制细胞的传输、平衡与定位,进而实现对细胞样品进行药物刺激等实验过程的原位监测和细胞组分的分析等研究。国外学者在芯片上设计了一种具有三维流动控制概念的装置。该装置包含一条流体通道和一个中心伸展的"V"字形屏障,屏障以具有斜坡的一面对应于流体通道。屏障斜坡是细胞平衡、固定的关键结构,细胞的平衡、固定是通过控制流体通道中试剂流体的流动速度、斜坡对细胞的支持力和细胞向下的重力相互作用完成的。他们在该装置上实现了单个酵母细胞的培养、去除胞壁、扫描、梯度药物浓度刺激和细胞荧光测量等研究。另有研究者在芯片上设计了一种并行于流体通道的带有"码头"的"坝"结构,通过网状流体路和"坝"的长短分配药剂流,产生药剂的浓度梯度。他们选择了 Ca^{2+} 吸收呈 ATP 依赖型的 HL60 细胞作为模型,检测了诱导显著的细胞内 Ca^{2+} 信号行为的 ATP 浓度阈值,利用细胞芯片原位监测细胞对系列药物浓度梯度刺激的胞内应答行为。瑞典兰德大学神经生理学院的研究者选用 HeLa 细胞作为模式细胞,在芯片上监测细胞内已报道的基因活性并检测了这些基因表达的条件,以减少基因的不确定表达。有学者在芯片上进行了单细胞毛细管电泳分离,并在芯片上构建多重并联的毛细管通道,以满足高通量分析和避免分离样品交叉污染的需求。此外,还有在芯片上同时构建流路和分离、排列、定位细胞所需空间的微孔或沟槽等结构的芯片类型,用于细胞的多参数检测筛选。整合的微流体细胞芯片制作方法多样,类型不一,发展较快,应用的范围也比较广泛,内容涉及细胞的固定培养、鉴定筛选、分化刺激、原位检测、药物开发筛选和组分分析等各个方面。

2. 微量电穿孔细胞芯片(microelectroporation cell chip)

当给细胞一定的阈电压时,细胞膜具有短暂的强渗透性。利用细胞膜的这种特性将外源 DNA、RNA、蛋白质、多肽、氨基酸和药物试剂等精确地转导入靶细胞的技术称为电穿孔技术。该技术能直接应用于基因治疗。微量电穿孔细胞芯片正是将这种技术与生物芯片技术相结合的产物,是细胞操作调控微型化的一种手段。该技术采用一种微型装置,将细胞与芯片上的电子集成电路相结合,利用细胞膜微孔的渗透性,通过控制电子集成电路使细胞面临一定的电压,电压使细胞膜微孔张开,从而在不影响周围细胞的情况下将外源 DNA、RNA、蛋白质、多肽、氨基酸和药物试剂等生物大分子或制剂等顺利地导入或从靶细胞中提取出来,并进行后续研究。这种技术为研究细胞间遗传物质的转导、变异、表达以及控制细胞内化学反应提供了可能。有研究者运用聚二甲基硅氧烷等材料构建了电穿孔细胞芯片,他们在芯片上构建一条长 2cm、高 $20\mu m$ 的流体通道,通过指数衰变式脉冲发生器对通道内的细胞进行电穿孔实验，测量了细胞电穿孔时的各种参数，原位观察了碘化丙啶被 SKOV3 细胞株吸收的全过程，并成功地用绿色荧光标志的蛋白基因转染了 SKOV3 细胞，监测了活细胞内 DNA 逆传的规律。此外，也可以采用纳米针和纳米管等显微操作穿刺细胞膜，并在芯片上构建纳米通道，完成向单细胞注射或提取所需样品。

3. 细胞免疫芯片（cell immunochip）

细胞免疫芯片是一种新型的细胞芯片技术，是在蛋白质芯片的基础上发展起来的。它是以细胞为研究对象，利用免疫学原理和微型化操作方法，实现对细胞样品的快速检测和分析。它的免疫学基础是抗原或抗体的固相化、抗原与抗体特异性反应及抗原或抗体的检测方法（如荧光标记、酶标记及放射标记等）。它是一种应用范围广、经济实用性强的生物芯片技术。

（1）细胞免疫芯片的原理

根据捕获细胞的检测要求将不同的抗原或抗体以较高密度固定在经过修饰的玻片等载体上，并保持其活性不变，形成抗原或抗体微阵列，然后利用细胞表面抗原与抗体等免疫学特异性反应原理，通过抗原或抗体微阵列和细胞悬液样品的反应捕获待测目的细胞，将未结合在芯片上的细胞和非特异性结合的细胞从芯片上洗脱，而靶向细胞将结合在微阵列的不同抗体或抗原点上。结合在不同抗体或抗原点上的细胞代表了不同的细胞免疫表型，从而完成对细胞分离、分类及检测目的，或者继续对细胞样品进行标记和其他方面的后续研究。

（2）细胞免疫芯片的特点

目前，细胞免疫芯片主要应用于细胞的检测，与其他的细胞检测方式相比，它具有以下几个特点：① 利用抗体和细胞表面抗原的特异性反应原理，检测表达特异性表面抗原的细胞，具有较高的特异性；② 由于芯片的密度较高，获得的信息量较大，可以高通量、高平行性地综合检测、分析细胞样品，一次可以检测同一或不同样品细胞的多种表达抗原；③ 适用范围广，凡是可以制成细胞悬液的样品均可进行检测；④ 操作简便、灵活，染色、标记等步骤可根据实验要求增加或删减，且无须价格昂贵的检测设备，普通显微镜即可检测，经济实用。

（3）细胞免疫芯片的制作

细胞免疫芯片的制备主要以玻片为基底，通过对玻片表面进行化学修饰，以使生物分子固定后仍保持原有的生物活性。玻片表面的化学修饰有多种方式：三维修饰，如琼脂糖、聚丙烯酰胺凝胶修饰等；二维修饰，如醛基、氨基修饰等。琼脂糖修饰由于操作简便。对生物分子的固定能力较强而应用较多。将所需要的抗体或抗原样品按一定的排布方式点样到经过修饰的玻片上，形成微阵列芯片。待被检测细胞悬液（荧光标记或非标记）在微阵列芯片上进行孵育结合后，洗去未结合的细胞，则被检测细胞被捕获于芯片表面。可以直接在芯片上检测，也可以将目标细胞洗脱后培养进行间接检测。直接检测快捷、简单。对于荧光标记的细胞免疫芯片，用激光扫描细胞仪进行扫描，然后通过计算机分析出每个点的平均荧光强度；对于酶标记的细胞免疫芯片，只需显色后将检测细胞放在光镜下观察，用 CCD 照相机进行拍摄记录结果，将信号通过计算机处理得到每个点的灰度即可。间接检测根据对样品的要求不同而采用不同的方法。

（4）细胞免疫芯片的应用

细胞免疫芯片为发展靶向免疫诊断、治疗肿瘤和其他细胞表面抗原相关疾病提供了一种新型研究方法。细胞免疫芯片由于对生物样品的要求较低，使得样品的预处理大为简化，因此，应用范围广泛，凡是可以制成细胞悬液的样品（如淋巴细胞悬液、其他细胞或组织等生物样品等）都可以进行检测。以红细胞为材料制作细胞免疫芯片，将抗体固定在琼脂糖修饰的玻片上，通过固定的抗体与细胞表面的抗原反应捕获细胞。国外研究者根据不同的白血病在白细胞质膜上分化抗原（CD）组表达的差异，进行了白血病免疫分型实验。他们运用较高密度的抗体微阵列，在一次测定中可以快速检测 50 种以上的白细胞或白血病细胞的分化抗原，他们分别从正常的外周血白细胞、慢性白血病细胞、多毛白细胞、上皮淋巴细胞、急性淋巴白细胞、T 细胞介导的急性淋巴白血病细胞等样品中获得了清楚且重复性好的结果，并验证了 48 种分化抗原在芯片上和流式细胞仪上分析结果的吻合性，在白血病的辅助诊断和预后判断等方面都提供了充足的理论依据，显示了细胞免疫芯片应用在白血病免疫诊断及预后判定方面的诱人前景。基于类似的原理，运用光蚀刻技术在玻片上构建了聚乙二醇水凝胶组成的规格分别为 $20\,\mu m \times 20\,\mu m$ 与 $15\,\mu m \times 15\,\mu m$ 的微孔，并将微孔内的玻片根据不同的需求进行修饰，选择性地结合淋巴细胞特异性抗体或其他细胞黏附因子，从而形成高密度抗体或细胞因子芯片。该芯片的突出优点是不仅可以根据细胞表面抗原、抗体分化信息对白细胞进行免疫分型，而且可以运用激光捕获微切割技术在芯片上有选择地对细胞内的基因和蛋白质组进行分析检测。细胞免疫芯片在新药物的开发筛选等方面亦将提供强有力的技术支持。如筛选新药物时，利用芯片上的靶细胞筛选与其作用的新药物，或者根据细胞表面特定抗原是否表达，通过芯片上的抗体微阵列来筛选经过不同新药物处理过的细胞，不仅可以提高药物开发的效率，而且实现了药物筛选的敏感性、高通量和自动化的集成。

11.6 组织芯片

11.6.1 组织芯片的概念

组织芯片又称组织微阵列（tissue microarray，TMA），是将数十个、数百个乃至上千个小组织按预先设计的需求整齐地排列在一张载玻片上而制成的缩微组织切片。组织芯片技术是近年来基因芯片技术的发展和延伸，与细胞芯片、蛋白质芯片一样，为一种特殊生物芯片技术。组织芯片技术可以将数十个甚至上千个不同个体的临床组织标本按预先设计的顺序排列在一张玻片上进行分析研究，是一种高通量、多样本的分析工具。

组织芯片技术可以与 DNA、RNA、蛋白质、抗体生物分子标记等相结合，与传统的病理学技术、组织化学及免疫组化技术相结合，在基因、基因转录和相关表达产物生物学功能三个水平上进行研究。这对人类基因组学的研究与发展，尤其是在基因和蛋白质与疾病关系的研究、疾病相关基因的验证、新药物的开发与筛选、疾病的分子诊断、治疗过程的追踪和预后等方面具有重大意义。

11.6.2 组织芯片的制备

制备组织芯片的两个关键步骤是制备受体石蜡块和从供体石蜡块中精确采集微量样品。虽然目前仍然有很多研究机构采用纯手工方法进行操作，但是各种商业化的机械制备仪的制作效率和精度更高。

　　Beecher 仪器公司的组织阵列排布仪是目前使用较多的制备仪。制备仪包括操作平台、特殊的打孔采样装置和一个定位系统。打孔采样装置对供体组织石蜡块进行采样，也可对受体石蜡块进行打孔。定位装置可使穿刺针或受体石蜡块线性移动，从而制备出孔径、孔距、孔深完全相同的组织芯片石蜡块。

　　受体石蜡块的尺寸一般为 45mm×25mm，高度以 5～10mm 为宜。石蜡的边缘常留下 2.5～3mm 的空白，以防止因石蜡质量不好而被撕裂。阵列中两个相邻的样本之间的距离为 0.65～1mm。纯手工操作和机械化排布仪所用的打孔采样针的直径为 0.6～2.0mm。根据针直径的不同，在一张载玻片上可以排列 40～1000 个组织标本。一般按照样本数目的多少，将组织芯片分为低密度芯片（<200 点）、中密度芯片（200～600 点）和高密度芯片（>600 点）。常用的组织芯片含有的组织标本的数为 50～800 个。根据研究目的不同，芯片可以分成肿瘤组织芯片、正常组织芯片、单一或复合芯片、特定病理类型芯片等数十种组织芯片。

　　按常规切片方法进行连续切片，平均每个微阵列石蜡块可以切片 100～200 张（厚 4～8μm）。每切 40 张应取 1 张进行 HE 染色，以鉴别组织学类型是否仍具代表性。

　　可选用“辅助切片胶带转移”系统（包括胶膜、光胶玻片和紫外线灯等）进行制片。其使用过程是，将配套胶膜平整地粘附于组织芯片石蜡块表面，切片刀在胶带下方切片。切下的纤薄组织片即可粘附在胶膜上，再将有组织的胶膜面平放在光胶玻片上，并于紫外线灯下照射约 30s，待纤薄组织片与光胶玻片牢固粘连后，去掉胶膜，即制成了组织芯片。但是，也有研究者不建议使用该系统，因为使用不当会产生假阴性结果，尤其是在进行荧光原位杂交分析时。

　　典型组织病变部位对于研究疾病的发生、发展和演变十分重要，因而从每一个组织标本块上进行正确的抽样对于构建组织芯片十分重要。可以通过常规制作 HE 染色切片和显微镜检查与分析来实现对典型病变部位所在石蜡块的选择和定位。在初步评估并选定供体石蜡块以及制作完组织芯片后，建议将这些供体石蜡块妥善保存，这将有助于以后重新评估实验和利用相同供体重建组织芯片。另外，还应该将这些供体石蜡块的基本信息，如组织芯片的坐标轴、供体组织编号以及相应的临床信息等收集在一个专用的电脑文档里。

11.6.3　组织芯片的检测方法和结果分析

　　组织芯片可进行免疫组织化学、原位杂交、荧光原位杂交、原位 PCR 及原位 RTPCR 等适于大组织片的原位检测，可与基因芯片、蛋白质芯片相结合，组成完整的基因表达分析系统。到目前为止，对组织芯片的分析仍多局限于人工或半自动化分析方式，即通过人工操作逐一对组织样本进行定位观察、摄取图像，再利用现有图像分析手段进行结果的分析。这种分析方式显然制约了组织芯片的检测效率，且易出现漏检、重检。在许多学者的共同努力下，组织芯片的分析技术已向自动化方向发展。目前已开发出一套具有自动摄像、注册、智能存档功能的网络系统，该系统可供多个用户使用，还可对组织芯片的免疫组织化学结果进行可靠的检测和定量分析。国外科学家建立了一种对组织芯片进行自动定量分析的新技术，可用于蛋白的亚细胞定位。

11.6.4　组织芯片在药物研究中的应用

（1）药理评价

众所周知,肿瘤中 Her2/neu 的表达是应用针对 Her2/neu 特异性靶点的药物进行治疗的前提。该靶向治疗法已在乳腺癌治疗中取得较好疗效。但目前对于恶性黑色素瘤 Her2/neu 表达的报道存在差异,如应用组织芯片技术对 600 例恶性黑色素瘤进行免疫组织化学检测,发现仅 31 例(5.2%)Her2/neu 表达阳性,从而提出针对 Her2/neu 特异性靶点的药物对绝大多数恶性黑色素瘤患者,尤其是预后不良者效果不佳。

（2）药物靶点筛选

研究正常组织与病理组织中基因表达的差异是发现疾病发生机制的重要方法,也是发现新药筛选靶点的重要手段。国外有学者通过构建含良性前列腺增生、前列腺上皮内瘤、局限性前列腺癌、激素抗性前列腺癌和远处转移灶的组织芯片以寻找激素和化疗抵抗性前列腺癌的新治疗靶点,发现 p53、bcl2、Syndecan1、EGFR 和 Her2/neu 在激素抗性前列腺癌和远处转移灶中高表达,提示应用这些靶点抑制物可能是其治疗的新策略。

（3）在免疫组织化学质控中的应用

免疫组织化学是一种常用的技术。该技术虽已应用数十年,但不同实验室的结果仍存在较大差异,这主要是不同实验室采用的抗原修复方法、染色方案、抗体及对染色结果的解释等不同所致,为此需进行质量控制。而根据特异蛋白的表达情况指导临床诊疗的方法已日益受到关注,因此迫切需要一种可对其进行质量控制并促进其标准化的方法。组织芯片技术能确保实验样本间内部和外部条件最大程度的一致,有助于促进染色过程和对结果解释的标准化。

（4）在测试生物试剂中的应用

生物试剂的品种越来越多,需要对其特异性和敏感性进行测试,这种测试需要对大量不同来源的组织、阳性和阴性对照组织进行检测。若用传统的方法对每种生物试剂逐一进行测试,需耗费大量的人力、物力和财力。组织芯片技术的推广使这种测试变得简易而准确。此外,病理医师也有必要了解新购置生物试剂的敏感性和特异性及其应用范围,以便正确选用,组织芯片的出现使这一愿望的实现成为可能。国内有学者应用组织芯片在 152 例不同肿瘤和正常组织中对 CK20 的灵敏性和特异性进行检测,发现其灵敏性在上消化道(25%)远低于下消化道(80%)。而据试剂公司介绍,CK20 主要用于标记胃肠道上皮及其来源的肿瘤,提示在做上消化道原发肿瘤与转移肿瘤的鉴别诊断时,应考虑选择 CK20 是否可靠。近年来,国外有学者提出利用琼脂糖模型和石蜡来包埋培养的细胞以制作组织芯片的方法,使得血液系统疾病的组织芯片研究成为可能,进一步拓展了组织芯片的应用范围。

习　题

1. 简述生物芯片的基本概念、特点及分类。

2. 简述基因芯片的定义、发展历程及应用。

3. 简述基因芯片的基本原理。

4. 如何制作一张成功的基因芯片?

5. 根据你的试验目标,如何设计芯片试验?

6. 基因芯片的数据处理方法有哪些?

7. 列出基因芯片的数据统计分析基本方法。

8. 如何对现有的基因芯片数据进行标准化?

9. 目前基因芯片的数据分析软件有哪些?

10. 列出现有的表达谱数据的网络资源。

11. 简述蛋白质芯片的概念、制作的基本原理及应用。

12. 简述细胞芯片的概念、分类及应用。

13. 简述组织芯片的概念、分类、特点及应用。

14. 根据你所学的知识,预测一下未来生物芯片的发展趋势。

参考文献

1. 伍亚舟,张彦琦,黄明辉,杨梦苏,曾志雄,易东. 基因芯片表达数据的标准化策略研究. 第三军医大学学报,2004,26(7):594 - 597.

2. 张天浩,张春平,张光寅,陈瑞阳. DNA 芯片制作原理及其杂交信号检测方法. 生物工程进展,2000,20(2):64 - 68.

3. 吴斌,沈自尹. 基因芯片表达谱数据的预处理分析. 中国生物化学与分子生物学报,2006,22(4):272 - 277.

4. 吴 斌,沈自尹. 基因表达谱芯片的数据分析. 世界华人消化杂志,2006,14(1):68 - 74.

5. 王永煜,张幼怡. 基因芯片数据分析与处理,生物化学与生物物理进,2003,30(2):321 - 322.

6. 张诗武,张永亮,魏焕萍,刘静. 组织芯片技术及其应用. 武警医学院学报,11(2):125 - 127.

7. J. H. Do, D. K. Choi. Normalization of microarray data:single-labeled and duallabeled arrays. *Molecular Cells*, 2006,22(3):254 - 261.

8. M. Schena. *Protein microarrays*. Sudbury:Jones and Bartlett Publishers,2004.

9. P. Stafford. *Methods in microarray normalization*. Boca Raton:CRC press,2008.

10. G. K. Smyth,T. P. Speed. Normalization of cDNA microarray data. *Methods*,2003,31:265 - 273.

第 12 章

生物信息学在计算机辅助药物设计中的应用

在药物科学的发展过程中,根据研究手段和方法的不同,药物的发现大致经历了随机筛选、定向发掘和合理设计三个阶段。在随机筛选阶段,人们主要致力于从天然产物中提取、分离、纯化和鉴定生理或药理活性成分,这些成分被直接用作药物。在定向发掘阶段,分子药理学和酶学的发展使人们对药物的作用原理有了更深刻的认识,人们可以基于更加准确的生物活性模型假说来合成和筛选新的药物。同时,得益于有机化学理论和合成技术的发展,大批化学合成药物投入临床使用,化学药物在很多疾病的治疗方面获得了前所未有的成功。但是,传统的药物设计仍然无法满足社会对新药的迫切需求。首先,对一些疑难病症,如肿瘤、心脑血管疾病和免疫性疾病,传统药物的治疗水平较低,而且研究周期长,花费大;另外,某些传统药物的毒副作用较大,根据世界卫生组织的统计,住院病人中因为用药不当引起不良反应的发生率为 $10\% \sim 20\%$,其中死亡率为 5%。随着人类对药物的药效和安全性的要求越来越高,对传统的药物合成、筛选和评价手段提出了新的挑战。因此,人们提出了合理药物设计(rational drug design)的概念,即依据与药物作用的靶点(即广义上的受体,如酶、受体、离子通道、膜、抗原、病毒、核酸、多糖等),寻找和设计合理的药物分子。合理药物设计主要通过对药物和受体的结构在分子水平,甚至电子水平上的全面、准确的了解,进行基于结构的药物设计;通过对靶点的结构、功能、与药物作用方式及产生生理活性的机理的认识进行基于机理的药物设计。

生物信息学、化学信息学(chemoinformatics)、基因组学、蛋白质组学、组合化学、计算化学、计算机科学、化学计量学(chemometrics)等学科的交叉和融合,对现代药物设计发生了巨大的影响。具体表现在:① 通过生物信息学方法对基因组和蛋白组的研究,以及生物芯片技术对新的药物靶标的探测和验证,可避免药物筛选的盲目性和提高筛选速度;② 根据靶标的生物和结构信息以及化合物的性质,结合计算化学技术和数据库对化合物进行高通量的预筛选;③ 结合生物、化学信息学,对化合物进行定量构效关系研究,不仅能对未知化合物的活性进行预测,深入了解结构和活性之间的关系,还能够帮助了解药物-靶标的作用机理,为化合物的修饰和改造提供信息。因篇幅所限,本章将着重介绍生物信息学在新药靶标发现、药物筛选和评价、定量构效关系方面的应用。

12.1　生物信息学用于新的药物靶标的发现和确认

12.1.1　合理药物设计

　　一般来说,现代药物发现过程可分为以下几个步骤:① 靶标的鉴定和确证;② 先导化合物的发现和结构优化;③ 预临床试验;④ 临床试验;⑤ 新药审批。新药的研发是一项投入巨大的系统过程,一般来说,一个全新药物从开始研究到投放市场大约需要10~15年的时间,耗资10亿~15亿美元。新药的研发需要建立合适的筛选模型,该模型不仅要能够准确地模拟药物在人体内的生理效果,还要能快速地筛选药物,以便从大量的结构中找出有活性的先导化合物。早期的药物开发是基于生物活性模型的假说来合成新化合物,然后通过组织或动物实验来筛选活性结构,实验操作复杂,速度慢,而且由于目的性不强,效率低下,往往需要测试上万种化合物,才能得到一个新药。

　　合理药物设计首先需要找到药物作用的靶标。当前已发现的药物靶标大约有500个,其中,受体类靶标占45%,酶占28%,激素和因子类占11%,离子通道、DNA和核受体分别占5%、2%和2%,另外尚有7%的未知药物靶标。随着人类基因组工程的完成和生物信息学的发展,全新的药物作用靶点将被不断发现。据保守估计,在人类的全部基因序列中就有5000多种可能作为药物靶标的功能蛋白,由此可见生物信息学研究对于发现新的药物作用靶标的巨大作用。

　　基于功能基因组学、蛋白质组学等学科所提供的丰富的数据信息和大量的应用软件,生物信息学方法已经大大缩短了发现药物靶标的过程。目前用于靶标发现的生物信息学技术主要包括序列比对、基因的发现和功能预测、基因组分析、蛋白质组分析、蛋白质三维结构预测等。通过比较基因组学,利用多重序列比对软件(如 FASTA、BLAST 等)对核酸序列进行同源性比较,可以对特定基因进行功能预测,帮助寻找药物作用靶标。通过蛋白质组学研究,在大规模水平上获得蛋白质在健康/疾病状态下的表达水平和形态上的差异等信息,建立蛋白质组谱图,通过生物信息学的数据分析方法,发现与疾病相关的蛋白质,进而发现和确认有效的药物靶标。生物芯片技术是进行基因组学和蛋白组学研究的重要手段,利用蛋白质芯片技术,有多种途径可以帮助发现药物靶标,如通过直接筛选特定的蛋白质组和检测用药前后蛋白质的变化来寻找靶蛋白,还可以比较在健康/疾病状态下的组织、细胞中的蛋白质表达差异来寻找药物靶标。

12.1.2　生物信息学用于发现药物靶标的应用实例

　　Kapp 等用包含950个基因探针的基因芯片研究了霍奇金氏病细胞系 L428 及 KMH2 与EB病毒永生化的 B 淋巴细胞系 LGL-GK 的基因表达谱,发现霍奇金氏病源的细胞系中白细胞介素-13(IL-13)及白细胞介素-5(IL-5)的表达异常增高,用 IL-13 抗体处理霍奇金氏病源细胞系则可显著抑制其增殖。该研究表明,IL-13 可能以自分泌形式促进霍奇金氏相关细胞增殖,IL-13 及其信号传导途径可能成为霍奇金氏病治疗及药物筛选的新靶点。

Michael 等用基于含有肺结核杆菌基因组可读框的 97% 的序列的基因芯片,对使用抗结核杆菌药物异烟肼诱导前后表达的变化进行了分析,结果表明肺结核杆菌中脂肪酸合成酶 II、FbpC、efpA 等几个基因的差异性表达与耐药性有关,可以作为潜在的药物靶标。

另外,Service 等用 DNA 芯片对抗药性不同的两株酵母菌 596 和 YJM789 进行了研究,其中酵母菌 596 对放线菌酮有抗药性,而 YJM789 对放线菌酮比较敏感,将这两种菌株杂交,并对所有抗药子代菌株进行标记分析,将抗放线菌酮相关基因定位于 15 号染色体内 1 个包含 57000 个碱基对的区域内。

在非典(SARS)感染的防治过程中,通过将 SARS 冠状病毒的基因组序列和其他冠状病毒的基因组序列进行多序列比对,首先确认了 SARS 冠状病毒是一种冠状病毒的新变体。通过对多个 SARS 冠状病毒的基因组序列进行多序列相似性比对分析,发现这些序列的差别极小,说明在测序期间,SARS 病毒并未发生较大的转型,因此可以通过基因组和蛋白质组学分析找到抗击 SARS 病毒的有效作用靶点。进而可通过生物信息学发现 SARS 病毒基因可以编码 25 种蛋白质,继而结合其他冠状病毒的生活史推断出其中的 3CL 蛋白酶是 SARS 冠状病毒的主要蛋白酶,在 SARS 病毒的复制过程中起重要作用,它可作为药物设计的关键靶标之一。

必须指出,无论采用何种基因组和蛋白质组分析方法,必须利用生物信息学方法对所得数据进行分析,如进行背景消除、标准化等预处理步骤和分类、特征选择等处理,才能从大量的数据点中挑选出与疾病相关的蛋白质或基因作为药物靶标。

12.2　生物信息学在药物筛选中的应用

在确定了药物的靶标之后,需要设计和合成化合物库,进而针对药物靶标进行筛选以获得先导化合物。组合化学利用基本的小分子单元,通过化学或生物合成的方法,根据组合原理,巧妙构思,反复连接,可在短时间内产生大批分子多样性群体,形成化合物库。对于如此庞大的化合物库,传统的基于组织或动物实验来筛选活性结构的方法显然不能满足要求,发展高通量的药物筛选技术势在必行。本节将介绍虚拟筛选技术和基于生物芯片的高通量筛选技术。

12.2.1　虚拟筛选技术

虚拟筛选,也称"计算筛选",是根据一定的计算模型,对期望的性质进行预测和估计,进而发现具有开发前景的化合物。在某些条件下,虚拟筛选所获得的活性化合物的阳性率比高通量筛选更高。虚拟筛选可大大降低实际实验筛选的化合物数量,缩短研发周期,节约研究经费。

基于配体和基于生物大分子靶标结构的方法都可用于虚拟筛选。前者如定量构效关系研究和药效团法;后者包括蛋白质三维结构预测、活性位点分析和分子对接技术等。本小节仅介绍基于生物大分子靶标结构的虚拟筛选,定量构效关系方法将在 12.3 节中做专门介绍。如果已知靶标分子和配体结合的三维结构,我们可将待筛选分子按照同样的模式与受体对接,根据得分函数评价不同结构的分子与受体对接的能力,进行类药性评价,选择化合物进行实验测试。如果没有配体的信息,也可采用全新药物设计方法进行配体设计,或者运用三维结构搜索方法从化合物库中寻找那些表面能与受体结合部位的形状和表面互补的化合物。因此,靶标的三维结构的确定是基于结构的药物设计的关键。

尽管蛋白质靶标的三维结构可通过 X 单晶衍射技术和核磁共振波谱测定,但目前对于很多重要的药物靶点,仍然难以解析其三维空间结构,在此种情况下,可根据蛋白质的一级结构对蛋白质的三级结构进行预测。此部分内容在本书第 8 章中已有详细介绍,故不再赘述。

12.2.2　虚拟筛选技术在药物设计中的应用实例

在上文提及的 SARS 例子中,在确定 3CL 蛋白酶可作为 SARS 冠状病毒的靶标后,用同源建模的方法预测其三维结构,经活性位点分析,表明该酶属于半胱氨酸蛋白酶,这就大大缩小了药物筛选的范围,通过对 19 种半胱氨酸蛋白酶抑制剂进行活性测试,发现 6 种对 SARS 病毒有抑制作用。另外,中国科学院上海药物研究所则基于该蛋白酶的分子结构模型,利用虚拟筛选方法从包含数十万个化合物的数据库中筛选出几百个候选化合物,再经实际活性测试,得到了 7 个对 SARS 病毒具有高抑制性的结构,其中有 1 种既可以抑制 SARS 病毒,同时还能作为免疫抑制的药物。

令人欣喜的是,以中国科学院上海药物研究所、北京大学物理化学研究所等单位联合建立了以大规模虚拟筛选为核心的药物设计平台,已经有效地服务于科研院所和制药企业,实现了药物设计的规模化,极大地提高了我国创新药物的研发能力,上述部分针对 SARS 的研究成果就是基于该平台取得的。另外,基于该平台,国内研究人员对 30 多个重要的生物大分子体系进行了虚拟筛选研究,获得了上千个活性化合物。比较突出的成果包括针对 2 型糖尿病靶标 PPAR,对 240 万个化合物进行虚拟筛选,从中筛选出 142 个化合物进行实验筛选,76 个化合物显示不同水平的活性,阳性率高达 53.7%,远高于国际发表的最好结果 34.6%,可见该虚拟筛选平台的有效性。另外,研究人员还在该平台上进行了首次基于离子通道结构的活性筛选,获得了 4 个高活性化合物,与工具药四乙基胺(TEA)相比,活性高出 20~1000 倍。

12.2.3　基于生物芯片的高通量筛选和药物评价

高通量筛选(high throughput screening,HTS)是将自动化实验技术、高灵敏度检测技术、高速数据采集和处理技术等融为一体,同时对大量的被筛选样品的生物学活性或药理活性进行分析评价的过程。本小节将着重介绍基于生物芯片的高通量筛选技术。

利用 DNA 芯片或蛋白质芯片研究药物与细胞(特别是敏感细胞)的相互作用,将引起细胞外部形态及内部正常代谢过程的一系列变化(集中表现在基因表达的变化上),由此可了解药物的作用机制,评价药物活性及毒性。与传统的基于动物实验的筛选方法相比,生物芯片用于药物筛选可通过体外方式(如组织细胞培养)实现,大大缩短研究周期。而且,传统的筛选方法往往只考虑药物作用的少数方面的不同,生物芯片可同时研究成千上万个基因的表达模式,这些不同的表达模式都可能对应不同的药物作用途径,因此有可能对一个药物的多种作用途径和目标进行研究。

通过监测经阳性药物处理前后的组织细胞基因表达的变化情况可以提供很多有用信息。如基于生物芯片技术,用已知临床疗效的药物建立一套供参照的基因表达模式,此表达模式可体现药物作用的效果和途径。如果一种化合物具有和上述参照模式相似的表达模式,则说明该化合物可能具有相同的活性。

对化合物进行筛选,不仅要考虑化合物的活性,其他如吸收、分布、代谢、排泄和毒性等,也是应该考虑的因素。据统计,目前药物开发阶段的失败率达到 90%,而上述某些性质不符合药物的要求是失败的主要原因。因此,这些引起新药失败的因素被发现得越早,损失就越小。传统的毒性测试多采用以鼠为对象的动物实验来估计药物潜在的毒性,这种方法的缺点是剂量大,时间长,费用高。与上述采用已知阳性药物作用下的基因表达谱作为参照谱图来识别活性化合物的原理类似,如果不同类型的有毒物质所对应的基因表达有特征性的规律,通过比较不同化合物和已知有毒物质的基因表达谱,便可对各种不同的有毒物质进行识别和分类。慢性毒性和副作用往往涉及基因或基因表达的改变,用基因芯片技术能够在较短的时间内检测到慢性毒性和副作用,可省去大量的动物毒性试验。如果发现某个潜在药物作用于靶细胞得到的基因图谱与已知具有毒性和副作用的药物得到的基因表达图谱相似,就要考虑是否应在药物开发中花费巨大的临床实验阶段前停止。

12.2.4　生物芯片用于药物筛选和评价的实例

Heller 等首次使用 cDNA 芯片检测炎症条件下基因的表达情况,通过在芯片上固定文献报道的已知炎症相关基因,作为活性筛选模型。Heller 等将不同的药物作用于关节炎病人的软骨细胞和滑膜细胞中,用上述基因芯片检测细胞内基因的表达情况,发现在 TNF 和 IL-1 的作用下的基因表达图谱相似,从而建立了以细胞培养为基础的炎症筛选模型。实验结果表明,氟轻松、波尼松、氢化可的松等药物的表达模式非常相似,从而说明了该药物筛选模型的可靠性。

Waring 等将 15 种已知的肝毒性化合物作用于大鼠,这些毒物可对肝细胞造成多种伤害,如 DNA 损伤、肝硬化、肝坏死和诱发肝癌等。从大鼠肝脏中提取 RNA,用 DNA 芯片做基因表达分析,将基因表达结果与组织病理分析和临床化学分析的结果进行比较,发现两者有很强的相关性。该研究结果表明,DNA 芯片技术用于药物安全性评价,具有较高的灵敏度。

Gerhold 等用 3-甲(基)胆蒽(3MC)、地塞米松、苯巴比妥和降固醇酸安妥明处理 Sprague&Dawley 大鼠,然后用 Merck 药物安全性检测芯片对其肝脏组织中的基因表达进行检测。结果发现,3MC、地塞米松和降固醇酸安妥明分别是细胞色素氧化酶 P-450 超家族成员 CYP1A、CYP2B、CYP3A 和 CYP4A 的诱导物,而且这四种药物直接调控了药物代谢基因的表达;在对照组中,并未发现诱导后药物代谢相关基因具有较高的表达。另外还发现,经上述四种化合物处理后,毒理作用的相关基因和调节糖类及脂类代谢的相关基因的表达水平均发生了改变。如 3MC 及降固醇酸安妥明使得脂类代谢相关蛋白质的表达量降低;另外,3MC 作用于大鼠肝脏之后,芳香族碳水化合物受体(AH 受体)引起脂类在肝细胞内聚集,通过 AH 受体调节纤维细胞的脂类代谢;苯巴比妥及地塞米松对 APOA1 及 APOA4 有诱导作用,引起高密度脂蛋白和载脂蛋白 AI 表达水平增高。

12.3　定量构效关系

12.3.1　定量构效关系简介

定量构效关系(quantitative structure-activity relation,QSAR)是化学计量学、化学信息学、生物信息学、统计学等学科的交叉。定量构效关系的本质为采用数理统计的方法,揭示化合物生物活性等性质与结构特征的变化规律,并以某种数学模型概括表达构效关系的量变规律,进而通过已知的化合物结构来预测未知物的活性及指导新化合物的合成。定量构效关系在化学结构和化合物性质之间架起了一座桥梁,其作用主要有如下两点 ① 根据结构预报新化合物活性,用于药物的虚拟筛选,大大缩小实验筛选的化合物范围;② 通过模型解释分子结构的变化如何引起化合物的理化性质或结构参数的改变,又如何导致化合物生物活性的改变,进而推测化合物可能的作用机理,最后根据模型提供的信息,尝试改变现有化合物的结构,以提高其活性,改善其不理想的性质。

化合物的结构决定它的物理化学性质,进而决定了其生物学性质,这是定量构效关系研究的基本出发点。早在 19 世纪,人们就已经开始尝试建立化合物的生物活性和结构之间的关系,但是当时的研究只是发现了一些或多或少具有特异性的规则。到 20 世纪初,人们逐渐认识到化合物的脂溶性(lipophilicity)和某些生物学性质,如麻醉性(narcotic)、杀菌性(bactericidal)、溶血性(hemplytic)和毒性(toxicity)之间存在着定量的函数关系,这些定量关系可以借助数学方法描述。随着研究的广泛和深入,越来越多的结构、性质与生物活性关系被揭示出来,特别是 Hammet、Hansch 和 Free 等人的开拓性工作使得定量构效关系成为定量化合物设计的基础和重要内容。Hammet 在其经典著作中提出的线性自由能关系被认为是定量构数关系研究的起点。Hansch 等人提出了 Hansch 模型,首先确立了定量构效关系的科学构思和方法,对立体效应、静电效应和疏水效应对分子的生物活性和其他性质的影响进行定量描述,其工作是定量构效关系方法建立过程中一个重要的里程碑。1964 年,Free-Wilson 分析方法首次研究了母核上某些子结构或官能团的存在与否和生物活性之间的定量关系。随着计算化学、量子化学等学科的发展,各种物理化学性质参数、拓扑学指数、量子化学参数、三维描述符、手性描述符为定量构效关系研究提供了前所未有的巨大信息量,也对数据分析工作提出了重大的挑战。如何从多达几百甚至几千个分子描述符中挑选和活性相关的变量,并且建立充分验证的、具有良好推广能力的模型,是定量构效关系研究中的重大问题。因此,本小节将着重对定量构效关系研究中的变量选择、建模、模型验证以及定量构效关系模型的适用范围进行讨论,目前国内教材中对此方面内容的讨论尚不多见。

12.3.2　定量构效关系研究的基本步骤

定量构效关系研究的主要步骤如下:

① 结构和实验数据的获取。这包括已知的化合物的分子结构和活性信息。目前大量的网络数据库(如 http://www.qsarworld.com/qsar-datasets.php? mm＝5)都可提供关于化

合物活性的数据,也可从相关的文献中搜集。

② 分子描述符的计算。分子描述符即一个分子结构的数学表征,描述子包括简单的原子或基团的数目、物理化学参数(如脂溶性、沸点等)、各种反映分子连接性的拓扑描述符(拓扑指数)、基于三维结构的三维(3D)描述符、3D 表面性质(如疏水势、氢键势)和 3D 网格性质(如比较分子场分析)等。

③ 分子描述符的分析。很显然,上述得到的分子描述符不能直接用来构建定量构效关系模型,原因包括:描述符的来源不同,但是可能存在相关性;描述符数目过多,导致模型的复杂度过大,将不利于模型的解释和指导结构优化;描述符存在信息冗余,可能有很大数量的描述符与感兴趣的生物活性不相关。

④ 定量构效关系模型的训练、评价和验证。常用的线性模型有多元线性回归(multivariate linear regression,MLR)、岭回归(ridge regression,RR)、主成分回归(principle component regression,PCR)和偏最小二乘回归(partial least squares regression,PLSR)等;常用的非线性回归方法包括人工神经网络、支持向量机等。最直接的模型评价标准为均方根误差(包括训练均方根误差和预测均方根误差)、训练和预测的相关系数、交互验证相关系数(correlation coefficient of cross validation)、交互验证均方根误差(root mean square error of cross validation,RMSECV)等。模型验证可基于外部预测集,也可基于训练集。基于训练集的模型验证方法有交互验证(cross validation,CV)和蒙特卡洛交互验证(Monte Carlo cross validation,MCCV)和 bootstrap 法等。

⑤ 将所得的定量构效关系模型用于未知化合物的结构预测和结果分析。此时应格外注意模型的适用范围。

根据上述分析可知,对于确定的分子描述符,定量构效关系研究的重点在于描述子的分析和建模,而结构分析则依赖于具体的问题。考虑到模型的简洁性和可解释性,最常用的数学模型为线性模型,而偏最小二乘回归由于计算简单,并且适用于预测变量(分子描述符)共线性的情况,因此在研究中获得了广泛的运用。因此,本节将基于偏最小二乘回归法对定量构数关系模型的变量(分子描述符)的优化选择、模型验证和适用范围进行讨论。

12.3.3　偏最小二乘回归

自从 Wold 和 Martens 提出了偏最小二乘回归法以后,该方法即在多元回归领域获得了广泛应用。考虑大小为 $n \times p$ 的矩阵 $\boldsymbol{X}$ 和 $n \times 1$ 的向量 $\boldsymbol{y}$,其中 $\boldsymbol{X}$ 含有 n 个训练集样品(化合物)的 p 个预测变量(分子描述符),$\boldsymbol{y}$ 包含了对应的 n 个样品的响应变量(化合物的活性参考值)。为了简洁但不失一般性,假设 $\boldsymbol{X}$ 和 $\boldsymbol{y}$ 都是经过变量标度和列中心化的,PLSR 首先找到一组由原始变量的线性组合构成的相互正交并且依次与 $\boldsymbol{y}$ 具有最大协方差的隐变量,然后将 $\boldsymbol{y}$ 对隐变量做回归,通过隐变量与原始变量的关系即可求得 $\boldsymbol{X}$ 和 $\boldsymbol{y}$ 之间的线性回归系数。

PLSR 通过最大化隐变量与响应变量(化合物的活性参考值)之间的协方差来确定原始预测变量(分子描述符)的线性组合系数向量 w,并且要求隐变量之间相互正交。

$$\max(\boldsymbol{X}\boldsymbol{w})^{\mathrm{T}}\boldsymbol{y} \qquad (12-1)$$

约束条件为:
$$\begin{cases} w^{\mathrm{T}}w=1 \\ w^{\mathrm{T}}\boldsymbol{X}^{\mathrm{T}}\boldsymbol{X}w_j=0, \forall\, i \neq j, 1 \leqslant i \leqslant l, 1 \leqslant j \leqslant l \end{cases}$$

式中：w 为 $p \times 1$ 的向量；l 为模型中包含的隐变量的个数；上标"T"表示矩阵或向量的转置。隐变量 t 可表示为原始变量的线性组合：

$$t = Xw \tag{12-2}$$

式(12-1)中的 w 可通过拉格朗日乘子法求得，第一隐变量 t_1 及其权重 w_1 分别为：

$$w_1 = X_y^{T} \tag{12-3}$$

$$t_1 = Xw_1 \tag{12-4}$$

在计算其余的偏最小二乘隐变量时，考虑到隐变量的正交性，可将 X 向已经提取的 $k-1$ 个隐变量所构成的子空间的正交补空间投影，得到矩阵 X_k：

$$X_k = (I - T_{k-1}T_{k-1}^{+})X = X - T_{k-1}T_{k-1}^{+}X \ (2 \leqslant k \leqslant l) \tag{12-5}$$

式中：矩阵 T_{k-1} 大小为 $n \times (k-1)$，包含了前面 $k-1$ 个隐变量；上标"+"表示矩阵的 Moore-Penrose 广义逆；I 表示单位阵。

第 k 个隐变量的组合系数向量 w_k 和第 k 个隐变量 t_k 可分别计算如下：

$$w_k = X_k^{T}y \tag{12-6}$$

和

$$t_k = Xw_k \tag{12-7}$$

在获得了 l 个隐变量以后，可通过隐变量建立响应变量 y 和预测变量矩阵 X 之间的线性关系：

$$y = Tq = XWq \tag{12-8}$$

式中：矩阵 T 的列包含了 l 个隐变量；矩阵 W 的列则包含了隐变量的组合系数向量；q 可通过多元线性回归求得：

$$q = (T^{T}T)^{-1}T^{T}y \tag{12-9}$$

令 $b = Wq$，可通过偏最小二乘回归系数向量 b 建立 y 和 X 的线性回归关系：

$$y = Xb \tag{12-10}$$

未知化合物的活性预测值 y_{un}，可由未知化合物的分子描述符矩阵 X_{un} 预测：

$$y_{un} = X_{un}b \tag{12-11}$$

12.3.4　基于 PLSR 的 QSAR 模型的评价和验证

上面介绍了 PLSR 模型的训练，最终获得的式(12-10)表达了我们感兴趣的生物活性和 p 个分子描述符的线性关系。那么，如何评价和验证所获得的 QSAR 模型呢？直观地说，我们期望 QSAR 模型要具有：① 良好的训练和预测性能。不仅要有较好的训练精度，即较小的训练误差，也要有较好的推广性能，即对未知化合物的活性预测误差要小。② 简洁性和可解释性，即模型应包含尽可能少的分子描述符和较少的隐变量。对于一批给定的分子描述符，对 PLSR 模型而言，为达到以上目标，就需要选择合适的分子描述符和适当的隐变量数。下面先介绍 PLSR 模型的评价和验证，进而在此基础上讨论变量选择问题。

均方根误差可分为训练均方根误差(RMSEC)和预测均方根误差(RMSEP)，其定义如下：

$$RMSEC = \sqrt{\sum_{i=1}^{n} (\hat{y_i} - y_i)^2 / (n - l - 1)} \tag{12-12}$$

和

$$\text{RMSEP} = \sqrt{\sum_{i=1}^{m} (\hat{y}_i - y_i)^2 / m}$$

(12 - 13)

式中：l 为隐变量的数目；m 为预测化合物的数目。

　　RMSEC 是训练样品（化合物）的训练误差，其值随着模型隐变量数的增大而减小，并且训练样品参与了模型的估计，因此，根据 RMSEC 来估计预测误差容易得出过于乐观的结论；RMSEP 是对未参与建模的化合物的活性的预测结果，可以作为模型预测误差的估计。但是，在总化合物数目比较少的时候，专门留出预测样品会造成训练样品的不足，直接影响模型的训练精度。在此种情况下，人们提出了交互验证法。该方法每次从训练样品中留出若干样品作为预测集，用其余样品建立预测模型对留出样品进行预测，通常的做法是保证训练集中的每个样品都被留出和预测一次，可分为留一法（leave-one-out cross validation，LOOCV）和 k 分法（k-fold cross validation）。留一法是每次留出一个训练集样品，用其他样品建模预测，将每个样品留出一次；k 分法则将所有样品均分为 k 组（每组的样品数应尽量相等），每次将其中的一组留出，用其他组的样品建模预测，将每一组留出一次。所得的均方根误差称为交互验证均方根误差（RMSECV）：

$$\text{RMSECV} = \sqrt{\sum_{i=1}^{n} (\hat{y}_{\text{CV},i} - y_i)^2 / n}$$

(12 - 14)

式中：$\hat{y}_{\text{CV},i}$ 即为留出样品的预测活性值。

　　交互验证不仅可用来估计模型的预测能力，也可用来确定模型的隐变量数，如在交互验证过程中，用具有不同的隐变量数的模型进行预测，然后根据最小 RMSECV 的原则选择隐变量数。针对传统的交互验证容易选择过多的隐变量数的情况，有学者提出了蒙特卡洛交互验证法。对训练集样品，MCCV 每次随机地留出一定比例（如 50%）的样品作为预测集，用其余样品建模预测。取样次数可以高达几十甚至几百。与一般交互验证不同的是，每个训练集样品被预测的次数并不一样，可认为 MCCV 通过多次采样，能更好地根据数据特性选择隐变量数。另外，留出的预测样品比例越高，越不容易选择过多的隐变量数。

　　另外，相关系数也经常被用来评价模型的好坏。一般来说，在没有发生过拟合的情况下，相关系数越大，则模型越理想。但是要注意，相关系数与前面介绍的各种均方根误差并无直接的关系，可能发生的情况是，较大的相关系数也可能对应较高的均方根误差。除了将活性的训练值和预测值与对应的参考值求相关系数外，基于交互验证和外部验证集的相关系数也比较常用，其定义如下：

$$q^2 = 1 - \frac{\sum_{i=1}^{n} (y_i - \hat{y}_i)^2}{\sum_{i=1}^{n} (y_i - \bar{y})^2}$$

(12 - 15)

和

$$q_{\text{exl}}^2 = 1 - \frac{\sum_{i=1}^{m} (y_i - \hat{y}_i)^2}{\sum_{i=1}^{m} (y_i - \bar{y})^2}$$

(12 - 16)

式中：q^2 为交互验证相关系数的平方；q_{exl}^2 为外部验证相关系数的平方；$\bar{y}_1$ 为训练化合物的活性平均值；$\hat{y}$ 和 y_i 分别为活性值的交互验证预测值和参考值。另外，有的模型评价标准还考虑了模型中分子描述符的个数等因素，将在下面介绍。

12.3.5 变量(分子描述符)的优化选择标准和全局最优化算法

表面看来,变量选择应该在模型建立之前进行,而事实上,最优变量子集(分子描述符的组合)的选择往往是在模型的评价和验证的基础上进行的。最常见的变量选择方法是根据一定的模型评价标准,尝试不同的变量子集,选择获得最高评价的模型,这也是本书首先介绍模型验证和评价方法的原因。由于不同的分子描述符之间的相关性、信息冗余等原因,QSAR 建模中最优变量子集的选择是一个全局最优化问题,即在所有可能的变量子集中寻找最符合一定模型评价标准的变量子集。变量选择的方法很多,大致可分为两大类:一类是基于某些直观或合理的标准,对变量子集的选择进行优化。此类方法的代表是前向选择、逐步回归和后向删除法等,即在现有的变量子集中加入或删除变量,并且用 F 检验来判断变量的重要性。此类方法仅能实现局部最优化变量选择,因为其优化标准和模型评价标准并不一致,且其优化策略为局部优化方法。另一类为全局优化方法,即根据模型的评价标准对变量子集进行优化,并且力图获得全局最优解。

本节将介绍全局优化变量选择方法。首先给出两个最常用的模型评价标准——欠拟合度(lack of fitting,LOF)和复合标准误差 (compound standard error, CoSE)。它们的定义如下:

$$LOF = \frac{SE}{(1 - \frac{c + dp}{n})^2} \tag{12-17}$$

和

$$CoSE = 0.5(\sqrt{\frac{\sum_{i=1}^{n}(y_i - \hat{y}_i)^2}{n-1}} + \sqrt{\frac{\sum_{i=1}^{m}(y_i - \hat{y}_i)^2}{m-1}}) \tag{12-18}$$

式中:SE 是训练的标准误差;c 是选择的变量数,p 是变量总数,d 是可以选择的平滑参数。LOF 不仅考虑了训练误差的大小,而且考虑了模型中包含的变量数目(模型的简洁性)。在一定训练误差下,模型中包含的变量数越多,则 LOF 的值越大。CoSE 实际上综合考虑了训练误差和预测误差,因此可以保证模型的准确度和推广性。以这两个标准为目标函数,可用全局优化算法搜索,使 LOF 或 CoSE 的值达到最小的变量子集。

假设对 n 个已知的训练集样品(化合物)分别获得了 1000 个分子描述符,那么,所有可能的分子描述符的子集的数目是 2^{1000} 个,需要评价的 QSAR 模型也就有 2^{1000} 个,如此大的计算量意味着穷尽搜索的方法是不可行的。目前,最先进的全局优化算法是遗传算法(genetic qlgorithm,GA)和粒子群优化(particle swarm optimization,PSO)算法。通过对这两种方法的介绍,读者能对其他全局优化算法,如模拟退火、蚁群算法、进化算法等触类旁通。

对 p 个变量进行变量选择,如果将被选择的变量标记为 1,未被选择的变量标记为 0,则变量的选择情况可用一个 p 维的向量表示,该向量的每个元素可取的值为 0 和 1。特殊情况下,如果该向量的 p 个元素的值均为 1,则意味着不进行变量选择。把所有 p 个变量都用于建立 QSAR 模型。所有可能的 p 个元素取 0 或 1 的组合,也就是我们进行变量选择全局优化的可行解空间。

遗传算法和粒子群优化算法都是基于种群的全局优化技术。所谓种群是指一系列的可行解的集合,也即一系列的可行解向量。遗传算法和粒子群优化算法的工作框架如图 12-1 所示。遗传算法与粒子群优化的不同之处仅在于种群的进化方式或者解向量的更新方式不同。遗传算法通过模拟达尔文生物进化论的自然选择和遗传学机理,在第一代种群产生之后,按照适者生存和优胜劣汰的原理,逐代演化产生出越来越好的近似解。在每一代中,根据个体的适应性(在上述问题中,目标函数值越小则适应性越强)的大小选择较好的可行解,并借助自然遗传学的遗传算子进行可行解的组合交叉(交换部分可行解向量的元素)和变异(改变部分可行解向量的元素),产生代表新的可行解集的种群。这个过程将导致种群像自然进化一样,后代种群比前代更加适应于环境,末代种群中的最优解即可以作为问题的近似最优解。遗传算法与粒子群优化算法的不同之处在于,遗传算法是通过交叉和变异来实现可行解的更新和改进,而粒子群优化算法除了允许可行解在一定范围内"自由飞行"(类似于变异)外,更重要的是让可行解以一定的速率向着当前或历史的最优解"飞行"。由于这种独特的信息共享机制,粒子群优化算法的计算量较小,收敛速度较快,并且由于不需要变异和杂交操作,其概念更为简单易懂。

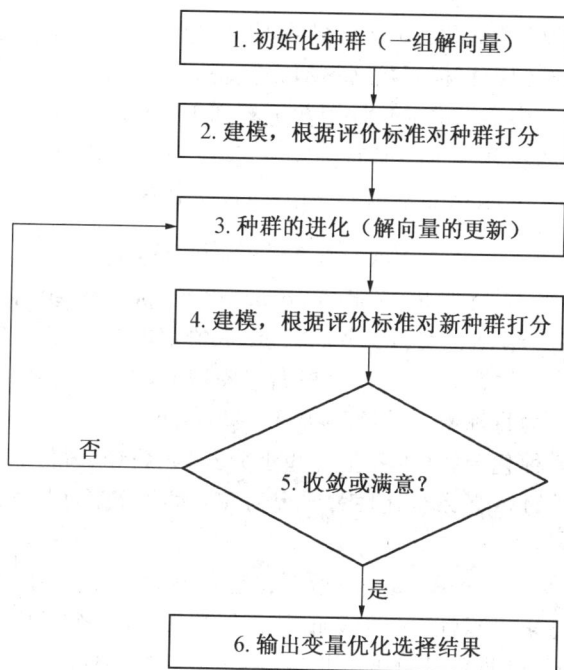

图 12 - 1　遗传算法和粒子群优化算法的工作框架

12.3.6　QSAR 模型的选用范围

要保证 QSAR 模型具有一定的推广性,除了尽量保持模型的简洁性、准确性和防止过拟合以外,应确保将 QSAR 模型用于其适用的范围(applicability domain,AD)。QSAR 模型的适用范围规定了 QSAR 模型能够准确预测的未知化合物的范围。

经验表明,外推法(extrapolation)的预测误差往往是内插法(interpolation)的两倍以上。由于内插法预测比外推法更加可靠,QSAR 模型的适用范围可由训练集化合物所覆盖的范围来估计。一种常用的方法是通过计算未知化合物的杠杆值(leverage)来估计该化合物是否处于 QSAR 模型的适用范围。

$$h = x^{\mathrm{T}} (X^{\mathrm{T}} X)^{-1} x \qquad (12-19)$$

式中:x 为未知化合物分子描述符构成的行向量;X 为训练集化合物的分子描述符矩阵。通常认为,当未知化合物的杠杆值高于 $3k/n$(k 为模型中参数的个数)时,该化合物很可能就偏离了 QSAR 模型的适用范围。当然,对前述 PLSR 模型而言,可用隐变量代替原始变量计算未知化合物的杠杆值,以防止上式中由于变量共线性引起的杠杆值估计不稳定。

从更广的角度看,QSAR 模型的适用范围问题也可看做一类分类(one-class classification)问题或奇异值诊断(outlier diagnosis)问题,在此不再赘述。

12.3.7 QSAR 研究实例:基于模型能力图的 GA-PLS QSAR 研究

PLS 回归方法作为一种简洁有效的线性回归模型,在 QSAR 相关研究中获得了广泛应用,而 GA 和 PSO 则能够对 PLS 模型的输入变量(分子描述符)进行优化选择,因此,把全局最优化算法和 PLS 模型相结合,已成为 QSAR 建模中的主流方法之一。该方法的关键在于选择适当的目标函数进行模型优化,前面介绍的 LOF 和 CoSE 标准已经获得了一定程度的认可。一般来说,不管选择何种目标函数,QSAR 建模都可按照图 12-1 的框架进行,而且由于数据的复杂性,综合考虑多个标准的目标函数更有利于模型的优化。

为了反映该领域的前沿动向,下面的例子是基于一种新提出的目标函数的 GA-PLS QSAR 模型。模型能力(modelling power,Mp)的定义如下:

$$\mathrm{Mp} = f_{\mathrm{Dp.}} \cdot \mathrm{Dp} + f_{\mathrm{Pp}} \cdot \mathrm{Pp} \tag{12-20}$$

式中:Dp 和 Pp 分别为模型的描述能力(descriptive power)统计量和模型的预测能力(predictive power);f_{Dp}、f_{Pp} 则分别为二者的权重,取值范围在 $0\sim1$ 之间,满足 $f_{\mathrm{Dp}} + f_{\mathrm{Pp}} = 1$ 的条件,通常,f_{Dp} 和 f_{Pp} 均可设置为 0.5,也可根据需要调整。

采用上述模型能力为目标函数,研究步骤和结果如下:

① 研究对象:123 种化合物(主要是一些小分子,如烷烃、卤代烷烃、烯烃、酮类、酯类、醇类等化合物)对于蝌蚪的 50% 致昏迷性为研究对象,活性指标为 $\log(1/C_{\mathrm{nar}})$,C_{nar} 为致昏迷浓度,单位为 mol/L。

② 分子描述符:包括 5 个 Abraham 溶剂化显色参数:溶质过量摩尔折射率、溶质偶极/极化率、总氢键酸性、总氢键碱性、McGowan 特征体积,以及 5 个拓扑指数:Szeged 指数、维纳指数、一阶路程分子连接性指数、Balaban 指数、基于分子拓扑性的分支指数的对数。

③ QSAR 模型优化:以上述模型能力指标 Mp 为变量选择和模型复杂度确定的目标函数,采用 GA 优化基于 PLS 的 QSAR 模型,使得 Mp 的值最大化。同时,作者还考虑了不同的描述能力(Dp)和预测能力(Pp)权重。

④ 结果讨论:按照模型能力标准($f_{\mathrm{Dp}} = f_{\mathrm{Pp}} = 0.5$),通过 GA 优化计算,得到了 7 个比较满意的 QSAR 模型。其中,包含 1、2、4、5 和 9 这 5 个变量的模型获得了较好的拟合能力和预测能力。

▦▦▦ 知识拓展

🔲 推荐网站
1. 免费获得大量的 QSAR 数据 http://www.ndsu.nodak.edu/qsar_soc/resource/datasets.htm
2. 免费获得大量的 QSAR 数据 http://www.qsarworld.com/qsar-datasets.php? mm=5
3. 化学计量学 http://www.chemometrics.se/
4. 化学信息学 http://www.cheminformatics.org/

▦▦▦ 习   题

1. 简述生物信息学在药物筛选和评价中的应用。

2. 本书介绍的生物信息学方法还可以在药学学科的哪些领域中应用？

3. QSAR 研究的基本假设是什么？

4. QSAR 的研究的主要步骤是什么？

5. QSAR 中进行变量选择的目的是什么？如何进行变量选择？

参考文献

1. 徐文方. 药物设计学. 北京：人民卫生出版社,2007.

2. 叶德泳. 计算机辅助药物设计导论. 北京：化学工业出版社,2004.

3. 梁逸曾,俞汝勤. 分析化学手册——化学计量学(第十分册). 北京：化学工业出版社,2000.

4. 约翰·加斯泰格尔等. 化学信息学教程. 梁逸曾等译. 北京：化学工业出版社,2005.

5. 郑珩,王非. 药物生物信息学. 北京：化学工业出版社,2004.

6. 邢婉丽,程京. 生物芯片技术. 北京：清华大学出版社,2004.

7. 潘继红. 生物芯片技术在新药筛选中的应用. 山东医药,2005,45(26)：73-74.

8. 邓沱,宁志强,周玉祥等. 生物芯片技术在药物研究与开发中的应用. 中国新药杂志,2002,11(1)：23-31.

9. 陆祖宏,何农跃,孙啸. 基因芯片技术在药物研究和开发中的应用. 中国药科大学学报,2001,32(2)：81-82.

10. V. K. Agrawal, S. Chaturvedi, M. H. Abraham, P. V. Khadikar. QSAR Study on tad pole narcosis. *Bioorganic & Medicinal Chemistry*, 2003, 11(20)：4523-4533.

11. S. Sagrado, M. T. D. Cronin. Application of the modelling power approach to uariable subset selection for GA-PLS GSAR models. *Anal. Chim. Acta*. 2008,609(2)：169-174.